普通高等教育机械类系列教材

先进数值方法的工程应用

主　编　许江平

副主编　王　匀　朱　浩　刘晨曦　胡云明

王　园　徐　坤　颜廷宇

電子工業出版社

Publishing House of Electronics Industry

北京•BEIJING

内 容 简 介

本书依托产教融合理念，注重理论与实践的结合，重点讲述有限元法、有限差分法、物质点法、等几何法的理论基础，并提供各理论方法完整的 MATLAB 代码，对简单的工程问题进行仿真分析，循序渐进地展现各方法的具体实现。同时，针对复杂工程实例，如板料冲压成型、锻造成型及铸造成型，提供相应的数值求解方程及通用软件的操作步骤，加深读者对数值方法理论与实践的理解。各章节的编排均采用先理论后 MATLAB 实例代码或者工业软件实现的方式，便于读者的领悟。本书在阐述各类典型数值方法的基础理论知识时，力求详尽，通俗易懂。实例化部分采用简洁的 MATLAB 代码，由浅入深，与理论公式对应进行讲解，易于上机实现。工程实例物理模型的建立与数值理论相辅相成，促进读者对数值方法的理论与实践相结合的了解与掌握。

本书可供高等院校机械类、材料类的本科生和研究生及相关科研人员参考。

图书在版编目（CIP）数据

先进数值方法的工程应用 / 许江平主编. —北京：电子工业出版社，2023.12

ISBN 978-7-121-46780-6

Ⅰ. ①先… Ⅱ. ①许… Ⅲ. ①数值方法－应用－工程技术 Ⅳ. ①TB115.1

中国国家版本馆 CIP 数据核字（2023）第 229078 号

责任编辑：杜　军

印　　刷：三河市君旺印务有限公司

装　　订：三河市君旺印务有限公司

出版发行：电子工业出版社

北京市海淀区万寿路 173 信箱　　邮编：100036

开　　本：787×1092　1/16　印张：19　字数：499 千字

版　　次：2023 年 12 月第 1 版

印　　次：2023 年 12 月第 1 次印刷

定　　价：59.90 元

凡所购买电子工业出版社图书有缺损问题，请向购买书店调换。若书店售缺，请与本社发行部联系，联系及邮购电话：（010）88254888，88258888。

质量投诉请发邮件至 zlts@phei.com.cn，盗版侵权举报请发邮件至 dbqq@phei.com.cn。

本书咨询联系方式：dujun@phei.com.cn。

序

数值方法是一种研究数学问题的近似解并采用计算机进行求解的方法，在航空航天、机械制造、材料加工、固体力学、流体力学、生物医学等领域得到广泛的应用。随着计算机硬件水平的不断提高，数值方法在并行技术及高性能计算能力方面得到广泛研究和关注，对各行业工程问题的解决效率产生深远影响。随着国家“十四五”规划对软件产业的重点扶持，国产 CAE 工业软件及相关行业软件飞速发展。数值方法作为该类软件的核心组成部分，在高校及科研院所的学生群体中的推广力度还需进一步加强。相信在 21 世纪，CAE 软件的研发人才需求会呈现高速增长趋势。在此契机之下，出版一本在工程领域应用获得普遍认可的先进数值方法理论与实践的图书对于培养新一代科技创新人才具有重要意义。

本书是工程类专业（如机械工程、材料科学与工程等）的一门核心课程，同时是电子工程、航空航天工程、地质工程等其他专业的一门选修课程。本书根据数值方法的发展历史，重点介绍工程领域常用的仿真分析方法，如有限元法、有限差分法、物质点法和等几何法，从理论基础到实际工程应用，数值方程与代码相结合，由浅入深地阐述各类方法的基本实现步骤。通过大量代码实例与企业的工程案例，帮助学生掌握仿真技术的核心算法，并引导学生使用所学的知识，编制代码解决简单的工程问题。本书注重培养学生的基础理论知识和实际动手编程能力，对提高工科学生的实践能力、创新能力起到积极作用。同时，对培养国家工业软件开发科技人才起到推动作用。

本书的编写团队在材料加工成型方面近 20 年的数值方法教学与研究积累，为本书的编写奠定了坚实的基础。本书基于产教融合理念，以源代码为例讲解数值方法在简单工程问题中的应用。针对锻造成型、板料冲压成型和铸造成型等企业级工程问题，提供相应的数值求解方程和商业软件的操作步骤，加深学生对数值方法的理论及工程实践的领悟。

华中科技大学教授、博士生导师

2023 年 2 月

前　言

工业软件融合数学、物理、化学、电子、机械等多学科知识，对定义工业产品、控制生产设备、完善业务流程、提高运行效率、提升产品竞争力起到关键性作用。但我国工业软件起步晚、产业规模小，因此培养工业软件核心技术开发人才刻不容缓。而这类人才培养周期长，培养难度大，需要精通信息技术、数学、力学、机械、电气传动与控制等多领域知识。

在工程研究领域中，解决产品开发、设计、制造过程中的实际问题以提高产品质量、生产效率及企业竞争力，离不开 CAD、CAE 和 CAM 等工业软件。当前应用于工程行业的通用 CAE 仿真软件主要有 Ansys、Abaqus 和 Comsol，均为国外软件。众所周知，CAE 软件的核心为数值方法理论。

目前，数值方法广泛应用于固体力学、流体力学、生物力学、航空航天、机械制造等领域。它通过对工程问题建立物理数学模型，采用高效准确的数值方法对模型进行离散求解，以指导工程问题解决方案的选择及优化。鉴于实际工程问题的复杂多样性，国内外学者发展了不同的数值方法以满足实际需求，如有限元法、有限差分法、物质点法、等几何法、边界元法、离散元法、无网格法、光滑粒子流体动力学法等。本书主要针对当前工程应用较为广泛的数值方法，即有限元法、有限差分法、物质点法和等几何法的理论及编程应用实例进行详细的讲述。

本书由江苏大学机械工程学院教师和沈阳造币有限公司科研人员共同编写。鉴于编者水平有限，书中难免有不当之处，敬请读者和同行批评指正。在此，特别感谢为本书的顺利完成付出努力的陈笑天、李阳、王运、殷志俊和余振源同学。

编　者

2023 年 2 月

目 录

第 1 章　先进数值方法概述

目前，数值方法已与计算机技术深度结合，广泛应用于科学研究和工程问题求解，如固体力学[1]、流体力学[2]、生物力学[3]、电磁学[4]、化学[5]、航空航天[6]、机械制造[7]、地质勘探[8]、桥梁设计[9]、天气预报[10]、服装设计[11]、动画影视等领域[12]。数值方法通过对工程问题、物理问题建立数学模型，然后采用高效准确的数值方法对模型进行离散求解，以指导科学研究或者工程问题解决方案的选择及优化[13]。鉴于实际工程问题的复杂多样性，国内外学者发展了不同的数值方法以满足实际需求。当前比较主流的数值方法主要包括有限元法[14–16]、有限差分法[17–19]、物质点法[20–22]、等几何法[23–25]、边界元法[26]、离散元法[27]、无网格法[28]、光滑粒子流体动力学法[29]等。根据是否基于网格进行仿真计算，数值方法可以分为三大类：第一类采用有限数量单元来离散目标物体空间域，然后对研究目标建立离散化模型并求近似解，主要以有限元法、等几何法和边界元法为主；第二类采用规则网格对目标物体建立微分方程进行时间和空间离散，然后近似求解微分方程，主要以有限差分法为主；第三类采用有限数量粒子来离散目标物体，然后建立离散化模型并求近似解，主要以光滑粒子流体动力学法、无网格法和物质点法为主。本书主要针对当前工程应用较为广泛的数值方法，即有限元法、有限差分法、物质点法和等几何法的理论及编程应用实例进行详细的讲述。

作为本书的概述部分，本章主要对有限元法、有限差分法、物质点法和等几何法 4 种数值方法的起源背景、应用及发展趋势进行一般性介绍。最后对国内外工业软件的发展、未来中国工业软件面临的机遇与挑战进行论述。

1.1　常用数值仿真方法简介

随着计算机芯片及相关硬件技术的高速发展，数值仿真方法在并行技术及高性能计算能力方面得到了进一步的发展，在各行各业的应用也更加广泛和深远。本节主要介绍各类数值方法的历史演变、应用及未来发展方向。

1.1.1　有限元法

有限元法最初用于分析土木工程和航空工程中的弹性和结构问题，之后用于结构大位移和大应变的几何非线性问题，并逐渐应用于航空航天高温部件的热变形问题，机械制造加工中的金属接触非线性、材料非线性问题，以及塑料、橡胶、复合材料等超弹性非线性等问题。目前，有限元法已经广泛应用于固体力学、流体力学、传热学、电磁学、声学、化学、医学、生物力学等学科领域，涉及航空航天、宇航、土木建筑、机械制造、水利工程、传播海洋工程、核工程、电路、化学反应、噪声污染研究等工程领域。随着计算机硬件和软件技术的不断发展，有限元法的理论研究及应用得到了飞速发展。所研究的问题从最初的弹性问题发展为几何非线性、材料非线性弹塑性问题，以及超弹性问题、断裂疲劳及损伤等问题。

有限元法的开发工作最早可以追溯到 1943 年，数学家 R. Courant 基于定义在三角形区域上的分片连续函数，与最小势能原理相结合来求解 St.Venant 的扭转问题。1956 年，Argyris 和 Kelsey 利用最小势能原理获取杆系系统的刚度方程，推广杆系结构矩阵分析法，对连续结构进行分析。1960 年，波音公司 Turner、Clough、Martin 和 Topp 等人在分析大型飞机结构时，首次给出采用直接刚度法推导的三角形单元，并将结构力学中的位移法推广到平面应力问题中。1963 年，Besseling 等人证明有限元法是基于变分原理的 Ritz 法的另一种形式。1965 年，中国学者冯康发表的《基于变分原理的差分格式》论文，成为我国独立发展有限元法的主要依据[19]。1969 年，Oden 将有限元法推广应用于加权余量法（如 Galerkin 法）。同年，Zienkiewicz 提出等参单元的概念，从而使有限元法更加完善。1975 年，谢干权发表论文《三维弹性问题的有限单元法》，标志着我国学者能独立发展出可应用于工程实践的有限元法和有限元工程软件。

有限元法的基本思想是将待分析的工程问题离散为由有限个单元组成的计算模型，图 1-1 所示为实际压印设备及四面体单元离散的坯饼。采用数值方法分析纪念币/章在压印设备上的上模作用下（下模固定在工作台上），求解压印成型工艺中坯饼位移、应力、应变、材料流动特性等物理量。模具可视为刚体，即在压印过程中不发生变形，或者变形很小可以忽略不计。因此，只需要对初始坯饼进行三维离散化处理，对模具进行表面网格划分以进行接触判断分析。这里的坯饼为待求解位移、应力等物理量的物体，在模具的作用下产生弹塑性变形。以有限元法为例，将其离散为一系列四面体单元。在每个单元假定一个合适的近似函数来插值单元内的任意一点的物理量，如位移、速度、加速度等。单元内外载荷通过单元内各节点传递，从而使所有单元产生变形，即各个节点产生位移。通常以离散域内节点位移作为基本未知量，利用变分原理、加权余量法或者其他方法，建立各节点载荷与位移之间的代数方程组，从而求解得到各节点的位移。因此，有限元法的一般步骤是：首先对复杂的分析对象进行离散，将其划分为若干个形状简单的标准单元；然后通过单元节点上的位移和受力描述，构建单元的刚度矩阵，并通过单元与单元之间的节点关系进行整体单元刚度矩阵的组装；最后根据实际情况施加边界条件，进行方程组的求解[15]。

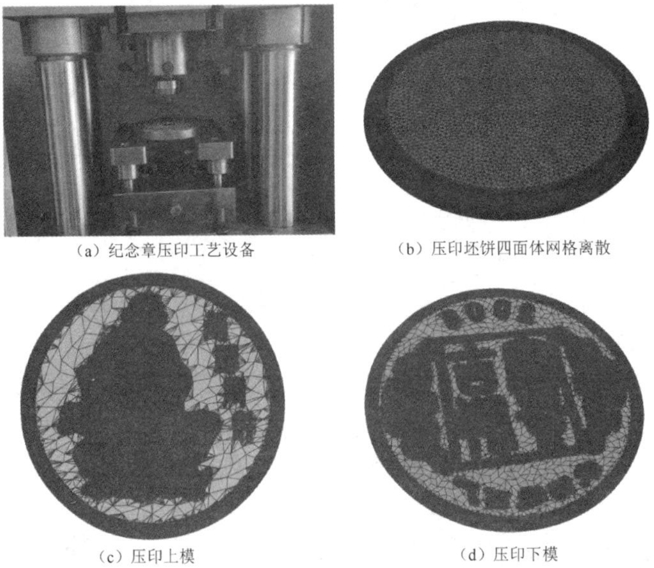

（a）纪念章压印工艺设备　（b）压印坯饼四面体网格离散

（c）压印上模　（d）压印下模

图 1-1　实际压印设备、四面体单元离散的坯饼和三角形离散的上下模

有限元法具有标准化和规范化的特点，能够进行大规模的分析和计算，为解决实际工程问题带来极大的便利。当前，采用计算机语言开发的用于满足不同需求的通用仿真软件主要有 Abaqus、Ansys、Comsol、HyperWorks 等。它们可以分析复杂的工程问题并得到满足需求的近似解，协助工程师解决实际问题并带来巨大经济效益。因此，基于有限元法的仿真软件被广泛用来解决工程问题中的静力结构分析、结构振动分析、传热过程分析及弹塑性材料分析等。一般来说，该类软件具有通用性，并且具备三个完善的模块：前处理、求解器和后处理。前处理主要用于建立数学物理模型，并遵循有限元法一般步骤进行求解域网格划分、边界条件及相关约束条件的设定、材料及本构模型定义、工艺参数设定等。求解器主要根据前处理导出的工程文件进行求解算法的执行与结果文件的输出。求解算法是整个仿真分析的核心和灵魂，直接决定计算效率和精度。一般来说，有限元法主要有显式算法和隐式算法。后处理主要可视化求解结果，便于工程师对仿真结果进行分析。

虽然有限元法已成为最有效的数值方法，并已广泛应用于工程实践中，但是有限元法仍然存在着一些难以克服且不可避免的缺陷，如三维六面体网格自动划分难题、大变形问题中的网格畸变问题、裂纹扩展分析中的网格依赖性和网格重新划分问题等。因此，为了摆脱网格的约束，研究者发展了其他许多典型的数值分析方法，如 Belytschko 提出的无网格的伽辽金法。该方法通过求解域中一组离散点来建立近似函数，可以不需要在离散模型中划分网格，提高了计算的准确性，减少了计算的难度[30]。

Belytschko 等人还提出了扩展有限元法（XFEM）。传统有限元法采用的是连续性的近似函数，需要不断地重新划分网格以模拟裂纹扩展状态，因此其计算量大。而扩展有限元法是基于传统有限元法的扩展，通过在常规近似函数中添加间断函数，来反映计算区域内的间断，实现了单元内部的裂纹贯穿，较好地处理了裂纹扩展问题。

除此之外，还有先进数值方法的热点研究算法——等几何法。等几何法是 Hughes 等人提出的一种全新的以样条理论为基础的数值方法。它不需要划分网格，将用于表达几何模型的非均匀有理 B 样条（NURBS）基函数作为近似函数来分析几何模型，实现了 CAD 与 CAE 之间的无缝融合[23]。NURBS 基函数具有可以构造任意高阶连续近似函数的特点，因此可以方便地求解板壳结构的力学行为，以及流体力学、流固耦合等高阶偏微分方程。

1.1.2　有限差分法

有限差分法（FDM）是求解微分方程最简单最古老的方法之一，至今仍被广泛运用于流体力学、土木工程、机械铸造、晶体凝固、气象和空气声学等领域。该方法最早被欧拉 Euler 熟知并应用于一维问题，后来被 Runge 扩展到二维。有限差分法的原理接近于求解常微分方程的数值格式，它通过使用差分商替换方程中的偏导数。在空间和时间上将求解域划分为有限差分网格，并在空间或时间点上计算解的近似值。数值解和精确解之间的误差由微分算子和差分算子的误差决定。图 1-2（a）所示为待分析温度场的熔融液滴，图 1-2（b）所示为基于有限差分法的熔融液滴枝晶生长二维简化差分模型及模拟熔融液滴内部枝晶生长时的差分网格，其中半圆为熔融液滴边界，规则小矩形为有限差分网格。一般来说，通常采用泰勒级数展开控制方程中的空间或者时间导数用网格节点上的函数差商值离散，最终建立基于网格节点未知量的代数方程[17–19]。由于差分格式没有改变微分方程，程序设计简单易懂，因此其特别适合数值计算的初学者学习使用。

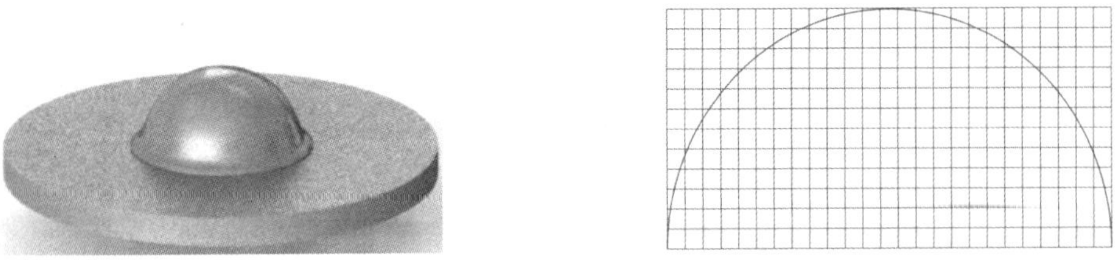

（a）待分析温度场的熔融液滴

（b）基于有限差分法的熔融液滴枝晶生长二维简化差分模型及模拟熔融液滴内部枝晶生长时的差分网格

图 1-2　有限差分离散

有限差分法实现的主要步骤有：①有限差分网格划分；②微分方程离散；③差分方程的建立和求解。一般来说，差分网格为规则的长方形或者长方体。对于不规则物体的网格离散，涉及多类边界条件的处理，这是相对于有限元法来说的一个劣势（有限元法边界条件处理得较为简单）。采用有限差分求解偏微分方程，可通过研究截断误差和舍入误差来保证计算结果准确性。差分方程解的唯一性、存在性和差分格式的相容性、收敛性和稳定性等问题也需要进行理论分析。相容性要求所建立的差分格式能够任意逼近微分方程；收敛性要求所求得的差分方程的解满足微分方程解的精度，随着网格数量的增加，数值解逐渐接近精确解。稳定性则要求在计算过程中，误差没有传播，数值解没有波动和发散。众所周知，差分格式中各个物理量是迭代求解的，即在计算第$n+1$步时该物理量的近似值要用到第n步的近似值，并与初始设定值相关。前面各时间步若有计算的舍入误差，则势必会影响到后续各时间步的值。如果误差的影响越来越大，则差分格式的解越不准确。如果采用适当的方法控制误差传播，那么差分格式稳定。差分格式的构造方法有以下三种：数值微分法、积分插值法和待定系数法。最常用的方法是数值微分法，如用差商代替微商等。此外，在实际问题中得出的微分方程常常反映物理上的某种守恒原理，一般可以通过积分形式来表示，由此发展出积分插值法。待定系数法可以构造一些精度较高的差分格式。

1.1.3　物质点法

物质点法在超高速碰撞、冲击侵彻、爆炸、动态断裂、流固耦合、多尺寸分析、颗粒材料流动和岩土冲击失效等一系列涉及材料特大变形的问题中展示了优于传统数值方法的特性，成为数值方法中又一大研究热点。

物体的运动描述可分为拉格朗日法、欧拉法和混合法三大类。其中，有限元法属于第一类，即离散网格与物体一起运动并产生变形。由于材料与网格之间不存在相对运动，因此控制方程中无对流项，质量、动量和能量守恒方程比较简单，且在每个时间步中所需的计算量较小。不仅如此，拉格朗日法易于处理边界条件和跟踪材料界面、与变形历史相关的材料本构模型和失效模型。在拉格朗日法中，四边形/六面体网格发生较大变形产生扭曲后，其面积/体积可能成为负值，使得计算异常终止或者仿真结果无任何物理意义。动力显式积分算法是条件稳定的，即在一个时间步长内，应力波不能跨越系统内最小单元。当单元的扭曲、变形增加时，系统内最小单元名义长度急剧减小，导致时间步长逐步减小并趋于零，使得计算成本急剧增加，甚至难以完成仿真计算。为了解决此类大变形问题，当网格发生严重扭曲时激发网格重划分功能，并将旧网格中的物理量信息映射到新网格中。目前，网格重划分技术已成功地应用于一维和二维工程问题，但对于三维问题，该重划分过程既费时又复杂，甚至难以顺利进行。

如图 1-3（a）所示，Abaqus 模拟切削过程中网格畸变严重；如图 1-3（b）所示，局部锻造模拟时网格畸变严重。解决畸变问题的第一种方法便是采用更加密集的网格，延缓网格畸变的发生，但会导致计算成本急剧增加。即使采用网格自适应加密技术，也不能完全避免网格畸变。第二种方法便是采用网格重划分技术，这在当前商业软件中应用较多。但是针对结构复杂的几何模型，网格重划分技术同样面临挑战。例如，当前网格重划分技术在 3D 六面体网格划分方面有待进一步提升。第三种方法便是采用新的算法来替代有限元法，如无网格法、物质点法。

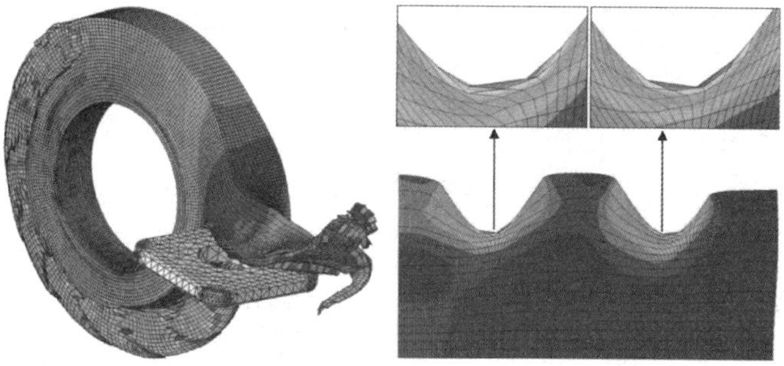

（a）Abaqus模拟切削过程中网格畸变严重　（b）局部锻造模拟时网格畸变严重

图 1-3　Abaqus 采用拉格朗日网格进行仿真时网格畸变严重

欧拉法描述固定的空间点上的流体状态，记录每一时刻流过这个点的流体质点的物理量信息，如速度、温度、磁通量、压力等。采用欧拉法描述流场时，计算网格固定不变，不随时间发生变化，因此不存在网格畸变问题。各个时刻流场网格内的速度、压力、密度和温度等物理量在空间点上计算，因此质量、动量和能量等物理量在插值函数的作用下将跨越网格边界在网格间输运。由于欧拉法只计算质量、动量和能量等物理量在单元间跨越网格边界的输运量，难以精确捕捉材料界面和自由表面的位置，因此欧拉法施加边界条件比拉格朗日法更困难。不仅如此，欧拉法的网格区域需要覆盖所有时刻下不同位置的物体，因此会存在大量的没有被任何材料占据的空网格。而拉格朗日法只需对运动物体进行离散，不存在任何空单元。

结合拉格朗日法和欧拉法的优势，美国洛斯阿拉莫斯国家实验室提出了质点网格法（PIC），使用拉格朗日质点描述流体，欧拉网格描述计算网格。随后，流体网格法（FLIC）被提出。基于有限差分思想及质点携带质点全部物理量信息，相关研究学者发展了 FLIP 方法，主要用于分析本构方程与变形历史无关的材料，这就意味着在网格节点处计算本构方程。Sulsky 等人将本构方程改为在各质点上计算以便于处理与变形历史相关的材料，采用质点离散建立动量方程的离散格式，将 FLIP 扩展到固体力学问题中，并将其命名为物质点法（MPM）[31,32]。

图 1-4 为采用物质点法模拟压印成型过程时所采用的物质点和背景网格二维示意图。物质点法仍然采用拉格朗日质点和欧拉网格双重描述，它将物体离散成一系列质点。每个质点代表一块材料区域并占据一定的体积，并携带该材料区域的所有物质信息，如质量、速度、应力和应变等。同时，在物体覆盖的区域建立背景网格，用于动量方程的求解和空间导数的计算，它不携带任何物质信息。背景网格可以固定不变，也可以根据计算需要变为移动网格。网格内插值函数可采用有限元法中的插值函数，也可采用无网格法中的局部插值函数。在每一个时间步中，质点的物理量信息通过背景网格插值函数映射到网格节点。求解计算网格节点的运动方程，获得节点的物理量，再映射回各质点，从而得到这些质点在下一个时刻的物理量。

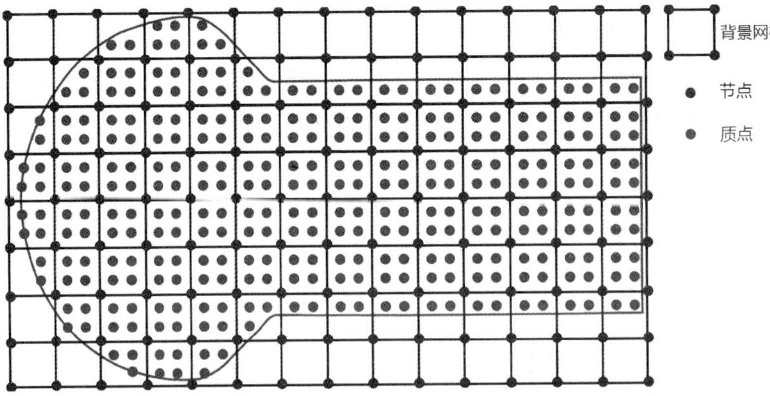

图 1-4 彩图

图 1-4 采用物质点法模拟压印成型过程时所采用的物质点和背景网格二维示意图

经过不断地发展和开发，物质点法发挥了拉格朗日法和欧拉法各自的长处，克服了其弱点，在超高速碰撞、冲击侵彻、爆炸、裂纹扩展、材料破坏、颗粒材料流动和岩土冲击失效等一系列涉及材料特大变形的问题中具有明显的优势。马上和张雄等学者从形函数特性、影响点搜索、接触算法、稳定性和边界条件等方面详细比较了物质点法与光滑粒子流体动力学法（SPH）。研究结果表明，物质点法较光滑粒子流体动力学法具有更高的计算效率[33]。

1.1.4 等几何法

由于传统有限元法在物体边界精确描述方面的固有缺陷，接触算法精度不高，物体边界描述如图 1-5 所示。同时，由于有限元法的求解器基于网格，CAD/CAE 难以实现无缝集成。Hughes 等人在 2005 年提出了一种类似于有限元法的新型数值分析方法——等几何法（IGA）[23]。该方法使用高阶 NURBS（非均匀有理 B 样条）基函数作为有限元离散的插值函数，以控制点作为网格节点，在模型建立和分析过程中使用统一的模型，由于这种方法在 CAD/CAE 中的计算过程均具有相同的几何性，由此被命名为等几何法。2006 年，Cottrell 探讨了 K 细化的概念[24]。2011 年，徐岗提出了 rp 型新型细化方法并验证了其有效性[25]。2012 年，陈涛等人提出了基于 Nitsche 法和引入边界配点法两种边界条件处理方法。2013 年，张勇进行了重控制点问题的研究，推导了带有 Lagrange 乘子的等几何离散方程。2015 年，Nguyen 介绍了应用于简单分析问题的等几何法及相关的 MATLAB 代码实现。

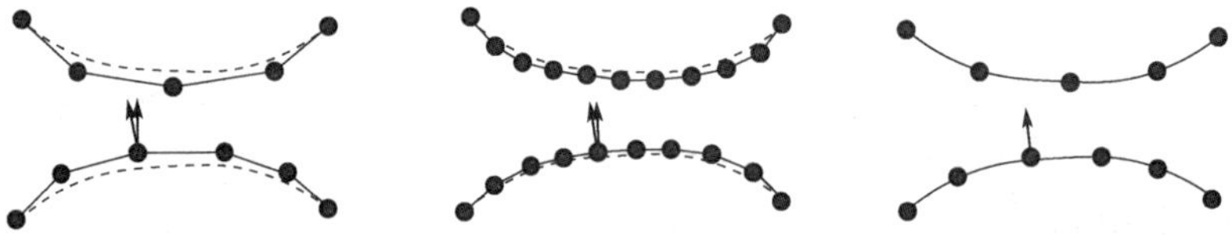

（a）有限元粗糙网格　　（b）有限元精细网格　　（c）等几何网格

图 1-5 物体边界描述

等几何法也是一种基于单元的分析方法，将原整体结构按照几何形状的变化特性划分面片并编号，然后将其分解为一个个小的面片单元，基于控制点坐标和位移，建立每个单元的控制点平衡方程（单元刚度矩阵）；进而将各个单元进行组装，以得到该结构的总体平衡方程（总体刚度矩阵），并按实际情况对一些控制点位移和力赋予相应的值（施加边界条件），以求得所有控制点的位移和支反力；在获取所有控制点的位移后，就可以计算任意一单元的应力和应变等力学参量。等几何法使用的形函数为高阶 NURBS 基函数，基函数定义在给定的参数区间的节点向量上，而节点向量则是参数空间上的一个单调不减的实数序列。在 NURBS 造型中，不同空间的映射由相应的雅可比矩阵实现，物理空间同时包括由控制点组成的控制网格和表征模型实际几何的物理网格，参数空间是由节点向量间的非同元素组成的，母空间是进行高斯积分的归一化单元。NURBS 几何模型的构造主要涉及三大算法，即提高几何模型精度的细化算法、裁剪掉几何模型一部分的裁剪算法和集成多个几何模型的拼接算法。

等几何法具有几何描述的精确性，很快就被应用到板壳问题的研究之中。Kiendl 提出了“Bending Strip”理论，解决了多个面片之间黏合的协调问题，并应用到固体和壳体的耦合之中；Benson 发展了“Reissner-Mindlin”理论，对于大变形的板壳问题，仅需考虑平面移动自由度。对于一些具有高阶偏导偏微分方程的问题，其形函数可求得任意阶偏导数，这一特点对于解决流体和流固耦合问题具有独特的优势。Bazilevs 提出了能够将不可压缩流体和非线性超弹性固体的流固耦合理论，并在 2006 年将其运用到动脉血流的仿真分析之中。Akkerman 研究了自由表面流动的等几何分析。等几何法的另一大特点就是建模和分析采用了相同的基函数，实现了 CAD/CAE 的无缝集成，因此其普遍应用到结构优化之中。Nagy 将等几何法应用到梁结构的尺寸和形状优化；Manh 将等几何法应用到振动膜的形状优化。此外，对于接触问题的研究，与有限元分析相比较，采用等几何分析的优势在于能够保留几何的连续性，且不需要划分网格。Lu 首先提出了无摩擦接触问题数值分析的等几何框架，在搜索算法中采用面-面搜索算法。Lorenzis 研究了基于 NURBS 的大变形摩擦接触分析。除以上几个领域外，等几何法在其他领域也有很广泛的应用。徐岗提出了一种新的误差评估方法，用于二维热传导问题的等几何分析；Gómez 研究了相场模型的等几何分析并将其应用于计算生物力学和流固耦合等领域。

目前在研究等几何分析时采用的大部分 CAD 模型形状较为简单，那么如何将等几何法应用到形状复杂的实际工程问题之中，即对复杂模型的分割转化方法、NURBS 曲面片之间的缝合算法等还有待更加深入细致的研究。另外，裁剪技术也是生成复杂几何模型的有效方法，但是如何构造能够精确表述裁剪曲面的体参数化模型仍是一大难题。针对这一问题所衍生的等几何法新型样条研究也是一大热点研究方向。广泛使用的 B 样条和 NURBS 基函数，在 NURBS 曲面的研究中也逐渐暴露出不能局部细分等缺陷，继而 Forsey 提出了层次 B 样条，Sederberg 提出了 T 样条，Nguyen-Thanh 发展了 T 网格上的样条，Dokken 提出了局部细分样条（Locally Refined Spline）。为了减小人为划分网格所带来的误差，自适应网格加密算法就变得尤为重要。该方法是在常规网格的基础上，根据解的误差大小，对指定区域进行网格的自动调整，以提高计算效率和精度。在自适应加密的过程中，采用何种方法求解所生成的一系列网格，以及如何进行误差估计是人们所关心的问题。

1.2　工业软件发展历程及未来

工业软件（Industrial Software）是指应用在工业领域，以提高企业的核心竞争力的应用软件。工业软件按照用途可分为 4 类：信息管理类、研发设计类、生产控制类及嵌入式软件。工业软件类型、代表性产品和企业、功能如表 1-1 所示。以飞机制造为例，波音 787 整个研制过程使用了 8000 多种工业软件。其中只有 1000 种是商业软件，其他的 7000 余种是波音经过多年积累自己开发的专用软件，并不对外销售。众所周知，芯片制造需要软件操作系统——

电子设计自动化（EDA）。它是集成电路最上游的产业，被称为芯片之母。如果说芯片是躯壳，那么 EDA 就是让它动起来的灵魂。

本书主要讨论与仿真算法密切相关的 CAE 工业软件。作为 CAD/CAE/CAM 中连接其他两类设计制造软件的桥梁，CAE 软件在产品的设计、分析和制造中占据举足轻重的地位。大型企业设计的产品，均需要 CAE 的模拟验证合格才能付之于后续的制造。例如，汽车零部件产品的刚度、强度分析，噪声、振动、平稳性分析，机构运动模拟分析，汽车碰撞模拟分析，车身零件冲压成型模拟分析，疲劳分析及空气动力学分析。

表 1-1 工业软件类型、代表性产品和企业、功能

类型	代表性产品和企业	功能
信息管理类	代表产品有 ERP（企业资源计划）、CRM（客户关系管理）、SCM（供应链管理）、HRM（人力资源管理）、EAM（企业资产管理）等，代表企业有 SAP、Oracle、Salesforce、用友网络、金蝶国际等	提高企业管理水平和资源利用效率，降低企业管理成本
研发设计类	代表产品有 CAD（计算机辅助设计）、CAE（计算机辅助工程）、CAM（计算机辅助制造）、PLM（产品生命周期管理）、PDM（产品数据管理）、EDA（电子设计自动化）等，代表企业有达索系统、Autodesk、中望软件等	提高企业产业设计和研发的工作效率
生产控制类	代表产品有 MES（制造执行系统）、APS（高级计划排产系统）、SCADA（数据采集与监视控制系统）、DCS（集散控制系统）等，代表企业有西门子、GE、宝信软件、中控技术、鼎捷软件等	提高制造过程的管控水平、改善生产设备的效率和利用率
嵌入式软件	嵌入式工业内部的软件，应用于工业通信、能源电子、汽车电子、安防电子等	提高工业装备的数字化、自动化和智能化水平

1.2.1 CAE 软件发展历史

CAE（Computer Aided Engineering，计算机辅助工程）是指采用计算机辅助求解复杂工程问题和产品结构刚度、强度、动力响应、屈曲稳定性、热传导、三维多体接触、弹塑性等力学性能的分析计算及结构性能的优化设计等问题。

20 世纪 60 年代是 CAE 技术的探索时期，这一时期由于计算机的硬件及磁盘内存较小、计算机运行速度慢等特点，CAE 软件只是处理一些数学计算和单一问题的简单程序，主要用来分析航空航天设备结构的刚度、强度和模态实验等。这一时期世界三大 CAE 软件公司——MSC、SDRC 和 Ansys 相继成立。MSC 公司于 1963 年开发了结构分析软件 SADSAM，并于 1965 年参与美国国家航空航天局（NASA）发起的计算结构分析方法研究后将软件更名为 MSC/NASTRAN。SDRC 公司成立于 1967 年，并在 1971 年开发出商用有限元分析软件 Supertab（I-DEAS）。Ansys 公司最初名为 SASI，于 1970 年成立，经过重组后改名为 Ansys，并推出了通用有限元分析软件 Ansys。

20 世纪七八十年代处于 CAE 技术的蓬勃发展时期。这一时期也诞生了许多的 CAE 软件公司。例如，MARC 公司，其开发的 MSC.MARC 软件具有极强的结构分析能力，可以进行各种线性和非线性结构分析，包括模态分析、动力响应分析、自动静/动力接触分析、线性/非线性静力分析、简谐响应分析、随机振动分析、失效和破坏分析、频谱分析、屈曲/失稳分析等。MDI 公司则是一家致力于开发机械系统仿真软件的公司，CSAR 公司致力于流固耦合、热、噪声、大结构的分析，ADIND 公司则主要致力于流体、结构、流固耦合的分析。这一时期的 CAE 软件发展主要表现在与硬件平台的匹配、速度、计算精度，以及对计算机内存和磁盘空间的有效利用，在场分析和结构分析领域取得了很大突破。软件的用户大都为专家且集中在军事、航空、航天等几个领域，与此同时使用者们也会对软件进行二次开发。

20 世纪 90 年代，CAE 技术日趋成熟。各 CAD 软件公司都大力发展其在 CAE 方面的功能，如 Catia、UG、SolidWorks 等软件都增加了基本的 CAE 前后处理及简单的线性、模态分析功能；通过收购整合其他 CAE 软件来扩展其 CAE 功能，如 PTC（PRO/E）公司收购了 RASAN。与此同时，CAE 软件也在不断扩大其自身的功能，如 Ansys 公司将其原本软件扩展为 Ansys/LSDYNA、Ansys/PREPOST、Ansys/MECHNICAL 等多个 CAE 软件。SDRC 公司将其单一分析模型技术扩展成了多个专项应用技术，并且实现了实验技术与有限元技术的有机结合。这一时期的 CAE 分析软件也在向 CAD 靠拢。MAC/Nastran 公司于 1994 年收购 PATRAN 作为自己的前后处理软件，并开发了与 CAD 软件 Catia、UG 等的数据接口。Ansys 公司也开发了旗下 Ansys/PREPOST 软件的前后处理功能。SDRC 公司将其单一分析模型技术扩展成了多个专项应用技术，并且实现了实验技术与有限元技术的有机结合。其旗下的 I-DEAS 由于其 CAD 功能强大也很快开发出了与 PRO/E、UG 和 CATIA 等 CAD 软件的数据接口。

CAE 技术经过 50 多年的发展，不管是理论还是算法都已日趋成熟。现如今已成为在土木结构、机械、航空航天等领域必不可少的数值运算工具，同时是分析连续力学的各类问题的一种重要手段[34]。表 1-2 展示了近 10 年来全球仿真分析企业收购情况。

表 1-2 近 10 年来全球仿真分析企业收购情况

领域	时间	收购方	被收购方	被收购方业务
综合解决方案	2012 年	西门子	比利时 LMS 国际	比利时 LMS 国际公司是汽车、航空航天和其他先进制造业界公司的工程创新合作伙伴。比利时 LMS 国际公司帮助用户将更好的产品投入市场，并将卓越的技术与效率转化为其战略竞争优势
流体	2011 年	Altair	ACUSIM 软件	ACUSIM 软件公司成立于 1992 年，总部位于美国加利福尼亚州的山景城。ACUSIM 是领先的强大的可拓展性及高精度的计算流体力学求解器解决方案领域的开发者
	2016 年	西门子	CD-adapco（10 亿美元）	CD-adapco 是一家全球的工程仿真软件公司，提供的软件解决方案涵盖广泛的工程学科，如流体动力学、固体力学、热传递、粒子动力学、反应物质流、电化学、声学及流变学等
	2016 年	达索	NextLimit Dynamics	NextLimit Dynamics 是全球高度动态流体场仿真领域的领导者，其 2015 年营收约为 160 万欧元。其解决方案适用于航空航天与国防、交通运输与汽车、高科技、能源等
	2017 年	达索	Exa	流体无网格领域
生物、材料、复合材料	2013 年	Ansys	瑞士 EVEN	生物复合材料
	2014 年	达索	Accelrys	微观材料仿真设计
	2016 年	Synopsy	英国 Simple ware Ltd	逆向工程、材料工程、生物力学工程、有限元分析等多工业、多学科领域
电磁仿真、EDA 领域	2008 年	Ansys	Ansoft	Ansoft 旗下的旗舰产品 HFSS、SIWave、Maxwell 等纳入 Ansys 旗下，在多物理电磁仿真及 EDA 领域迈出扎实的一步
	2011 年	Ansys	Apache Design Solutions	集成电路解决方案

续表

领域	时间	收购方	被收购方	被收购方业务
电磁仿真、EDA 领域	2014 年	Altair	EMSS	电磁仿真
	2016 年	达索	德国 CST	电磁与电子仿真
	2016 年	西门子	Mentor	电子电路设计

目前主流的通用 CAE 仿真软件主要有 Ansys、Abaqus 和 Comsol。Ansys 软件是融结构、热、流体、电磁和声学于一体的大型通用 CAE 分析软件，广泛应用于石油化工、土木工程、能源、核工业、铁道、航空航天、机械制造、汽车交通、国防军工、电子、造船、生物医学、轻工、地矿、水利、日用家电等工业及科学研究中。Ansys Workbench 整合了所有主流仿真技术及数据，在保持多学科技术核心多样化的同时建立了统一的仿真环境。在 Ansys Workbench 环境中，用户始终面对同一个界面，无须在各种软件工具程序界面之间频繁切换。所有仿真工具只是这个环境的后台技术，各类仿真数据在此平台上交换与共享。Abaqus 是达索公司旗下功能强大的有限元软件。由于 Abaqus 强大的分析能力和模拟复杂系统的可靠性，它在各国的工业和研究中得到广泛的应用，在大量的高科技产品开发中发挥着巨大的作用。它可以处理复杂的固体力学结构力学系统，特别是能够解决非常庞大复杂的问题和模拟高度非线性问题，能够模拟典型工程材料的性能，其中包括金属、橡胶、高分子材料、复合材料、钢筋混凝土、可压缩超弹性泡沫材料，以及土壤和岩石等地质材料。Abaqus 也可应用于其他工程问题：热传导、质量扩散、热电耦合分析、声学分析、岩土力学分析（流体渗透/应力耦合分析）及压电介质分析。Comsol 公司于 1998 年发布了其旗舰产品 Comsol Multiphysics 的首个版本。此后产品线逐渐扩展，增加了 30 余个针对不同应用领域的专业模块，涵盖力学、电磁场、流体、传热、化工、MEMS、声学等；开发了一系列与第三方软件的接口软件，其中包含常用的 CAD、MATLAB 和 Excel 等软件的同步链接产品，使得 Comsol Multiphysics 软件能够与主流 CAD 软件工具无缝集成。

1.2.2 我国工业软件的现状与未来

1. 现状

近年来，我国工业软件发展迅速，产业规模不断扩大，供应商竞争力大幅提升，各类自主研发软件层出不穷。其产业规模增速远高于全球增速，于 2020 年产业规模增量达到了 1974 亿人民币，2015 年至 2020 年增长率达到了 12.8%。

但是，我国工业软件产业规模却远低于工业规模。1953 年至今，我国通过不断摸索和发展逐渐形成了独立完整的现代化工业体系，拥有联合国产业分类中全部工业门类。根据国家统计局的资料，2020 年我国工业增加值达到了 31.3 万亿元，增加值约占全球的 25%。但根据世界银行的数据，我国工业软件产业规模只占有全球 7%左右的份额。在技术方面，虽然我国在少量技术上取得了一些突破，但是产品研发设计类软件，其内核依然依赖进口。大部分软件企业主要为中端和低端市场提供软件的二次开发。在产业方面，我国虽起步较晚，但经过长足发展，产业规模巨大。同时，软件产品与工业企业脱节，产业链发展不全面，产品无法根据企业生产遇到的问题进行更新迭代，这些问题尚未得到解决。

目前，我国工业软件市场的特点主要体现为：管理软件强，工程软件弱，低端软件多，高端软件少。同时，“累积效应”、“锁定效应”和“生态效应”已成为我国工业软件产业发展需要面对的三大壁垒。工业基础薄弱导致“累积效应”壁垒难以突破，转换成本巨大构成“锁定效应”壁垒，平台化的发展加深“生态效应”壁垒。

研发设计软件领域中，我国在军工、航天领域发展较好。但是高端研发设计软件一直是我国的一大短板，软件算法、机理和性能等问题一直未能解决。国产软件主要面临工业机理模型简单，不能支持先进工艺，对于有复杂工艺和场景要求的高端市场，无法满足其需求。当今，在研发设计软件领域我国依然依赖进口，特别是在 CAD、CAE 和 EDA 领域欧美龙头企业占据绝对优势。生产控制软件领域中，国内企业无法生产具有复杂生产工艺及工业机理的软件产品，只能实现将生产环节中的某些环节转化成产品，无法满足生产全系统、全流程、体系化的产品需求。国际巨头公司在中国市场中仍然保持绝对优势，综合实力遥遥领先，但在钢铁冶金、石油化工等领域我国企业也在努力迈进高端市场，如石化盈科、宝信软件等。业务管理软件领域中，我国发展较为成熟，ERP 等传统软件具有一定竞争优势，用友、金蝶等软件在中低端市场占有率较高，但在高端市场领域，国外产品依然占据主导地位。

工业软件，尤其是高端设计类软件主要表现为四大瓶颈问题。

第一，市场竞争力低下。例如，在 CAD 研发设计类软件市场中，德国西门子公司、美国 PTC 及 Autodesk 公司、法国达索公司的市场占有率高达 90%。我国的中望软件、数码大方等软件仅有不到 10%的市场份额；在 CAE 仿真软件中，美国的 Altair、Ansys、MSC 等公司几乎占据了所有的市场份额；在生产管理类工业软件中，虽然其技术含量低于其他软件，美国 Oracle 公司和德国 SAP 公司依然占据其高端市场 90%以上的份额。

第二，知识产权保护力度不足。目前我国对工业软件领域知识产权的保护力度不足。对于国产软件来说，知识产权环境不利，会给国产软件公司带来巨大的利益损失，严重阻碍国产工业软件的发展。

第三，核心技术薄弱。我国工业软件起步晚，技术积累远低于欧美企业，国产工业软件技术的深度和广度低于发达国家。例如，在复杂曲面的构建与处理上，国产的 CAD 软件依然面临一些技术障碍，其核心建模的操作可靠性依然不足。

从整体上看，我国工业软件具有完整的产业链，但是在关键场景和核心技术上处于非常大的劣势。一款实用的工业软件，需要将基础学科、控制、工艺等多领域知识进行体系化，并与产业链上下游进行有机协同，才能够站得住脚和不断发展，这恰恰是我国工业软件行业目前所欠缺的。

第四，人才流失严重、人才短缺。工业软件领域需要的是既懂工业又懂软件的复合型人才，但这种人才培养周期长，培养难度大，需要精通信息技术、数学、机械、电气传动与控制等多领域的人才，但现实中高校往往将计算机工程、软件工程与其他制造业学科分开培养。另外，工业软件企业工资远远低于互联网、游戏企业，且上升空间小，这就导致工业软件领域严重的人才流失。

作为制造领域的三大软件基石 CAD/CAE/CAM 之一的 CAE 软件，国产化通用 CAE 软件几乎为零，美国的 Ansys 等公司占据了中国 95%以上的市场份额。目前我们国内也确实有一些自主的 CAE 软件，但是大部分都是院校合作并对某些特定领域定制的软件，并没有形成真正的商业化。相比美国 20 世纪六七十年代就开始成立商业化的 CAE 公司，我国的商业化 CAE 开发至少落后 40 年。

2. 未来

我国工业软件内需旺盛，未来发展潜力巨大。我国作为工业大国，产业规模大、产业结构完善、国内市场庞大，必将带动工业软件的发展。如今，工业领域内数字经济快速发展，制造业的数字化转型已成为工业发展的必然选择。当前国产工业软件普及率低下，国产 CAD、ERP 等软件占国内市场的 50%，CAM、MES 和 CRM 等工业软件达到 20%的市场，像 PLM 这样的软件市场占有率不超过 20%。可以看出，国内工业软件市场占有率较低，发展空间巨大。

政策利好推动未来工业软件的发展。2015 年以来，政府出台制造业数字化转型升级和推广工业软件等政策，为工业软件的发展指明方向，实现工业软件的可持续发展。

我国工业软件的机遇与挑战并存。加快我国工业软件发展，并占据行业顶峰需要依托工业互联网平台，从特定工业场景的数字化改造需求入手，以“行业工业互联网平台+工业 App”模式多主体协同推动工业软件的更新迭代，最终产生更完善的产业生态。工业软件想要自力更生，必须开发出适用于中国制造各种应用场景的软件，形成具有中国特色的工业软件体系。

工业软件既是实现智能制造的基础，也是工业化和信息化融合的切入点，地方政府应当加大人才培养及资金投入，并根据各地的实际情况，同时对供给方和需求方进行扶持。要想推动自主可控工业软件的应用及创新发展，带动我国制造业的转型升级，地方政府可从以下几点入手。

一是各地根据其地方特色产业，打造相应的工业互联网平台。各地政府应当鼓励当地特色产业与工业软件企业合作，打造出具有当地特色的工业互联网平台。将工业软件云化和工业软件 App 化作为主要方向。与此同时，推行优惠政策、大力宣传积极培训并鼓励各工业企业使用国产软件，上云用云，加快形成“线上产业集群”。

二是不断积累工业技术，促进工业技术和知识软件化。政府应支持企业将工业技术和知识软件化作为企业的重要发展方向，同时将企业当前所掌握的技术与知识转化成工业软件。为了实现专业服务、互惠互利、共建共享的工业 App 开发生态体系，应着重打造工业 App 开发生态，引进工业 App 开发服务，积极测试工业软件和培训技术人员。

三是政府企业协同合作，提高工业软件产能。把握传统产业数字化转型的契机，坚持“扶优转强”和“育专成强”，重点发展和扶持软件企业深度参与行业企业数字化转型试点工作，做好试点成功后的模式推广。政府鼓励地方工业企业联合起来，做到在架构上对标前沿、在体系上彼此协调、在功能上相辅相成、在组织上抱团取暖，全面提升地方工业软件的产能。

目前我国成长起来一批致力于自主研发 CAE 的软件公司。

安世亚太是 Ansys 在中国最大的合作伙伴，提供工程咨询，构建了仿真云平台。它自主研发了精益研发平台，开发了声学仿真、大尺度仿真、综合设计仿真、需求分析、MBSE（基于模型的系统工程）等软件；中仿智能科技（上海）股份有限公司将虚拟现实技术融入飞行模拟中，同时提供研发工具和系统仿真平台；北京瑞风协同科技股份有限公司拥有试验数据管理、工程知识平台、协同仿真平台。

上海索辰信息科技股份有限公司自主研发了仿真平台，提供了一系列专用的仿真软件产品；北京海基科技发展有限责任公司从流体仿真起家，研发了企业工程数据中心、试验数据管理平台，提供了面向多个物理场的仿真软件和工艺仿真软件；北京安怀信科技股份有限公司除了提供自主研发的支撑软件和咨询服务，还拥有仿真结果验证和确认，以及 DFM（可制造性分析）软件；美的集团通过并购 KUKA 公司，获得了一个功能强大的工厂仿真软件 Visual Components；杭州易泰达科技有限公司是国内为数不多从事电机设计和仿真的公司；北京天舟上元信息技术有限公司致力于高端装备产品数字化研发；上海致卓信息科技有限公司则专注于电磁仿真和工程领域。

此外，我国还有一批自主研发仿真软件的科研院所。目前比较活跃的包括：中国飞机强度研究所（623 所），历经四十多年，不断完善航空结构强度分析与优化系统（HAJIF），成为国内航空界功能最为全面的大型 CAE 软件系统；中国工程物理研究院高性能数值模拟软件中心研发了一系列高性能计算和工程仿真的中间件，以及专用的高性能仿真软件；中国船舶重工集团公司第 702 研究所组建了奥蓝托无锡软件公司（ORIENT），该公司有工程仿真、数字化试验和科研业务管理三大系列软件，在工程仿真领域研发了 CAE 前后处理、工业 App 集成和高性能计算软件，还开发了水动力学仿真软件。由冯志强教授主持开发的通用有限元软件 LiToSim 是一款国产自主可控，具有国际先进水平的通用有限元求解器，可用于航空航天、汽车制造、电子通信、船舶制造、石油化工等多个领域，能够求解复杂的固体力学问题。

尽管错失几十年的发展机遇，但中国工业仿真软件的熊熊烈火已经开始点燃。

复习思考题

1-1　什么是材料成型数值模拟？目的是什么？

1-2　有限元法分析的一般步骤是什么？

1-3　叙述有限差分法的实现过程。

1-4　叙述物质点法的实现过程。

1-5　详述等几何法的实现步骤。

1-6　除了文中介绍的数值仿真方法，还有哪些？其基本思想是什么？

1-7　叙述我国 CAE 仿真软件的现状与未来。

1-8　叙述材料成型数值模拟的工程意义。

1-9　在应用数值方法模拟材料成型的过程中，有哪些注意事项？

1-10　材料成型数值模拟的发展趋势是什么？

第 2 章　有限元法

有限元法（Finite Element Method，FEM）是一种求解数理方程的数值方法，是解决工程问题的一种强有力的计算工具。目前有限元法已经在固体力学和结构分析领域取得了巨大成就，成功地解决了许多具有重大意义的工程问题。有限元法虽然起源于结构分析，但是现在已经被广泛推广到各种工程和工业领域中，能够求解由杆、梁、板、壳等各种单元构成的弹性、黏弹性和弹塑性等问题，并实现锻压、切削等加工过程仿真。

有限元法具有通用性和有效性的特点，是解决各类工程问题的通用工具。不少国家开发了通用的软件来进行仿真分析，如 Ansys、Abaqus、Comsol、MARC、NASTRAN 等。现如今，伴随着计算机技术的飞速发展，有限元法在计算精度、计算效率方面得到了极大的提升。目前我国在有限元应用软件研制上与国外发达国家的差距非常大，成熟的商业软件较少。

2.1　有限元法基础理论

弹性问题有限元法是有限元理论的基础，是实际工程中应用最广泛、最成功的数值方法之一。它主要有基于最小势能原理或虚功原理的位移法、基于最小余能原理的力法、基于修正余能原理的杂交法等。本节将以线弹性位移法为例介绍有限元法的相关理论[14–16]。

2.1.1　有限元平衡方程

有限元法的基本思想如下：

（1）将连续的求解系统离散为一组由节点相互关联在一起的单元组合体；

（2）在每个单元内假设近似函数来分片表示系统的求解场函数。

其中，（1）反映了所分析系统的有限元网格划分过程。（2）通过在单元内假设不同的插值场函数，建立不同的单元模型，适应各种各样的变形模式和受力模式。例如，分析锻压工艺过程中一定工况下的应力和模具位移响应时，可以在有限元分析软件中将坯料划分成由若干单元组成的组合体。图 2-1（a）为锻件在上下模具的共同作用下的网格应力分布云图。

如图 2-1（b）所示，该系统为受力弹性体。其中 A 为弹性体的受力边界，V 为弹性体的体积域，$\boldsymbol{G}$ 为弹性体的体力，$\boldsymbol{P}$ 为作用于弹性体表面的分布力。基于有限元的思想，将该变形体划分为 n_{Ve} 个单元，每个单元有 n_p 个节点，则单元内任意一点的位移 $\boldsymbol{u}$ 可由单元各节点位移 $\boldsymbol{u}_e$ 插值得到

$$\boldsymbol{u} = \boldsymbol{N}\boldsymbol{u}_e = \sum_{i=1}^{n_p} N_i u_i \tag{2-1}$$

式中，$\boldsymbol{N}$ 为单元形函数矩阵；u_i 为单元第 i 个节点位移。

根据单元几何关系，即单元内任意一点的位移 $\boldsymbol{u}$ 与应变 $\boldsymbol{\varepsilon}$ 之间的关系，则有

$$\boldsymbol{\varepsilon} = \mathbf{L}\boldsymbol{u} = \mathbf{L}\boldsymbol{N}\boldsymbol{u}_e = \boldsymbol{B}\boldsymbol{u}_e \tag{2-2}$$

式中，$\mathbf{L}$ 为单元几何微分算子；$\boldsymbol{B} = \mathbf{L}\boldsymbol{N}$ 为应变矩阵。

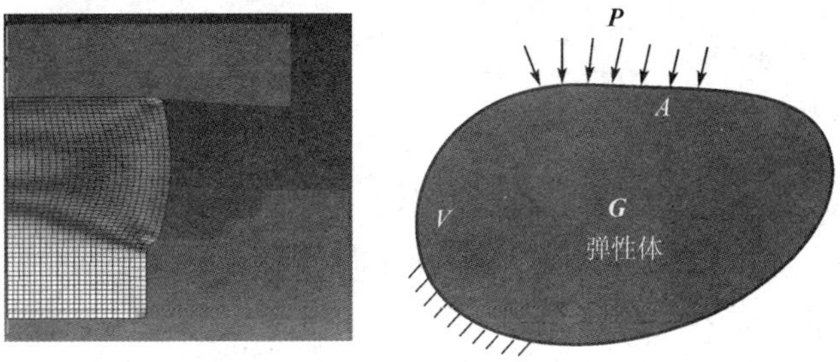

（a）锻件在上下模具的共同作用下的网格应力分布云图　（b）弹性体受力情况

图 2-1　网格划分与弹性体受力

结合单元本构关系，即单元内任意一点的应变$\boldsymbol{\varepsilon}$与应力$\boldsymbol{\sigma}$之间的关系

$$\boldsymbol{\sigma} = \boldsymbol{D\varepsilon} = \boldsymbol{DBu}_e \tag{2-3}$$

式中，$\boldsymbol{D}$为单元弹性矩阵。

单元的应变能密度为

$$U_0 = \frac{1}{2}\boldsymbol{\sigma\varepsilon} = \frac{1}{2}\boldsymbol{\varepsilon}^{\mathrm{T}}\boldsymbol{D\varepsilon} \tag{2-4}$$

则单元的应变能（内能）为

$$U_e = \frac{1}{2}\int_{V_e}\boldsymbol{\varepsilon}^{\mathrm{T}}\boldsymbol{D\varepsilon}\,\mathrm{d}V_e \tag{2-5}$$

式中，V_e为单元体积域。单元所受的外力功W_e为

$$W_e = \int_S \boldsymbol{u}^{\mathrm{T}}\boldsymbol{P}\,\mathrm{d}S + \int_{V_e}\boldsymbol{u}^{\mathrm{T}}\boldsymbol{G}\,\mathrm{d}V_e \tag{2-6}$$

式中，S为边界单元域。则该单元的势能$\varPi_e$为应变能减去外力功

$$\begin{aligned}\varPi_e &= U_e - W_e \\ &= \frac{1}{2}\int_{V_e}\boldsymbol{\varepsilon}^{\mathrm{T}}\boldsymbol{D\varepsilon}\,\mathrm{d}V_e - \int_S \boldsymbol{u}^{\mathrm{T}}\boldsymbol{P}\,\mathrm{d}S - \int_{V_e}\boldsymbol{u}^{\mathrm{T}}\boldsymbol{G}\,\mathrm{d}V_e \\ &= \frac{1}{2}\boldsymbol{u}_e^{\mathrm{T}}\int_{V_e}\boldsymbol{B}^{\mathrm{T}}\boldsymbol{DB}\,\mathrm{d}V_e\boldsymbol{u}_e - \boldsymbol{u}_e^{\mathrm{T}}\int_S \boldsymbol{N}^{\mathrm{T}}\boldsymbol{P}\,\mathrm{d}S - \boldsymbol{u}_e^{\mathrm{T}}\int_{V_e}\boldsymbol{N}^{\mathrm{T}}\boldsymbol{G}\,\mathrm{d}V_e\end{aligned} \tag{2-7}$$

定义单元刚度矩阵为

$$\boldsymbol{K}_e = \int_{V_e}\boldsymbol{B}^{\mathrm{T}}\boldsymbol{DB}\,\mathrm{d}V_e \tag{2-8}$$

定义单元等效节点载荷向量为

$$\boldsymbol{F}_e = \int_S \boldsymbol{N}^{\mathrm{T}}\boldsymbol{P}\,\mathrm{d}S + \int_{V_e}\boldsymbol{N}^{\mathrm{T}}\boldsymbol{G}\,\mathrm{d}V_e \tag{2-9}$$

则系统的总势能为各单元势能之和，即

$$\varPi = \sum \varPi_e = \boldsymbol{U}^{\mathrm{T}}\frac{1}{2}\sum \boldsymbol{G}_g^{\mathrm{T}}\boldsymbol{K}_e\boldsymbol{G}_g\boldsymbol{U} - \boldsymbol{U}^{\mathrm{T}}\sum \boldsymbol{G}_g^{\mathrm{T}}\boldsymbol{F}_e \tag{2-10}$$

式中，$\boldsymbol{G}_g$为单元局部自由度编号对应总体全局编号的转换矩阵，$\boldsymbol{U}$为全局编号下的位移向量。定义总体刚度矩阵和总体节点载荷向量分别为

$$\boldsymbol{K} = \sum \boldsymbol{G}_g^{\mathrm{T}}\boldsymbol{K}_e\boldsymbol{G}_g \tag{2-11}$$

$$\boldsymbol{F}=\sum \boldsymbol{G}_g^{\mathrm{T}}\boldsymbol{F}_e \tag{2-12}$$

弹性体总势能可改写为

$$\Pi=\frac{1}{2}\boldsymbol{U}^{\mathrm{T}}\boldsymbol{K}\boldsymbol{U}-\boldsymbol{U}^{\mathrm{T}}\boldsymbol{F} \tag{2-13}$$

根据最小势能原理，在所有的可容许的位移场中，真实位移场使得系统的总势能最小，即对总势能的一阶变分为0。

$$\frac{\partial \Pi}{\partial \boldsymbol{U}}=0 \tag{2-14}$$

可得到弹性体有限元平衡方程：

$$\boldsymbol{K}\boldsymbol{U}=\boldsymbol{F} \tag{2-15}$$

2.1.2 常见单元的形函数

经典的弹性力学解析法是从弹性力学基本方程入手，寻求满足各类偏微分方程、应力边界条件、位移边界条件，以及适合全域的解析解。但是对于很多实际问题，由于边界条件、载荷和约束条件的复杂性，很难用解析的方法进行求解。有限元法摒弃了这种思路，而是把求解的区域划分为数量有限的三角形、四边形、四面体或六面体等子区域，每个子区域为一个单元，单元的顶点称为节点，各个单元之间通过节点相连。每个单元利用节点上的位移，通过单元插值的方法，建立该单元的位移函数。对单元进行力学分析，建立单元节点力与单元节点的位移关系式，通过弹性力学基本方程及适当的边界条件，可求解出单元的应变和应力[15,16]。本节主要介绍简单的梁单元、三角形单元及矩形单元。

1. 梁单元

在材料力学和结构力学中，将能够承受轴向力、弯矩和横向剪切力的杆件称为梁。在有限元法中，将梁离散为有限个单元，即梁单元。本节将介绍能够承受轴向力、弯矩和横向剪切力的梁单元。

图2-2所示的梁单元与坐标轴平行，令梁的轴线与坐标x轴重合，单元的两个节点编号分别为i和j，所对应的节点坐标分别为$(x_i,0,0)$和$(x_j,0,0)$。根据梁的变形特点，如图2-2（a）所示，每个节点有3个位移，以节点i为例：沿x和y方向的位移u_i和v_i，以及绕z轴的转角θ_{iz}；如图2-2（b）所示，每个节点有3个节点力，以节点i为例：轴向力P_i、垂直于轴线的剪切力Q_i和绕z轴的弯矩M_{iz}。

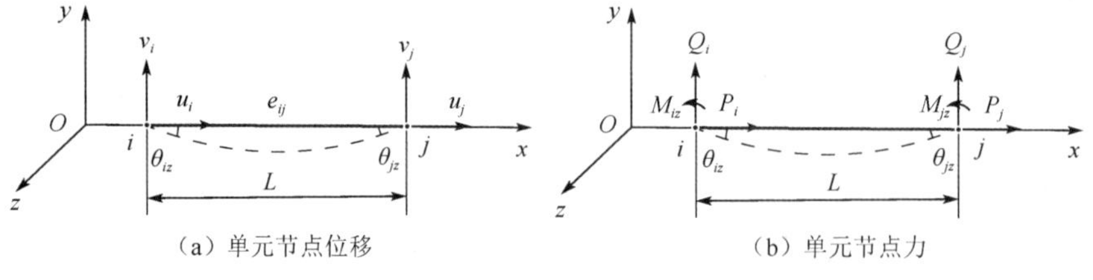

图2-2 梁单元

梁单元的节点位移列阵$\boldsymbol{q}^e$和节点力列阵$\boldsymbol{F}^e$分别为

$$\boldsymbol{q}^e=\{u_i\ v_i\ \theta_{iz}\ u_j\ v_j\ \theta_{jz}\}^{\mathrm{T}}$$

$$\boldsymbol{F}^e=\{P_i\ Q_i\ M_{iz}\ P_j\ Q_j\ M_{jz}\}^{\mathrm{T}} \tag{2-16}$$

如图 2-2（a）所示，沿x方向的梁单元e_{ij}在沿梁轴线x方向有 2 个节点位移u_i和u_j，单元x方向的位移函数$u(x)$取坐标x的线性函数；单元与y方向位移有关的节点位移有 4 个：v_i、θ_{iz}、v_j、θ_{jz}，所以，单元y方向的位移函数$v(x)$取坐标x的三次函数，定义单元内任意点$(x,0,0)$沿x、y方向的位移为

$$\begin{cases} u(x)=a_1+a_2x \\ v(x)=b_1+b_2x+b_3x^2+b_4x^3 \end{cases} \tag{2-17}$$

式中，a_1、a_2、b_1～b_4为待定常数，可由单元节点位移条件确定。

当$x=x_i$时，$u=u_i$，$v=v_i$，$\theta_z=\dfrac{\mathrm{d}v}{\mathrm{d}x}=\theta_{iz}$；

当$x=x_j$时，$u=u_j$，$v=v_j$，$\theta_z=\dfrac{\mathrm{d}v}{\mathrm{d}x}=\theta_{jz}$；

这样有

$$\begin{cases} u_i=a_1+a_2x_i \\ u_j=a_1+a_2x_j \end{cases} \tag{2-18}$$

$$\begin{cases} v_i=b_1+b_2x_i+b_3x_i^2+b_4x_i^3 \\ \theta_{iz}=\dfrac{\mathrm{d}v}{\mathrm{d}x}=0+b_2+2b_3x_i+3b_4x_i^2 \\ v_j=b_1+b_2x_j+b_3x_j^2+b_4x_j^3 \\ \theta_{jz}=\dfrac{\mathrm{d}v}{\mathrm{d}x}=0+b_2+2b_3x_j+3b_4x_j^2 \end{cases} \tag{2-19}$$

由式（2-18）和式（2-19）分别求解出a_1、a_2、b_1～b_4，并代入式（2-17）中，得

$$\begin{cases} u(x)=\left[\dfrac{1}{L}(x_j-x) \quad -\dfrac{1}{L}(x_i-x)\right]\begin{Bmatrix} u_i \\ u_j \end{Bmatrix}=[N_1 \quad N_2]\begin{Bmatrix} u_i \\ u_j \end{Bmatrix} \\ v(x)=[1 \quad x \quad x^2 \quad x^3]\begin{bmatrix} 1 & 0 & 0 & 0 \\ 0 & 1 & 0 & 0 \\ \dfrac{-3}{L^2} & \dfrac{-2}{L} & \dfrac{3}{L^2} & \dfrac{-1}{L} \\ \dfrac{2}{L^3} & \dfrac{1}{L^2} & \dfrac{-2}{L^3} & \dfrac{1}{L^2} \end{bmatrix}\begin{Bmatrix} v_i \\ \theta_{iz} \\ v_j \\ \theta_{jz} \end{Bmatrix}=[N_3 \quad N_4 \quad N_5 \quad N_6]\begin{Bmatrix} v_i \\ \theta_{iz} \\ v_j \\ \theta_{jz} \end{Bmatrix} \end{cases} \tag{2-20}$$

式中，L为单元长度。

将式（2-20）中的两式合并，以矩阵形式表达，则有单元内任意点$(x,0,0)$的位移为

$$\boldsymbol{q}=\begin{Bmatrix} u(x) \\ v(x) \end{Bmatrix}=\begin{bmatrix} N_1 & 0 & 0 & N_2 & 0 & 0 \\ 0 & N_3 & N_4 & 0 & N_5 & N_6 \end{bmatrix}\begin{Bmatrix} u_i \\ v_i \\ \theta_{iz} \\ u_j \\ v_j \\ \theta_{jz} \end{Bmatrix}=\boldsymbol{N}\boldsymbol{q}^e \tag{2-21}$$

式中，$\boldsymbol{N}$为形函数矩阵；$\boldsymbol{q}^e$为单元节点位移向量，即

$$\boldsymbol{N}=\begin{bmatrix} N_1 & 0 & 0 & N_2 & 0 & 0 \\ 0 & N_3 & N_4 & 0 & N_5 & N_6 \end{bmatrix} \tag{2-22}$$

$$\boldsymbol{q}^e=\{u_i \ v_i \ \theta_{iz} \ u_j \ v_j \ \theta_{jz}\}^{\mathrm{T}} \tag{2-23}$$

形函数矩阵$\boldsymbol{N}$中的分量为

$$\begin{aligned} &N_1=\frac{1}{L}(x_j-x),\ N_2=-\frac{1}{L}(x_i-x),\ N_3=1-\frac{3x^2}{L^2}+\frac{2x^3}{L^3} \\ &N_4=x-\frac{2x^2}{L}+\frac{x^3}{L^2},\ N_5=\frac{3x^2}{L^2}-\frac{2x^3}{L^3},\ N_6=\frac{-x^2}{L}+\frac{x^3}{L^2} \end{aligned} \tag{2-24}$$

2. 三角形单元

图 2-3 所示为三角形单元e，其节点分别为i、j、m，

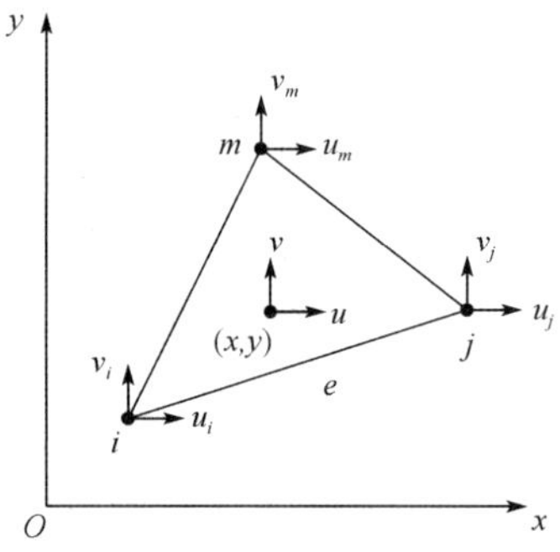

图 2-3　三角形单元 e

对应的节点坐标分别为(x_i,y_i)、(x_j,y_j)和(x_m,y_m)，对应的节点位移分别为$q_i=\begin{Bmatrix} u_i \\ v_i \end{Bmatrix}$、$q_j=\begin{Bmatrix} u_j \\ v_j \end{Bmatrix}$和$q_m=\begin{Bmatrix} u_m \\ v_m \end{Bmatrix}$，节点位移列成为

$$\boldsymbol{q}^e=\{q_i \quad q_j \quad q_m\}^{\mathrm{T}}=\{u_i \quad v_i \quad u_j \quad v_j \quad u_m \quad v_m\}^{\mathrm{T}} \tag{2-25}$$

单元内部任意一点(x,y)的位移函数为$\boldsymbol{q}=\begin{Bmatrix} u(x,y) \\ v(x,y) \end{Bmatrix}$，假设$u$、$v$是关于$x$、$y$的线性函数，则单元的位移函数为

$$\boldsymbol{q}=\begin{Bmatrix} u(x,y) \\ v(x,y) \end{Bmatrix}=\begin{cases} \alpha_1+\alpha_2 x+\alpha_3 y \\ \beta_1+\beta_2 x+\beta_3 y \end{cases} \tag{2-26}$$

式中，α_1、α_2、α_3、β_1、β_2和β_3为待定系数。q_i、q_j和q_m应满足式（2-26），因此得到以下方程组：

$$\begin{cases} u_i=\alpha_1+\alpha_2 x_i+\alpha_3 y_i \\ v_i=\beta_1+\beta_2 x_i+\beta_3 y_i \\ u_j=\alpha_1+\alpha_2 x_j+\alpha_3 y_j \\ v_j=\beta_1+\beta_2 x_j+\beta_3 y_j \\ u_m=\alpha_1+\alpha_2 x_m+\alpha_3 y_m \\ v_m=\beta_1+\beta_2 x_m+\beta_3 y_m \end{cases} \tag{2-27}$$

求解以上 6 个方程，可得 6 个未知量α_1、α_2、α_3、β_1、β_2和β_3。

$$\left\{\begin{aligned}
\alpha_1 &= \frac{1}{2A}[(x_j y_m - x_m y_j)u_i + (x_m y_i - x_i y_m)u_j + (x_i y_j - x_j y_i)u_m] \\
&= \frac{1}{2A}(a_i u_i + a_j u_j + a_m u_m) \\
\alpha_2 &= \frac{1}{2A}[(y_j - y_m)u_i + (y_m - y_i)u_j + (y_i - y_j)u_m] \\
&= \frac{1}{2A}(b_i u_i + b_j u_j + b_m u_m) \\
\alpha_3 &= \frac{1}{2A}[(x_m - x_j)u_i + (x_j - x_m)u_j + (x_j - x_i)u_m] \\
&= \frac{1}{2A}(c_i u_i + c_j u_j + c_m u_m) \\
\beta_1 &= \frac{1}{2A}[(x_j y_m - x_m y_j)v_i + (x_m y_i - x_i y_m)v_j + (x_i y_j - x_j y_i)v_m] \\
&= \frac{1}{2A}(a_i v_i + a_j v_j + a_m v_m) \\
\beta_2 &= \frac{1}{2A}[(y_j - y_m)v_i + (y_m - y_i)v_j + (y_i - y_j)v_m] \\
&= \frac{1}{2A}(b_i v_i + b_j v_j + b_m v_m) \\
\beta_3 &= \frac{1}{2A}[(x_m - x_j)v_i + (x_j - x_m)v_j + (x_j - x_i)v_m] \\
&= \frac{1}{2A}(c_i v_i + c_j v_j + c_m v_m)
\end{aligned}\right. \tag{2-28}$$

式中，A为三角形单元的面积，即

$$A = \frac{1}{2}\begin{vmatrix} 1 & x_i & y_i \\ 1 & x_j & y_j \\ 1 & x_m & y_m \end{vmatrix} = \frac{1}{2}(x_j y_m + x_i y_j + x_m y_i - x_i y_i - x_i y_m - x_m y_i) \tag{2-29}$$

其他变量表达式为

$$a_i = x_j y_m - x_m y_j,\ a_j = x_m y_i - x_i y_m,\ a_m = x_i y_j - x_j y_i \tag{2-30}$$

$$b_i = y_j - y_m,\ b_j = y_m - y_i, b_m = y_i - y_j \tag{2-31}$$

$$c_i = x_m - x_j,\ c_j = x_j - x_m,\ c_m = x_j - x_i \tag{2-32}$$

式中，a_i、b_i、c_i（$i = i,j,m$），仅与节点i、j、m的坐标有关。

将α_1、α_2、α_3、β_1、β_2和β_3代入式（2-26）中，可得到

$$\boldsymbol{q} = \left\{\begin{aligned}
&\frac{1}{2A}[(a_i + b_i x + c_i y)u_i + (a_j + b_j x + c_j y)u_j + (a_m + b_m x + c_m y)u_m] \\
&\frac{1}{2A}[(a_i + b_i x + c_i y)v_i + (a_j + b_j x + c_j y)v_j + (a_m + b_m x + c_m y)v_m]
\end{aligned}\right. \tag{2-33}$$

因此，可得三角形单元形函数公式：

$$\begin{cases} N_i = \dfrac{1}{2A}(a_i + b_i x + c_i y) \\ N_j = \dfrac{1}{2A}(a_j + b_j x + c_j y) \\ N_m = \dfrac{1}{2A}(a_m + b_m x + c_m y) \end{cases} \tag{2-34}$$

位移函数可以写成矩阵表达式：

$$\boldsymbol{q} = \begin{Bmatrix} u(x,y) \\ v(x,y) \end{Bmatrix} = \begin{bmatrix} N_i & 0 & N_j & 0 & N_m & 0 \\ 0 & N_i & 0 & N_j & 0 & N_m \end{bmatrix} \begin{Bmatrix} u_i \\ v_i \\ u_j \\ v_j \\ u_m \\ v_m \end{Bmatrix} = \boldsymbol{N}\boldsymbol{q}^e \tag{2-35}$$

式中，$\boldsymbol{N}$ 为三角形单元形函数矩阵：

$$\boldsymbol{N} = \begin{bmatrix} N_i & 0 & N_j & 0 & N_m & 0 \\ 0 & N_i & 0 & N_j & 0 & N_m \end{bmatrix}_{2\times 6} \tag{2-36}$$

3. 矩形单元

3 节点三角形单元的位移函数是坐标(x,y)的线性函数，导致单元为常数应变和常应力状态，在单元边界处存在突变和不连续，这就导致与实际情况存在误差。为了提高计算精度，更好地反映弹性体的位移状态和应力状态，可采用更精密的单元，也就是具有高次位移函数的单元。本节主要介绍 4 节点矩形单元，如图 2-4 所示。

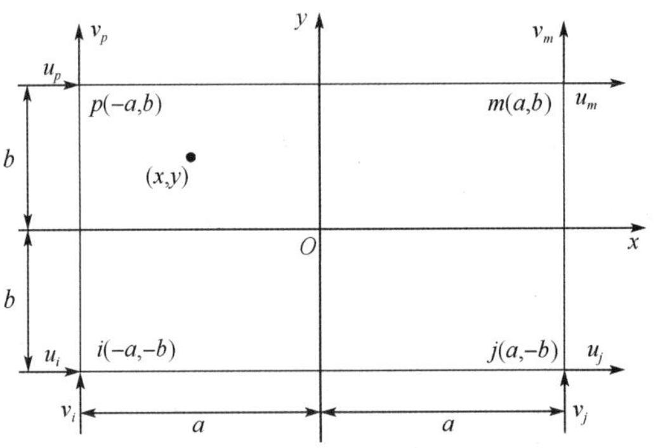

图 2-4 矩形单元

设矩形单元的 4 个节点按逆时针顺序排列为i、j、m、p；定义该单元的坐标系$O(x,y)$，定义矩形x方向和y方向的边长分别为$2a$和$2b$。节点的坐标分别为$i(-a,-b)$、$j(a,-b)$、$m(a,b)$、$p(-a,b)$。每个节点有 2 个位移分量，总共有 8 个位移分量，即

$$\boldsymbol{q}^e = \{q_i \quad q_j \quad q_m \quad q_p\}^{\mathrm{T}} = \{u_i \quad v_i \quad u_j \quad v_j \quad u_m \quad v_m \quad u_p \quad v_p\}^{\mathrm{T}} \tag{2-37}$$

假设单元内任意一点(x,y)的位移函数为

$$\boldsymbol{q}(x,y) = \begin{cases} u(x,y) = \alpha_1 + \alpha_2 x + \alpha_3 y + \alpha_4 xy \\ v(x,y) = \beta_1 + \beta_2 x + \beta_3 y + \beta_4 xy \end{cases} \tag{2-38}$$

因为矩形单元的 4 个节点需满足位移函数公式，有

$$\begin{cases} u_i = \alpha_1 - a\alpha_2 - b\alpha_3 + ab\alpha_4 \\ v_i = \beta_1 - a\beta_2 - b\beta_3 + ab\beta_4 \\ u_j = \alpha_1 + a\alpha_2 - b\alpha_3 - ab\alpha_4 \\ v_j = \beta_1 + a\beta_2 - b\beta_3 - ab\beta_4 \\ u_m = \alpha_1 + a\alpha_2 + b\alpha_3 + ab\alpha_4 \\ v_m = \beta_1 + a\beta_2 + b\beta_3 + ab\beta_4 \\ u_p = \alpha_1 - a\alpha_2 + b\alpha_3 - ab\alpha_4 \\ v_p = \beta_1 - a\beta_2 + b\beta_3 - ab\beta_4 \end{cases} \tag{2-39}$$

即可解出α_1、α_2、α_3、α_4、β_1、β_2、β_3、β_4，再代入位移函数中可得

$$\boldsymbol{q}(x,y) = \begin{cases} u(x,y) = N_i u_i + N_j u_j + N_m u_m + N_p u_p \\ v(x,y) = N_i v_i + N_j v_j + N_m v_m + N_p v_p \end{cases} \tag{2-40}$$

式中

$$\begin{aligned} N_i &= \frac{(a-x)(b-y)}{4ab}, \quad N_j = \frac{(a+x)(b-y)}{4ab} \\ N_m &= \frac{(a+x)(b+y)}{4ab}, \quad N_p = \frac{(a-x)(b+y)}{4ab} \end{aligned} \tag{2-41}$$

式（2-40）称为 4 节点矩形单元位移的形状函数，即形函数。式（2-40）改写为矩阵形式为

$$\boldsymbol{q}(x,y) = \begin{Bmatrix} u(x,y) \\ v(x,y) \end{Bmatrix} = \begin{bmatrix} N_i & 0 & N_j & 0 & N_m & 0 & N_p & 0 \\ 0 & N_i & 0 & N_j & 0 & N_m & 0 & N_p \end{bmatrix} \begin{Bmatrix} u_i \\ v_i \\ u_j \\ v_j \\ u_m \\ v_m \\ u_p \\ v_p \end{Bmatrix} = \boldsymbol{N}_{2\times 8}\boldsymbol{q}^e_{8\times 1} \tag{2-42}$$

式中，形函数矩阵为

$$\boldsymbol{N} = \begin{bmatrix} N_i & 0 & N_j & 0 & N_m & 0 & N_p & 0 \\ 0 & N_i & 0 & N_j & 0 & N_m & 0 & N_p \end{bmatrix}_{2\times 8} \tag{2-43}$$

由 4 节点矩形单元位移函数可知，在单元边界上（$x = \pm a$，$y = \pm b$），位移分量是按照线性变化的，与 3 节点三角形单元相同，在 4 节点矩形单元任意两相邻单元的公共边界上位移连续。

2.1.3 等参单元数值积分

在上述章节提到，对于复杂边界物体的离散，规则单元已不能满足实际需求。学者通过建立规则单元与不规则单元之间的等参变换来解决该问题。在有限元分析中，形状不规则的实际单元和形状规则的标准单元之间的坐标变换，与单元内物理量函数插值采用相同的节点、相同的插值函数，称该变换为等参变换。采用等参变换的单元称为等参单元。下面以 4 节点平面等参单元为例推导等参单元的有限元方程，并给出等参单元积分方法。

1. 位移函数和形函数

如图 2-5（a）所示，在物理坐标系$O(x,y)$中，单元的形状是任意四边形。为了便于计算

分析，在单元内部建立一个局部坐标系$O(\xi,\eta)$，进行坐标变换，最后得到一个边长为 2 的正方形单元，我们称为母单元，如图 2-5（b）所示。

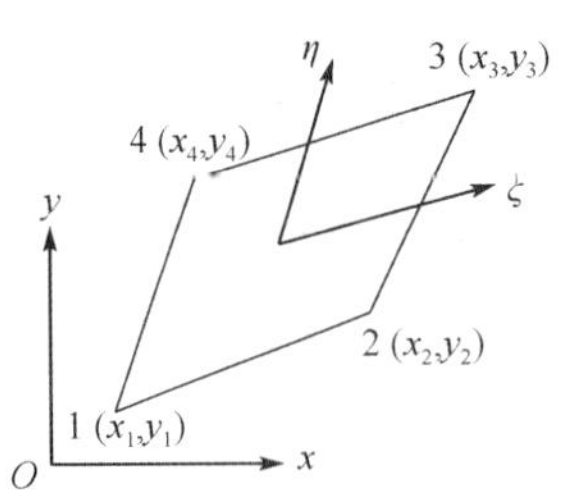

（a）物理坐标系$O(x,y)$中的任意四边形单元

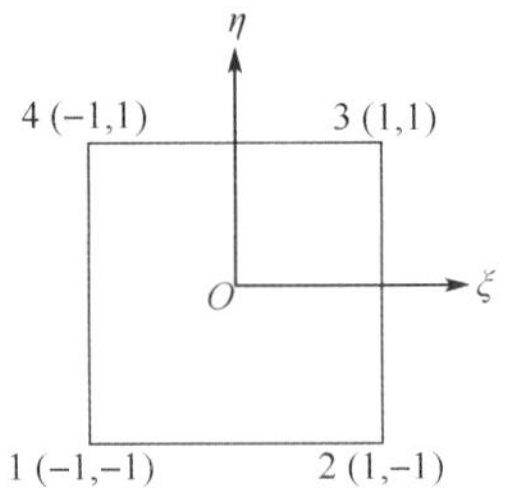

（b）基准坐标系$O(\xi,\eta)$中的母单元

图 2-5　不规则四边形单元的映射

基准坐标系内单元的任意点与物理坐标系内单元的任意点是一一对应的，就单元的 4 个节点而言，有节点对应条件

$$\begin{cases} x_i = x(\xi_i, \eta_i) \\ y_i = y(\xi_i, \eta_i) \end{cases} \tag{2-44}$$

这说明分别在 x 和 y 两个方向上各有 4 个节点条件，若采用多项式来描述坐标映射关系，则它们分别是包含 4 个待定系数的多项式，即

$$\begin{cases} x(\xi,\eta) = a_0 + a_1\xi + a_2\eta + a_3\xi\eta \\ y(\xi,\eta) = b_0 + b_1\xi + b_2\eta + b_3\xi\eta \end{cases} \tag{2-45}$$

式中，待定系数$a_{0\sim3}$和$b_{0\sim3}$可由节点条件唯一确定。

对照前面矩形单元的位移函数式（2-38），映射函数式（2-45）具有一样的形式。同样地，将求出的待定系数再代回式（2-45），可以重写为

$$\begin{cases} x(\xi,\eta) \\ y(\xi,\eta) \end{cases} = \begin{cases} \sum_{i=1}^{4} N_i x_i \\ \sum_{i=1}^{4} N_i y_i \end{cases} = \begin{cases} N_1x_1 + N_2x_2 + N_3x_3 + N_4x_4 \\ N_1y_1 + N_2y_2 + N_3y_3 + N_4y_4 \end{cases} \tag{2-46}$$

根据式（2-41），形函数可以写为通式

$$N_i = \frac{1}{4}(1+\xi_i\xi)(1+\eta_i\eta) \quad (i=1,2,3,4) \tag{2-47}$$

式中，$\xi_i = \pm 1$，$\eta_i = \pm 1$，代入式（2-41）中可以获得形函数的具体表达式为

$$\begin{cases} N_1 = \dfrac{1}{4}(1-\xi)(1-\eta) \\ N_2 = \dfrac{1}{4}(1+\xi)(1-\eta) \\ N_3 = \dfrac{1}{4}(1+\xi)(1+\eta) \\ N_4 = \dfrac{1}{4}(1-\xi)(1+\eta) \end{cases} \tag{2-48}$$

于是，式（2-46）可以进一步写为

$$\boldsymbol{x}=\begin{Bmatrix} x(\xi,\eta) \\ y(\xi,\eta) \end{Bmatrix}=\begin{bmatrix} N_1 & 0 & N_2 & 0 & N_3 & 0 & N_4 & 0 \\ 0 & N_1 & 0 & N_2 & 0 & N_3 & 0 & N_4 \end{bmatrix}\begin{Bmatrix} x_1 \\ y_1 \\ x_2 \\ y_2 \\ x_3 \\ y_3 \\ x_4 \\ y_4 \end{Bmatrix}=\boldsymbol{Nq} \tag{2-49}$$

2．数学分析

在进行等参单元的力学分析时，要用到两个坐标系之间的偏导数、微分面积的映射等相关的表达式，为了方便后续力学分析的表达，在这里进行数学分析和表达式的推导。

1）偏导数

根据偏微分规则，形函数 N_i 对 ξ 和 η 的偏导数可以表示为

$$\begin{cases} \dfrac{\partial N_i}{\partial \xi}=\dfrac{\partial N_i}{\partial x}\dfrac{\partial x}{\partial \xi}+\dfrac{\partial N_i}{\partial y}\dfrac{\partial y}{\partial \eta} \\ \dfrac{\partial N_i}{\partial \eta}=\dfrac{\partial N_i}{\partial x}\dfrac{\partial x}{\partial \eta}+\dfrac{\partial N_i}{\partial y}\dfrac{\partial y}{\partial \xi} \end{cases} \tag{2-50}$$

写为矩阵形式为

$$\begin{Bmatrix} \dfrac{\partial N_i}{\partial \xi} \\ \dfrac{\partial N_i}{\partial \eta} \end{Bmatrix}=\begin{bmatrix} \dfrac{\partial x}{\partial \xi} & \dfrac{\partial y}{\partial \xi} \\ \dfrac{\partial x}{\partial \eta} & \dfrac{\partial y}{\partial \eta} \end{bmatrix}\begin{Bmatrix} \dfrac{\partial N_i}{\partial x} \\ \dfrac{\partial N_i}{\partial y} \end{Bmatrix}=\boldsymbol{J}\begin{Bmatrix} \dfrac{\partial N_i}{\partial x} \\ \dfrac{\partial N_i}{\partial y} \end{Bmatrix} \tag{2-51}$$

式中

$$\boldsymbol{J}=\begin{bmatrix} \dfrac{\partial x}{\partial \xi} & \dfrac{\partial y}{\partial \xi} \\ \dfrac{\partial x}{\partial \eta} & \dfrac{\partial y}{\partial \eta} \end{bmatrix} \tag{2-52}$$

称为雅可比矩阵，将式（2-46）代入式（2-52）中可以进一步表示为

$$\boldsymbol{J}=\begin{bmatrix} \dfrac{\partial x}{\partial \xi} & \dfrac{\partial y}{\partial \xi} \\ \dfrac{\partial x}{\partial \eta} & \dfrac{\partial y}{\partial \eta} \end{bmatrix}=\begin{bmatrix} \sum\limits_{i=1}^{4}\dfrac{\partial N_i}{\partial \xi}x_i & \sum\limits_{i=1}^{4}\dfrac{\partial N_i}{\partial \xi}y_i \\ \sum\limits_{i=1}^{4}\dfrac{\partial N_i}{\partial \eta}x_i & \sum\limits_{i=1}^{4}\dfrac{\partial N_i}{\partial \eta}y_i \end{bmatrix}$$

$$=\begin{bmatrix} \dfrac{\partial N_1}{\partial \xi} & \dfrac{\partial N_2}{\partial \xi} & \dfrac{\partial N_3}{\partial \xi} & \dfrac{\partial N_4}{\partial \xi} \\ \dfrac{\partial N_1}{\partial \eta} & \dfrac{\partial N_2}{\partial \eta} & \dfrac{\partial N_3}{\partial \eta} & \dfrac{\partial N_4}{\partial \eta} \end{bmatrix}\begin{bmatrix} x_1 & y_1 \\ x_2 & y_2 \\ x_3 & y_3 \\ x_4 & y_4 \end{bmatrix}$$

$$=\frac{1}{4}\begin{bmatrix}-(1-\eta) & 1-\eta & 1+\eta & -(1+\eta)\\ -(1-\xi) & 1-\xi & 1+\xi & -(1+\xi)\end{bmatrix}\begin{bmatrix}x_1 & y_1\\ x_2 & y_2\\ x_3 & y_3\\ x_4 & y_4\end{bmatrix} \tag{2-53}$$

也可以将式（2-51）写成逆形式

$$\begin{Bmatrix}\dfrac{\partial N_i}{\partial x}\\ \dfrac{\partial N_i}{\partial y}\end{Bmatrix}=\boldsymbol{J}^{-1}\begin{Bmatrix}\dfrac{\partial N_i}{\partial \xi}\\ \dfrac{\partial N_i}{\partial \eta}\end{Bmatrix}=\frac{1}{|\boldsymbol{J}|}\begin{bmatrix}\dfrac{\partial y}{\partial \eta} & -\dfrac{\partial y}{\partial \xi}\\ -\dfrac{\partial x}{\partial \eta} & \dfrac{\partial x}{\partial \xi}\end{bmatrix}\begin{Bmatrix}\dfrac{\partial N_i}{\partial \xi}\\ \dfrac{\partial N_i}{\partial \eta}\end{Bmatrix} \tag{2-54}$$

式中，$|\boldsymbol{J}|$是矩阵$\boldsymbol{J}$的行列式，即

$$|\boldsymbol{J}|=\frac{\partial x}{\partial \xi}\frac{\partial y}{\partial \eta}-\frac{\partial y}{\partial \xi}\frac{\partial x}{\partial \eta} \tag{2-55}$$

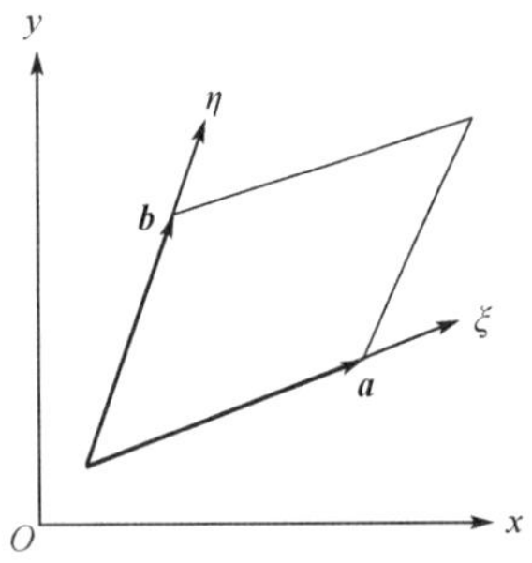

图 2-6　微分面积的映射

2）微分面积的映射

在物理坐标系$O(x,y)$内，由向量$\boldsymbol{a}$和$\boldsymbol{b}$所围成的微小四边形的面积如图 2-6 所示，其表示为

$$\boldsymbol{a}=a_x\boldsymbol{i}+a_y\boldsymbol{j},\quad \boldsymbol{b}=b_x\boldsymbol{i}+b_y\boldsymbol{j} \tag{2-56}$$

式中，$\boldsymbol{i}$和$\boldsymbol{j}$分别为 x 和 y 方向的单位向量，a_x和a_y分别为向量$\boldsymbol{a}$在 x 和 y 轴上的投影，b_x和b_y分别为向量$\boldsymbol{b}$在 x 和 y 轴上的投影。

由于ξ方向的向量$\boldsymbol{a}$只随ξ坐标变化，而η坐标不变，所以$\boldsymbol{a}$和$\boldsymbol{b}$在直角坐标轴 x 和 y 上的投影为

$$a_x=\frac{\partial x}{\partial \xi}\mathrm{d}\xi,\quad a_y=\frac{\partial y}{\partial \xi}\mathrm{d}\xi,\quad b_x=\frac{\partial x}{\partial \eta}\mathrm{d}\eta,\quad b_y=\frac{\partial y}{\partial \eta}\mathrm{d}\eta \tag{2-57}$$

根据向量运算法则，微分向量$\boldsymbol{a}$和$\boldsymbol{b}$形成的微分四边形面积为

$$\begin{aligned}\mathrm{d}A&=\boldsymbol{a}\times\boldsymbol{b}=(a_x\boldsymbol{i}+a_y\boldsymbol{j})\times(b_x\boldsymbol{i}+b_y\boldsymbol{j})\\&=a_xb_x\boldsymbol{i}\times\boldsymbol{i}+a_xb_y\boldsymbol{i}\times\boldsymbol{j}+a_yb_x\boldsymbol{j}\times\boldsymbol{i}+a_yb_y\boldsymbol{j}\times\boldsymbol{j}\end{aligned} \tag{2-58}$$

因为 x 和 y 互相垂直，所以$\boldsymbol{i}$和$\boldsymbol{j}$也互相垂直，即

$$\boldsymbol{i}\times\boldsymbol{i}=0,\quad \boldsymbol{j}\times\boldsymbol{j}=0,\quad \boldsymbol{i}\times\boldsymbol{j}=\boldsymbol{j}\times\boldsymbol{i}=-1 \tag{2-59}$$

由式（2-57）和式（2-58）有

$$\begin{aligned}\mathrm{d}A&=\boldsymbol{a}\times\boldsymbol{b}=(a_x\boldsymbol{i}+a_y\boldsymbol{j})\times(b_x\boldsymbol{i}+b_y\boldsymbol{j})=a_xb_y-a_yb_x=\begin{vmatrix}a_x & a_y\\ b_x & b_y\end{vmatrix}\\&=\begin{vmatrix}\dfrac{\partial x}{\partial \xi}\mathrm{d}\xi & \dfrac{\partial y}{\partial \xi}\mathrm{d}\xi\\ \dfrac{\partial x}{\partial \eta}\mathrm{d}\eta & \dfrac{\partial y}{\partial \eta}\mathrm{d}\eta\end{vmatrix}=\begin{vmatrix}\dfrac{\partial x}{\partial \xi} & \dfrac{\partial y}{\partial \xi}\\ \dfrac{\partial x}{\partial \eta} & \dfrac{\partial y}{\partial \eta}\end{vmatrix}\mathrm{d}\xi\,\mathrm{d}\eta=|\boldsymbol{J}|\mathrm{d}\xi\,\mathrm{d}\eta\end{aligned} \tag{2-60}$$

所以微分面积为

$$\mathrm{d}A=\mathrm{d}x\,\mathrm{d}y=|\boldsymbol{J}|\mathrm{d}\xi\,\mathrm{d}\eta \tag{2-61}$$

式中，$\mathrm{d}x\,\mathrm{d}y$ 为实际单元中的微分面积；$\mathrm{d}\xi\,\mathrm{d}\eta$ 为母单元中的微分面积，雅可比行列式$|\boldsymbol{J}|$ 相当于面积缩放系数。

3．等参单元物理量

1）单元应变

由弹性力学平面问题中的几何方程可以得到单元应变表达式：

$$\boldsymbol{\varepsilon}^e=\begin{Bmatrix}\varepsilon_x\\ \varepsilon_y\\ \gamma_{xy}\end{Bmatrix}=\begin{Bmatrix}\dfrac{\partial u}{\partial x}\\ \dfrac{\partial v}{\partial y}\\ \dfrac{\partial u}{\partial y}+\dfrac{\partial v}{\partial x}\end{Bmatrix}=\begin{Bmatrix}\dfrac{\partial}{\partial x} & 0\\ 0 & \dfrac{\partial}{\partial y}\\ \dfrac{\partial}{\partial y} & \dfrac{\partial}{\partial x}\end{Bmatrix}\begin{Bmatrix}u(x,y)\\ v(x,y)\end{Bmatrix} \tag{2-62}$$

将式（2-49）代入式（2-62）中得

$$\boldsymbol{\varepsilon}^e=\begin{bmatrix}\dfrac{\partial N_1}{\partial x} & 0 & \dfrac{\partial N_2}{\partial x} & 0 & \dfrac{\partial N_3}{\partial x} & 0 & \dfrac{\partial N_4}{\partial x} & 0\\ 0 & \dfrac{\partial N_1}{\partial y} & 0 & \dfrac{\partial N_2}{\partial y} & 0 & \dfrac{\partial N_3}{\partial y} & 0 & \dfrac{\partial N_4}{\partial y}\\ \dfrac{\partial N_1}{\partial y} & \dfrac{\partial N_1}{\partial x} & \dfrac{\partial N_2}{\partial y} & \dfrac{\partial N_2}{\partial x} & \dfrac{\partial N_3}{\partial y} & \dfrac{\partial N_3}{\partial x} & \dfrac{\partial N_4}{\partial y} & \dfrac{\partial N_4}{\partial x}\end{bmatrix}\begin{Bmatrix}u_1\\ v_1\\ u_2\\ v_2\\ u_3\\ v_3\\ u_4\\ v_4\end{Bmatrix} \tag{2-63}$$

令

$$\boldsymbol{B}=(\boldsymbol{B}_1\ \ \boldsymbol{B}_2\ \ \boldsymbol{B}_3\ \ \boldsymbol{B}_4)=\begin{bmatrix}\dfrac{\partial N_i}{\partial x} & 0\\ 0 & \dfrac{\partial N_i}{\partial y}\\ \dfrac{\partial N_i}{\partial y} & \dfrac{\partial N_i}{\partial x}\end{bmatrix}\quad (i=1,2,3,4) \tag{2-64}$$

式中，$\boldsymbol{B}$ 为应变矩阵，则式（2-63）可以写为

$$\boldsymbol{\varepsilon}^e=\boldsymbol{B}^e\boldsymbol{q}^e=(\boldsymbol{B}_1\ \ \boldsymbol{B}_2\ \ \boldsymbol{B}_3\ \ \boldsymbol{B}_4)^e\boldsymbol{q}^e \tag{2-65}$$

由式（2-54）可知，形函数对整体坐标系$O(x,y)$的导数为

$$\begin{Bmatrix}\dfrac{\partial N_i}{\partial x}\\ \dfrac{\partial N_i}{\partial y}\end{Bmatrix}=\boldsymbol{J}^{-1}\begin{Bmatrix}\dfrac{\partial N_i}{\partial \xi}\\ \dfrac{\partial N_i}{\partial \eta}\end{Bmatrix}\quad (i=1,2,3,4) \tag{2-66}$$

进一步，由式（2-47）可知，形函数对局部坐标系$O(\xi,\eta)$的导数为

$$\begin{Bmatrix}\dfrac{\partial N_i}{\partial \xi}\\ \dfrac{\partial N_i}{\partial \eta}\end{Bmatrix}=\frac{1}{4}\begin{Bmatrix}(1+\eta_i\eta)\xi_i\\ (1+\xi_i\xi)\eta_i\end{Bmatrix}\quad (i=1,2,3,4) \tag{2-67}$$

将式（2-67）代入式（2-66）中最终可得

$$\begin{Bmatrix} \dfrac{\partial N_i}{\partial x} \\ \dfrac{\partial N_i}{\partial y} \end{Bmatrix} = \boldsymbol{J}^{-1} \begin{Bmatrix} \dfrac{\partial N_i}{\partial \xi} \\ \dfrac{\partial N_i}{\partial \eta} \end{Bmatrix} = \frac{1}{4}\boldsymbol{J}^{-1} \begin{Bmatrix} (1+\eta_i\eta)\xi_i \\ (1+\xi_i\xi)\eta_i \end{Bmatrix} \quad (i=1,2,3,4) \tag{2-68}$$

将式（2-68）代入式（2-64）中最终可得

$$\boldsymbol{B}_i = \begin{bmatrix} \dfrac{\partial N_i}{\partial x} & 0 \\ 0 & \dfrac{\partial N_i}{\partial y} \\ \dfrac{\partial N_i}{\partial y} & \dfrac{\partial N_i}{\partial x} \end{bmatrix} = \frac{1}{4}\boldsymbol{J}^{-1} \begin{bmatrix} (1+\eta_i\eta)\xi_i & 0 \\ 0 & (1+\xi_i\xi)\eta_i \\ (1+\xi_i\xi)\eta_i & (1+\eta_i\eta)\xi_i \end{bmatrix} \quad (i=1,2,3,4) \tag{2-69}$$

2）单元应力

由弹性力学中平面问题的物理方程及应变表达式，可以得到应力表达式：

$$\boldsymbol{\sigma}^e = \boldsymbol{D}\boldsymbol{B}^e\boldsymbol{q}^e = \boldsymbol{S}^e\boldsymbol{q}^e \tag{2-70}$$

式中，$\boldsymbol{S}$ 为应力矩阵

$$\boldsymbol{S}^e = \boldsymbol{D}\boldsymbol{B}^e \tag{2-71}$$

式中，$\boldsymbol{D}$ 为弹性矩阵，对于平面应力问题有

$$\boldsymbol{D} = \frac{E}{1-\mu^2}\begin{bmatrix} 1 & \mu & 0 \\ \mu & 1 & 0 \\ 0 & 0 & \dfrac{1-\mu}{2} \end{bmatrix} \tag{2-72}$$

对于平面应变问题有

$$\boldsymbol{D} = \frac{E(1-\mu)}{(1+\mu)(1-2\mu)}\begin{bmatrix} 1 & \dfrac{\mu}{1-\mu} & 0 \\ \dfrac{\mu}{1-\mu} & 1 & 0 \\ 0 & 0 & \dfrac{1-2\mu}{2(1-\mu)} \end{bmatrix} \tag{2-73}$$

3）单元刚度矩阵

任意四边形单元的基本方程为

$$\boldsymbol{K}^e\boldsymbol{q}^e = \boldsymbol{F}^e \tag{2-74}$$

式中，$\boldsymbol{K}^e$ 为单元刚度矩阵；$\boldsymbol{F}^e$ 为等效节点力列阵

$$\boldsymbol{F}^e = (F_{1x}, F_{1y}, F_{2x}, F_{2y}, F_{3x}, F_{3y}, F_{4x}, F_{4y})^{\mathrm{T}} \tag{2-75}$$

单元刚度矩阵 $\boldsymbol{K}^e$ 是 8×8 的方阵，其通式为

$$\boldsymbol{K}^e = \begin{bmatrix} K_{11} & K_{12} & K_{13} & K_{14} \\ K_{21} & K_{22} & K_{23} & K_{24} \\ K_{31} & K_{32} & K_{33} & K_{34} \\ K_{41} & K_{42} & K_{43} & K_{44} \end{bmatrix}^e \tag{2-76}$$

式中，平面应力下的分块矩阵为

$$K_{ij}^{e}=\int_{-1}^{1}\int_{-1}^{1}\begin{bmatrix}\frac{\partial N_i}{\partial x} & 0 & \frac{\partial N_i}{\partial y}\\ 0 & \frac{\partial N_i}{\partial y} & \frac{\partial N_i}{\partial x}\end{bmatrix}\cdot\begin{bmatrix}\frac{E}{1-\mu^2} & \frac{\mu E}{1-\mu^2} & 0\\ \frac{\mu E}{1-\mu^2} & \frac{E}{1-\mu^2} & 0\\ 0 & 0 & \frac{E}{2(1+\mu)}\end{bmatrix}\cdot$$

$$\begin{bmatrix}\frac{\partial N_i}{\partial x} & 0\\ 0 & \frac{\partial N_i}{\partial y}\\ \frac{\partial N_i}{\partial y} & \frac{\partial N_i}{\partial x}\end{bmatrix}|\boldsymbol{J}|\mathrm{d}\xi\,\mathrm{d}\eta\cdot t\qquad(i=1,2,3,4)\tag{2-77}$$

式中，t 为单元的厚度。

4）等效节点力的移置

等参单元的等效节点力的移置计算是在局部坐标系下进行的，图 2-7（a）～图 2-7（c）所示分别为集中力、体积力和面力的移置。

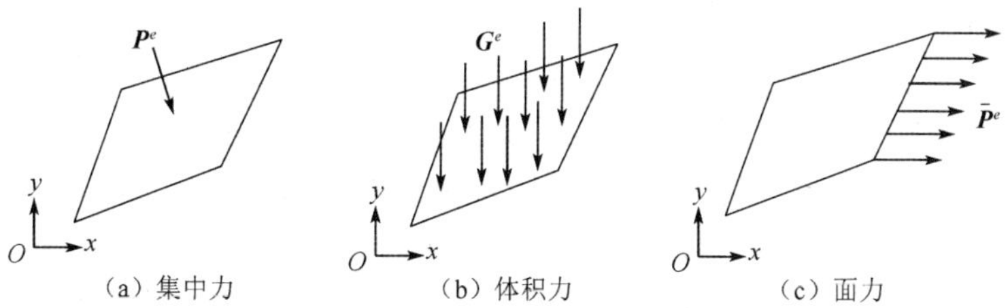

图 2-7　等效节点力的移置

（1）集中力的移置。

如图 2-7（a）所示，当单元e在任意一点有集中力$\boldsymbol{P}^e=(P_x,P_y)^{\mathrm{T}}$作用时，移置后的等效节点力向量为

$$\boldsymbol{F}_P^e=\boldsymbol{N}^{\mathrm{T}}\boldsymbol{P}^e\tag{2-78}$$

（2）体积力的移置。

如图 2-7（b）所示，当单元e有单位体积力$\boldsymbol{G}^e$作用时，移置后的等效节点力向量为

$$\boldsymbol{F}_G^e=\iint_e\boldsymbol{N}^{\mathrm{T}}\boldsymbol{G}^e\,\mathrm{d}x\,\mathrm{d}y\cdot t=\int_{-1}^{1}\int_{-1}^{1}\boldsymbol{N}^{\mathrm{T}}\boldsymbol{G}^e|\boldsymbol{J}|\mathrm{d}\xi\,\mathrm{d}\eta\cdot t\tag{2-79}$$

式中，t 为单元的厚度；$|\boldsymbol{J}|$ 为等参单元的雅可比行列式。

（3）面力的移置。

如图 2-7（c）所示，当单元e在某一边界l上有面力$\bar{\boldsymbol{P}}^e$作用时，载荷向量为

$$\boldsymbol{F}_{\bar{P}}^e=\int_l\boldsymbol{N}^{\mathrm{T}}\bar{\boldsymbol{P}}^e\,\mathrm{d}l\cdot t\tag{2-80}$$

如果$\bar{\boldsymbol{P}}^e$作用在$\xi=\pm1$的边线上，则载荷向量为

$$\left(\boldsymbol{F}_{\bar{P}}\right)_{\xi}^{e}=\int_{-1}^{1}\frac{1}{2}l\boldsymbol{N}_{\xi=\pm1}^{\mathrm{T}}\bar{\boldsymbol{P}}^e\,\mathrm{d}\eta\cdot t\tag{2-81}$$

如果$\bar{\boldsymbol{P}}^e$作用在$\eta=\pm 1$的边线上，则载荷向量为

$$\left(\boldsymbol{F}_{\bar{P}}\right)_\eta^e=\int_{-1}^{1}\frac{1}{2}l\boldsymbol{N}_{\eta=\pm 1}^{\mathrm{T}}\bar{\boldsymbol{P}}^e\mathrm{d}\xi\cdot t \tag{2-82}$$

式中，t为单元的厚度。

在有限元法中，式（2-79）、式（2-81）和式（2-82）中的积分计算，一般采用高斯数值积分计算。

如果在单元e上存在集中力$\boldsymbol{P}^e$、体积力$\boldsymbol{G}^e$和面力$\bar{\boldsymbol{P}}^e$，分别计算出移置后的等效节点力向量$\boldsymbol{F}_P^e$、$\boldsymbol{F}_G^e$和$\boldsymbol{F}_{\bar{P}}^e$，单元总的节点力向量为

$$\boldsymbol{F}^e=\boldsymbol{F}_P^e+\boldsymbol{F}_G^e+\boldsymbol{F}_{\bar{P}}^e \tag{2-83}$$

单元平衡方程$\boldsymbol{K}^e\boldsymbol{q}^e=\boldsymbol{F}^e$中的节点力向量$\boldsymbol{F}^e$由式（2-83）计算而得。

4. 等参单元积分

在求单元的刚度矩阵和载荷向量时，需要进行如下形式的一维（1D）、二维（2D）和三维（3D）积分：

$$\int_{-1}^{1}f(\xi)\mathrm{d}\xi\,,\quad\int_{-1}^{1}\int_{-1}^{1}f(\xi,\eta)\mathrm{d}\xi\,\mathrm{d}\eta\,,\quad\int_{-1}^{1}\int_{-1}^{1}\int_{-1}^{1}f(\xi,\eta,\zeta)\mathrm{d}\xi\,\mathrm{d}\eta\,\mathrm{d}\zeta \tag{2-84}$$

被积函数f包括了形函数及其对ξ, η, ζ导数的复合函数，对于这样的问题，很难甚至无法采用解析方法求解。在有限元计算中，通常采用的是数值积分的方法。数值积分分为两类，一类采用等间距积分点，如辛普森方法；另一类采用不等间距积分点，如高斯数值积分法。本节主要对高斯数值积分法进行介绍。

数值积分的基本思路是构造多项式。式（2-84）中的各项分别是−1 到 1 的一维定积分、二重定积分及三重定积分，表示为高斯数值积分后依次为

$$\left\{\begin{aligned}&\int_{-1}^{1}f(\xi)\mathrm{d}\xi=\sum_{i=1}^{n_i}f\,(\xi_i)w_i+R_n\\&\int_{-1}^{1}\int_{-1}^{1}f(\xi,\eta)\mathrm{d}\xi\,\mathrm{d}\eta=\sum_{i=1}^{n_i}\sum_{j=1}^{n_j}f\,(\xi_i,\eta_j)w_iw_j+R_n\\&\int_{-1}^{1}\int_{-1}^{1}\int_{-1}^{1}f(\xi,\eta,\zeta)\mathrm{d}\xi\,\mathrm{d}\eta\,\mathrm{d}\zeta=\sum_{i=1}^{n_i}\sum_{j=1}^{n_j}\sum_{k=1}^{n_k}f\,(\xi_i,\eta_j,\zeta_k)w_iw_jw_k+R_n\end{aligned}\right. \tag{2-85}$$

式中，(ξ_i)、(ξ_i,η_j)及(ξ_i,η_j,ζ_k)是高斯积分点的坐标；$f(\xi_i)$、$f(\xi_i,\eta_j)$和$f(\xi_i,\eta_j,\zeta_k)$是积分点处的函数值；w_i是加权系数；n_i是所取积分点的数目；R_n是当积分点为n时，高斯积分与原定积分的误差。

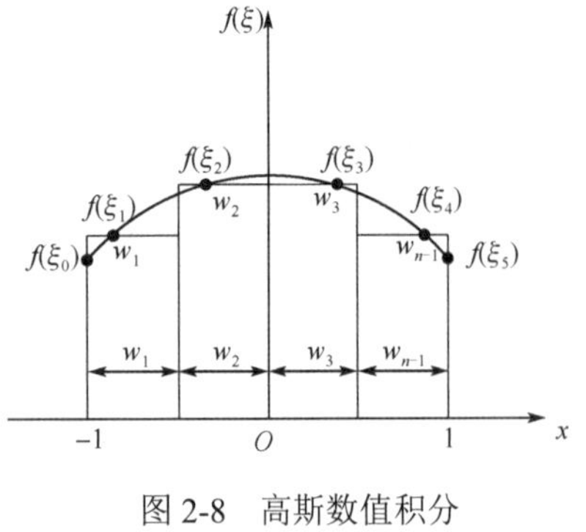

图 2-8 高斯数值积分

1）一维高斯积分

如图 2-8 所示，一维高斯积分$\int_{-1}^{1}f(\xi)\mathrm{d}\xi$的精确结果为函数$f(\xi)$在区间(−1,1)的面积。

高斯数值积分法先求出各不等间距积分点处的函数值，然后乘以各自的加权系数，最后求和，以这种方式求出积分的精确值或者近似值。一维高斯积分的

公式为

$$\int_{-1}^{1} f(\xi)\mathrm{d}\xi = f(\xi_1)w_1 + f(\xi_2)w_2 + \cdots + f(\xi_n)w_n + R_n \tag{2-86}$$

式中，$f(\xi_1)$（$i=1,2,\cdots,n$）是被积函数在积分点ξ_i处的值；w_i（$i=1,2,\cdots,n$）是加权系数；n是所选取积分点的数目。

当取n个积分点时，高斯积分具有$2n-1$阶的精度，如果被积函数是不高于$2n-1$次的多项式，则积分结果是精确且没有误差的，即

$$R_n = 0 \tag{2-87}$$

（1）一点高斯积分。

当$\int_{-1}^{1} f(\xi)\mathrm{d}\xi$取一个积分点时，即$n=1$时，如果$f(\xi)$为$2n-1=1$的一次多项式，则积分结果是精确的，即$R_n=0$。

$f(\xi)$的一次多项式为

$$f(\xi) = c_0 + c_1\xi \tag{2-88}$$

取一个积分点，式（2-86）变为

$$\int_{-1}^{1} f(\xi)\mathrm{d}\xi = f(\xi_1)w_1 + R_1 \tag{2-89}$$

式中

$$\begin{aligned} R_1 &= \int_{-1}^{1} f(\xi)\mathrm{d}\xi - f(\xi_1)w_1 \\ &= \int_{-1}^{1} (c_0 + c_1\xi)\mathrm{d}\xi - (c_0 + c_1\xi_1)w_1 \\ &= c_0(2 - w_1) - c_1\xi_1 w_1 = 0 \end{aligned} \tag{2-90}$$

式（2-89）若要成立，必须满足

$$w_1 = 2,\quad \xi_1 = 0 \tag{2-91}$$

因此，如果$f(\xi)$是一次多项式，则高斯积分为精确积分，即

$$\int_{-1}^{1} f(\xi)\mathrm{d}\xi = f(\xi_1)w_1 = 2f(0) \tag{2-92}$$

（2）两点高斯积分。

如果$\int_{-1}^{1} f(\xi)\mathrm{d}\xi$取两个积分点，即$n=2$时，如果被积函数$f(\xi)$为$\xi$的三次多项式（$2n-1=3$），则积分结果是精确的，即$R_n=0$。

$f(\xi)$的二次多项式为

$$f(\xi) = c_0 + c_1\xi + c_2\xi^2 + c_3\xi^3 \tag{2-93}$$

取两个积分点，式（2-86）变为

$$\int_{-1}^{1} f(\xi)\mathrm{d}\xi = f(\xi_1)w_1 + f(\xi_2)w_2 + R_2 \tag{2-94}$$

式（2-94）左边的精确积分值为

$$\int_{-1}^{1} f(\xi)\mathrm{d}\xi = \int_{-1}^{1} (c_0 + c_1\xi + c_2\xi^2 + c_3\xi^3)\mathrm{d}\xi = 2c_0 + \frac{2}{3}c_2 \tag{2-95}$$

式（2-94）右边的值为

$$\begin{aligned} & f(\xi_1)w_1 + f(\xi_2)w_2 + R_2 \\ & = (c_0 + c_1\xi_1 + c_2\xi_1^2 + c_3\xi_1^3)w_1 + (c_0 + c_1\xi_2 + c_2\xi_2^2 + c_3\xi_2^3)w_2 + R_2 \end{aligned} \tag{2-96}$$

要使高斯积分准确，要求$R_2 = 0$，比较式（2-95）和式（2-96），有

$$(c_0 + c_1\xi_1 + c_2\xi_1^2 + c_3\xi_1^3)w_1 + (c_0 + c_1\xi_2 + c_2\xi_2^2 + c_3\xi_2^3)w_2 = 2c_0 + \frac{2}{3}c_2 \tag{2-97}$$

若要使式（2-97）完全成立，则必须满足

$$\begin{cases} w_1 + w_2 = 2 \\ w_1\xi_1 + w_2\xi_2 = 0 \\ w_1\xi_1^2 + w_2\xi_2^2 = \dfrac{2}{3} \\ w_1\xi_1^3 + w_2\xi_2^3 = 0 \end{cases} \tag{2-98}$$

求解以上方程组，可得积分点坐标ξ_1、ξ_2和加权系数w_1、w_2为

$$\begin{cases} \xi_1 = -\xi_2 = -\dfrac{1}{\sqrt{3}} \approx -0.5773502692 \\ w_1 = w_2 = 1 \end{cases} \tag{2-99}$$

两点高斯积分的结果为

$$\int_{-1}^{1} f(\xi)\mathrm{d}\xi = f(\xi_1)w_1 + f(\xi_2)w_2 \tag{2-100}$$

用同样的方法可以确定取 3 或 4 个积分点时的积分点坐标和加权系数。

2）二维和三维高斯积分

对于二维和三维高斯积分，可以采用微积分中多重积分的方法，先计算内层积分，然后计算外层积分。例如，在求二重积分$\int_{-1}^{1}\int_{-1}^{1} f(\xi,\eta)\mathrm{d}\xi\mathrm{d}\eta$的值时，可以先对$\xi$进行积分，这时将$\eta$视为一个常量，于是有

$$\int_{-1}^{1} f(\xi,\eta)\mathrm{d}\xi \approx \sum_{i=1}^{n_i} w_i f(\xi_i,\eta) \tag{2-101}$$

再对η进行积分，将ξ视为一个常量，有

$$\int_{-1}^{1}\int_{-1}^{1} f(\xi,\eta)\mathrm{d}\xi\mathrm{d}\eta = \int_{-1}^{1}\sum_{i=1}^{n_i} w_i f(\xi_i,\eta)\mathrm{d}\eta \approx \sum_{i=1}^{n_i}\sum_{j=1}^{n_j} f(\xi_i,\eta_i)w_i w_j \tag{2-102}$$

式中，n_i和n_j是ξ和η方向积分点的数量；ξ_i和η_i是积分点的坐标；w_i和w_j是积分点相应的加权系数。如果$f(\xi,\eta)$是(ξ,η)不高于$2n-1$次的多项式，则采用$n_i \cdot n_j$个积分点时的积分是精确的。

用同样的方法即可得出三维高斯积分公式为

$$\int_{-1}^{1}\int_{-1}^{1}\int_{-1}^{1} f(\xi,\eta,\zeta)\mathrm{d}\xi\mathrm{d}\eta\mathrm{d}\zeta \approx \sum_{i=1}^{n_i}\sum_{j=1}^{n_j}\sum_{k=1}^{n_k} f(\xi_i,\eta_j,\zeta_k)w_i w_j w_k \tag{2-103}$$

式中，n_i、n_j、n_k 是 ξ、η、ζ 方向积分点的数量；ξ_i、η_i、ζ_i 是积分点的坐标；w_i、w_j、w_k 是积分点相应的加权系数。如果 $f(\xi,\eta,\zeta)$ 是 (ξ,η,ζ) 不高于 $2n-1$ 次的多项式，则采用 $n_i \cdot n_j \cdot n_k$ 个积分点时的积分是精确的。

表 2-1 列出了在积分域(−1,1)内，当 $n=1\sim6$ 时的积分点的坐标和相应的加权系数。

表 2-1　高斯积分点的坐标和加权系数

积分点的数量	积分点的坐标	积分点的加权系数
1×1	0.000 000 000 000 000	2.000 000 000 000 000
2×2	±0.577 350 269 189 626	1.000 000 000 000 000
3×3	±0.774 596 669 241 483	0.555 555 555 555 556
	0.000 000 000 000 000	0.888 888 888 888 889
4×4	±0.861 136 311 594 053	0.347 854 845 147 454
	±0.339 981 043 584 856	0.652 145 154 862 546
5×5	±0.906 179 845 938 664	0.236 926 885 056 189
	±0.538 469 310 105 683	0.478 628 670 499 366
	0.000 000 000 000 000	0.568 888 888 888 889
6×6	±0.932 469 514 203 152	0.171 324 492 379 170
	±0.661 209 386 466 265	0.360 761 573 048 139
	±0.238 619 186 083 197	0.467 913 934 572 691

表 2-1 中对应的高斯点分布如图 2-9 所示。

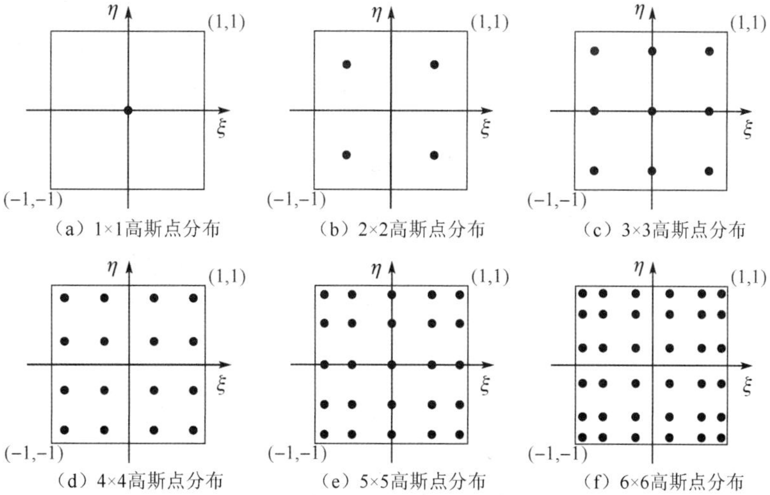

图 2-9　表 2-1 中对应的高斯点分布

对于二维、三维高斯积分，积分点的数量 n 在不同的坐标方向可以不同。只要 $f(\xi,\eta)$ 或 $f(\xi,\eta,\zeta)$ 多项式的最高次数 $m\leqslant 2n-1$，式（2-102）和式（2-103）的积分就都是精确的。对于 m 次的多项式被积函数 $f(\xi,\eta)$ 或 $f(\xi,\eta,\zeta)$，为了积分值完全精确，积分点的数量必须满足 $n\geqslant(m+1)/2$。采用高斯积分法可以用较少的积分点达到较高的精度，在有限元计算中绝大多数所采用的数值积分都是高斯积分法。

对于 4 节点四边形等参单元，一般取 2×2 高斯积分点就可以满足积分精度要求；对于 8 节点四边形等参单元，一般取 2×2 或 3×3 高斯积分点进行计算。

3）计算例题

例：已知$N_3(\xi,\eta)=\frac{1}{4}(1+\xi)(1+\eta)$是 4 节点四边形单元的一个形函数，试采用高斯积分法，计算$\int_{-1}^{1}N_3(\xi,\eta)\mathrm{d}\eta$在边界$\xi=1$上的积分值。

解：由式（2-48）可知，在边界$\xi=1$上，被积函数变为

$$N_3(\xi)=\frac{1}{4}(1+1)(1+\eta)=\frac{1}{2}(1+\eta)$$

因此得到解析解为

$$\int_{-1}^{1}N_3(\xi,\eta)\mathrm{d}\eta=\int_{-1}^{1}\frac{1}{2}(1+\eta)\mathrm{d}\eta=1$$

采用高斯积分法，因为被积函数为一次函数，选取积分点的数量$n=1$，由表 2-1 可知，积分点的坐标$\eta_1=0$，加权系数$w_1=2$，在边界$\xi=1$上有

$$\int_{-1}^{1}N_3(\xi,\eta)\mathrm{d}\eta=\int_{-1}^{1}N_3(\eta)\mathrm{d}\eta=N(\eta_1)w_1=\frac{1}{2}(1+\eta_1)w_1=1$$

高斯积分结果与解析解相同。

2.1.4 刚度矩阵和力向量的组装

1. 单元刚度矩阵组装形成总体刚度矩阵

根据平衡方程$\boldsymbol{KU}=\boldsymbol{F}$，总体刚度矩阵是由单元刚度矩阵集合而成的。如果一个结构被离散为n个单元，那么总体单元刚度由n个单元的刚度矩阵$\boldsymbol{K}^e$组装而成，即

$$\boldsymbol{K}=\sum_{i}^{n}\boldsymbol{K}^e \tag{2-104}$$

式中，$\boldsymbol{K}$是由每个单元的刚度矩阵$\boldsymbol{K}^e$的每个系数，按其脚标编号“对号入座”叠加而成的。这种叠加是在同一总体坐标系下进行的，如果各单元的刚度矩阵是在单元局部坐标下建立的，就必须要把它们转换到总体坐标系下。局部坐标系为$\bar{O}(\bar{x},\bar{y},\bar{z})$，总体坐标系为$O(x,y,z)$，那么有

$$\bar{\boldsymbol{U}}^e=\boldsymbol{TU}^2 \tag{2-105}$$

式中，$\bar{\boldsymbol{U}}^e$和$\boldsymbol{U}$分别为局部坐标系和总体坐标系下的单元节点位移向量；$\boldsymbol{T}$为坐标转换矩阵，与两个坐标系之间的夹角相关。因此有

$$\boldsymbol{K}^e=\boldsymbol{T}^{\mathrm{T}}\bar{\boldsymbol{K}}^e\boldsymbol{T} \tag{2-106}$$

式中，$\bar{\boldsymbol{K}}^e$为单元在局部坐标系下的单元刚度矩阵。

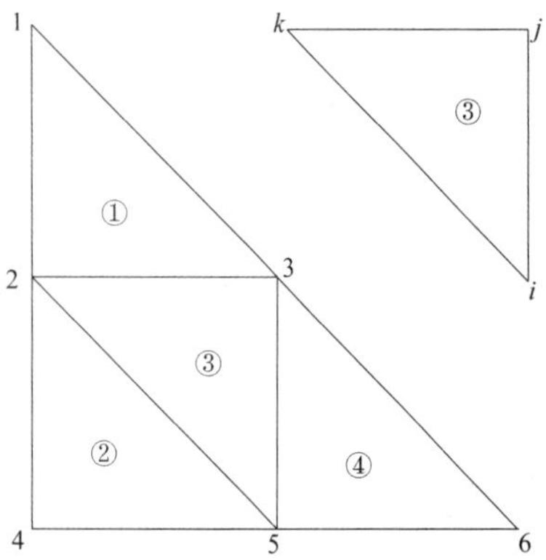

图 2-10 三角形单元的刚度矩阵组装

假设一个平面结构被划分为 4 个单元，选取 6 个节点，单元节点编号如图 2-10 所示，每个节点有两个自由度，总体刚度矩阵可分为以下几部分。

（1）按单元局部编号顺序形成单元刚度矩阵。图 2-10 所示的单元③的节点的局部编号顺序为i、j和k，那么形成的单元刚度矩阵以子矩阵的形式给出：

$$\boldsymbol{K}^3=\begin{bmatrix} i & j & k \\ \boldsymbol{K}_{ii} & \boldsymbol{K}_{ij} & \boldsymbol{K}_{ik} \\ \boldsymbol{K}_{ji} & \boldsymbol{K}_{jj} & \boldsymbol{K}_{jk} \\ \boldsymbol{K}_{ki} & \boldsymbol{K}_{kj} & \boldsymbol{K}_{kk} \end{bmatrix}_{j}^{i} \tag{2-107}$$

（2）将单元节点(i,j,k)的局部编号换成整体编号。相应的单元刚度矩阵中的子矩阵编号也改为整体编号，即

$$\begin{array}{c} \quad\quad i(5)\quad j(3)\quad k(2) \\ \boldsymbol{K}^3=\begin{bmatrix} \boldsymbol{K}_{55} & \boldsymbol{K}_{53} & \boldsymbol{K}_{52} \\ \boldsymbol{K}_{35} & \boldsymbol{K}_{33} & \boldsymbol{K}_{32} \\ \boldsymbol{K}_{25} & \boldsymbol{K}_{23} & \boldsymbol{K}_{22} \end{bmatrix} \begin{array}{c} i(5) \\ j(3) \\ k(2) \end{array} \end{array} \tag{2-108}$$

（3）将转换后的单元刚度矩阵的各个子矩阵，叠加到总体刚度矩阵对应的位置上，单元③的子矩阵投放到总体刚度矩阵的情况如下：

$$\begin{array}{c} \quad\quad 1 \quad 2 \quad 3 \quad 4 \quad 5 \quad 6 \\ \boldsymbol{K}^3=\begin{bmatrix} & & & & & \\ & \boldsymbol{K}_{22} & \boldsymbol{K}_{23} & \cdots & \boldsymbol{K}_{25} & \\ & \boldsymbol{K}_{32} & \boldsymbol{K}_{33} & \cdots & \boldsymbol{K}_{35} & \\ & \vdots & \vdots & & \vdots & \\ & \boldsymbol{K}_{52} & \boldsymbol{K}_{53} & \cdots & \boldsymbol{K}_{55} & \\ & & & & & \end{bmatrix} \begin{array}{c} 1 \\ 2 \\ 3 \\ 4 \\ 5 \\ 6 \end{array} \end{array} \tag{2-109}$$

（4）将所有单元都执行上述的（1）～（3）步，可得总体刚度矩阵：

$$\boldsymbol{K}=\begin{bmatrix} \boldsymbol{K}_{11}^{1} & \boldsymbol{K}_{12}^{1} & \boldsymbol{K}_{13}^{1} & & & \\ \boldsymbol{K}_{21}^{1} & \boldsymbol{K}_{22}^{1+2+3} & \boldsymbol{K}_{23}^{1+3} & \boldsymbol{K}_{24}^{2} & \boldsymbol{K}_{25}^{2+3} & \\ \boldsymbol{K}_{31}^{1} & \boldsymbol{K}_{32}^{1+3} & \boldsymbol{K}_{33}^{1+3+4} & & \boldsymbol{K}_{35}^{3+4} & \boldsymbol{K}_{36}^{4} \\ & \boldsymbol{K}_{42}^{2} & & \boldsymbol{K}_{44}^{2} & \boldsymbol{K}_{45}^{2} & \\ & \boldsymbol{K}_{52}^{2+3} & \boldsymbol{K}_{53}^{3+4} & \boldsymbol{K}_{54}^{2} & \boldsymbol{K}_{55}^{2+3+4} & \boldsymbol{K}_{56}^{4} \\ & & \boldsymbol{K}_{63}^{4} & & \boldsymbol{K}_{65}^{4} & \boldsymbol{K}_{66}^{4} \end{bmatrix} \tag{2-110}$$

总体刚度矩阵$\boldsymbol{K}$具有以下特性。

① 对称性。如果单元刚度矩阵$\boldsymbol{K}^e$是对称的，那么组装后$\boldsymbol{K}$也是对称的。

② 奇异性。在没有经过边界条件约束处理前，$\boldsymbol{K}$是奇异的。

③ 稀疏性。对于大规模求解问题来说，$\boldsymbol{K}$中的零元素是非常多的，一般大规模问题，有时会含有 99%以上的零元素。

④ 非零元素带状分布。如果有限元节点号排列得比较合理，那么$\boldsymbol{K}$的带宽就会比较小。

2．节点平衡方程

首先用结构力学方法建立节点平衡方程。连续介质用有限元法离散以后，取出其中任意一个节点i，从环绕i点各单元移置而来的节点载荷为

$$\boldsymbol{F}_i=\sum_e \boldsymbol{F}_i^e \tag{2-111}$$

式中，$\sum_e$ 表示对环绕节点i的所有节点进行求和，所以环绕节点i的各个单元施加于节点i的节点力为$\sum_e \boldsymbol{F}_i$。因此节点i的平衡方程表示为

$$\sum_e \boldsymbol{F}_i = \boldsymbol{F} \tag{2-112}$$

将$\boldsymbol{K}$代入平衡方程，得到以节点位移表示的节点i的平衡方程，对于每个节点，都可以列出平衡方程，于是总体平衡方程如下：

$$\boldsymbol{K\delta} = \boldsymbol{F} \tag{2-113}$$

式中，$\boldsymbol{K}$为总体刚度矩阵；$\boldsymbol{\delta}$为全部节点位移的向量；$\boldsymbol{F}$为全部节点载荷组成的向量。

如果各点的载荷向量是在单元局部坐标系下建立的，在合成以前，应把它们转换到统一的总体坐标系下，即

$$\bar{\boldsymbol{F}}_i^e = \boldsymbol{\lambda F}_i^e \tag{2-114}$$

式中，$\boldsymbol{F}_i^e$是局部坐标系下的节点载荷向量；$\boldsymbol{\lambda}$为坐标转换矩阵。

2.1.5 边界条件施加及求解

总体刚度矩阵组装完成后形成的总体平衡方程还不能马上求解。总体平衡方程的求解相当于总体刚度矩阵的求逆过程，然而未经处理的总体刚度矩阵是对称、半正定的奇异矩阵，它的行列式为零，无法求逆。另外，在进行整体分析时，结构是处于自由状态的，在载荷的作用下，可以产生任意性位移。而对于实际问题来说，系统需要处于平衡状态的边界条件来确定方程组式的唯一解。因此，有限元分析过程中，边界条件的约束处理是一个重要步骤。

1. 边界条件的分类

边界条件是已知的，主要分为力和位移两类边界条件。力边界条件常见的主要有集中载荷力、作用于系统表面的分布力、系统重量引起的自重力、热交换和热流引起的温度载荷等。位移边界条件是通过制约系统的刚体位移来消除$\boldsymbol{K}$的奇异性，常见的约束类型主要有固定位移、强制位移、关联位移。

2. 边界条件的施加

边界条件的处理有以下几种方法：删行删列法、分块法、赋 0 赋 1 法及置大数法。下面分别予以介绍。

1）删行删列法

若结构的某些节点位移值为零时（与刚性支座连接点的位移），则可将总体刚度矩阵中相应的行列删除，然后将矩阵压缩。通过删除行和列，总体刚度矩阵的阶数可大大减少，因此通常用人工计算时常采用该方法。但是用计算机计算时，刚度矩阵压缩以后，刚度矩阵中各元素的下标必定全部改变，较为不便，因而该方法在计算机程序中较少使用。

2）分块法

将总体平衡方程$\boldsymbol{K\delta} = \boldsymbol{F}$进行分块，分块情况如下：

$$\begin{bmatrix} \boldsymbol{K}_{11} & \boldsymbol{K}_{12} \\ \boldsymbol{K}_{21} & \boldsymbol{K}_{22} \end{bmatrix} \begin{Bmatrix} \boldsymbol{\delta}_1 \\ \boldsymbol{\delta}_2 \end{Bmatrix} = \begin{Bmatrix} \boldsymbol{F}_1 \\ \boldsymbol{F}_2 \end{Bmatrix} \tag{2-115}$$

式中，$\boldsymbol{\delta}_1$是无约束的自由节点位移向量；$\boldsymbol{\delta}_2$假设是给定的节点位移向量。那么$\boldsymbol{F}_1$就是已知的节点力向量，$\boldsymbol{F}_2$是未知的节点力向量。进行矩阵的求解计算可得：

$$\boldsymbol{K}_{11}\boldsymbol{\delta}_1 + \boldsymbol{K}_{12}\boldsymbol{\delta}_2 = \boldsymbol{F}_1 \tag{2-116}$$

$$\boldsymbol{K}_{21}\boldsymbol{\delta}_1 + \boldsymbol{K}_{22}\boldsymbol{\delta}_2 = \boldsymbol{F}_2 \tag{2-117}$$

式中，$\boldsymbol{K}_{11}$ 是非奇异矩阵。将式（2-116）进行移置得：

$$\boldsymbol{K}_{11}\boldsymbol{\delta}_1 = \boldsymbol{F}_1 - \boldsymbol{K}_{12}\boldsymbol{\delta}_2 \tag{2-118}$$

即可求解 $\boldsymbol{\delta}_1$：

$$\boldsymbol{\delta}_1 = \boldsymbol{K}_{11}^{-1}(\boldsymbol{F}_1 - \boldsymbol{K}_{12}\boldsymbol{\delta}_2) \tag{2-119}$$

$\boldsymbol{\delta}_1$ 已知，$\boldsymbol{\delta}_2$ 已给定，因此可以求解式（2-117），即求解出 $\boldsymbol{F}_2$。若给定的节点自由度等于 0，则可结合删行删列法进行求解，即删除 $\boldsymbol{\delta}_2$ 所在的行和列，得：

$$\boldsymbol{K}_{11}\boldsymbol{\delta}_1 = \boldsymbol{F}_1 \tag{2-120}$$

由于全部给定的节点位移通常都不能在位移向量 $\boldsymbol{\delta}$ 的开始或终了，因此该方法求解麻烦，不常用。

3）赋 0 赋 1 法

下面详细介绍赋 0 赋 1 法及置大数法，为了方便推导，引入 6 阶方程组来推导约束处理的过程。假设有限元平衡方程为

$$\begin{bmatrix} K_{11} & K_{12} & K_{13} & K_{14} & K_{15} & K_{16} \\ K_{21} & K_{22} & K_{23} & K_{24} & K_{25} & K_{26} \\ K_{31} & K_{32} & K_{33} & K_{34} & K_{35} & K_{36} \\ K_{41} & K_{42} & K_{43} & K_{44} & K_{45} & K_{46} \\ K_{51} & K_{52} & K_{53} & K_{54} & K_{55} & K_{56} \\ K_{61} & K_{62} & K_{63} & K_{64} & K_{65} & K_{66} \end{bmatrix} \begin{Bmatrix} U_1 \\ U_2 \\ U_3 \\ U_4 \\ U_5 \\ U_6 \end{Bmatrix} = \begin{Bmatrix} F_1 \\ F_2 \\ F_3 \\ F_4 \\ F_5 \\ F_6 \end{Bmatrix} \tag{2-121}$$

式中，方程组系数矩阵 $\boldsymbol{K}_{ij}$ 是对称的。

假设关联约束方程为

$$U_4 = kU_3 + C \tag{2-122}$$

式中，$k=0$，则关联约束位移退化为强制约束位移。如果 $k=0$，$C=0$，则关联约束位移退化为固定约束位移。因此关联约束位移更加具有通用性。

将式（2-122）代入式（2-121）中，并将常数移到方程组等式右侧，得

$$\begin{bmatrix} K_{11} & K_{12} & K_{13}+kK_{14} & 0 & K_{15} & K_{16} \\ K_{21} & K_{22} & K_{23}+kK_{24} & 0 & K_{25} & K_{26} \\ K_{31} & K_{32} & K_{33}+kK_{34} & 0 & K_{35} & K_{36} \\ K_{41} & K_{42} & K_{43}+kK_{44} & 0 & K_{45} & K_{46} \\ K_{51} & K_{52} & K_{53}+kK_{54} & 0 & K_{55} & K_{56} \\ K_{61} & K_{62} & K_{63}+kK_{64} & 0 & K_{65} & K_{66} \end{bmatrix} \begin{Bmatrix} U_1 \\ U_2 \\ U_3 \\ U_4 \\ U_5 \\ U_6 \end{Bmatrix} = \begin{Bmatrix} F_1 - CK_{14} \\ F_2 - CK_{24} \\ F_3 - CK_{34} \\ F_4 - CK_{44} \\ F_5 - CK_{54} \\ F_6 - CK_{64} \end{Bmatrix} \tag{2-123}$$

式（2-123）为施加约束后的有限元平衡方程组。该方程组有 6 个方程，5 个未知数（其中 U_4 已知）。倘若关联约束方程可以消除总体刚度矩阵的奇异性，则方程组中任意 5 个方程联立求解，即可得到方程组的唯一解。

比较式（2-123）和式（2-121）可以发现，式（2-123）由原先的对称矩阵变成了非对称矩阵，计算量大，不利于求解。除此之外，还可以发现式（2-123）中的系数矩阵 $\boldsymbol{K}_{ij}$ 是在式（2-121）的基础上进行了初等变换。为了保持有限元平衡方程系数矩阵的对称性，可以通过相同的行初等变换，即将式（2-123）的第 4 行乘以 k 加到第 3 行，并删除第 4 行，为了保证系数矩阵的阶数，将第 4 行的所有元素赋 0，对角线位置赋 1，即

$$\begin{bmatrix} K_{11} & K_{12} & K_{13}+kK_{14} & 0 & K_{15} & K_{16} \\ K_{21} & K_{22} & K_{23}+kK_{24} & 0 & K_{25} & K_{26} \\ K_{31}+kK_{41} & K_{32}+kK_{42} & K_{33}+kK_{34}+k(K_{43}+kK_{44}) & 0 & K_{35}+kK_{45} & K_{36}+kK_{46} \\ 0 & 0 & 0 & 1 & 0 & 0 \\ K_{51} & K_{52} & K_{53}+kK_{54} & 0 & K_{55} & K_{56} \\ K_{61} & K_{62} & K_{63}+kK_{64} & 0 & K_{65} & K_{66} \end{bmatrix} \begin{Bmatrix} U_1 \\ U_2 \\ U_3 \\ U_4 \\ U_5 \\ U_6 \end{Bmatrix} = \begin{Bmatrix} F_1-CK_{14} \\ F_2-CK_{24} \\ F_3-CK_{34}+k(F_4-CK_{44}) \\ 0 \\ F_5-CK_{54} \\ F_6-CK_{64} \end{Bmatrix} \tag{2-124}$$

经过初等变换，式（2-124）的系数矩阵仍然保持了对称性，且方程组的解未发生变化，即式（2-124）和式（2-123）的解是一致的。通过式（2-124）求解出除U_4以外的未知数，再代入式（2-122）中求解U_4。

还可以对式（2-124）进行进一步改进，将式（2-122）直接代入式（2-124）中，将U_4也直接在有限元平衡方程中求解出来。具体流程是：用式（2-122）取代式（2-124）的第 4 行（赋 0 赋 1 行），再做对称化处理。简单来说，就是将取代后的第 4 行方程乘以$-k$加到第 3 行，即

$$\begin{bmatrix} K_{11} & K_{12} & K_{13}+kK_{14} & 0 & K_{15} & K_{16} \\ K_{21} & K_{22} & K_{23}+kK_{24} & 0 & K_{25} & K_{26} \\ K_{31}+kK_{41} & K_{32}+kK_{42} & K_{33}+kK_{34}+k(K_{43}+kK_{44})+k^2 & -k & K_{35}+kK_{45} & K_{36}+kK_{46} \\ 0 & 0 & -k & 1 & 0 & 0 \\ K_{51} & K_{52} & K_{53}+kK_{54} & 0 & K_{55} & K_{56} \\ K_{61} & K_{62} & K_{63}+kK_{64} & 0 & K_{65} & K_{66} \end{bmatrix} \begin{Bmatrix} U_1 \\ U_2 \\ U_3 \\ U_4 \\ U_5 \\ U_6 \end{Bmatrix} = \begin{Bmatrix} F_1-CK_{14} \\ F_2-CK_{24} \\ F_3-CK_{34}+k(F_4-CK_{44})-kC \\ C \\ F_5-CK_{54} \\ F_6-CK_{64} \end{Bmatrix} \tag{2-125}$$

这样通过式（2-125）可以一次性列出 6 个方程，解出 6 个未知数。关联位移边界条件的约束处理过程的基本原理就是利用初等变换对求解方程组进行相同的行列变换，既保证方程组解的不改变，又可以保持方程组系数矩阵的对称性。在进行初等变换时，只要保证对方程组系数矩阵做相同的行列变换，就可以保持方程组系数矩阵的对称性。

而固定位移边界条件和强制位移边界条件的约束处理可以通过式（2-125）进行简化。若式（2-122）中$k=0$，则退化成强制位移边界条件，即

$$U_4=C \tag{2-126}$$

那么约束后的式（2-125）简化为

$$\begin{bmatrix} K_{11} & K_{12} & K_{13} & 0 & K_{15} & K_{16} \\ K_{21} & K_{22} & K_{23} & 0 & K_{25} & K_{26} \\ K_{31} & K_{32} & K_{33} & 0 & K_{35} & K_{36} \\ 0 & 0 & 0 & 1 & 0 & 0 \\ K_{51} & K_{52} & K_{53} & 0 & K_{55} & K_{56} \\ K_{61} & K_{62} & K_{63} & 0 & K_{65} & K_{66} \end{bmatrix} \begin{Bmatrix} U_1 \\ U_2 \\ U_3 \\ U_4 \\ U_5 \\ U_6 \end{Bmatrix} = \begin{Bmatrix} F_1 - CK_{14} \\ F_2 - CK_{24} \\ F_3 - CK_{34} \\ C \\ F_5 - CK_{54} \\ F_6 - CK_{64} \end{Bmatrix} \tag{2-127}$$

式（2-122）中 $k=0$，$C=0$，则退化成固定位移边界条件，即

$$U_4 = 0 \tag{2-128}$$

那么约束后的式（2-125）就简化为

$$\begin{bmatrix} K_{11} & K_{12} & K_{13} & 0 & K_{15} & K_{16} \\ K_{21} & K_{22} & K_{23} & 0 & K_{25} & K_{26} \\ K_{31} & K_{32} & K_{33} & 0 & K_{35} & K_{36} \\ 0 & 0 & 0 & 1 & 0 & 0 \\ K_{51} & K_{52} & K_{53} & 0 & K_{55} & K_{56} \\ K_{61} & K_{62} & K_{63} & 0 & K_{65} & K_{66} \end{bmatrix} \begin{Bmatrix} U_1 \\ U_2 \\ U_3 \\ U_4 \\ U_5 \\ U_6 \end{Bmatrix} = \begin{Bmatrix} F_1 \\ F_2 \\ F_3 \\ 0 \\ F_5 \\ F_6 \end{Bmatrix} \tag{2-129}$$

从式（2-127）和式（2-129）可以看出，相对于关联位移边界条件来说，固定位移边界条件和强制位移边界条件的赋 0 赋 1 约束处理相对比较简单。在赋 0 赋 1 约束处理之后，它们的系数矩阵是相同的，都是将方程组系数矩阵中要约束自由度的行列分别赋 0，对角线元素赋 1。但是在方程组载荷右端项的处理方法上，两者是不同的，处理固定位移边界条件时，只要将对应自由度的载荷赋 0 即可。但是处理强制位移边界条件时，要在方程组系数矩阵未赋 0 赋 1 前，先将对应自由度的列乘以系数 C 减到载荷右端项，再将对应自由度的载荷位置赋 C。

4）置大数法

置大数法同样也是利用矩阵的初等变换来保证方程组解的一致。以式(2-121)和式(2-122)为例，将式（2-122）左右同时乘以一个大数 A。A 是式（2-122）中系数矩阵 K_{44} 的 10^{10} 倍量级的数。因此式（2-122）整理为

$$-AkU_3 + AU_4 = AC \tag{2-130}$$

将整理后的关联约束方程代入式（2-121）中，进行约束处理，即对应的自由度行（第 3 行或者第 4 行），这里加到第 4 行：

$$\begin{bmatrix} K_{11} & K_{12} & K_{13} & K_{14} & K_{15} & K_{16} \\ K_{21} & K_{22} & K_{23} & K_{24} & K_{25} & K_{26} \\ K_{31} & K_{32} & K_{33} & K_{34} & K_{35} & K_{36} \\ K_{41} & K_{42} & K_{43} - Ak & K_{44} + A & K_{45} & K_{46} \\ K_{51} & K_{52} & K_{53} & K_{54} & K_{55} & K_{56} \\ K_{61} & K_{62} & K_{63} & K_{64} & K_{65} & K_{66} \end{bmatrix} \begin{Bmatrix} U_1 \\ U_2 \\ U_3 \\ U_4 \\ U_5 \\ U_6 \end{Bmatrix} = \begin{Bmatrix} F_1 \\ F_2 \\ F_3 \\ F_4 + AC \\ F_5 \\ F_6 \end{Bmatrix} \tag{2-131}$$

经过约束方程处理的式（2-131）存在唯一解。但是式（2-131）的系数矩阵是非对称的，可以采用初等变换将非对称系数矩阵变换成对称的。观察发现，式（2-131）的系数矩阵中 K_{43} 和 K_{43} 的位置是不对称的。因此再对式（2-122）进行整理，乘以系数 $-k$，得

$$Ak^2U_3 - AkU_4 = -AkC \tag{2-132}$$

将式（2-132）加到式（2-131）的第 3 行，得

$$
\begin{bmatrix}
K_{11} & K_{12} & K_{13} & K_{14} & K_{15} & K_{16} \\
K_{21} & K_{22} & K_{23} & K_{24} & K_{25} & K_{26} \\
K_{31} & K_{32} & K_{33}+Ak^2 & K_{34}-Ak & K_{35} & K_{36} \\
K_{41} & K_{42} & K_{43}-Ak & K_{44}+A & K_{45} & K_{46} \\
K_{51} & K_{52} & K_{53} & K_{54} & K_{55} & K_{56} \\
K_{61} & K_{62} & K_{63} & K_{64} & K_{65} & K_{66}
\end{bmatrix}
\begin{Bmatrix} U_1 \\ U_2 \\ U_3 \\ U_4 \\ U_5 \\ U_6 \end{Bmatrix}
=
\begin{Bmatrix} F_1 \\ F_2 \\ F_3-AkC \\ F_4+AC \\ F_5 \\ F_6 \end{Bmatrix}
\tag{2-133}
$$

在上述的初等变换下，经过约束后有限元平衡方程的系数矩阵保持了对称性。

固定位移边界条件和强制位移边界的处理，可以经过式（2-133）进行简化。对于强制位移边界条件，约束后的式（2-133）简化为

$$
\begin{bmatrix}
K_{11} & K_{12} & K_{13} & K_{14} & K_{15} & K_{16} \\
K_{21} & K_{22} & K_{23} & K_{24} & K_{25} & K_{26} \\
K_{31} & K_{32} & K_{33} & K_{34} & K_{35} & K_{36} \\
K_{41} & K_{42} & K_{43} & K_{44}+A & K_{45} & K_{46} \\
K_{51} & K_{52} & K_{53} & K_{54} & K_{55} & K_{56} \\
K_{61} & K_{62} & K_{63} & K_{64} & K_{65} & K_{66}
\end{bmatrix}
\begin{Bmatrix} U_1 \\ U_2 \\ U_3 \\ U_4 \\ U_5 \\ U_6 \end{Bmatrix}
=
\begin{Bmatrix} F_1 \\ F_2 \\ F_3 \\ F_4+AC \\ F_5 \\ F_6 \end{Bmatrix}
\tag{2-134}
$$

对于固定位移边界条件，约束后的式（2-133）简化为

$$
\begin{bmatrix}
K_{11} & K_{12} & K_{13} & K_{14} & K_{15} & K_{16} \\
K_{21} & K_{22} & K_{23} & K_{24} & K_{25} & K_{26} \\
K_{31} & K_{32} & K_{33} & K_{34} & K_{35} & K_{36} \\
K_{41} & K_{42} & K_{43} & K_{44}+A & K_{45} & K_{46} \\
K_{51} & K_{52} & K_{53} & K_{54} & K_{55} & K_{56} \\
K_{61} & K_{62} & K_{63} & K_{64} & K_{65} & K_{66}
\end{bmatrix}
\begin{Bmatrix} U_1 \\ U_2 \\ U_3 \\ U_4 \\ U_5 \\ U_6 \end{Bmatrix}
=
\begin{Bmatrix} F_1 \\ F_2 \\ F_3 \\ F_4 \\ F_5 \\ F_6 \end{Bmatrix}
\tag{2-135}
$$

从式（2-134）和式（2-135）可以看出，它们的系数矩阵约束后是相同的，都是在方程组系数中要约束的对角线元素上加上一个相对较大的数 A。

5）赋 0 赋 1 法和置大数法的比较

赋 0 赋 1 法严格精确地进行约束处理，置大数法是一种近似约束处理方法，它的精度取决于所乘的大数 A 值，置大数法中大数值的选取不当，会导致解的失真。两者精度不一样。在具体的约束方法上，置大数法要比赋 0 赋 1 法简单。在现有商业软件中，位移边界条件的约束处理都采用赋 0 赋 1 法

3. 方程组的求解

有限元法最终都是归结为总体刚度平衡方程的求解，实际上就是大型线性代数方程组的求解。通过对结构施加边界条件，消除结构的刚体位移，进一步消除总体刚度矩阵的奇异性，求解出位移。

总体刚度矩阵具有大型、对称、稀疏、带状分布、正定、主元占优势的特点。常用的储存方式包括整体储存总刚、等带宽储存总刚，以及一维变带宽储存总刚等方法。求解方法需根据总刚的储存方式进行选择。

线性代数方程组的解法分直接解法（如高斯消去法、三角分解法）和迭代解法（如雅可比迭代法、高斯-赛德尔迭代法），具体介绍如下。

1）高斯消去法

对于n阶线性方程组$\boldsymbol{KU}=\boldsymbol{F}$，需要进行$n-1$次消元求解。采用循序消去时，第$m$次消元以$m-1$次消元后的$m$行元素作为主元行，$\boldsymbol{K}_{mm}^{(m-1)}$为主元，对第$i$行元素（$i>m$）的消元公式为

$$\boldsymbol{K}_{ij}^{(m)}=\boldsymbol{K}_{ij}^{(m-1)}-\frac{\boldsymbol{K}_{im}^{(m-1)}}{\boldsymbol{K}_{mm}^{(m-1)}}\boldsymbol{K}_{mj}^{(m-1)} \quad (i,j=m+1,m+2,\cdots,n)$$

$$\boldsymbol{F}_{ij}^{(m)}=\boldsymbol{F}_{ij}^{(m-1)}-\frac{\boldsymbol{K}_{im}^{(m-1)}}{\boldsymbol{K}_{mm}^{(m-1)}}\boldsymbol{F}_{m}^{(m-1)} \quad (m=1,2,\cdots,n-1) \tag{2-136}$$

式中，$\boldsymbol{K}_{ij}^{(m)}$和$\boldsymbol{F}_{ij}^{(m)}$的上标表示经过$m$次消元后得到的结果。经过$m$次消元后的系数矩阵和载荷矩阵分别记为$\boldsymbol{K}^{(m)}$和$\boldsymbol{F}^{(m)}$。式（2-136）表示第$m$次消元是在$m-1$次基础上得到的。消元完成后，进行回代求解，得到：

$$\begin{aligned}\boldsymbol{K}^{(n-1)}&=\boldsymbol{S}\\ \boldsymbol{F}^{(n-1)}&=\boldsymbol{V}\end{aligned} \tag{2-137}$$

式中，$\boldsymbol{S}$为上三角矩阵，回代公式表示为

$$\begin{aligned}u_n&=\frac{\boldsymbol{F}_n^{(n-1)}}{\boldsymbol{K}_{nn}^{(n-1)}}=\frac{\boldsymbol{V}_n}{\boldsymbol{S}_{nn}}\\ u_i&=\left(\boldsymbol{F}_i^{(n-1)}-\sum_{j=i+1}^{n}\boldsymbol{K}_{ij}^{(n-1)}u_j\right)/\boldsymbol{K}_{ii}^{(n-1)}\\ &=\left(\boldsymbol{V}_i-\sum_{i=j+1}^{n}\boldsymbol{S}_{ij}u_j\right)/\boldsymbol{S}_{ii} \quad (i=n-1,\cdots,3,2,1)\end{aligned} \tag{2-138}$$

从最后一行开始回代过程，当回代求解u_i时，$u_{i+1},u_{i+2},\cdots,u_n$已经解出。为了节省计算内存与时间，可以将$u$放在$\boldsymbol{F}$中，所以回代公式改写为

$$\begin{aligned}\boldsymbol{F}_n&=\frac{\boldsymbol{F}_n}{\boldsymbol{K}_{nn}}\\ \boldsymbol{F}_i&=\left(\boldsymbol{F}_i-\sum_{j=i+1}^{n}\boldsymbol{K}_{ij}\boldsymbol{F}_j\right)/\boldsymbol{K}_{ii} \quad (i=n-1,\cdots,3,2,1)\end{aligned} \tag{2-139}$$

2）三角分解法

有限元平衡方程$\boldsymbol{KU}=\boldsymbol{F}$中，$\boldsymbol{K}$是对称的正定矩阵，因此可以进行分解，即

$$\boldsymbol{K}=\boldsymbol{LS} \tag{2-140}$$

当上三角矩阵$\boldsymbol{S}$和下三角矩阵$\boldsymbol{L}$为单元三角矩阵时，称为 Crout 分解。由于$\boldsymbol{K}$为对称矩阵，因此还可以分解为

$$\boldsymbol{K}=\boldsymbol{LDL}^{\mathrm{T}} \tag{2-141}$$

式中，$\boldsymbol{D}$为对角矩阵，$\boldsymbol{DL}^{\mathrm{T}}=\boldsymbol{S}$。其中

$$\boldsymbol{L}=\begin{bmatrix}L_{11}&&&\\ L_{21}&L_{22}&&\\ \vdots&\cdots&&\\ L_{n1}&\cdots&\cdots&L_{nx}\end{bmatrix},\quad \boldsymbol{D}=\begin{bmatrix}\frac{1}{L_{11}}&&&\\ &\frac{1}{L_{22}}&&\\ &&\ddots&\\ &&&\frac{1}{L_{nn}}\end{bmatrix} \tag{2-142}$$

则

$$
\boldsymbol{S}=\boldsymbol{D}\boldsymbol{L}^{\mathrm{T}}=\begin{bmatrix} 1 & \dfrac{L_{21}}{L_{11}} & \cdots & \cdots & \dfrac{L_{n1}}{L_{11}} \\ & 1 & \dfrac{L_{32}}{L_{22}} & \cdots & \dfrac{L_{n2}}{L_{22}} \\ & & & & \vdots \\ & & & & 1 \end{bmatrix} \tag{2-143}
$$

将$\boldsymbol{K}=\boldsymbol{L}\boldsymbol{S}$代入有限元平衡方程$\boldsymbol{K}\boldsymbol{U}=\boldsymbol{F}$，得$\boldsymbol{L}\boldsymbol{S}\boldsymbol{U}=\boldsymbol{F}$。令$\boldsymbol{S}\boldsymbol{U}=\boldsymbol{\delta}$，则有$\boldsymbol{L}\boldsymbol{\delta}=\boldsymbol{F}$，即有

$$
\begin{bmatrix} L_{11} & & & & \\ L_{21} & L_{22} & & 0 & \\ \vdots & \vdots & & & \\ L_{n1} & L_{n2} & L_{n3} & \cdots & L_{nn} \end{bmatrix} \begin{Bmatrix} \delta_1 \\ \vdots \\ \delta_n \end{Bmatrix} = \begin{Bmatrix} F_1 \\ \vdots \\ F_n \end{Bmatrix} \tag{2-144}
$$

由式（2-144）的一个方程解得$\delta_1=\dfrac{F_1}{L_{11}}$，再由第二个方程$L_{21}\delta_1+L_{22}\delta_2=F_2$，解出$\delta_2$。以此类推，向下求解。再由$\boldsymbol{S}\boldsymbol{U}=\boldsymbol{\delta}$，即

$$
\begin{bmatrix} 1 & S_{12} & S_{13} & \cdots & S_{1n} \\ & 1 & S_{23} & \cdots & S_{2n} \\ & & \ddots & & \vdots \\ & 0 & & 1 & S_{n-1} \\ & & & & 1 \end{bmatrix} \begin{Bmatrix} U_1 \\ U_2 \\ \vdots \\ U_{n-1} \\ U_n \end{Bmatrix} = \begin{Bmatrix} \delta_1 \\ \delta_2 \\ \vdots \\ \delta_{n-1} \\ \delta_n \end{Bmatrix} \tag{2-145}
$$

由最后一个方程组解得$U_n=\delta_n$，由$U_{n-1}+S_{n-1}U_n=\delta_{n-1}$得$U_{n-1}$，依次向上求解可求解$\boldsymbol{U}$。

3）雅可比迭代法

有限元平衡方程为$\boldsymbol{K}\boldsymbol{U}=\boldsymbol{F}$。经过约束后，系数矩阵$\boldsymbol{K}$是非奇异的，且主对角元素$K_{ii}\neq 0$，因此$\boldsymbol{K}$分解为

$$
\boldsymbol{K}=\boldsymbol{D}+\boldsymbol{K}_0 \tag{2-146}
$$

式中，$\boldsymbol{D}$为对角矩阵。

$$
\boldsymbol{D}=\begin{bmatrix} K_{11} & 0 & \cdots & 0 \\ 0 & K_{22} & \cdots & 0 \\ \vdots & \vdots & & \vdots \\ 0 & 0 & \cdots & K_{nn} \end{bmatrix} \tag{2-147}
$$

$$
\boldsymbol{K}_0=\begin{bmatrix} 0 & K_{12} & K_{13} & \cdots & K_{1n} \\ K_{21} & 0 & K_{23} & \cdots & K_{2n} \\ K_{31} & K_{32} & 0 & \cdots & K_{3n} \\ \vdots & \vdots & \vdots & & \vdots \\ K_{n1} & K_{n2} & K_{n3} & \cdots & 0 \end{bmatrix} \tag{2-148}
$$

进一步将有限元平衡方程$\boldsymbol{K}\boldsymbol{U}=\boldsymbol{F}$变化为

$$
\boldsymbol{U}=\bar{\boldsymbol{K}}\boldsymbol{U}+\bar{\boldsymbol{F}} \tag{2-149}
$$

式中

$$\bar{\boldsymbol{K}}=\begin{bmatrix} 0 & -\frac{K_{12}}{K_{11}} & -\frac{K_{13}}{K_{11}} & \cdots & -\frac{K_{1n}}{K_{11}} \\ -\frac{K_{21}}{K_{22}} & 0 & -\frac{K_{23}}{K_{22}} & \cdots & -\frac{K_{2n}}{K_{22}} \\ -\frac{K_{31}}{K_{33}} & -\frac{K_{32}}{K_{33}} & 0 & \cdots & -\frac{K_{3n}}{K_{33}} \\ \vdots & \vdots & \vdots & & \vdots \\ -\frac{K_{n1}}{K_{nn}} & -\frac{K_{n2}}{K_{nn}} & -\frac{K_{n3}}{K_{nn}} & \cdots & 0 \end{bmatrix} \tag{2-150}$$

$$\bar{\boldsymbol{F}}=\left\{\frac{F_1}{K_{11}} \quad \frac{F_2}{K_{22}} \quad \frac{F_3}{K_{33}} \quad \cdots \quad \frac{F_n}{K_{nn}}\right\}^{\mathrm{T}} \tag{2-151}$$

系数矩阵$\boldsymbol{K}$与$\bar{\boldsymbol{K}}$，载荷向量$\boldsymbol{F}$与$\bar{\boldsymbol{F}}$的关系式如下：

$$\begin{aligned} \bar{\boldsymbol{K}}&=\boldsymbol{I}-\boldsymbol{D}^{-1}\boldsymbol{K} \\ \bar{\boldsymbol{F}}&=\boldsymbol{D}^{-1}\boldsymbol{F} \end{aligned} \tag{2-152}$$

雅可比迭代的计算公式为

$$\boldsymbol{U}^{k+1}=\bar{\boldsymbol{K}}\boldsymbol{U}^{k}+\bar{\boldsymbol{F}} \tag{2-153}$$

式中，$\bar{\boldsymbol{K}}$为雅可比迭代法的迭代矩阵；k为迭代次数。

4）高斯-赛德尔迭代法

由雅可比迭代可知，x^{k+1}是基于上一步迭代x^{k}进行求解的。那么在计算新分量x_i^{k+1}时，也是基于上一步迭代x_{i-1}^{k+1}进行求解的，利用分量进行迭代求解的方法就是高斯-赛德尔迭代法。

有限元平衡方程$\boldsymbol{KU}=\boldsymbol{F}$中的系数矩阵，在式（2-146）的基础上可以进一步分解为

$$\boldsymbol{K}=\boldsymbol{D}+\boldsymbol{K}_0^{\mathrm{L}}+\boldsymbol{K}_0^{\mathrm{U}} \tag{2-154}$$

式中，$\boldsymbol{K}_0^{\mathrm{L}}$为下三角矩阵；$\boldsymbol{K}_0^{\mathrm{U}}$为上三角矩阵，具体公式为

$$\boldsymbol{K}_0^{\mathrm{L}}=\begin{bmatrix} 0 & 0 & 0 & \cdots & 0 \\ K_{21} & 0 & 0 & \cdots & 0 \\ K_{31} & K_{32} & 0 & \cdots & 0 \\ \vdots & \vdots & \vdots & & \vdots \\ K_{n1} & K_{n2} & K_{n3} & \cdots & 0 \end{bmatrix} \tag{2-155}$$

$$\boldsymbol{K}_0^{\mathrm{U}}=\begin{bmatrix} 0 & K_{12} & K_{13} & \cdots & K_{1n} \\ 0 & 0 & K_{23} & \cdots & K_{2n} \\ 0 & 0 & 0 & \cdots & K_{3n} \\ \vdots & \vdots & \vdots & & \vdots \\ 0 & 0 & 0 & \cdots & 0 \end{bmatrix} \tag{2-156}$$

高斯-赛德尔迭代法的计算公式为

$$\boldsymbol{DU}^{k+1}=\boldsymbol{F}-\boldsymbol{K}_0^{\mathrm{L}}\boldsymbol{U}^{k+1}-\boldsymbol{K}_0^{\mathrm{U}}\boldsymbol{U}^{k} \tag{2-157}$$

进行移项，合并同类项可得

$$(\boldsymbol{D}+\boldsymbol{K}_0^{\mathrm{L}})\boldsymbol{U}^{k+1}=\boldsymbol{F}-\boldsymbol{K}_0^{\mathrm{U}}\boldsymbol{U}^{k} \tag{2-158}$$

若$\boldsymbol{D}+\boldsymbol{K}_0^{\mathrm{L}}$可逆，则

$$\boldsymbol{U}^{k+1}=(\boldsymbol{D}+\boldsymbol{K}_0^{\mathrm{L}})^{-1}(\boldsymbol{F}-\boldsymbol{K}_0^{\mathrm{U}}\boldsymbol{U}^{k}) \tag{2-159}$$

将式（2-159）进行展开计算得

$$\boldsymbol{U}^{k+1}=(\boldsymbol{D}+\boldsymbol{K}_0^{\mathrm{L}})^{-1}\boldsymbol{F}-(\boldsymbol{D}+\boldsymbol{K}_0^{\mathrm{L}})^{-1}\boldsymbol{K}_0^{\mathrm{U}}\boldsymbol{U}^k \tag{2-160}$$

进行提取简化，高斯-赛德尔迭代法的迭代公式进一步变为

$$\boldsymbol{U}^{k+1}=\boldsymbol{E}\boldsymbol{U}^k+\boldsymbol{P} \tag{2-161}$$

式中，$\boldsymbol{E}$ 为高斯-赛德尔迭代法的迭代矩阵，$\boldsymbol{E}$ 和 $\boldsymbol{P}$ 分别记为

$$\begin{aligned}\boldsymbol{E}&=-(\boldsymbol{D}+\boldsymbol{K}_0^{\mathrm{L}})^{-1}\boldsymbol{K}_0^{\mathrm{U}}\\ \boldsymbol{P}&=(\boldsymbol{D}+\boldsymbol{K}_0^{\mathrm{L}})^{-1}\boldsymbol{F}\end{aligned} \tag{2-162}$$

2.2 杆单元和四边形单元实例分析

杆件是最常见的单元之一，它的特点是连接它的两端一般都是铰接接头，因此它主要承受沿轴线的轴向力。因两个连接的构件在铰接接头处可以转动，所以它不传递和承受弯矩。四边形单元的位移模式是双线性函数，单元的应力、应变是线性变化的，具有精度较高、形状规整、便于实现计算机自动划分等优点，缺点是单元不能适应曲线边界和斜边界，也不能随意改变大小，适用性非常有限。

2.2.1 杆单元阶梯杆拉伸

图 2-11 所示为 1D 阶梯杆结构，已知相应的杨氏模量$E_1=E_2=2\times10^7\,\mathrm{Pa}$，横截面积$A_1=2\,\mathrm{cm}^2$，$A_2=1\,\mathrm{cm}^2$，长度$l_1=l_2=10\,\mathrm{cm}$，力$F=10\,\mathrm{N}$，试采用两个单元来分析该问题，并得到整个结构所有的力学信息。

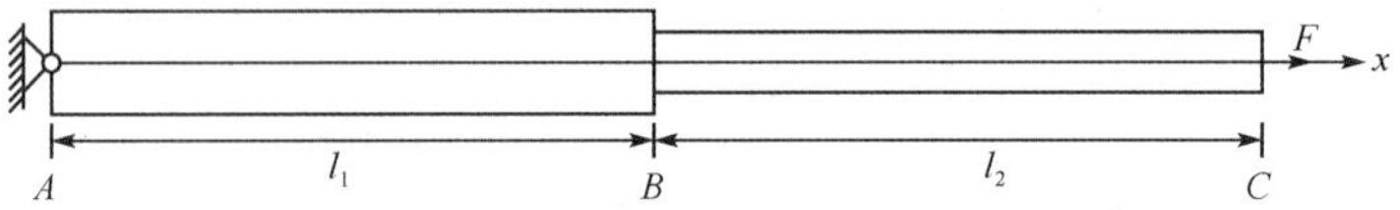

图 2-11 1D 阶梯杆结构

解答：考虑杆件的受力状况，分别画出每个节点的分离受力图，如图 2-12 所示。

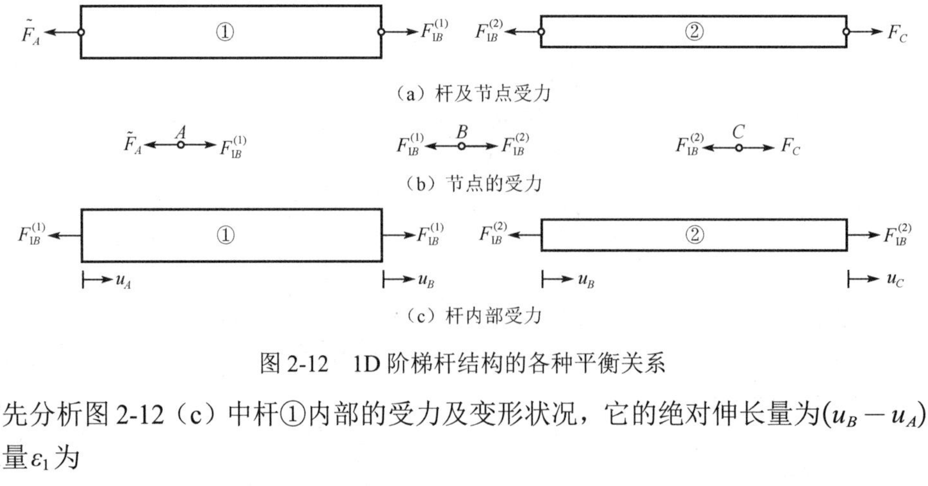

（a）杆及节点受力

（b）节点的受力

（c）杆内部受力

图 2-12 1D 阶梯杆结构的各种平衡关系

首先分析图 2-12（c）中杆①内部的受力及变形状况，它的绝对伸长量为(u_B-u_A)，则相应伸长量ε_1为

$$\varepsilon_1=\frac{u_B-u_A}{l_1} \tag{2-163}$$

由胡克定律，它的应力σ_1为

$$\sigma_1 = E_1\varepsilon_1 = \frac{E_1}{l_1}(u_B - u_A) \tag{2-164}$$

杆①的内力$F_{1B}^{(1)}$为

$$F_{1B}^{(1)} = \sigma_1 A_1 = \frac{E_1 A_1}{l_1}(u_B - u_A) \tag{2-165}$$

对杆②进行同样的分析和计算，杆②的内力$F_{1B}^{(2)}$为

$$F_{1B}^{(2)} = \sigma_2 A_2 = \frac{E_2 A_2}{l_2}(u_C - u_B) \tag{2-166}$$

由图 2-12（b）中节点A、B和C的受力状况，分别建立它们各自的平衡关系如下。

对于节点A，有平衡关系

$$-\tilde{F}_A + F_{1B}^{(1)} = 0 \tag{2-167}$$

将式（2-165）代入式（2-167）中，有

$$-\tilde{F}_A + \frac{E_1 A_1}{l_1}(u_B - u_A) = 0 \tag{2-168}$$

对于节点B，有平衡关系

$$-F_{1B}^{(1)} + F_{1B}^{(2)} = 0 \tag{2-169}$$

将式（2-165）和式（2-166）代入式（2-169）中，有

$$-\frac{E_1 A_1}{l_1}(u_B - u_A) + \frac{E_2 A_2}{l_2}(u_C - u_B) = 0 \tag{2-170}$$

对于节点C，有平衡关系

$$F_C - F_{1B}^{(2)} = 0 \tag{2-171}$$

将式（2-166）代入式（2-171）中，有

$$F_C - \frac{E_2 A_2}{l_2}(u_C - u_B) = 0 \tag{2-172}$$

将节点A、B、C的平衡关系写成一个方程组，有

$$\begin{cases} -\tilde{F}_A - \left(\dfrac{E_1 A_1}{l_1}\right)u_A + \left(\dfrac{E_1 A_1}{l_1}\right)u_B + 0 = 0 \\ 0 + \left(\dfrac{E_1 A_1}{l_1}\right)u_A - \left(\dfrac{E_1 A_1}{l_1} + \dfrac{E_2 A_2}{l_2}\right)u_B + \left(\dfrac{E_2 A_2}{l_2}\right)u_C = 0 \\ F_C - 0 + \left(\dfrac{E_2 A_2}{l_2}\right)u_B - \left(\dfrac{E_2 A_2}{l_2}\right)u_C = 0 \end{cases} \tag{2-173}$$

写成矩阵形式，有

$$\begin{Bmatrix} -\tilde{F}_A \\ 0 \\ F_C \end{Bmatrix} - \begin{bmatrix} \dfrac{E_1 A_1}{l_1} & -\dfrac{E_1 A_1}{l_1} & 0 \\ -\dfrac{E_1 A_1}{l_1} & \dfrac{E_1 A_1}{l_1} + \dfrac{E_2 A_2}{l_2} & -\dfrac{E_2 A_2}{l_2} \\ 0 & -\dfrac{E_2 A_2}{l_2} & \dfrac{E_2 A_2}{l_2} \end{bmatrix} \begin{Bmatrix} u_A \\ u_B \\ u_C \end{Bmatrix} = \begin{Bmatrix} 0 \\ 0 \\ 0 \end{Bmatrix} \tag{2-174}$$

将材料杨氏模量和结构尺寸代入式（2-174）中，有以下方程（采用国际单位）

$$\begin{bmatrix} 4\times10^4 & -4\times10^4 & 0 \\ -4\times10^4 & 6\times10^4 & -2\times10^4 \\ 0 & -2\times10^4 & 2\times10^4 \end{bmatrix}\begin{Bmatrix} u_A \\ u_B \\ u_C \end{Bmatrix}=\begin{Bmatrix} -\tilde{F}_A \\ 0 \\ 10 \end{Bmatrix} \tag{2-175}$$

由于左端点是固定的，即$u_A=0$，该方程的未知量为u_B、u_C和$\tilde{F}_A$，求解该方程，有

$$\begin{cases} u_B=2.5\times10^{-4}\text{m} \\ u_C=7.5\times10^{-4}\text{m} \\ \tilde{F}_A=10\text{N} \end{cases} \tag{2-176}$$

可以看出这里的$\tilde{F}_A$就是支座反力，下面就很容易求解出杆①和杆②中的其他力学量，即

$$\begin{cases} \varepsilon_1=\dfrac{u_B-u_A}{l_1}=2.5\times10^{-3} \\ \varepsilon_2=\dfrac{u_C-u_B}{l_2}=5\times10^{-3} \\ \sigma_1=E_1\varepsilon_1=5\times10^4\text{Pa} \\ \sigma_2=E_2\varepsilon_2=1\times10^5\text{Pa} \end{cases} \tag{2-177}$$

2.2.2　四边形单元方板拉伸

1. 问题描述

现有一方板，如图 2-13（a）所示，边长$l=1$mm，左边界被完全固定，右边界受到向右的均匀拉伸载荷$P=10000$ N，杨氏模量$E=3\times10^7$ MPa，泊松比$\mu=0.3$。方板离散单元类型为 Q4，共有 4×4 个单元，5×5 个节点，编号如图 2-13（b）所示。

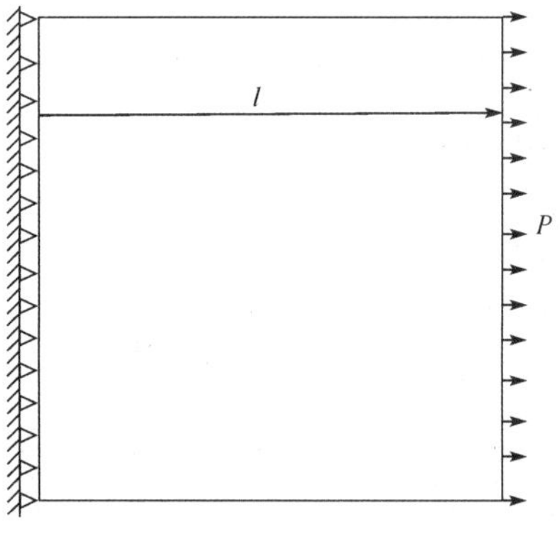

（a）尺寸标注和边界条件

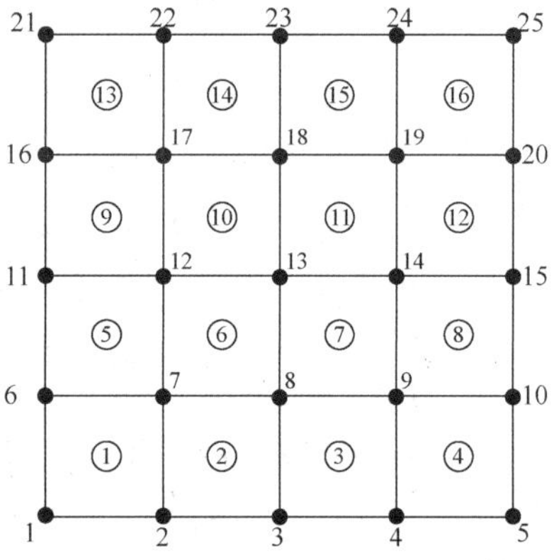

（b）节点和单元编号

图 2-13　方板拉伸分析

2. MATLAB 源代码分析

接下来进行代码的具体分析。

定义材料参数（杨氏模量、泊松比）和几何尺寸。

```
E0  = 30e6;        %杨氏模量
nu0 = 0.3;         %泊松比
L  = 1;            %几何尺寸
```

选择平面应力问题或者平面应变问题。若 stressState ='PLANE_STRESS'，则为平面应力问题，弹性矩阵计算选择 L17，公式为式（2-72）。若 stressState ='PLANE_STRAIN'，则为平面应变问题，弹性矩阵计算选择 L21，公式为式（2-73）。

```
stressState ='PLANE_STRESS';                        %选择“平面应力”或“平面应变”

if ( strcmp(stressState,'PLANE_STRESS') )   %平面应力问题
  D=E0/(1-nu0^2)*[  1      nu0     0;
                   nu0      1      0;
                    0       0    (1-nu0)/2 ];
else   %平面应变问题
  D=E0/(1+nu0)/(1-2*nu0)*[ 1-nu0    nu0      0;
                           nu0    1-nu0     0;
                           0        0    1/2-nu0 ];
end
```

选择单元类型为 Q4（4-node quadrilateral element），意为 4 节点四边形单元。在 plot_mesh.m 中还定义了其他类型的单元，如 Q9、T3、L3 和 H4 等。自定义初始 x 和 y 方向的单元数，取 numx=numy=4，可以修改 numx 和 numy 的值实现不同的细化方案。

```
%产生有限元网格
elemType = 'Q4';                  %单元类型
numx = 4;                         %x 方向网格数
numy = 4;                         %y 方向网格数
nnx=numx+1;  nny=numy+1;          %x 和 y 方向节点数=5
```

调用 square_node_array()函数，输入 4 个顶点的坐标和节点数，则输出节点坐标信息 node(25×2)，如图 2-14（a）所示，其中第 1 列为 x 坐标，第 2 列为 y 坐标，共 25 行，节点的排列顺序如图 2-13（b）所示。例如，第 2 行 node2=[0.25,0]，则表示第 2 个节点的坐标为(0.25,0)，如图 2-13（b）中“2”所示。调用 make_elem()函数，输入单元数等信息，则输出单元的节点索引信息 element(16×4)，如图 2-14（b）所示，共 16 行，节点索引的排列顺序如图 2-13（b）所示。例如，第 1 行 element1=[1,2,7,6]，则表示第 1 个单元的 4 个节点编号为 1、2、7 和 6，逆时针排列，如图 2-13（b）中“①”所示。

```
node=square_node_array([0 0],[L 0],[L L],[0 L],nnx,nny);    %节点坐标(25×2)
inc_u=1;  inc_v=nnx;
node_pattern=[ 1 2 nnx+2 nnx+1 ];
element = make_elem(node_pattern,numx,numy,inc_u,inc_v);    %单元的节点索引(16×4)
```

确定下边界 bottomNodes、右边界 rightNodes、左边界 leftNodes 和上边界 topNodes 的节点编号。

```
bottomNodes = find(node(:,2)==0)';  %下边界节点编号(5×1), [1; 2; 3; 4; 5]
rightNodes  = find(node(:,1)==L)';  %右边界节点编号(5×1), [5; 10; 15; 20; 25]
leftNodes   = find(node(:,1)==0)';  %左边界节点编号(5×1), [1; 6; 11; 16; 21]
topNodes   = find(node(:,2)==L)';   %上边界节点编号(5×1), [21; 22; 23; 24; 25]
```

边界条件如图 2-13（a）所示，左边界固定，节点编号 fixedNodes(1×5)如图 2-14（c）所示；右边界向右受力拉伸，单元的节点索引 forceEdge(4×2)如图 2-14（d）所示。

```
fixedNodes = leftNodes;  %左边界节点编号(1×5), [1; 6; 11; 16; 21]
```

```
ngr2=[];
for numyi=1:numy
    ngr2=[ngr2; numyi*numy];
end
forceEdge = element(ngr2,2:3);      %右边界节点编号(4×2), [5,10; 10,15; 15,20; 20,25]
```

node: 25x2 double =

0	0
0.2500	0
0.5000	0
0.7500	0
1.0000	0
0	0.2500
0.2500	0.2500
0.5000	0.2500
0.7500	0.2500
……	

（a）节点坐标

element: 16x4 double =

1	2	7	6
2	3	8	7
3	4	9	8
4	5	10	9
6	7	12	11
7	8	13	12
8	9	14	13
9	10	15	14
11	12	17	16
……			

（b）单元的节点编号索引

fixedNodes: 1x5 double =

1	6	11	16	21

（c）左边界的节点编号

forceEdge: 4x2 double =

5	10
10	15
15	20
20	25

（d）右边界单元的节点编号

图 2-14 离散信息

设置 plotMesh=1，绘制网格图。

```
if ( plotMesh )  % if plotMesh==1
   plot_mesh(node,element,elemType,'k.-',1);
end
```

初始化节点位移向量$\boldsymbol{U}$ (50×1)、节点力向量$\boldsymbol{F}$ (50×1)和刚度矩阵$\boldsymbol{K}$ (50×50)，注意向量$\boldsymbol{U}$中前 25 个数表示 25 个节点的x方向位移$[u_1;u_2;\cdots;u_{25}]=[x_1;x_2;\cdots;x_{25}]$，后 25 个数表示 25 个节点的$y$方向位移$[u_{26};u_{27};\cdots;u_{50}]=[y_1;y_2;\cdots;y_{25}]$。除此以外，还有另一种排列方式是$x$和$y$交替排列$[x_1;y_1;x_2;y_2;\cdots;x_{25};y_{25}]$。

```
U = zeros(2*numnode,1);      %节点位移向量 U(50×1), [x1; x2; …; x25; y1; y2; …; y25]
F = zeros(2*numnode,1);      %节点力向量 F，结构同 U
K = sparse(2*numnode,2*numnode);  %刚度矩阵 K(50×50)
```

选择 2×2 高斯积分，高斯积分点坐标和加权系数如表 2-1 所示，分布如图 2-9（b）所示。

```
[W,Q]=quadrature(2, 'GAUSS', 2);   % 2×2 高斯积分
```

单元循环+高斯循环，计算刚度矩阵$\boldsymbol{K}$。

```
for e=1:numelem             %单元数=16，所以循环 16 次
  …

  for q=1:size(W,1)         %高斯点数=4，所以循环 4 次
  …
  end

end
```

当前单元的节点索引，sctr 表示x方向节点索引，sctr+numnode 表示y方向节点索引。例如，当 e=1，sctr=[1,2,7,6]，sctr+numnode=[26,27,32,31]；当 e=2 时，sctr=[2,3,8,7]，sctr+numnode=[27,28,33,32]。

```
sctr=element(e,:);                %当前单元的节点索引
sctrB=[ sctr sctr+numnode ]; % sctr 表示 x 方向节点索引，sctr+numnode 表示 y 方向节点索引
```

```
nn=length(sctr);                 %一个单元的节点个数
```

调用 lagrange_basis()函数，输入单元类型（Q4）和积分点坐标，输出形函数矩阵$\boldsymbol{N}$ (4×1)和导数矩阵d$\boldsymbol{N}$d$\boldsymbol{xi}$ (4×2)。因为每个单元有 4 个节点，所以有 4 个形函数，计算形函数公式见式（2-48）。通过式（2-53）计算雅可比矩阵$\boldsymbol{J}_0$，阶数为(2×2)，并计算其逆矩阵。每个形函数分别对ξ和η求偏导(L86)，所以阶数为 4×2，计算公式见式（2-54）。

```
pt=Q(q,:);                                %积分点坐标(1×2)
wt=W(q);                                  %加权系数
[N,dNdxi]=lagrange_basis(elemType,pt);    %形函数矩阵 N(4×1)，导数矩阵 dNdxi(4×2)
J0=node(sctr,:)'*dNdxi;                   %雅可比矩阵 J0(2×2)
invJ0=inv(J0)                             %雅可比矩阵的逆矩阵(2×2)
dNdx=dNdxi*invJ0;
```

通过式（2-64）计算矩阵$\boldsymbol{B}$。

```
B=zeros(3,2*nn);    %矩阵 B(3×8)
B(1,1:nn)       = dNdx(:,1)';
B(2,nn+1:2*nn)  = dNdx(:,2)';
B(3,1:nn)       = dNdx(:,2)';
B(3,nn+1:2*nn)  = dNdx(:,1)';
```

通过式（2-77）计算单元刚度矩阵$\boldsymbol{K}^e$，然后通过(sctrB,sctrB)确定位置并组装到总体刚度矩阵$\boldsymbol{K}$中。

```
K(sctrB,sctrB)=K(sctrB,sctrB)+B'*D*B*W(q)*det(J0);   %总体刚度矩阵 K(50×50)
```

单元循环内右边界当前单元的受力节点索引。例如，当 e=1 时，sctr=[5,10]；当 e=2 时，sctr= [10,15]。

```
sctr  = forceEdge(e,:);     %当前单元的受力节点索引
sctrx = sctr;
```

调用 lagrange_basis()函数，输入单元类型（L2，2-node line element，2 节点线单元）和积分点坐标，输出形函数矩阵$\boldsymbol{N}$ (2×1)和导数矩阵d$\boldsymbol{N}$d$\boldsymbol{xi}$ (2×1)。因为每个单元只有 2 个节点，所以有 2 个形函数，计算形函数公式见式（2-48）；又因为其是线单元，所以只需对一个方向进行求导。通过式（2-53）计算雅可比矩阵，阶数为(1×2)，并计算其范数。

```
pt      = Q(q,:);                     %积分点坐标(1×1)
wt      = W(q);                       %加权系数
[N,dNdxi]=lagrange_basis('L2',pt);    %形函数矩阵 N(2×1)，导数矩阵 dNdxi(2×1)
J0      = dNdxi'*node(sctr,:);        %雅可比矩阵(1×2)
detJ0    = norm(J0);                  %范数
```

通过式（2-80）计算单元力向量$\boldsymbol{F}^e$，然后通过(sctrx)确定位置并组装到总体力向量$\boldsymbol{F}$中。

```
F(sctrx) = F(sctrx)+N*P*detJ0*wt;        %总体力向量(50×1)
```

左边界固定，固定x位移节点的全局编号 udofs (5×1)=[1; 6; 11; 16; 21]，固定y位移节点的全局编号 vdofs (5×1)=[26; 31; 36; 41; 46]。边界条件类型为固定位移边界条件，应用赋 0 赋 1 法，将右端项$\boldsymbol{F}$中被固定的点的元素值置 0，进一步反映到$\boldsymbol{U}$中相应的元素值为 0，如图 2-15（b）所示；同时，对相应节点上的力向量$\boldsymbol{F}$赋值，如图 2-15（c）所示；将左端项$\boldsymbol{K}$

中被固定的点的行和列元素值置 0，对角线元素置 1，如图 2-15（a）所示。

```
bcwt=1;
udofs=fixedNodes;              %固定 x 位移节点的全局编号(5×1), [1; 6; 11; 16; 21]
vdofs=fixedNodes+numnode;      %固定 y 位移节点的全局编号(5×1), [26; 31; 36; 41; 46]
F=F-K(:,udofs)*uFixed;  F=F-K(:,vdofs)*vFixed;   %修改力向量
F(udofs)=uFixed;  F(vdofs)=vFixed;
K(udofs,:)=0;  K(vdofs,:)=0;     %将矩阵 K 中要约束的自由度的行和列分别赋 0
K(:,udofs)=0;  K(:,vdofs)=0;
K(udofs,udofs)=bcwt*speye(length(udofs));    %将矩阵 K 中要约束的自由度的对角线元素赋 1
K(vdofs,vdofs)=bcwt*speye(length(vdofs));
```

	1	2	3	4	5	6	7
1	1	0	0	0	0	0	)
2	0	2.9670e+07	-9.0659e+...	0	0	0	3.2967e+06
3	0	-9.0659e+...	2.9670e+07	-9.0659e+...	0	0	-7.4176e+...
4	0	0	-9.0659e+...	2.9670e+07	-9.0659e+...	0	0
5	0	0	0	-9.0659e+...	1.4835e+07	0	0
6	0	0	0	0	0	1	)
7	0	3.2967e+06	-7.4176e+...	0	0	0	5.9341e+07
8	0	-7.4176e+...	3.2967e+06	-7.4176e+...	0	0	-1.8132e+...
9	0	0	-7.4176e+...	3.2967e+06	-7.4176e+...	0	0
10	0	0	0	-7.4176e+...	1.6484e+06	0	0

……

（a）总体刚度矩阵***K***

	1
1	0
2	8.7658e-05
3	1.6645e-04
4	2.4701e-04
5	3.2975e-04
6	0
7	7.6123e-05
8	1.6053e-04
9	2.4438e-04
10	3.2804e-04
11	0
12	7.5429e-05

……

（b）位移向量***U***

	1
1	0
2	0
3	0
4	0
5	1250
6	0
7	0
8	0
9	0
10	2500
11	0
12	0

……

（c）力向量***F***

图 2-15　***KU*** = ***F*** 部分数据

采用 MATLAB 自带运算符“\”求解线性方程。注意位移向量***U*** 中 x 和 y 的排列顺序同 ***F***。

```
U=K\f;
```

绘制位移 u_x 云图，结果如图 2-16（a）所示。

```
figure(fn)
clf
plot_field(node+scaleFact*[U(xs)  U(ys)],element,elemType,U(xs));    %绘制位移场
hold on
plot_mesh(node+scaleFact*[U(xs)  U(ys)],element,elemType,'k.-',1);   %绘制网格
colorbar; colormap(jet);  %颜色图例
fn=fn+1;
title('DEFORMED DISPLACEMENT IN X-DIRECTION')  %图形标题
```

通过式（2-65）计算应变，通过式（2-70）计算应力。

```
stress=zeros(numelem,size(element,2),3);
```

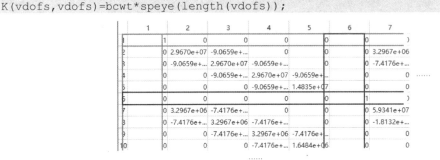

```
stressPoints=[-1 -1; 1 -1; 1 1; -1 1];
for e=1:numelem
   …

   for q=1:nn
      …
      %计算应力点的单元应变和应力
      strain=B*U(sctrB);
      stress(e,q,:)=D*strain;
   end
end
```

绘制应力σ_{xx}云图，结果如图 2-16（b）所示。

```
figure(fn)
clf
plot_field(node+scaleFact*[U(xs)
U(ys)],element,elemType,stress(:,:,stressComp));
hold on
plot_mesh(node+scaleFact*[U(xs) U(ys)],element,elemType,'g.-',1);
colorbar; colormap(jet);  %颜色图例
fn=fn+1;
title('DEFORMED STRESS PLOT, SIGMA XX')  %图形标题
```

我们知道，根据有限元解的收敛准则，在一定范围内，单元尺寸越小，有限元解越逼近精确解。所以将网格细化为 50×50，计算结果如图 2-16（c）和图 2-16（d）所示，为了方便观察，我们将网格线进行隐藏。但是当单元尺寸减小时，单元的个数增加，系统自由度随之变大，刚度矩阵的规模变大，计算所耗费的时间增加。

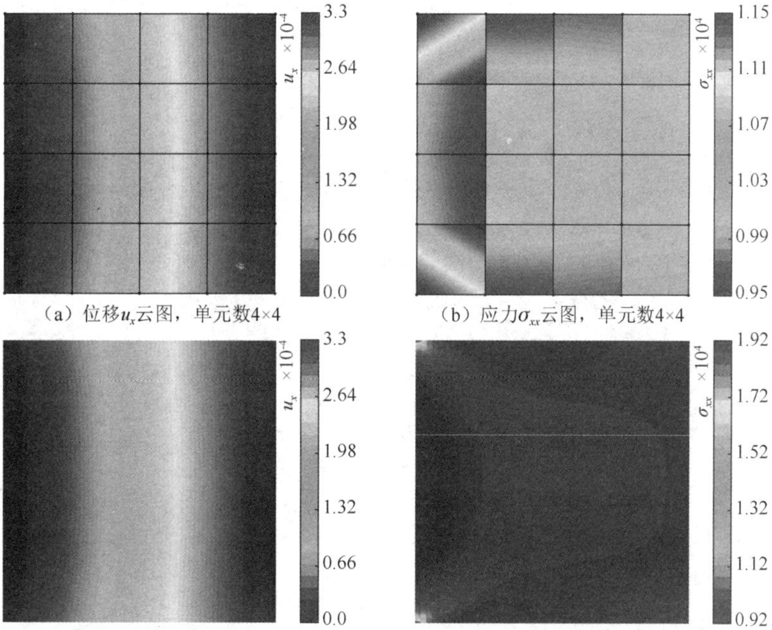

（a）位移u_x云图，单元数4×4　（b）应力σ_{xx}云图，单元数4×4

（c）位移u_x云图，单元数50×50　（d）应力σ_{xx}云图，单元数50×50

图 2-16　细化前后的位移和应力云图

3. 完整 MATLAB 源代码

本实例简要的 MATLAB 代码框架如下所示，完整代码文件参见“Codes\ Chapter2_FEM\ Matlab_2_2\ main.m”。

四边形单元方板拉伸有限元分析

```
E0  = 30e6;       %杨氏模量
nu0 = 0.3;        %泊松比
L  = 1;           %几何尺寸

stressState ='PLANE_STRESS';   %选择“平面应力”或“平面应变”
plotMesh    = 1;      %是否绘制网格图
computeStr  = 1;      %是否计算应力

P = 10000;   %外力

% ***************************************************************************
% ***                              预处理                                  ***
% ***************************************************************************

%计算弹性矩阵
if ( strcmp(stressState,'PLANE_STRESS') )      %平面应力问题
  D=E0/(1-nu0^2)*[  1      nu0     0;
                   nu0      1      0;
                   0        0    (1-nu0)/2 ];
else   %平面应变问题
  D=E0/(1+nu0)/(1-2*nu0)*[ 1-nu0    nu0      0;
                          nu0    1-nu0     0;
                          0        0     1/2-nu0 ];
end

%产生有限元网格
elemType = 'Q4';                 %单元类型
numx = 4;                        %x 方向网格数
numy = 4;                        %y 方向网格数
nnx=numx+1;  nny=numy+1;         %x 和 y 方向节点数=5
node=square_node_array([0 0],[L 0],[L L],[0 L],nnx,nny);    %节点坐标(25×2)
inc_u=1;  inc_v=nnx;
node_pattern=[ 1 2 nnx+2 nnx+1 ];
element = make_elem(node_pattern,numx,numy,inc_u,inc_v);    %单元的节点索引(16×4)
numnode  = size(node,1);        %节点数量=25
numelem  = size(element,1); %单元数量=16
%边界节点编号
bottomNodes = find(node(:,2)==0)'; %下边界节点编号(5×1), [1; 2; 3; 4; 5]
rightNodes  = find(node(:,1)==L)';  %右边界节点编号(5×1), [5; 10; 15; 20; 25]
leftNodes   = find(node(:,1)==0)';  %左边界节点编号(5×1), [1; 6; 11; 16; 21]
topNodes   = find(node(:,2)==L)';   %上边界节点编号(5×1), [21; 22; 23; 24; 25]
```

```
fixedNodes = leftNodes;  %左边界节点编号(1×5), [1; 6; 11; 16; 21]

ngr2=[];
for numyi=1:numy
   ngr2=[ngr2; numyi*numy];
end
forceEdge = element(ngr2,2:3);    %右边界节点编号(4×2), [5,10; 10,15; 15,20; 20,25]

uFixed = zeros(length(fixedNodes),1);  %0(5×5)
vFixed = zeros(length(fixedNodes),1);  %0(5×5)

%绘制网格
if ( plotMesh )  % if plotMesh==1
  plot_mesh(node,element,elemType,'k.-',1);
end

U = zeros(2*numnode,1);      %节点位移向量 U(50×1), [x1; x2; …; x25; y1; y2; …; y25]
F = zeros(2*numnode,1);      %节点力向量 F, 结构同 U
K = sparse(2*numnode,2*numnode);  %刚度矩阵 K(50×50)

xs=1:numnode;                %U 中前 25 个数, 表示位移的 x 部分
ys=(numnode+1):2*numnode;    %U 中后 25 个数, 表示位移的 y 部分

% ***************************************************************************
% ***                              求解                                 ***
% ***************************************************************************

%计算总体刚度矩阵
[W,Q]=quadrature(2, 'GAUSS', 2);   % 2×2 高斯积分

%单元循环
for e=1:numelem                 %单元数=16, 所以循环 16 次
  sctr=element(e,:);            %当前单元的节点索引
  sctrB=[ sctr sctr+numnode ];  %sctr 表示 x 方向节点索引, sctr+numnode 表示 y 方向节点
                                %索引
  nn=length(sctr);              %一个单元的节点个数

%高斯循环
  for q=1:size(W,1)             %高斯点数=4, 所以循环 4 次
    pt=Q(q,:);                  %积分点坐标(1×2)
    wt=W(q);                    %加权系数
    [N,dNdxi]=lagrange_basis(elemType,pt);  %形函数矩阵 N(4×1), 导数矩阵 dNdxi(4×2)
    J0=node(sctr,:)'*dNdxi;                 %雅可比矩阵 J0(2×2)
    invJ0=inv(J0)                           %雅可比矩阵的逆矩阵(2×2)
    dNdx=dNdxi*invJ0;

    B=zeros(3,2*nn);    %矩阵 B(3×8)
    B(1,1:nn)      = dNdx(:,1)';
```

```
    B(2,nn+1:2*nn) = dNdx(:,2)';
    B(3,1:nn)      = dNdx(:,2)';
    B(3,nn+1:2*nn) = dNdx(:,1)';

    K(sctrB,sctrB)=K(sctrB,sctrB)+B'*D*B*W(q)*det(J0);   %总体刚度矩阵 K(50×50)
  end
end
%结束计算总体刚度矩阵

%计算总体力向量
[W,Q]=quadrature( 2, 'GAUSS', 1 );

%单元循环计算总体力向量
for e=1:size(forceEdge,1)    %右边界单元数=4，所以循环 4 次
  sctr  = forceEdge(e,:);    %当前单元的受力节点索引
  sctrx = sctr;

  %高斯循环
  for q=1:size(W,1)          %高斯点数=2，所以循环 2 次
    pt      = Q(q,:);        %积分点坐标(1×1)
    wt      = W(q);          %加权系数
    [N,dNdxi]=lagrange_basis('L2',pt);   %形函数矩阵 N(2×1)，导数矩阵 dNdxi(2×1)
    J0      = dNdxi'*node(sctr,:);       %雅可比矩阵(1×2)
    detJ0    = norm(J0);                 %范数
    F(sctrx) = F(sctrx)+N*P*detJ0*wt;    %总体力向量(50×1)
  end
end
%结束计算总体力向量

%应用边界条件
bcwt=1;
udofs=fixedNodes;            %固定 x 位移节点的全局编号(5×1)，[1; 6; 11; 16; 21]
vdofs=fixedNodes+numnode;    %固定 y 位移节点的全局编号(5×1)，[26; 31; 36; 41; 46]
F=F-K(:,udofs)*uFixed;  F=F-K(:,vdofs)*vFixed;  %修改力向量
F(udofs)=uFixed;  F(vdofs)=vFixed;
K(udofs,:)=0;  K(vdofs,:)=0;    %将矩阵 K 中要约束的自由度的行和列分别赋 0
K(:,udofs)=0;  K(:,vdofs)=0;
K(udofs,udofs)=bcwt*speye(length(udofs));    %将矩阵 K 中要约束的自由度的对角线元素赋 1
K(vdofs,vdofs)=bcwt*speye(length(vdofs));

%解方程
U=K\f;

%***************************************************************************
%***                          后处理                                    ***
%***************************************************************************

%绘制位移云图和应力云图
```

```
scaleFact=1;
fn=1;
%绘制位移云图
figure(fn)
clf
plot_field(node+scaleFact*[U(xs) U(ys)],element,elemType,U(xs));   %绘制位移场
hold on
plot_mesh(node+scaleFact*[U(xs) U(ys)],element,elemType,'k.-',1);  %绘制网格
colorbar; colormap(jet);  %颜色图例
fn=fn+1;
title('DEFORMED DISPLACEMENT IN X-DIRECTION')  %图形标题

%计算应变和应力
if (computeStr)
    stress=zeros(numelem,size(element,2),3);
    stressPoints=[-1 -1; 1 -1; 1 1; -1 1];
    for e=1:numelem
        sctr=element(e,:);
        sctrB=[sctr sctr+numnode];
        nn=length(sctr);
        for q=1:nn
            pt=stressPoints(q,:);
            [N,dNdxi]=lagrange_basis(elemType,pt);
            J0=node(sctr,:)'*dNdxi;
            invJ0=inv(J0);
            dNdx=dNdxi*invJ0;

            B=zeros(3,2*nn);
            B(1,1:nn)      = dNdx(:,1)';
            B(2,nn+1:2*nn)  = dNdx(:,2)';
            B(3,1:nn)      = dNdx(:,2)';
            B(3,nn+1:2*nn)  = dNdx(:,1)';

            %计算应力点的单元应变和应力
            strain=B*U(sctrB);
            stress(e,q,:)=D*strain;
        end
end

%绘制应力云图
    stressComp=1;
    figure(fn)
    clf
    plot_field(node+scaleFact*[U(xs) U(ys)],element,elemType,stress(:,:,stressComp));
    hold on
    plot_mesh(node+scaleFact*[U(xs) U(ys)],element,elemType,'g.-',1);
    colorbar; colormap(jet);  %颜色图例
```

```
    fn=fn+1;
    title('DEFORMED STRESS PLOT, SIGMA XX')  %图形标题
end
```

2.3 悬臂梁弯曲的 Ansys 分析

Ansys 是融合结构、流体、电场、磁场、声场分析于一体的大型通用有限元分析软件，是现代产品设计中的高级 CAE 工具之一。Ansys 现已应用于多个领域，包括航空航天、汽车工业、生物医学、桥梁、建筑、电子产品、重型机械、微机电系统和运动器械等。软件主要包括三个部分：前处理模块、分析计算模块和后处理模块。前处理模块提供了一个强大的实体建模及网格划分工具，用户可以方便地构造有限元模型；分析计算模块包括结构分析（可进行线性分析、非线性分析和高度非线性分析）、流体动力学分析、电磁场分析、声场分析、压电分析及多物理场的耦合分析，可模拟多种物理介质的相互作用，具有灵敏度分析及优化分析能力；后处理模块可将计算结果以彩色等值线显示、梯度显示、向量显示、粒子流迹显示、立体切片显示和透明及半透明显示（可看到结构内部）等图形方式显示出来，也可将计算结果以图表、曲线形式显示或输出。在此，本书将利用一个悬臂梁来展现 Ansys 的具体分析步骤，如图 2-17 所示。

图 2-17　施加弯矩的悬臂梁

图 2-17 所示为一个一端固定，另一端为自由端的悬臂梁，在自由端施加弯矩 $M=20c^2$。悬臂梁长 $L=100$ mm，宽 $c=10$ mm，厚度 $t=1$ mm，杨氏模量 $E=1.0\times10^7$ MPa，泊松比 $\mu=0.3$。

2.3.1 Ansys 模拟

1. Ansys 前处理

1）设置工作文件

在 [/FILNAM] Enter new jobname 文本框中输入工作文件名，如图 2-18 所示。

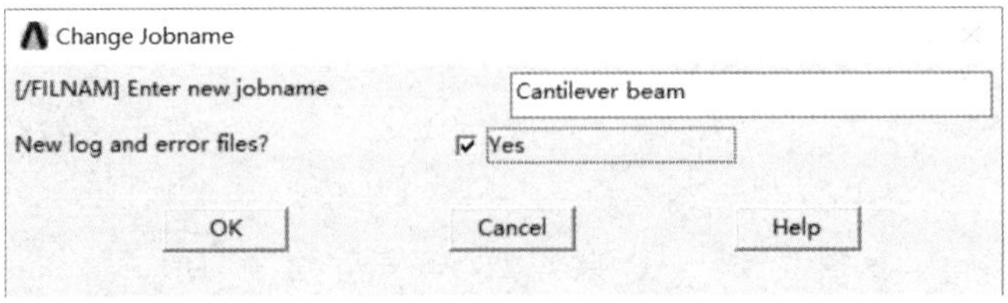

图 2-18　设置工作文件名

2）设置计算类型

设置计算类型为结构分析 Structural，如图 2-19 所示。

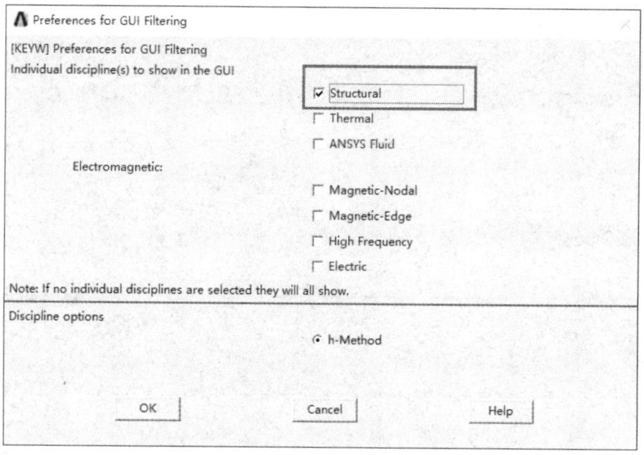

图 2-19　设置计算类型

3）定义单元类型

（1）单击 Add/Edit/Delete 按钮打开添加单元对话框。

（2）选择单元类型为实体面单元 Solid 和 8 node 183，如图 2-20 所示。

（3）更改单元特性为 K3，如图 2-21 所示，并选择 Plane strs w/thk，其中 Plane strs 表示平面应力模型，w/thk 表示平板厚度为默认 1 个单位厚度。

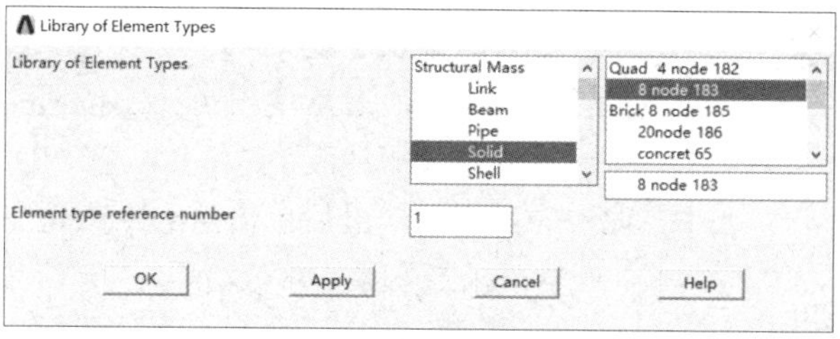

图 2-20　选择单元类型

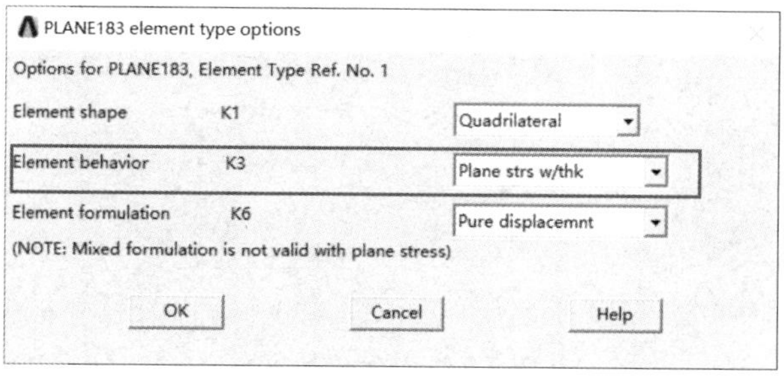

图 2-21　对单元特性进行修改

4）模型准备

（1）单击 By Dimensions 按钮，打开按照尺寸创建矩形模型对话框。

（2）如图 2-22 所示，分别输入 X 坐标的最小值和最大值 0 和 100，然后分别输入 Y 坐标的最小值和最大值 0 和 10。

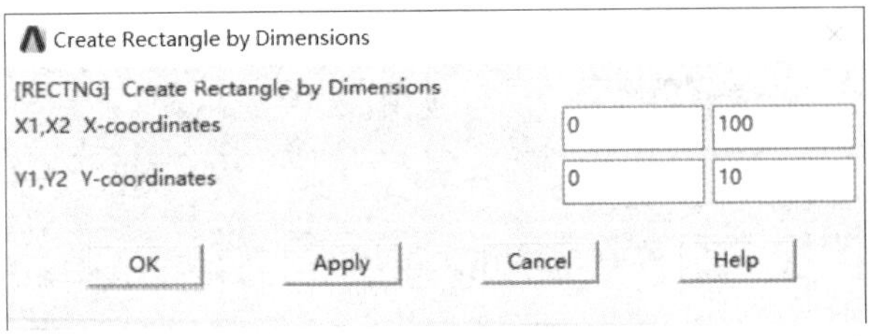

图 2-22　建立悬臂梁的面

（3）最终创建的悬臂梁模型如图 2-23 所示。

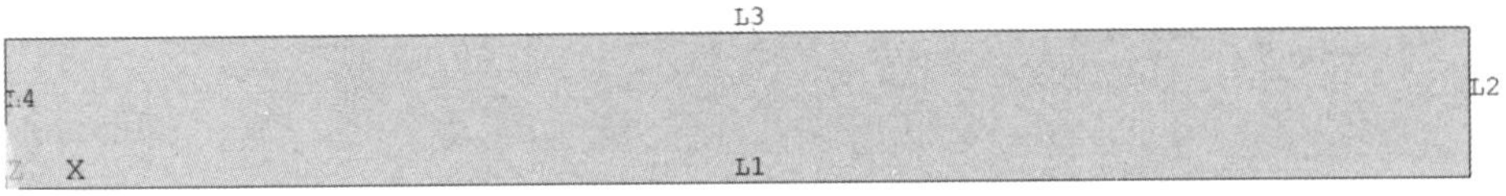

图 2-23　最终创建的悬臂梁模型

5）指定单元属性

选择单元属性为 Global ，并单击 Set 按钮完成设置，如图 2-24 所示。

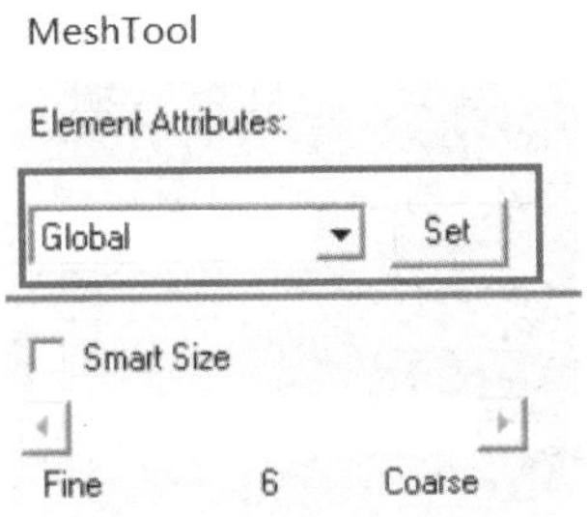

图 2-24　指定单元属性

6）设置网格

（1）设置网格密度。

① 选择网格工具 MeshTool 的线 Lines 。

② 拾取两条长边线 L1 和 L3，在 NDIV 文本框中输入 10，如图 2-25（a）所示，最后单击 Apply 按钮完成长边网格密度设置。

③ 拾取两条短边线 L2 和 L4，在 NDIV 文本框中输入 1，如图 2-25（b）所示，最后单击 Apply 按钮完成短边网格密度设置。

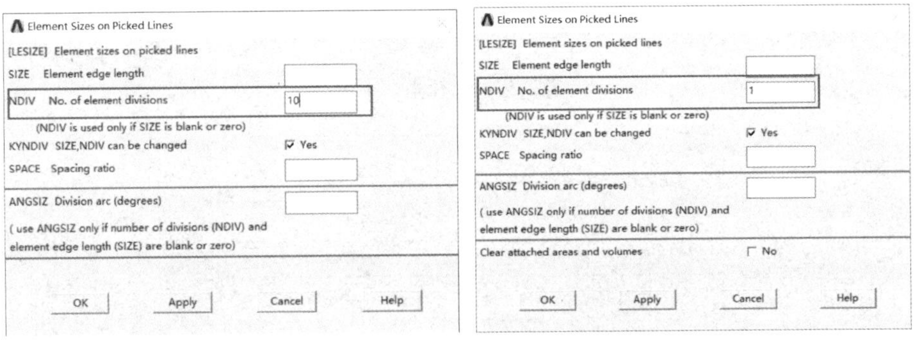

（a）指定 X 方向上单元大小　　（b）指定 Y 方向上单元大小

图 2-25　指定单元大小

（2）划分网格。

① 在网格工具 Mesh Tool 对话框中按照图 2-26 进行设置。

② 悬臂梁网格模型如图 2-27 所示。

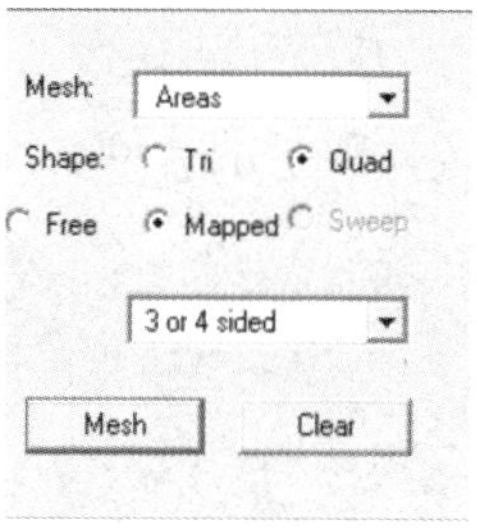

图 2-26　开始划分网格

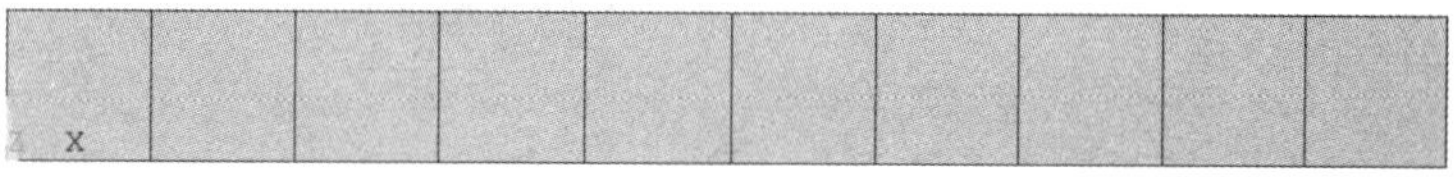

图 2-27　悬臂梁网格模型

（3）显示节点编号和单元编号。

① 打开节点编号显示，将节点编号 NODE Node numbers 设置为 On，并设置单元编号显示 Element numbers，如图 2-28 所示。

② 节点编号和单元编号分别如图 2-29（a）和图 2-29（b）所示。

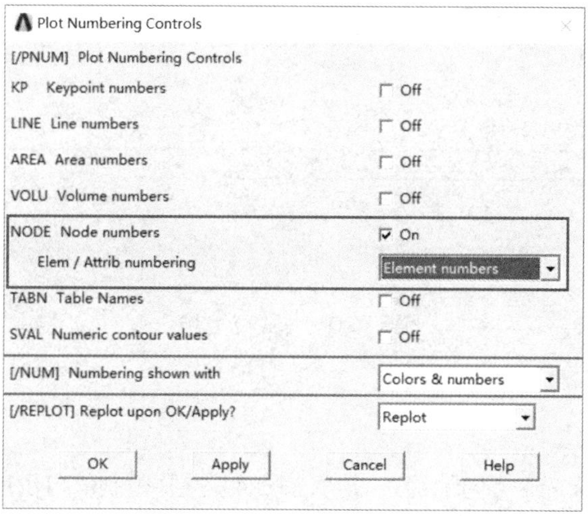

图 2-28　显示节点编号和单元编号操作

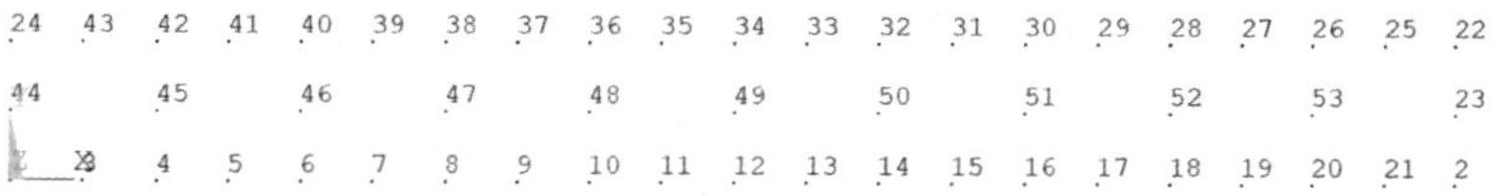

（a）显示节点编号

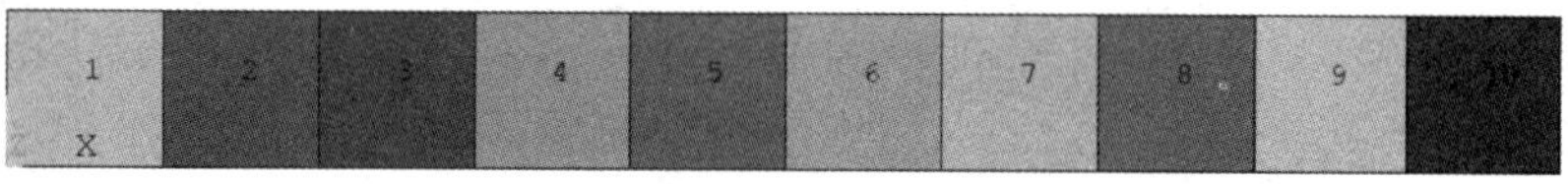

（b）显示单元编号

图 2-29　离散信息显示

7）定义材料

（1）定义材料。

① 选择材料分析模型为各向同性、线弹性结构分析。

② 输入杨氏模量 EX=1.0e7，泊松比 PRXY=0.3，如图 2-30 所示。

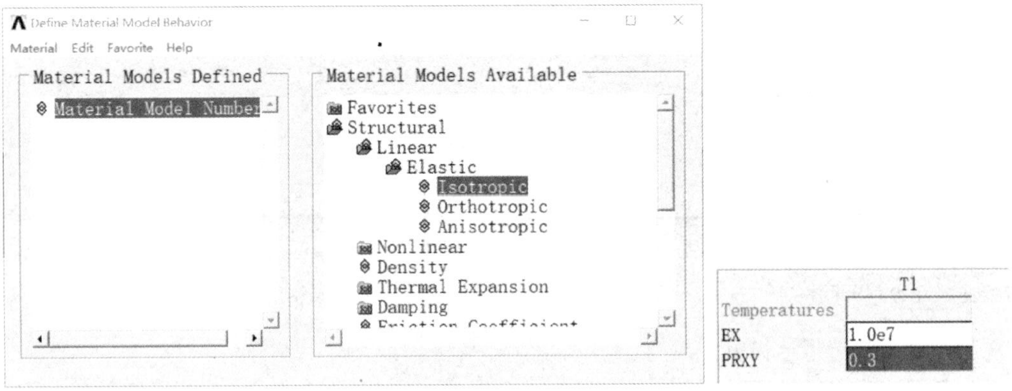

图 2-30 定义材料

（2）定义实常数。

输入厚度为 1，如图 2-31 所示。

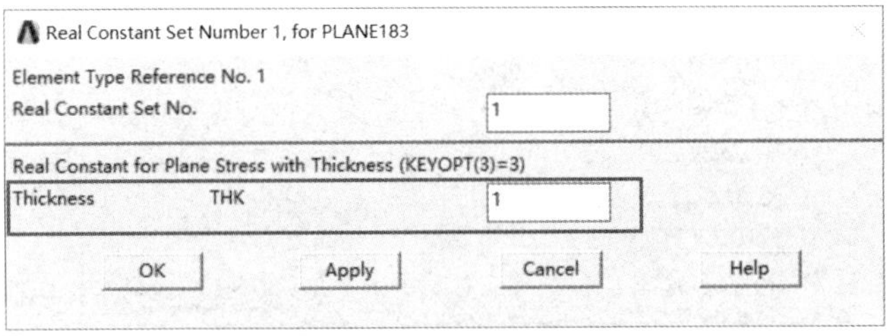

图 2-31 定义实常数

8）施加边界条件

（1）施加位移边界条件。

① 给节点 44 施加 *X* 和 *Y* 方向的约束。拾取节点 44，选择限制的自由度 Lab2 DOFs to be constrained 的方向为 UX 和 UY，设置位移量 VALUE Displacement value 为 0，如图 2-32（a）所示。

② 给节点 1 和节点 24 施加 *X* 方向的约束。拾取节点 1 和 24，选择限制的自由度 Lab2 DOFs to be constrained 的方向为 UX，设置位移量 VALUE Displacement value 为 0，如图 2-32（b）所示。

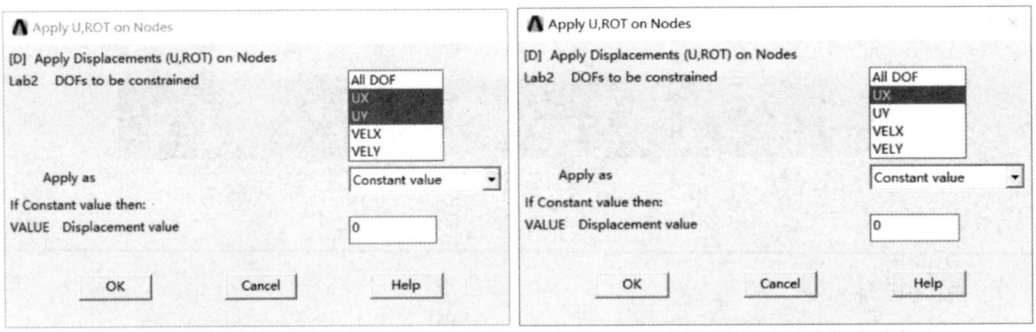

（a）固定悬臂梁左端节点44　（b）固定悬臂梁左端节点1和节点24

图 2-32 施加位移边界条件

（2）施加载荷条件。

① 给节点 22 施加 −*X* 方向上的载荷。拾取节点 22，选择施加力 Lab Direction of force/mom

的方向为 FX，设置力VALUE　Force/moment value为-200，如图 2-33（a）所示。

② 给节点 2 施加 *X* 方向上的载荷。拾取节点 2，选择施加力Lab　Direction of force/mom的方向为 FX，设置力VALUE　Force/moment value为 200，如图 2-33（b）所示。

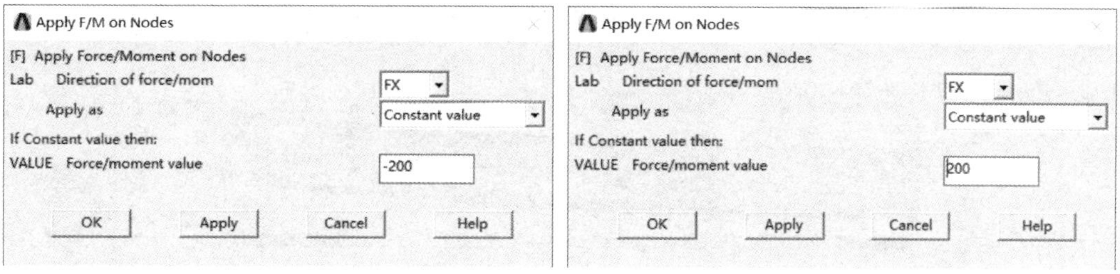

（a）给节点22施加−*X*方向上的载荷　　（b）给节点2施加*X*方向上的载荷

图 2-33　施加载荷条件

2．Ansys 求解

1）定义分析类型

单击New Analysis按钮，在弹出的对话框中定义分析类型，如图 2-34 所示。

2）求解

单击Current LS按钮进行求解，如图 2-35 所示。

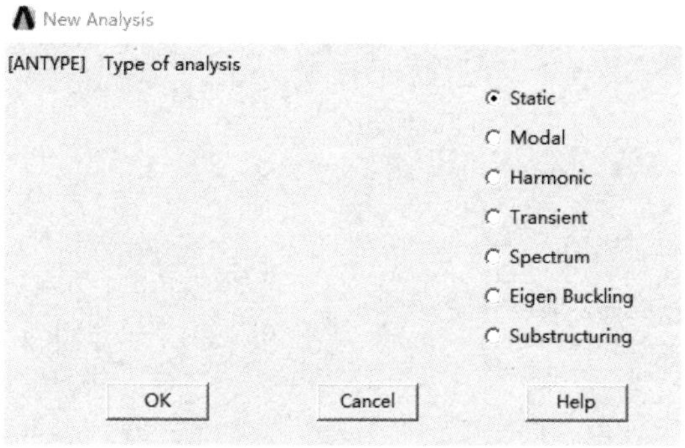

图 2-34　定义分析类型

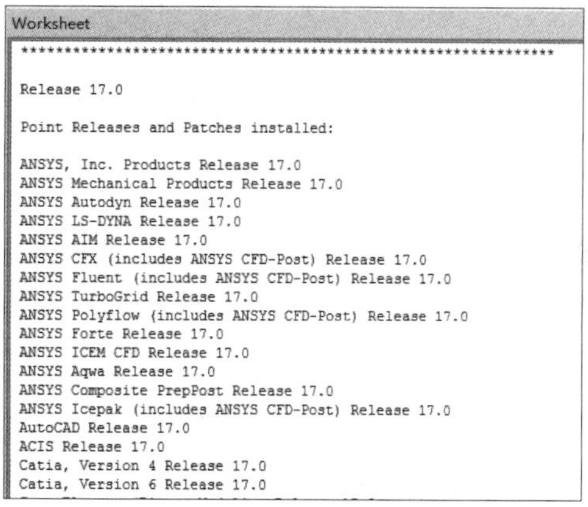

图 2-35　求解

3．Ansys 后处理

1）变形云图的显示

图 2-36（a）～图 2-36（c）分别为结构的变形图、*Y* 方向上的位移云图、*X* 方向上的应力云图。

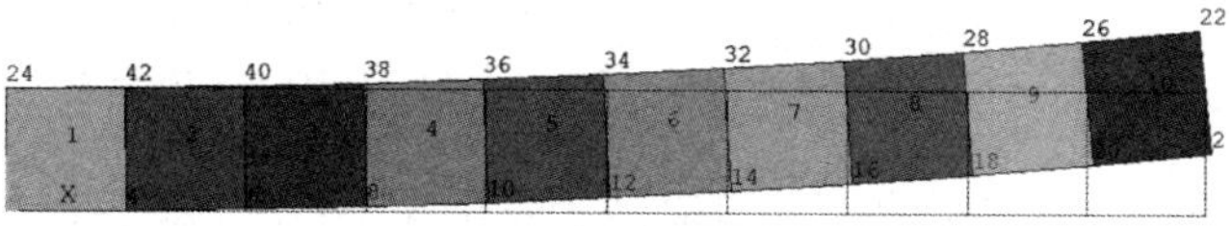

（a）结构的变形图

图 2-36　仿真分析结果

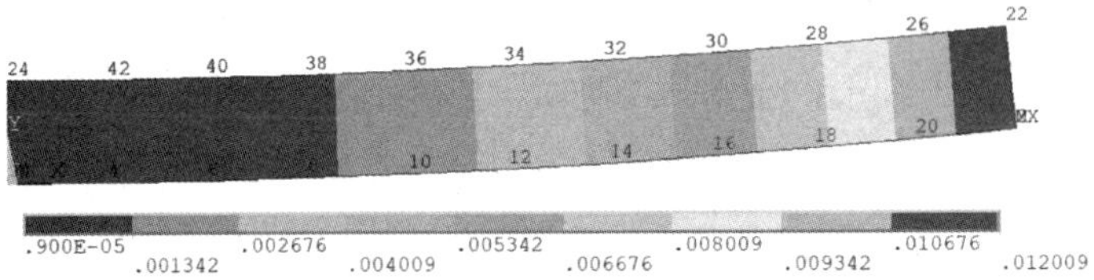

（b）Y方向上的位移云图

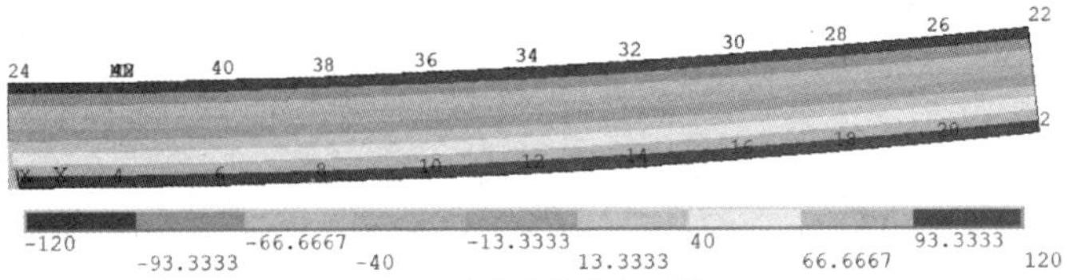

（c）X方向上的应力云图

图 2-36 仿真分析结果（续）

2）显示特定位置的应力

如图 2-37 所示，可显示 Z 方向的应力分量。

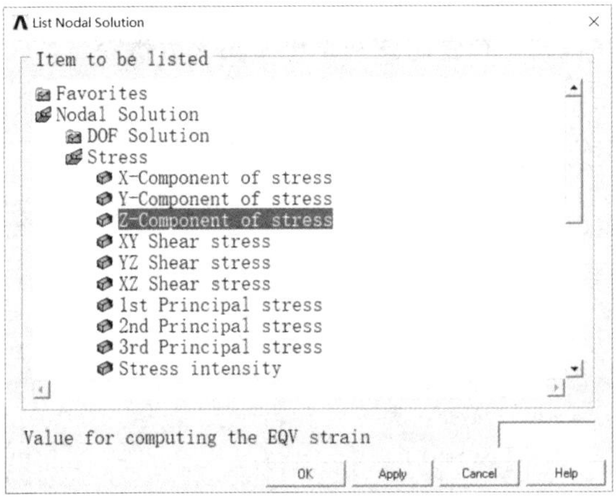

图 2-37 显示特定位置应力基本操作

2.3.2 理论求解悬臂梁受力

对于上述的悬臂梁还可以通过理论公式[35]求解到真实结果。对节点 2 进行计算。节点 2 的物理坐标为(100, 0)，代入式（2-178）：

$$u=-\left[-\frac{120}{E}x+\frac{240}{cE}xy\right],\quad v=-\left[\frac{36}{E}y-\frac{120}{cE}x^2-\frac{36}{cE}y^2\right] \tag{2-178}$$

进行计算，得

$$\begin{gathered} u_2=-\left[-\frac{120}{E}x+\frac{240}{cE}xy\right]=-[-(120\times 100)/(1.0\times 10^7)]=1.2\times 10^{-3} \\ v_2=\frac{36}{E}y-\left[-\frac{120}{cE}x^2-\frac{36}{cE}y^2\right]=-[-(120\times 100\times 100)/(10\times 1.0\times 10^7)]=0.012 \end{gathered} \tag{2-179}$$

由图 2-36（b）可知，节点 2 的 Y 方向位移值为 0.012009，与理论值的误差仅为 0.075%，可忽略不计。

对于节点应力，若施加的弯矩 M 为顺时针方向，则

$$\sigma_x = \frac{240}{c} y - 120 \tag{2-180}$$

若施加的弯矩 M 为逆时针方向，则

$$\sigma_x = -\left(\frac{240}{c} y - 120\right) \tag{2-181}$$

本例弯矩的方向为逆时针方向，则节点 2、节点 22 和节点 23 处的应力通过式（2-181）进行求解，得

$$\begin{cases} \sigma_x^2 = -\left(\dfrac{240}{c} y - 120\right) = -\left(\dfrac{240}{10} \times 0 - 120\right) = 120 \\ \sigma_x^{22} = -\left(\dfrac{240}{c} y - 120\right) = -\left(\dfrac{240}{10} \times 10 - 120\right) = -120 \\ \sigma_x^{23} = -\left(\dfrac{240}{c} y - 120\right) = -\left(\dfrac{240}{10} \times 5 - 120\right) = 0 \end{cases} \tag{2-182}$$

由图 2-36（c）可知，$\sigma_x^2 = 120$，$\sigma_x^{22} = -120$，$\sigma_x^{23} = 0$，理论与实际相吻合。

2.4　金属塑性成型有限元理论

金属塑性成型是通过外力使坯料发生塑性变形而得到工件的过程，在金属的塑性成型中，选坯料为主体，材料的内部因素如材料温度、材料的机械性能、变形速率等，是影响材料塑性成型的主要因素；同时外部条件如摩擦条件、模具形状等也会对其成型过程有重要影响。金属的塑性成型工艺主要依赖工程师的经验积累，因此对于复杂成型工艺设计难度大，产品质量参差不齐。通过对金属塑性成型过程的研究，人们陆续提出了主应力法、滑移法、上限法及下限法等，但这些方法只能适用于简单成型过程，分析精度低，不适用于复杂成型过程。有限元法适用于高度复杂的问题，它的基本思想是将复杂连续体分解为一定数量的结构单一的子单元，对形状结构简单的子单元进行分析计算，再整合成统一的连续体。通过增加子单元的数目就可以提高精度。

2.4.1　动力学虚功率方程

设 t 时刻被研究的物体构形为 V，其面积为 S，$S = S_p + S_c + S_u$，S_p 为已知外力 $\boldsymbol{p}_i$ 的表面；S_c 为另一物体的接触表面，记接触表面力为 $\boldsymbol{q}$；S_u 为位移约束面。设给定位移为 $\bar{\boldsymbol{u}}_i$，如图 2-38 所示，物体发生弹塑性变形时，需满足下列基本方程：

运动方程：

$$\boldsymbol{\sigma}_{ij,j} + \boldsymbol{b}_i - \rho \ddot{\boldsymbol{u}}_i - \gamma \dot{\boldsymbol{u}}_i = 0 \quad \text{in } V \tag{2-183}$$

应力边界条件：

$$\boldsymbol{\sigma}_{ij} \boldsymbol{n}_j = \boldsymbol{p}_i \quad \text{on } S_p \tag{2-184}$$

$$\boldsymbol{\sigma}_{ij} \boldsymbol{n}_j = \boldsymbol{q}_i \quad \text{on } S_c \tag{2-185}$$

位移边界条件：

$$\boldsymbol{u}_i = \bar{\boldsymbol{u}}_i \quad \text{on } S_u \tag{2-186}$$

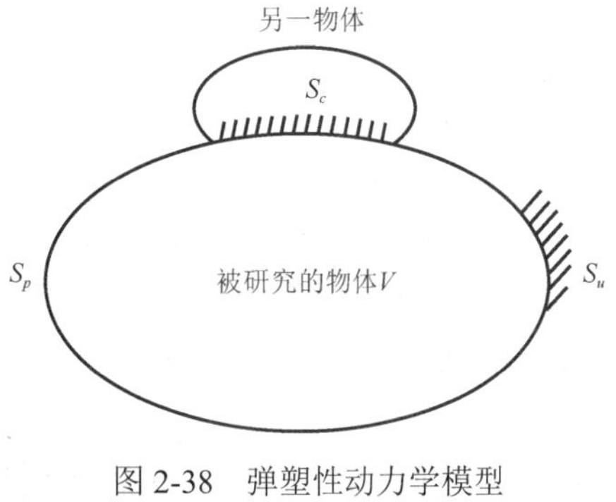

图 2-38　弹塑性动力学模型

几何方程：

$$\boldsymbol{\varepsilon}_{ij}=\frac{1}{2}(\boldsymbol{u}_{i,j}+\boldsymbol{u}_{j,i}) \tag{2-187}$$

本构方程：

$$\boldsymbol{\sigma}_{ij}=\boldsymbol{D}_{ijkl}^{\mathrm{ep}}\boldsymbol{\varepsilon}_{kl} \tag{2-188}$$

式（2-183）～式（2-188）中，ρ 为材料的密度；$\boldsymbol{b}_i$ 为体积力；$\boldsymbol{n}_j$ 为接触表面外单位法向量，$\dot{\boldsymbol{u}}_i$ 和 $\ddot{\boldsymbol{u}}_i$ 分别为物体内任一点的速度和加速度；$\boldsymbol{\varepsilon}_{ij}$ 为客观性应变张量；$\boldsymbol{\sigma}_{ij}$ 为柯西应力张量；$\boldsymbol{D}_{ijkl}^{\mathrm{ep}}$ 为弹塑性本构张量。

假设任意虚速度场 $\delta\dot{\boldsymbol{u}}_i(x_1,x_2,x_3,t)$ 在微小时间间隔 $\mathrm{d}t$ 引起的虚位移为 $\delta\boldsymbol{u}_i(x_1,x_2,x_3,t)$，则运动方程和应力边界条件可集成为如下积分公式：

$$\begin{aligned}&\int_V(\rho\ddot{\boldsymbol{u}}_i+\gamma\dot{\boldsymbol{u}}_i-\boldsymbol{\sigma}_{ij,j}-\boldsymbol{b}_i)\delta\dot{\boldsymbol{u}}_i\mathrm{d}V+\\&\int_{S_p}(\boldsymbol{\sigma}_{ij}\boldsymbol{n}_j-\boldsymbol{p}_i)\delta\dot{\boldsymbol{u}}_i\mathrm{d}S+\int_{S_c}(\boldsymbol{\sigma}_{ij}\boldsymbol{n}_j-\boldsymbol{q}_i)\delta\dot{\boldsymbol{u}}_i\mathrm{d}S=0\end{aligned} \tag{2-189}$$

把质量与加速度的乘积带上负号 $(-\rho\ddot{\boldsymbol{u}}_i)$ 称为作用于质点上的惯性力，那么 $-\gamma\dot{\boldsymbol{u}}_i$ 称为阻尼力，γ 为阻尼系数，利用高斯散度定义和几何方程式（2-187），有

$$\int_V\boldsymbol{\sigma}_{ij,j}\delta\dot{\boldsymbol{u}}_i\mathrm{d}V=\int_S\boldsymbol{\sigma}_{ij}\boldsymbol{n}_j\delta\dot{\boldsymbol{u}}_i\mathrm{d}S-\int_V\boldsymbol{\sigma}_{ij}\delta\dot{\boldsymbol{\varepsilon}}_{ij}\mathrm{d}V \tag{2-190}$$

将式（2-190）代入式（2-189）中，得到系统的虚功率方程为

$$\begin{aligned}\int_V\boldsymbol{\sigma}_{ij}\delta\dot{\boldsymbol{\varepsilon}}_{ij}\mathrm{d}V=&\int_V\boldsymbol{b}_i\delta\dot{\boldsymbol{u}}_i\mathrm{d}V+\int_{S_n}\boldsymbol{p}_i\delta\dot{\boldsymbol{u}}_i\mathrm{d}S+\\&\int_{S_c}\boldsymbol{q}_i\delta\dot{\boldsymbol{u}}_i\mathrm{d}S-\int_V\rho\ddot{\boldsymbol{u}}_i\delta\dot{\boldsymbol{u}}_i\mathrm{d}V-\int_V\gamma\dot{\boldsymbol{u}}_i\delta\dot{\boldsymbol{u}}_i\mathrm{d}V\end{aligned} \tag{2-191}$$

式中，$\delta\dot{\boldsymbol{u}}_i$ 是虚速度；$\delta\dot{\boldsymbol{\varepsilon}}_{ij}$ 是对应于 Cauchy 应力 $\boldsymbol{\sigma}_{ij}$ 的虚应变率。式（2-191）是弹塑性问题的动力虚功率方程，其中惯性力和阻尼力功率项反映了物体系统的惯性效应和物理阻尼效应。

2.4.2 有限元方程

三维体积成型模拟中采用的实体单元主要有四面体单元和六面体单元。四面体单元按照节点数可分为 4 节点四面体（简称 T4）单元和 10 节点四面体（简称 T10）单元，六面体单元可分为 8 节点六面体（简称 H8）单元和 20 节点六面体（简称 H20）单元。

分析发现，T4 单元精度较低，但是计算效率高，在 Deform 3D 中得到应用。其抗畸变能力较差，因此 Deform 3D 提供网格重划分功能，一定程度上保证了计算的稳定性。T10 单元具有较高的精度和可视化效果，在 Forge 3D 中得到应用，但是程序上实现起来比较困难。目前，对于 H20 单元，应用较少，虽然计算精度最高，但是其效率很低。H8 单元的计算精度和计算效率都比较适中，是金属塑性成型过程数值模拟的首选实体单元。

鉴于以上讨论分析，采用 H8 单元进行纪念币压印成型数值模拟分析。六面体单元模型，每个单元有 8 个节点，每个节点只有 3 个平动自由度，无转动自由度。ξ、η 和 ζ 为自然坐标轴。N_j 为第 j 个节点的形函数，其表达式为

$$N_j=(1+\xi_j\xi)(1+\eta_j\eta)(1+\zeta_j\zeta)/8 \tag{2-192}$$

式中，(ξ_j,η_j,ζ_j) 为第 j 个节点的自然坐标。形函数矩阵形式记为

$$\boldsymbol{N}=[\boldsymbol{I}N_1\quad \boldsymbol{I}N_2\quad \boldsymbol{I}N_3\quad \boldsymbol{I}N_4\quad \boldsymbol{I}N_5\quad \boldsymbol{I}N_6\quad \boldsymbol{I}N_7\quad \boldsymbol{I}N_8] \tag{2-193}$$

式中，$\boldsymbol{I}$ 为 3×3 的单位矩阵。

应变梯度算子：

$$\mathbf{L}^{\mathrm{T}}=\begin{bmatrix} \dfrac{\partial}{\partial x} & 0 & 0 & \dfrac{\partial}{\partial y} & 0 & \dfrac{\partial}{\partial z} \\ 0 & \dfrac{\partial}{\partial y} & 0 & \dfrac{\partial}{\partial x} & \dfrac{\partial}{\partial z} & 0 \\ 0 & 0 & \dfrac{\partial}{\partial z} & 0 & \dfrac{\partial}{\partial y} & \dfrac{\partial}{\partial x} \end{bmatrix} \tag{2-194}$$

应变梯度矩阵：

$$\boldsymbol{B}=\mathbf{L}\boldsymbol{N}$$

应变率向量：

$$\dot{\boldsymbol{\varepsilon}}=\{\dot{\varepsilon}_x\ \ \dot{\varepsilon}_y\ \ \dot{\varepsilon}_z\ \ \dot{\varepsilon}_{xy}\ \ \dot{\varepsilon}_{yz}\ \ \dot{\varepsilon}_{zx}\}^{\mathrm{T}}=\boldsymbol{B}\dot{\boldsymbol{u}} \tag{2-195}$$

单元内任意一点的坐标$\boldsymbol{x}$、位移$\boldsymbol{u}$、速度$\dot{\boldsymbol{u}}$和加速度$\ddot{\boldsymbol{u}}$有以下插值关系：

$$\begin{cases} \boldsymbol{x}=\{x_1\quad x_2\quad x_3\}^{\mathrm{T}}=\boldsymbol{N}\boldsymbol{x}^e \\ \boldsymbol{u}=\{u_1\quad u_2\quad u_3\}^{\mathrm{T}}=\boldsymbol{N}\boldsymbol{u}^e \\ \dot{\boldsymbol{u}}=\{\dot{u}_1\quad \dot{u}_2\quad \dot{u}_3\}^{\mathrm{T}}=\boldsymbol{N}\dot{\boldsymbol{u}}^e \\ \ddot{\boldsymbol{u}}=\{\ddot{u}_1\quad \ddot{u}_2\quad \ddot{u}_3\}^{\mathrm{T}}=\boldsymbol{N}\ddot{\boldsymbol{u}}^e \end{cases} \tag{2-196}$$

将形函数矩阵、应变梯度算子、应变梯度矩阵、应变率向量，以及坐标、位移、速度和加速度的插值关系代入虚功率方程中，得到有限元方程：

$$\begin{aligned} &\int_{V^e}\rho\boldsymbol{N}^{\mathrm{T}}\boldsymbol{N}\ddot{\boldsymbol{u}}^e\mathrm{d}V+\int_{V^e}\gamma\boldsymbol{N}^{\mathrm{T}}\boldsymbol{N}\dot{\boldsymbol{u}}^e\mathrm{d}V \\ &=\int_{V^e}\boldsymbol{N}^{\mathrm{T}}\boldsymbol{b}\,\mathrm{d}V+\int_{S_p^e}\boldsymbol{N}^{\mathrm{T}}\boldsymbol{p}\,\mathrm{d}S+\int_{S_c^e}\boldsymbol{N}^{\mathrm{T}}\boldsymbol{q}\,\mathrm{d}S-\int_{V^e}\boldsymbol{B}^{\mathrm{T}}\boldsymbol{\sigma}\,\mathrm{d}V \end{aligned} \tag{2-197}$$

将有限元方程进行组装，得到整个求解域的有限元方程：

$$\begin{aligned} &\sum\int_{V^e}\rho\boldsymbol{N}^{\mathrm{T}}\boldsymbol{N}\mathrm{d}V\ddot{\boldsymbol{U}}+\sum\int_{V^e}\gamma\boldsymbol{N}^{\mathrm{T}}\boldsymbol{N}\mathrm{d}V\dot{\boldsymbol{U}} \\ &=\sum\int_{V^e}\boldsymbol{N}^{\mathrm{T}}\boldsymbol{b}\,\mathrm{d}V+\sum\int_{S_p^e}\boldsymbol{N}^{\mathrm{T}}\boldsymbol{p}\,\mathrm{d}S+\sum\int_{S_c^e}\boldsymbol{N}^{\mathrm{T}}\boldsymbol{q}\,\mathrm{d}S-\sum\int_{V^e}\boldsymbol{B}^{\mathrm{T}}\boldsymbol{\sigma}\,\mathrm{d}V \end{aligned} \tag{2-198}$$

记

$$\begin{aligned} &\boldsymbol{M}=\sum\int_{V^e}\rho\boldsymbol{N}^{\mathrm{T}}\boldsymbol{N}\mathrm{d}V \\ &\boldsymbol{C}=\sum\int_{V^e}\gamma\boldsymbol{N}^{\mathrm{T}}\boldsymbol{N}\mathrm{d}V \\ &\boldsymbol{P}=\sum\int_{V^e}\boldsymbol{N}^{\mathrm{T}}\boldsymbol{b}\,\mathrm{d}V+\sum\int_{S_p^e}\boldsymbol{N}^{\mathrm{T}}\boldsymbol{p}\,\mathrm{d}S+\sum\int_{S_c^e}\boldsymbol{N}^{\mathrm{T}}\boldsymbol{q}\,\mathrm{d}S \\ &\boldsymbol{F}=\sum\int_{V^e}\boldsymbol{B}^{\mathrm{T}}\boldsymbol{\sigma}\,\mathrm{d}V \end{aligned} \tag{2-199}$$

因整个求解域的有限元方程简化为

$$\boldsymbol{M}\ddot{\boldsymbol{U}}+\boldsymbol{C}\dot{\boldsymbol{U}}=\boldsymbol{P}-\boldsymbol{F} \tag{2-200}$$

动力显示积分算法中，$\boldsymbol{M}$ 为集中质量矩阵，即对角矩阵，并且阻尼矩阵 $\boldsymbol{C}=\alpha\boldsymbol{M}$，$\alpha$ 一般取 0.1。则式（2-200）表示的联立方程组改写为（节点数×节点自由度数）个相互独立的方程：

$$m_{ii}\ddot{u}_i+\alpha m_{ii}\dot{u}_i=P_i-F_i \tag{2-201}$$

式中，m_{ii} 为第 i 个节点的质量。

2.4.3 中心差分算法

设 t 时刻的状态为 n，t 时刻及 t 时刻之前的力学量已知，且定义 $t-\Delta t$ 为 $n-1$ 状态，$t-\dfrac{1}{2}\Delta t$ 为 $n-\dfrac{1}{2}$ 状态，$t+\Delta t$ 为 $n+1$ 状态，$t+\dfrac{1}{2}\Delta t$ 为 $n+\dfrac{1}{2}$ 状态。设 t 时刻前后两个时间增量步长不同，即 $\Delta t\neq\Delta t_{n-1}$，令 $\beta=\Delta t/\Delta t_{n-1}$。将节点速度和加速度用差分格式写成：

$$\dot{u}_i^n=\frac{\beta}{1+\beta}\dot{u}_i^{n+1/2}+\frac{1}{1+\beta}\dot{u}_i^{n-1/2} \tag{2-202}$$

$$\ddot{u}_i^n=\frac{2}{(1+\beta)\Delta t_{n-1}}(\dot{u}_i^{n+1/2}-\dot{u}_i^{n-1/2}) \tag{2-203}$$

而 $t+\Delta t$ 时刻（$n+1$ 状态）的总位移可由式（2-202）累加得出：

$$u_i^{n+1}=u_i^n+\dot{u}_i^{n+1/2}\cdot\Delta t_n \tag{2-204}$$

将式（2-202）和式（2-203）代入式（2-201）中，可得：

$$\begin{aligned}&\frac{2m_{ii}}{(1+\beta)\Delta t_{n-1}}(\dot{u}_i^{n+1/2}-\dot{u}_i^{n-1/2})+\alpha m_{ii}\left(\frac{\beta}{1+\beta}\dot{u}_i^{n+1/2}+\frac{1}{1+\beta}\dot{u}_i^{n-1/2}\right)\\&=P_i^n-F_i^n\end{aligned} \tag{2-205}$$

整理得：

$$\dot{u}_i^{n+1/2}=\frac{2-\alpha\Delta t_{n-1}}{2+\alpha\beta\Delta t_{n-1}}\dot{u}_i^{n-1/2}+\frac{(1+\beta)\Delta t_{n-1}}{(2+\alpha\beta\Delta t_{n-1})m_{ii}}(P_i^n-F_i^n) \tag{2-206}$$

$$A_i\dot{u}_i^{n+1/2}=B_i\dot{u}_i^{n-1/2}+G_i^n \tag{2-207}$$

$$\dot{u}_i^{n+1/2}=\frac{B_i}{A_i}\dot{u}_i^{n-1/2}+\frac{1}{A_i}G_i^n \tag{2-208}$$

式中

$$A_i=\frac{2m_{ii}+\alpha\beta m_{ii}\Delta t_{n-1}}{(1+\beta)\Delta t_{n-1}},\quad B_i=\frac{2m_{ii}-\alpha m_{ii}\Delta t_{n-1}}{(1+\beta)\Delta t_{n-1}},\quad G_i^n=P_i^n-F_i^n \tag{2-209}$$

2.4.4 临界时间步长

由于中心差分算法是条件稳定的，为了保证系统计算的稳定性，时间增量步长 Δt 的大小必须加以限制。满足稳定性条件的时间增量步长可以由膨胀波沿网格中任意单元的最小穿越时间近似得到：

$$\Delta t\leqslant\gamma\frac{L_n^e}{c} \tag{2-210}$$

式中，γ 为临界时间步长缩小因子，$\gamma=0.5\sim0.8$；c 为膨胀波在材料中的传播速度，定义为 $c=\sqrt{E/\rho}$，其中 E 为杨氏模量，ρ 为当前材料的密度；L_n^e 为第 n 个状态单元 e 的名义长度。

对于六面体单元而言，单元最小名义长度可以定义为单元 8 个节点到各点对面的距离中的最小值。图 2-39 显示了六面体单元和退化的五面体（三棱柱）单元的任意一节点到其所有对面的距离。六面体每个节点对应 3 个面，三棱柱每个节点对应 2 个面。对于六面体而言，每个单元需要求出 24 个距离，然后选取最短的距离和其他单元最短距离进行比较；三棱柱每个单元需要求出 12 个距离。

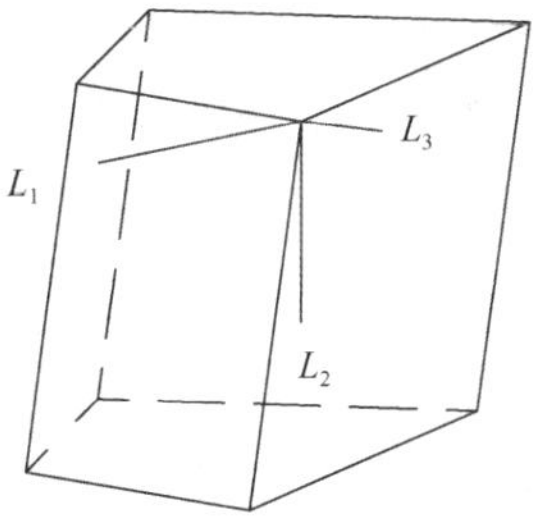

（a）六面体单元节点到对面的距离

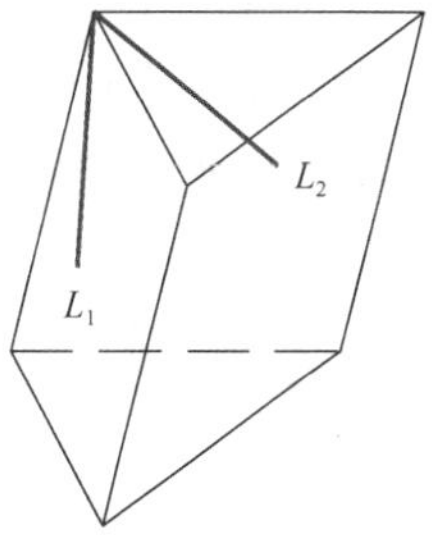

（b）五面体单元节点到对面的距离

图 2-39　体单元名义长度求法

对模拟计算来说，时间步长关系到计算时间，为保证计算时间的合理性，有时需要用户人为控制临界时间步长。算例发现，在模具弯曲的部位，三维实体单元会表现出很大的网格畸变，按照上述最小名义长度确定规则，计算出来的单元最小名义长度就很小，使得临界时间步长达到10^{-20} s，导致显式计算无法正常结束，这就需要对临界时间步长做适当的控制。根据式（2-210），可以看到，调整临界时间步长可以通过更改单元名义长度和波速来实现。但是单元名义长度是肯定不能更改的，只能通过改变局部单元的密度来改变膨胀波在此单元的传播速度，从而达到调整时间步长的目的。

2.5　金属锻压成型中的数值模拟

锻压是指在外力的作用下使金属产生塑性变形，以获得具有一定形状、尺寸和力学性能的零件或半成品的加工方法。从广义上说，锻压成型包括锻造和冲压两大部分，前者的成型对象主要是金属块料，多为中温或高温成型；而后者的成型对象一般是金属板料，通常为室温成型。金属的其他塑性成型加工方法（如轧制、挤压和拉拔等）有时也被归结到锻压范畴。从狭义上说，锻压是指锻造、轧制、挤压、拉拔等以体积成型为主要对象的金属塑性加工。

2.5.1　金属锻压成型仿真的主流软件

1．Deform

Deform 是美国 SFTC 公司开发的一套用于金属塑性成型仿真模拟的专用软件，它的前身是 Battelle 研究室于 20 世纪 80 年代研发的有限元程序 ALPID。Deform 在大变形、行程载荷和缺陷预测等方面的研究处于同类型模拟软件的领先地位。Deform 在锻造、挤压、冷镦、机加工、拉伸和轧制等领域有着广泛的应用，主要用于模拟正火、淬火和渗碳等热处理工艺过程，并加以预测其变形、应力和硬度等其他特性。

1）组成模块

（1）前处理模块。因其本身不具有 CAD 建模功能，所以需要导入坯料和模具的模型，并设置材料属性、边界条件、成型条件、冲头行程、温度场及摩擦系数等初始条件，以及划分网格。

（2）求解器模块。完成弹性、弹塑性、刚（黏）塑性和多孔性疏松材料的传热、变形、相变、扩散、热处理等过程的模拟计算，包括多物理场的耦合计算。

（3）后处理模块。将计算结果进行输出，不仅包含工作载荷、模具应力和缺陷形成等数据，还包括材料流动、温度、应变和应力等可视化云图。

2）主要特色

（1）不仅具有丰富的材料数据库，还可以进行自定义材料，也可以进行现有材料参数的修改；并内置液压机、锻锤、螺旋压力机和机械压力机等设备数据库。

（2）可以有针对性地在 Deform 平台上开发材料特殊成型和失效分析等用户子程序。

（3）不需要人工的干预，可实现网格的自动划分，包括局部细化。

（4）提供刚性、弹性、热黏塑性（工件的大变形分析）、弹塑性（模具和工件的残余应力与回弹分析）和多孔性（粉末冶金材料的成型分析）材料模型。

（5）可对材料进行多工序（或多工步）的成型过程模拟，以及模具的应力耦合分析；提供基于损伤因子的裂纹形成与扩展模型，用于模拟切边、下料、冲孔和切削加工等材料成型工艺过程。

（6）借助节点和网格跟踪功能，使得用户可以了解材料在变形过程中每一时间步的相变、渗碳量、残余应力和材料流动等信息。

2. Qform

Qform 是由俄罗斯 Quantor 公司在 1989 年研发的一款专用于锻造模拟的金属塑性成型软件，在金属锻压成型方面处于领先水平，拥有较多的欧洲制造业用户，适合于模拟冷、温、热锻、粉末压制和镦锻，适合的设备有机械压力机、锻锤、螺旋压力机、液压机和多锤头压机等。

1）组成模块

（1）基础模块。进行模拟的四面体单元离散；网格的自动划分和自适应加密；提供刚-黏-塑性材料模型；基于温度、应变、应变率的流动应力。

（2）功能模块。非等温全 3D 变形模拟；空气中工件冷却模拟；工件摆放中冷却模拟；自动连续模拟工艺链，链中可有 99 个不同的工序；模具与工件自动定位接触；锻锤或螺旋压力机多次打击模拟。

（3）数据库模块。不仅内置丰富的材料数据库和设备数据库，还可以进行自定义和修改参数。其中材料数据库不仅包含 450 多种材料，还包含材料的变形特性、模具材料的机械特性和热特性，以及润滑剂的特征参数等；设备数据库包含机械偏心压机、锻锤、曲柄压机和液压机等典型设备的数据。

（4）输入数据模块。模具型面和坯料形状等几何数据的输入基于 CAD 系统生成的 IGES 格式文件。工件、模具、润滑剂、设备和成型工艺等参数的设置在数据输入向导的引导下进行。

（5）显示与输出模块。对结算结果进行可视化显示，包括剖切、尺寸、动画、云图、速度向量和力等，还可以查看成型过程中的材料流动情况和工件轮廓变化等。

2）主要特色

（1）在 Windows 平台下运行，使用方便，集 2D 和 3D 模拟于一身。

（2）同时进行模拟和前处理运行，并可以借助使用向导准备数据，使用难度低。

（3）Qdraft 模块可实现网格的自动划分和自适应加密。

（4）不仅可以模拟一个完整的成型工序，还可以模拟一个连续的成型工艺链。并且其模拟是自动进行的，无须人工干预。

（5）实时记录模拟过程中的结果，自动备案。

3. Forge 2D/3D

在 1984 年，法国 Ecole des Mines de Paris 公司和 ARMINES 公司联合组建了 CEMEF（材料成型研究中心），研发了一款用于模拟热、温和冷锻金属成型工艺过程的仿真软件 Forge。该软件既可以进行 3D 锻造模拟，又可以进行长零件成型的 2D 模拟，主要应用于航空、汽车、手表和标准件等行业，适合的设备有液压机、机械压力机、螺旋压力机、锻锤和特种锻压等。

1）组成模块

（1）Forge 2D 模块。

① 应用最新数字技术成果，确保模拟计算的速度和精度；进行网格的自动划分和再生。

② 不但可以模拟各种材料成型，而且可以分析热-机共同作用下的模具应力及其失效原因，为优化模具结构、提高模具寿命服务。

③ 可进行热处理模拟，分析材料内部组织、残余应力和变形等情况。

④ 具有灵活的模具动力特性，可以模拟各种有模和无模成型工艺，如胎模锻、自由锻、模锻、弯曲、挤压、拉伸、切割、铆接、二维机加工和玻璃吹塑，同时还可以模拟液压胀形和超塑成型。

前处理中的特殊模块可进行不同工序设置及多工序模拟准备，并支持 IGES 和 DXF 文件格式的 CAD 模型。

（2）Forge 3D 模块。

① 支持材料的冷、温和热锻成型模拟，以及热处理过程，并分析材料微观结构、残余应力和锻件成型。

② 支持使用热-机等组合模具，提高模具的使用寿命。

③ 具有非常灵活的模具动力特性，工艺应用范围大，可以模拟成型辊锻、轴向辊锻、辗环成型、轧制，以及其他如剪切、冲孔等金属成型工艺。可以模拟材料锻造成型的全过程（下料—辊锻制坯—模锻—切边—热处理）。

2）主要特色

（1）集前处理、求解器和后处理于一体，操作简单。

（2）内置 1000 多种材料数据库和设备参数数据库。

（3）使用模板方式准备热锻和冷锻的数值模拟数据，操作简便。

（4）支持多 CPU 并行（集群）计算。Forge 3D 是首次采用并行计算的仿真软件之一。

4. MSC.SuperForge

MSC.SuperForge 是全球领先的企业级解决方案供应商 MSC.Software 公司（美国）研发的一款专用于材料体成型的仿真软件。MSC.SuperForge 集 2D 和 3D 热机耦合分析、损伤分析、成型仿真等功能于一体，能够准确模拟整个锻造过程，以方便用户了解模面形状、压机特性、温度环境及润滑条件对锻造过程的影响，现已被用于世界上各大著名锻造公司和零部件供应商的产品研发中。

1）组成模块

（1）前处理模块。

① 以 STL 文件格式直接进行模型的输入，并实现自动划分网格。

② 支持不同版本之间的数据访问，将老版本的数据文件转换为 BDF 文件格式可直接用于新版本。

③ 提供冷锻和热锻模型，能够描述加工硬化、应变率和温度效应等锻造专用材料特性。

④ 提供丰富的材料库可供选择，其中包含 60 多种材料，并且支持用户自建材料。

⑤ 内置多套工艺流程可供选择，并且允许进行自定义编辑和修改。

⑥ 为了更加精确模拟材料的填充情况，采用分辨率增强技术（RET）来自动加密工件表面的小面片，这就使得在锻造过程中的工件小面片数量的增加。为此该软件提供网格粗化器来降低网格密度（面片密度），从而提高计算速度和减少内存资源。值得注意的是，网格粗化器由用户可接受的体积增、减量来定义。

RET 能够模拟锻造过程中的材料横向流动现象。

（2）求解器模块。借助 3D 分析和对称条件的结合，可实现 2D 计算求解分析，提供平面应变或轴对称锻造等问题更精确的结果，但是以 3D 方式显示。

（3）后处理模块。可以显示整个锻造工艺过程的几乎所有的计算结果，包括材料流动、模具充填、飞边形状、缺陷类型与分布及模具载荷等，并允许多窗口显示。此外，还提供部件几何尺寸测量、变量数值询问等结果解释工具。

2）主要特色

（1）包含仿真全过程模拟，操作简单。

（2）网格的划分由系统自动进行，包括网格密度的自适应调整。

（3）自动定位工件和模具的接触面，并支持与周围环境的热交换，可实现材料的多工步成型。

（4）可直接拖动属性图标和操作特征树来完成数值模拟操作，如定义坯料和模具、界面摩擦和环境条件等，以及它们之间的相互关系，更加地便利和简洁。

（5）可以通过在线帮助系统寻求帮助。

5．MSC.Marc/AutoForge

MSC.Marc/AutoForge 是 MARC 公司于 1996 年推出的体积成型仿真专用软件，是一款建立在当时最先进的有限元技术基础上的，快速模拟各种冷/热锻造、挤压、轧制，以及多工步锻造等材料体积成型过程的专用软件。它融合了 MSC. Marc/MENTAT 通用分析软件求解器和前后处理器的精髓，以及 2D 四边形网格和 3D 六面体网格自适应与重划分技术，实现对具有高度组合的非线性体积成型过程的全自动数值模拟。

1）组成模块

（1）几何造型模块。自身具有以 ACIS 为内核的几何造型功能，可支持各类操作。而且它还是一个开放性极好的体积成型仿真软件，与常用的各种 CAD 数据都存在无损交换数据接口。

（2）边界条件模块。在锻造仿真分析中，通常的情况是模具主动运动，通过挤压工件，强迫材料发生流动从而填充型腔来完成锻造。这种边界条件是指以运动的模具对工件材料所施加的各类位移约束条件，这些边界条件是非接触类（如重力、离心力、给定节点位移等）力分析的边界条件。

（3）材料模块。内置材料数据库，具有大量的材料可供选择，并且支持用户进行自定义编辑；提供 4 种材料模型，分别为：弹塑性、刚塑性、热弹塑性和热刚塑性。软件基于J_2流动理论描述初始屈服，按各向同性硬化描述后继屈服面的运动。流动应力可以是应变、应变率和温度的函数。对于热弹塑性和热刚塑性材料的依赖与温度的杨氏模量、泊松比、热胀系数也在材料模型界面定义。

（4）接触模块。用于定义工件-模具和模具-模具之间可能产生的接触关系。一般情况下，最简单、计算效率最高的定义是用 2D 曲线或 3D 曲面来描述模具的接触部分，并且用刚性体来描述。

（5）网格模块。在变形过程中，单元附着在材料上，材料在流动过程中极易使相应的单元形状产生畸变。单元畸变可能会中断计算过程或使计算结果出现错误。而趋于正方形的 2D 四边形单元和方块的 3D 六面体单元，具有较好的计算结果。

（6）后处理模块。为用户提供直观方便地评价成型过程、成型产品质量、工具损伤的必需信息，以及以图片、文本和表格形式提取和保存所需结果的各种工具。

2）主要特色

（1）图形界面采用面向工艺工程师的专业术语，易于理解和操作。

（2）实现 2D 和 3D 成型仿真之间数据的无缝传递，不仅可以进行全 2D 或全 3D 的成型仿真，还可以进行先 2D 后 3D 的多工步成型仿真。

（3）利用结构分析功能，可对成型后工件的残余应力进行分析，模拟成型产品在后续运行中的性能，有助于改进产品成型工艺或其未来的运行环境。

（4）满足用户的二次开发需求，提供友好的用户开发环境。

6．CASFORM

CASFORM 是山东大学模具工程技术研究中心开发的一套体积成型有限元分析软件，既能模拟等温成型过程，也能模拟非等温成型过程，既可进行单工位成型分析，也可进行多工位成型分析。CASFORM 能模拟各种体积成型过程，包括开式锻造、挤压、拉拔和厚板拉深等，适合于液压机、锻锤、摩擦压力机和机械压力机等各种锻压设备。

1）组成模块

（1）前处理模块。可方便地输入各种控制参数和材料参数，完成模具和工件形状的定义、有限元网格的划分、运动的定义、边界条件的施加、模具位置的调整等操作。所有输入数据都能以图形的方式立刻显示出来，以减少输入错误。

（2）有限元分析模块。有限元分析模块是核心模块，是基于刚塑性和刚黏塑性有限元的理论编写而成的。它包括成型分析和温度场分析两部分，因此，它不仅可以进行等温成型分析，也可以进行热传导分析和非等温成型分析。

（3）后处理模块。通过丰富直观的图形显示有限元仿真结果，方便工程师对设计方案进行验证和优化。

（4）有限元网格生成模块。有限元网格生成模块虽然是 CASFORM 的一个模块，但也可作为一个独立的软件。本模块采用了自主开发的自适应网格生成算法，算法可靠，网格生成质量高，特别适用于体积成型有限元分析。

2）主要特色

（1）采用标准的 Windows 图形界面，可视化程度高，易学易用。

（2）拥有合理可靠的接触算法和适合体积成型特点的网格生成程序，完全能够保证分析过程的自动化和可靠性。

（3）能够模拟锻造全过程（加热—预锻—终锻—冷却），而且模拟条件尽可能与实际生产相一致，以确保模拟结果的可靠性。

（4）采用数据库技术管理各类数据，为各个模块提供统一的数据接口，提高数据管理效率，减少不必要的中间文件。

（5）由于软件采用动态内存技术，所以分析单元的数目不受限制，可以同时分析多个材料成型过程。

2.5.2 应用案例——Deform 软件

1. 模型准备

（1）Deform 只能从外部导入模型，本身不具有绘图功能。

（2）利用 SolidWorks 或 UG 建立上模、下模、坯饼及外圈的三维模型，尺寸如图 2-40 所示，并保存为 STL 格式。

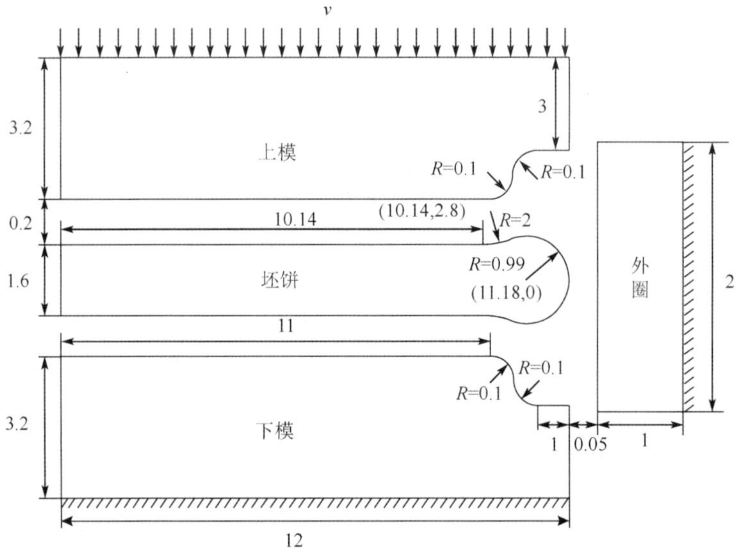

图 2-40 模型几何参数（单位：mm）

2. 初始设置

（1）建立锻压仿真的工作目录，将建立好的工作目录，复制进地址栏，然后定义工作文件名，单击 DEFORM-2D/3D Pre 按钮进入前处理界面。

（2）单击按钮，在弹出的“模拟控制”对话框中设置单位为 SI，如图 2-41 所示。

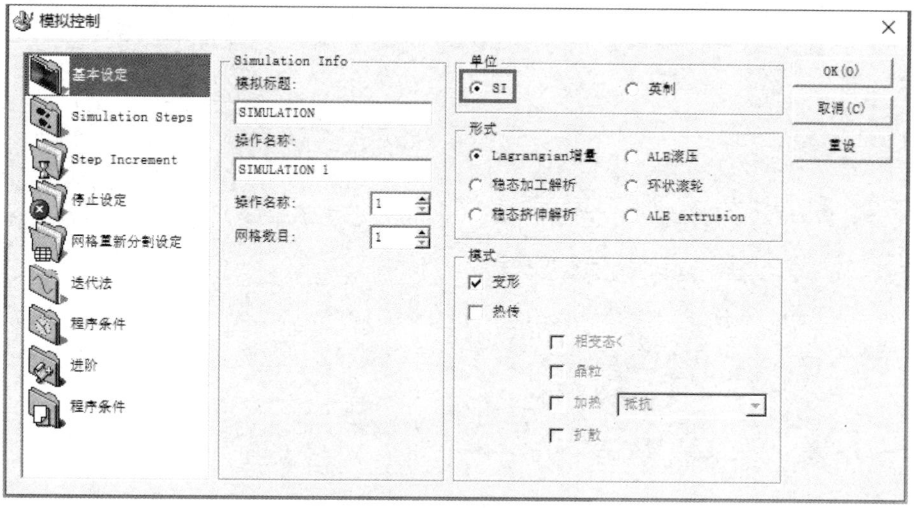

图 2-41　设置分析单位

3. 导入模型

1）导入 STL 模型

（1）切换几何模块，载入坯饼 piliao 几何模型，如图 2-42（a）所示。

（2）继续载入上模 Top Die、下模 Bottom Die、外圈 waiquan，如图 2-42（b）所示。

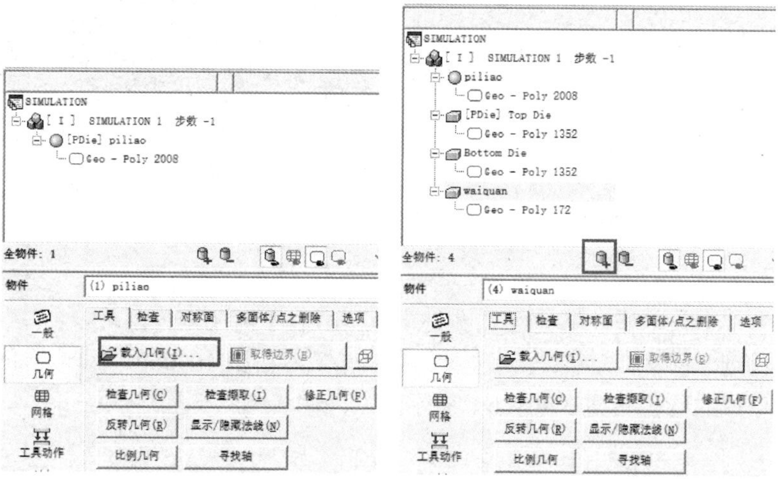

（a）载入坯饼　　（b）载入上模、下模和外圈

图 2-42　导入 STL 模型

（3）对 4 个模型进行几何检查，如图 2-43 所示。

（4）上模、下模及外圈是刚体，而坯饼是弹塑性，切换，单击“弹塑性”单选按钮，如图 2-44 所示。

2）检查装配关系

坯饼与上模、下模和外圈的位置关系已经提前设定，因此载入模型的装配图如图 2-45 所示。

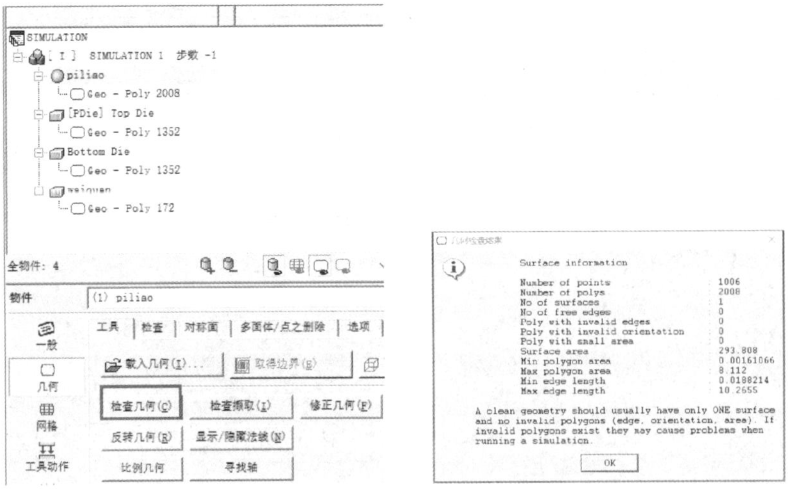

图 2-43 几何检查

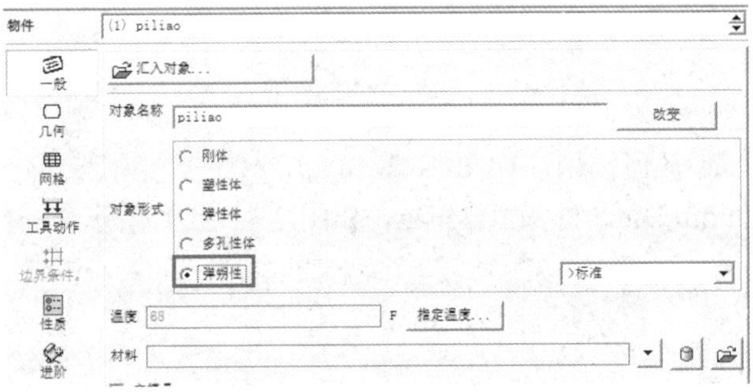

图 2-44 设置坯饼为弹塑性

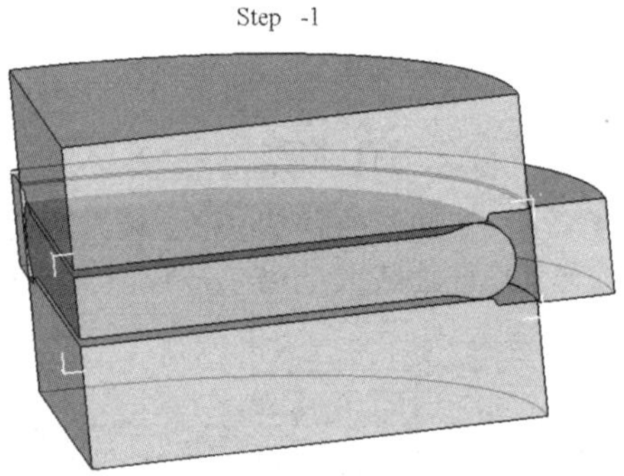

图 2-45 载入模型的装配图

4. 划分网格和网格细化

1）划分网格

（1）在本实例中，上模、下模及外圈是刚体，所以不需要划分网格。

（2）对坯饼划分网格，切换[网格]，选择[工具]，输入网格数 100000，如图 2-46（a）所示。

（3）最终生成的网格如图 2-46（b）所示。

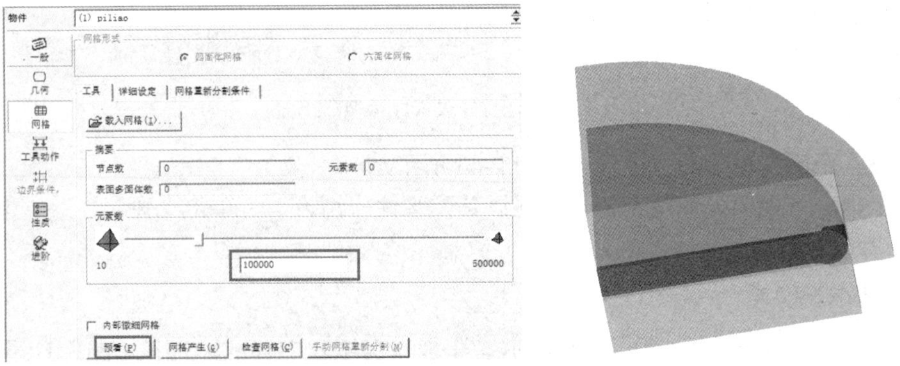

（a）网格划分器　　（b）网格图

图 2-46 划分网格

2）网格细化

（1）考虑到坯饼的边缘部分的变形较大，因此进行局部的网格细化。

（2）单击按钮，选择需要细化的区域，如图 2-47（a）所示。

（3）输入细化比 0.33，单击“实体网格”按钮，如图 2-47（b）所示。

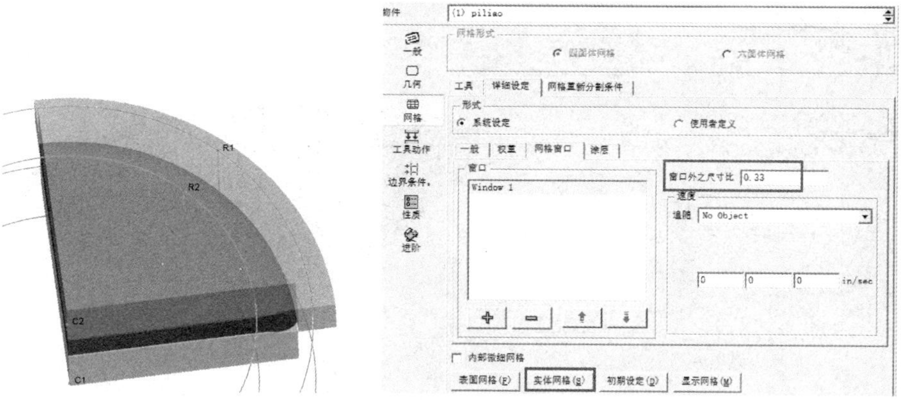

（a）网格细化区域　　（b）网格细化器

图 2-47　网格细化

（4）细化后的网格如图 2-48 所示。

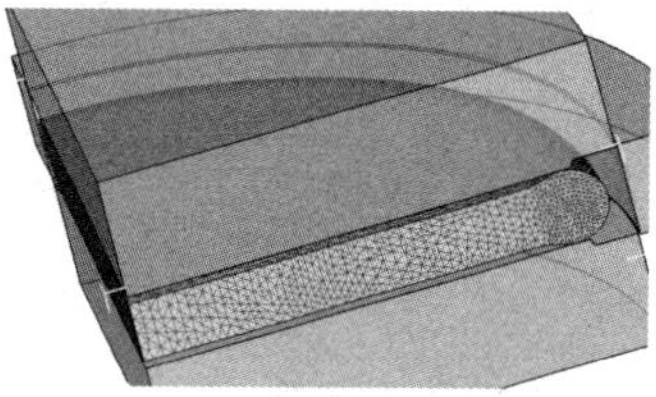

图 2-48　细化后的网格

5. 定义材料

（1）单击按钮进行材料的选择。

（2）进行弹性设置，杨氏模量[①]为 67000，泊松比[②]为 0.33，如图 2-49（a）所示。

（3）进行塑性设置，各变量如图 2-49（b）所示。

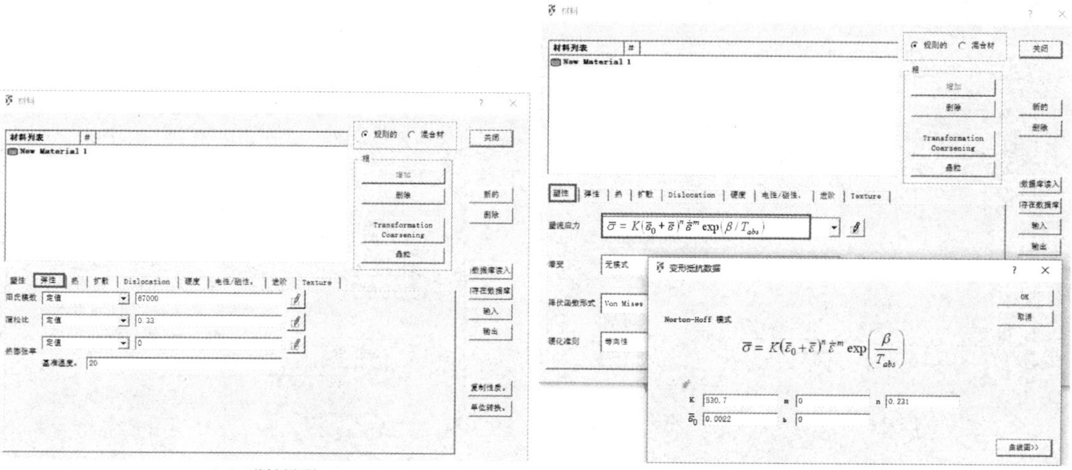

（a）弹性设置　　（b）塑性设置

图 2-49　定义材料

① 软件图中的“阳氏模数”的正确写法应为“杨氏模量”。

② 软件图中的“薄松比”的正确写法应为“泊松比”。

6. 设置边界条件

（1）切换[边界条件]，单击[添加]按钮添加坯饼的两个侧面作为对称面，如图 2-50 所示。

（2）用同样的方法设置上模、下模和外圈。

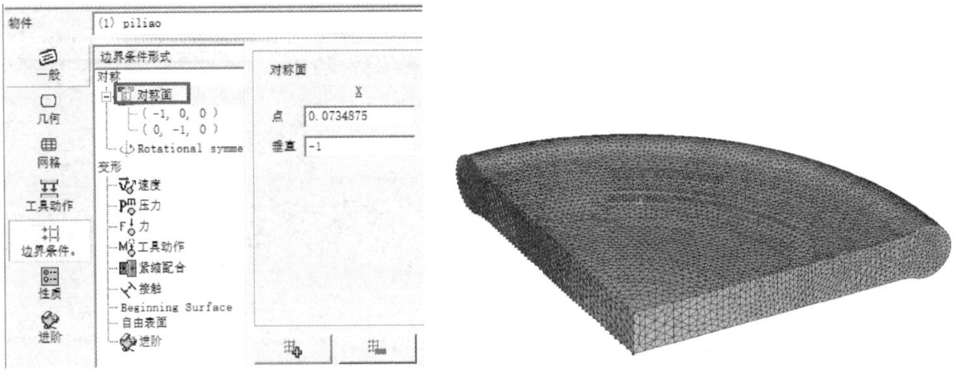

（a）边界条件设置器　　　　（b）选择对称面

图 2-50　设置边界条件

7. 设置摩擦条件

1）设置接触对

（1）单击[接触]按钮设置摩擦条件。

（2）单击[+]按钮添加接触对，分别是坯饼与上模、下模和外圈的三对接触关系，并规定坯饼为次要对象，如图 2-51 所示。

2）设置摩擦

（1）单击[编辑...]按钮编辑坯饼与其他三个模具之间的摩擦关系。

（2）设置摩擦类型为剪切摩擦，摩擦系数为 0.2，如图 2-52 所示。

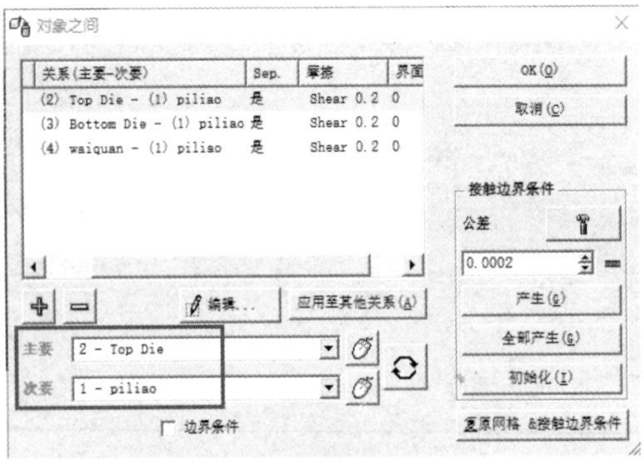

图 2-51　设置接触对

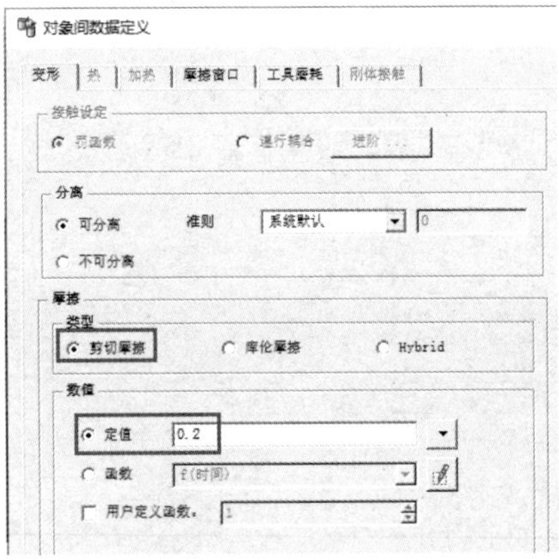

图 2-52　设置摩擦

8. 设置模拟运动条件

1）定义运动参数

（1）本实例中，外圈及下模固定，上模向下运动。

（2）选择上模，切换[工具动作]，设置运动方向为“－Z”，速度为200mm/s，如图 2-53（a）所示。

（3）注意检查移动方向，如图 2-53（b）所示。

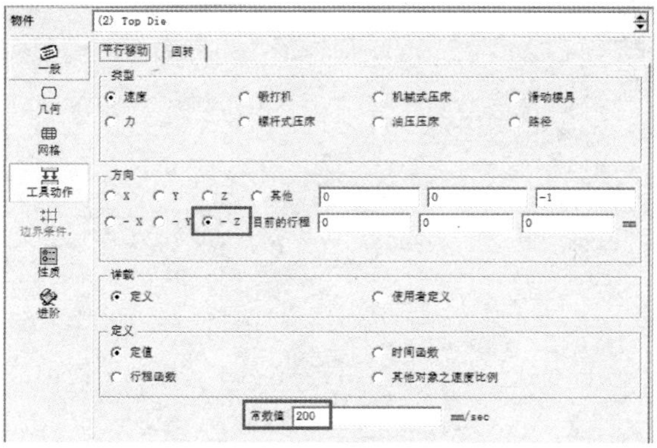

（a）工作动作设计器

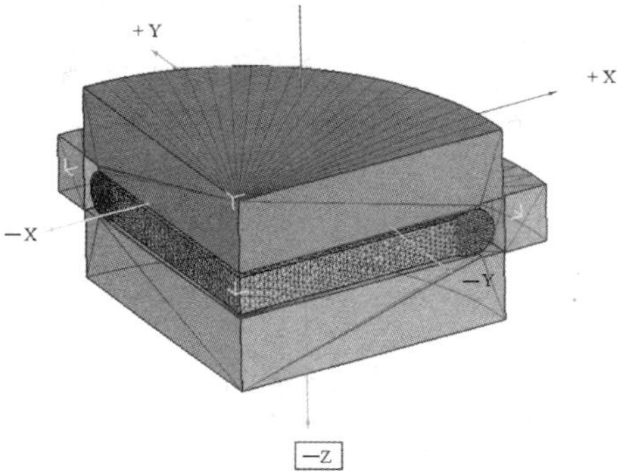

（b）移动方向图

图 2-53　定义运动参数

2）模拟控制

（1）上模运动停止条件设置。在运动 0.7mm 后停止运动，设定主模具的位移为－0.7mm，如图 2-54 所示。

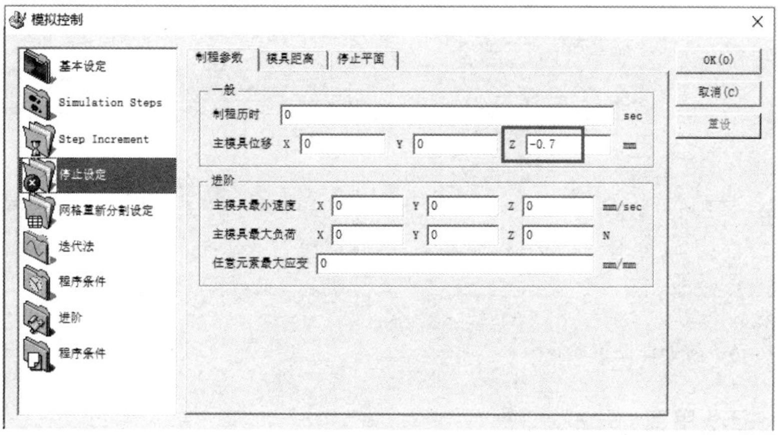

图 2-54　停止设定

（2）弹塑性分析是一个非线性的过程，因此需要采用增量的方式进行求解。总位移为 0.7mm，设定总步数为 70 步，增量为 0.01，每隔 2 步储存结果，如图 2-55 所示。

9．前处理设置检查

所有步骤处理完毕后，单击[按钮图标]按钮进行前处理设置检查，如图 2-56 所示，成功后退出前处理界面。

10．求解

单击[执行]按钮，计算前面设置的算例，如图 2-57 所示。

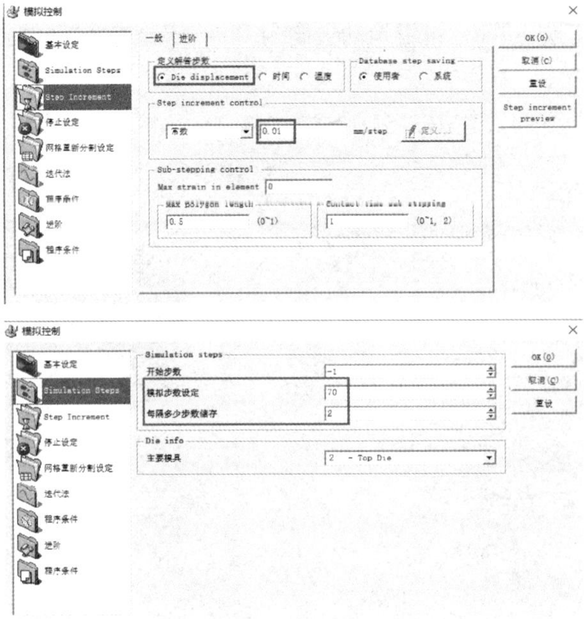

图 2-55　增量设置

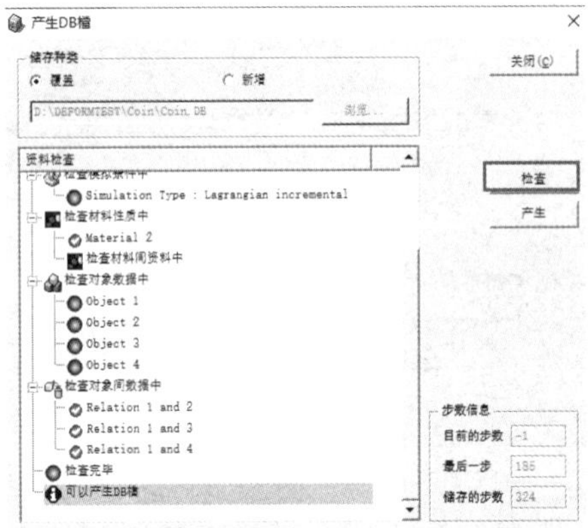

图 2-56　前处理设置检查

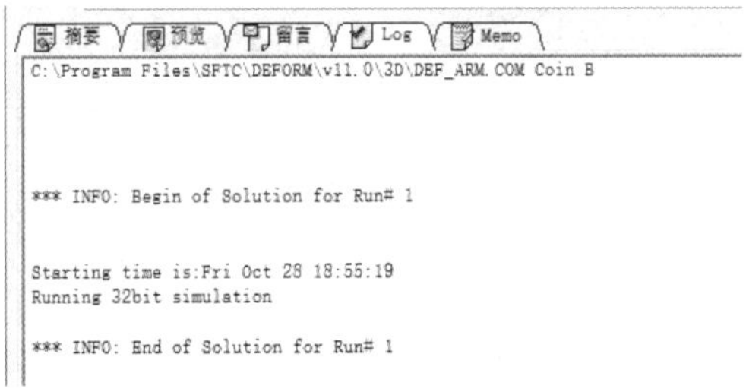

图 2-57　求解

11. 后处理结果显示

（1）计算完毕后，单击 DEFORM-2D/3D Post 按钮进入后处理界面。

（2）计算结果如图 2-58 和图 2-59 所示。

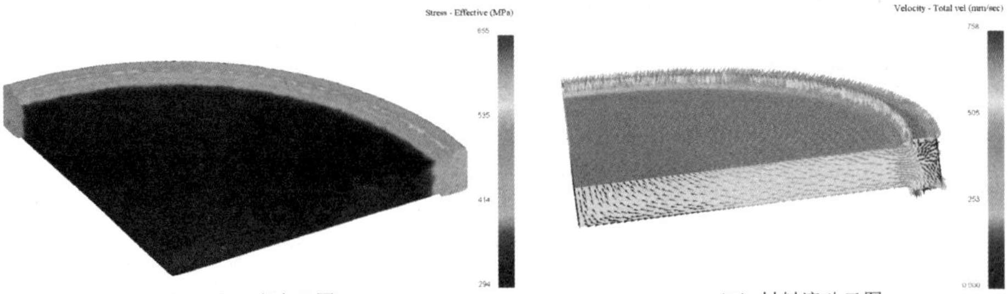

（a）应力云图　　（b）材料流动云图

图 2-58　仿真分析结果

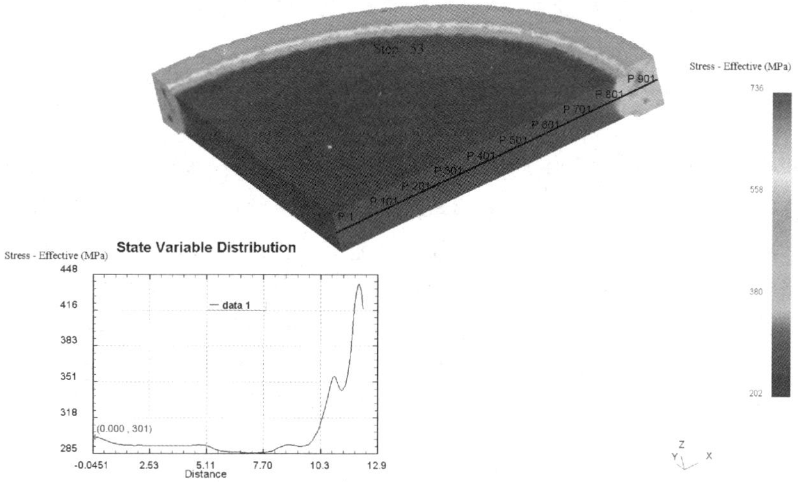

图 2-59　应力曲线

12．材料参数、运动参数和模型参数

Deform 中材料参数、运动参数和模型参数汇总于表 2-2 中。

表 2-2　Deform 中材料参数、运动参数和模型参数

坯饼	材质	弹塑性
	杨氏模量 E	67000MPa
	泊松比 μ	0.33
	塑流应力	$\overline{\sigma}=K(\overline{\varepsilon}_0+\overline{\varepsilon})^n\overline{\varepsilon}^m\exp(\beta/T_{abs})$
	塑性流动参数 K	530.7MPa
	m	0
	n	0.231
	ε_0	0.0022
	b	0
	单元类型	四面体
坯饼	单元数	100000
	局部细化	0.33
	体积补偿	无
上模	材质	刚体
	位移量 Z	−0.7mm
	速度	200mm/s
接触	上模（主）	坯饼（从）
	下模（主）	坯饼（从）
	外圈（主）	坯饼（从）
	摩擦类型	剪切
	摩擦系数	0.2

2.6 金属冲压成型中的数值模拟

冲压成型是借助于常规或专用冲压设备的动力，使板料在模具里直接受到变形力并进行变形，从而获得一定形状、尺寸和性能的产品零件的生产技术。板料、模具和设备是冲压加工的三要素。冲压成型是一种金属冷变形加工方法，所以被称为冷冲压或板料冲压，简称冲压，它是金属塑性加工的主要方法之一。冲压的坯料主要是热轧和冷轧的钢板和钢带。全世界的钢材中，有 60%～70%是板材，其中大部分经过冲压制成成品。汽车的车身、底盘、油箱、散热器片，容器的壳体，电机、电器的铁芯硅钢片等都是冲压加工的。仪器仪表、家用电器、办公机械、生活器皿等产品中，也有大量的冲压件。

2.6.1 金属冲压成型仿真的主流软件

1. FASTAMP

FASTAMP 是由华中科技大学模具技术国家重点实验室研发的板料成型快速仿真软件。该软件可用于潜在的缺陷检测、成型性分析、材料选用和工艺验证，主要应用于汽车、模具设计和家用电器等领域。目前与同类型软件相比，其 3.0 企业版已经达到国际一流水平。

1）组成模块

（1）冲压成型全工序模拟（MSFA）模块。

该模块可以模拟预弯、重力、拉延、修边、翻边、回弹工序。

（2）修边线展开及翻边成型性快速分析（TUW）模块。

该模块可以准确展开复杂修边线，快速分析翻边成型中的起皱和开裂缺陷，校核修边刃口强度。

（3）产品可成型性分析及毛坯展开（BEW）模块。

该模块可以准确展开产品毛坯尺寸，快速分析产品形状造成的潜在成型缺陷。

（4）毛坯排样及材料利用率计算（BNW）模块。

该模块可以实现毛坯的单排、双排、双料排等排样方式，还可以进行不同排样材料利用率比较，计算最佳材料利用率等。

2）主要特色

（1）计算速度快，模拟精度高。

（2）集成功能强大的前处理模块，不仅具有兼容性极高的 CAD 数据接口，提供丰富的点/线/曲面/单元的编辑功能，还可以完成极其复杂的曲面网格划分工作。

（3）基于改进的有限元逆算法和 DKQ 壳单元，以及动力显式有限元法和 BT 壳单元，都考虑了真实的摩擦和压边力等工艺条件，具有较高的模拟精度和计算速度。

（4）精确反算冲压件或零件的坯料形状，快速预测冲压件的厚度分布、应变分布、破裂位置、起皱位置等。

（5）精确真实地模拟摩擦、压边力和拉深筋等工艺参数对成型过程的影响。

（6）充分考虑压边圈、顶柱器、曲压料面的作用。

（7）可应用于连续模（级进模）、翻边成型、三维翻边成型、修边线、拉延成型和冲压工艺优化。

2．DynaForm

DynaForm 软件是美国 ETA 公司和 LSTC 公司联合开发的用于板料成型数值模拟的专用软件，是当今主流的板料成型与模具设计的 CAE 工具之一。DynaForm 软件主要应用于冲压、压边、拉延、弯曲、回弹、液压成型、辊弯成型、模具设计和压机负载分析等领域，已应用于汽车、航空航天、钢铁公司、家用电器、厨房卫生等不同行业，目前长安汽车、上海大众汽车、上海宝钢、中国一汽和洛阳一拖等国内知名企业都是其用户。

1）组成模块

（1）基本模块。

前处理模块可以完成产品仿真模型的生成和输入文件的准备工作；求解器模块采用的是以通用显示动力为主、隐式为辅的有限元程序，能够真实模拟板料成型中的各种复杂问题；后处理模块通过 CAD 技术输出形象的计算结果图形，可以直观地动态显示各种分析结果。

（2）坯料生成（BSE）模块。

该模块采用一步法求解器，可以方便地将产品展开，从而得到合理的落料尺寸。

（3）模面工程（DFE）模块。

该模块可以从零件的几何形状进行模具设计，包括压料面与工艺补充。该模块中包含了一系列基于曲面的自动工具，如冲裁填补功能、冲压方向调整功能及压料面与工艺补充生成功能等，可以帮助模具设计工程师进行模具设计。

（4）冲压过程仿真（Formability）模块。

该模块不仅可以仿真各类冲压成型，还可以对冲压生产的全过程进行模拟：坯料在重力作用下的变形、压边圈闭合过程、拉延过程、切边回弹、回弹补偿、翻边、胀形、液压成型和弯管成型等；可以预测成型缺陷起皱、开裂、回弹、表面质量等，还可以预测成型力、压边力、液压胀形的压力等。

2）主要特色

（1）集成操作环境，无须数据转换，无须编辑脚本命令，实现无文本编辑操作，所有操作都在同一界面下进行。

（2）同时集成动力显式求解器 LS-DYNA 和静力隐式求解器 LS-NIKE3D，其中 LS-DYNA 求解器是业界著名的、功能强大的求解器，它是动态非线性显示分析技术的创始和领导者，以解决最复杂的金属成型问题。

（3）囊括影响冲压工艺的 60 余个因素，以模面工程（DFE）为代表的多种工艺分析辅助模块，具有良好的用户界面，易学易用。

（4）固化丰富的实际工程经验。

（5）支持 HP、SGI、DEC、IBM、SUN、ALPHA 等 UNIX 工作站系统和基于 Windows NT 内核的 PC 系统。

3．AutoForm

AutoForm 最初由瑞士联邦工学院开发，后来为了更好地研发和应用，专门成立了 AutoForm 工程有限公司，包括瑞士研发与全球市场中心和德国工业应用与技术支持中心。目前，在薄板冲压成型仿真领域，AutoForm 的市场占有率为全球第一。全球 90%以上的汽车制造商在使用 AutoForm，全球前 20 家最大的汽车制造商 100%在使用 AutoForm。AutoForm 的最终目标是高效解决“零件可成型性（Part Feasibility）、模具设计（Die Design）和可视化调试（Virtual Try-out）”等方面的问题。

1）组成模块

（1）模具设计（Die Design）模块。

用户将产品零件的数模导入 AutoForm 中，通过该模块可完成一个完整的工艺设计过程。其模面设计功能是全参数化的，操作简便，操作者只需将精力集中于工艺方案本身，即可方便地通过 AutoForm 快速将工艺人员的定性工艺思路以量化的方法表达出来，而不需要在 CAD 系统中进行设计。

（2）自动网格划分（Automesher）模块。

该模块实现了网格全自动划分，无须用户干预，具有快速、准确、稳定和简单的特点，不占用使用人员的精力。

（3）一步法快速求解（One Step）模块。

该模块主要用于快速成型仿真、快速方案评估、坯料展开等。

（4）增量求解（Incremental）模块。

该模块主要用于精确模拟成型过程、精确评估方案。

（5）液压成型（HydroForm）模块。

该模块主要应用于管胀分析、弯管分析。

（6）工艺方案优化（Optimizer）模块。

该模块通过对仿真结果的分析解读，可以快速判断工艺方案的可靠性，找出问题所在。针对可能会发生的问题，提前制定相应的对策及方案修改办法，将问题消弭在前期技术工作中，使用户所在单位的整个工作流程更加畅通。

2）主要特色

（1）提供一个完整的解决方案流程，从开始的概念设计，直至最后的模具设计。

（2）最新的隐式增量求解法无须人工加速模拟过程，可快速得出精确结果。

（3）工艺方案优化模块以成型极限为目标函数，可以针对高达 20 个设计变量进行优化，自动迭代计算直至收敛。

（4）特别适合于复杂的深拉延成型模的设计、冲压工艺和模面设计的验证、成型参数的优化、材料与润滑剂消耗的最小化、新板料（如拼焊板、复合板）的评估和优化。

（5）面向一线工程人员，使用者无须具备深厚的 FEM 理论背景，学习难度低。

4．PAM-STAMP 2G

1986 年，欧共体制订了一项名为 BRITE-EURM-3489 的研究计划，计划每年资助 50 万美元开发板料冲压成型过程分析 CAE 系统，最终于 1992 年正式推出 PAM-STAMP 商品化软件。迄今为止，PAM-STAMP 2G 是世界上唯一整合了所有钣金成型过程的有限元计算机模拟求解方案。

1）组成模块

（1）快速模具设计（PAM-DIEMAKER）模块。

从 CAD 模型输入零件几何参数后，高度参数化驱动的 PAM-DIEMAKER 模块能够在几分钟内完成模面和工艺补充面的设计与优化。

（2）成型质量控制（PAM-AUTOSTAMP）模块。

该模块能够建立对复杂的多工序成型过程的单一仿真模拟模型，提供金属成型过程的工业验证和可信的仿真，从而满足工程上的需求。

（3）成型回弹自动补偿（DIE COMPENSATION 和 ICAPP）模块。

模具回弹补偿过程是基于零件设计要求形状的虚拟修模迭代过程。该模块先按照零件的设计要求形状设计出初始模具形状，经过有限元离散后输入专业板料成型数值模拟软件 PAM-STAMP 2G 中，经过成型模拟和回弹计算分析，获得了板料成型回弹后形状。自动回弹补偿功能非常强大，无须人为干预，回弹补偿过程自动完成。

（4）下料估计（PAM-INVERSE）模块。

下料量估计主要采用 PAM-INVERSE 模块来完成，它采用一步成型逆算法，计算速度很快，可以准确预测板料的初始形状，同时间接说明零件的可成型性和可行性。

（5）快速可行性评估（PAM-QUIKSTAMP）模块。

PAM-QUIKSTAMP 是快速成型模拟工具，一般在数分钟内即可完成一个模具快速成型分析，可用于早期可行性评估的设计。

2）主要特色

（1）一体化的用户界面，交互操作实现各模块间数据的无缝交换，并支持用户化应用程序编程。

（2）丰富的模具 CAD 导入及导出功能。

（3）精确的显式增量求解模拟成型过程，且成型模拟求解设置快捷、方便和简单。

（4）快速、高质量的表面网格生成器；快速的成型分析工具，能在计算精度、计算时间和计算结果之间折中推出最佳方案。

（5）可仿真实际工艺条件（如重力影响、多工步成型，以及各种压料、翻边和回弹）下的板料成型全过程，并提供可视化的模拟结果显示与判读。

（6）真正的工程师软件，软件应用要求低，只需稍微培训即可进行实际应用。

5. FastForm

FastForm 是加拿大材料成型科技有限公司（FTI）在 1989 年开发的一款用于钣金设计和成型数值模拟的专用软件，该软件在航空航天、汽车、船舶、铁道车辆、家用电器、钢铁公司、模具设计等行业得到了广泛的应用，全球众多的用户借助它大大降低了设计成本、解决了设计中的不确定问题。

1）组成模块

（1）FastBlank 模块。

该模块可以对材料高度拉伸和变形及直接折弯等进行计算。展开计算仅需几分钟，生成的结果可用于毛坯下料、模具设计、成本估算、快速报价及零件排料等。

（2）冲压成型性快速分析（FastForm Advanced）模块。

该模块提供了针对冲压件、压料面和模面设计过程中的冲压成型性的快速分析计算与评估。

2）主要特色

（1）提供板料的准确预测以提高材料利用率。

（2）在产品开发初期引入可行的准则。

（3）材料选择、板料尺寸和压力设计等功能易于操作。

（4）通过安全区域、起皱和拉延筋设置的图形显示提供简洁的分析结果。

（5）客户化的材料数据库为用户提供模拟任何材料的灵活性。

（6）超文本（HTML 格式）为基础的报告总结产品开发过程。

（7）快速而直观的界面使软件非常容易使用。

6. KMAS

KMAS 是由吉林大学车身与模具工程研究所在国家“九五”重点科技攻关项目基础上开发的一款板料成型仿真软件系统，目的在于解决我国汽车车身自主研发与模具制造的瓶颈问题，目前已经拓展到航空、通信等与冲压成型相关的行业。

1）组成模块

（1）模面几何造型设计模块。

（2）网格自动生成模块。

（3）材料数据库模块。

该模块是基于标准化参数实验获得的材料数据库。

（4）求解器模块。

该模块集成显式和半显式时间积分弹塑性大变形/大应变的板材成型有限元求解器。

（5）数据接口模块。

该模块支持市场上流行的 CAD/CAM 系统专用数据接口。

2）主要特色

（1）可以在制造模具之前，利用计算机模拟出冲压件在模具中成型的真实过程，告知用户其模面设计与工艺参数设计是否合理，并最终为用户提供最佳的成型工艺方案和模具设计方案。

（2）支持市场上流行的 CAD/CAM 系统专用数据接口。

（3）能够实现复杂冲压件从坯料夹持、压料面约束、拉深筋设置、冲压加载、卸载回弹和切边回弹的全过程模拟。

2.6.2 应用案例——NX Forming 软件

NX Forming 是集成于 SIEMENS NX 平台的板料成型仿真软件，它由 FASTAMP 软件中心研发。求解器进行动力学分析最重要的是求解算法和稳定时间极限问题，由于隐式求解方法特别占用内存而且花费时间较长，显式求解方法最初专门用于高速动力学的分析，后来用于高速碰撞、复杂接触及材料失效等问题的仿真分析。该方法时间增量步很小，不存在隐式求解中会碰到的收敛问题。NX Forming 系统工具栏图标如图 2-60 所示。

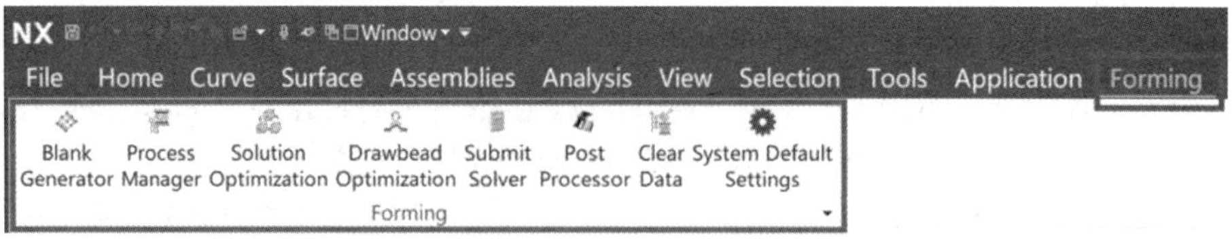

图 2-60 NX Forming 系统工具栏图标

1. 方盒拉深

1）模型准备

（1）模型中必须包括落料线（Blank line）。

（2）如果采用等效拉深筋模型，那么模型中必须包括拉深筋中心线。

（3）如果冲压方向为任意方向，那么需要给出冲压方向线。模型准备如图 2-61 所示。

2）定义板料和材料

（1）定义板料。

① 单击按钮，打开板料定义对话框。

② 选择板料轮廓线 Select Blank Outline (4)，选择板料网格划分参考圆角 Calculate Tool Radius (1)，也可以手工修改合适的圆角尺寸 Tool Radius (mm) 3.0000，如图 2-62 所示。

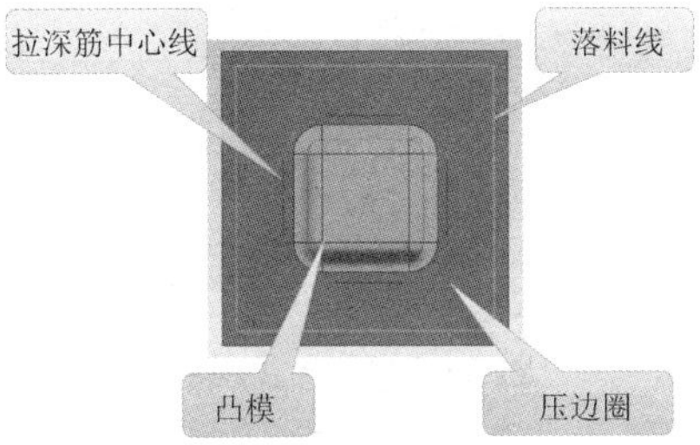

图 2-61　模型准备

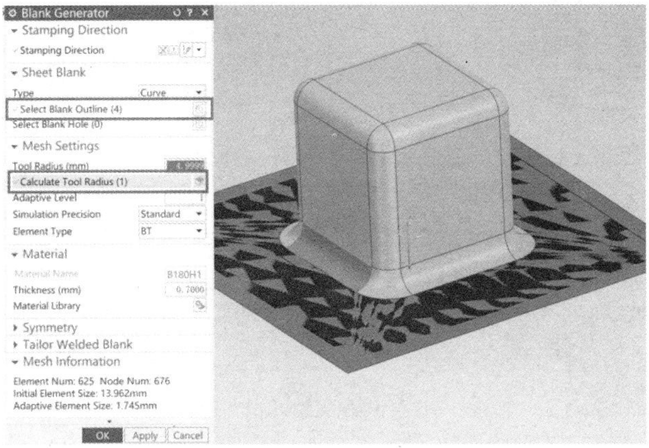

图 2-62　选择板料轮廓线和参考圆角

③ 板料网格划分如图 2-63 所示。

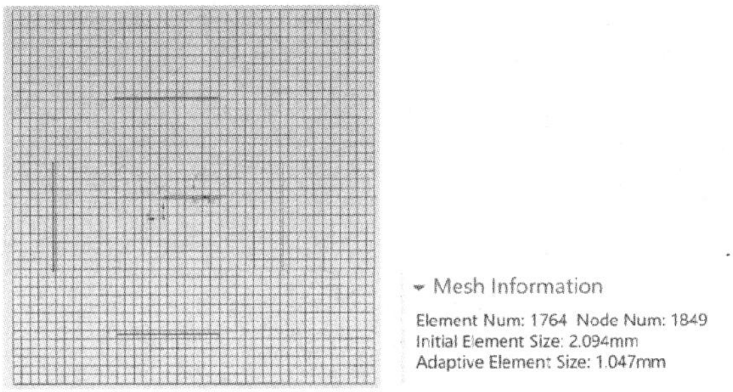

图 2-63　板料网格划分

（2）定义材料。

① 单击 Material Library 按钮选择材料，选择合适的材料牌号（B180H1），如图 2-64 所示。

② 如果材料库中已有的材料与自己要求的材料参数有差别，可以自己修改后单击 Save 按钮进行保存。

③ 如果材料库中没有我们所需的材料，可以单击 New 按钮进行新建，修改材料力学性能参数后保存。

④ 修改板厚为 0.7mm Thickness(mm) 0.7，如图 2-64 所示。

3）定义工序列表

（1）在工具栏中单击按钮进行工序定义，图 2-65 所示为工序管理器。

（2）选择拉深工序，建立拉深成型工序列表，单击按钮编辑拉深工序中的实际参数，如图 2-65 所示。

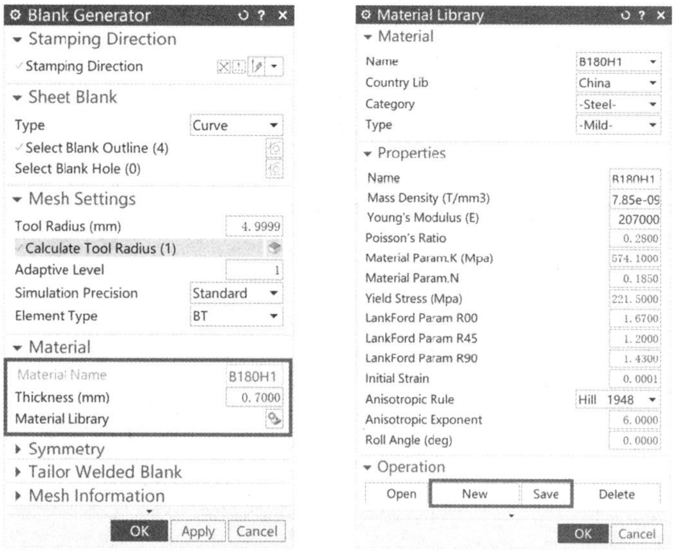

图 2-64 定义材料

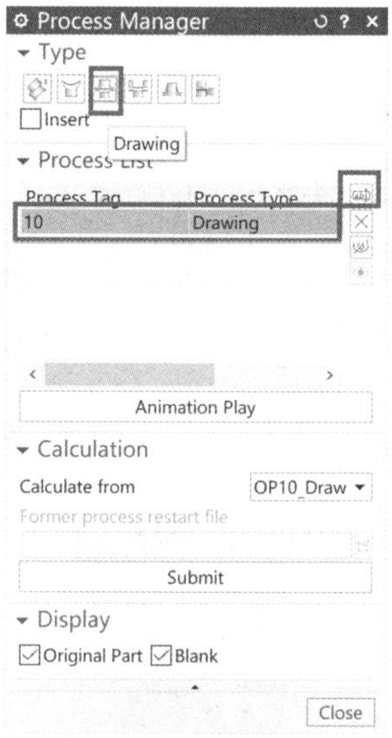

图 2-65 工序管理器

4）定义拉深工序模型

（1）定义拉深工艺。

① 定义压机类型，选择 Single Action 。

② 定义模型参考面，选择 Die Side ，如图 2-66 所示。

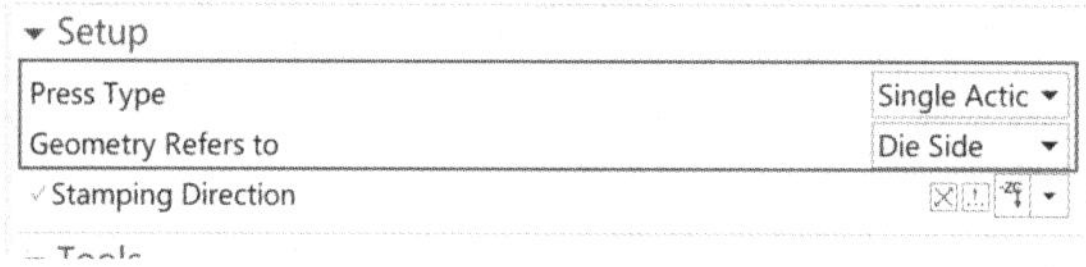

图 2-66 定义拉深工艺

（2）定义冲压方向。

定义冲压方向，如图 2-67 所示。用户可以自定义冲压方向，如果用户未指定冲压方向，则软件默认冲压方向为“－Z”。

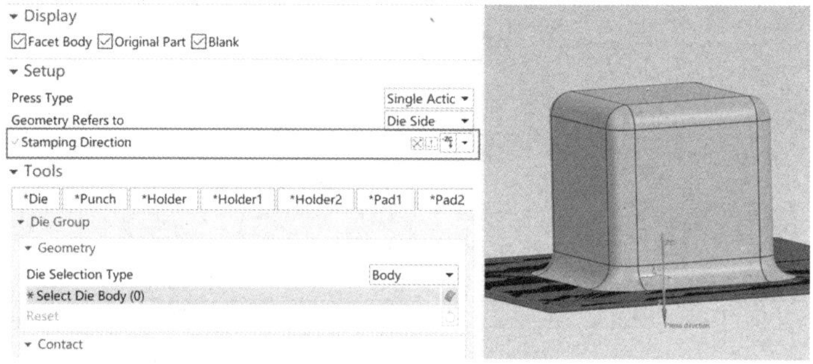

图 2-67 定义冲压方向

（3）定义模具曲面。

① 选择 Die ，然后选择 Reference (2) 相应模具曲面，如图 2-68 所示。

② 按同样方法定义凸模 Punch 和压边圈 Holder ，如图 2-68 所示。

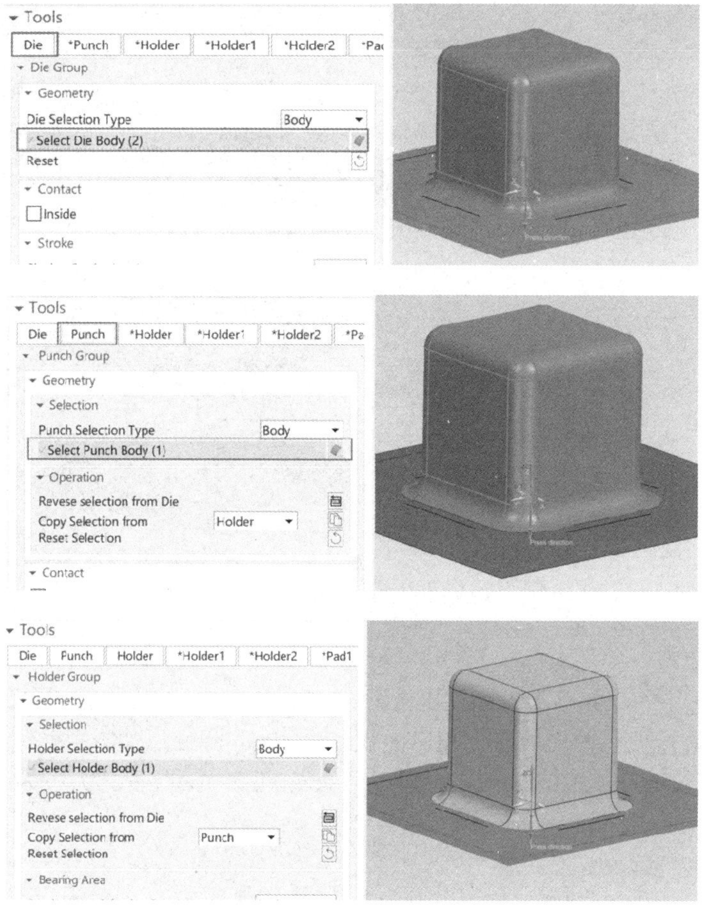

图 2-68　定义模具曲面

（4）模具装配。

① 切换到 Die ，设置 Die 的行程为 100mm。

② 切换到 Holder ，设置 Holder 的行程为 50mm，如图 2-69 所示。

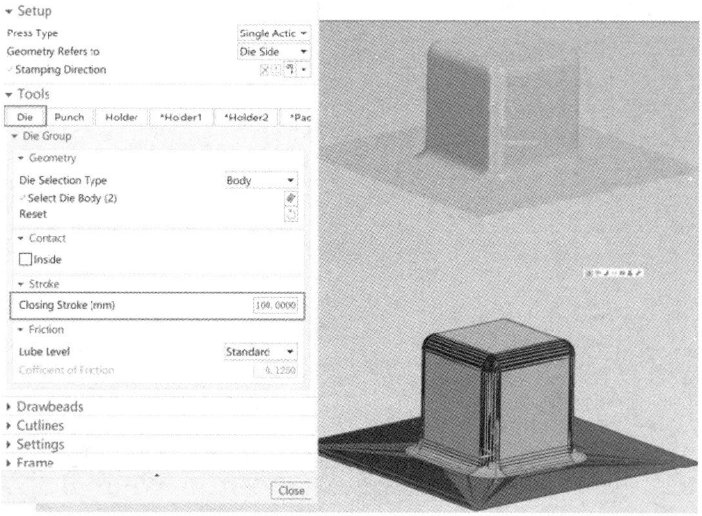

图 2-69　模具装配

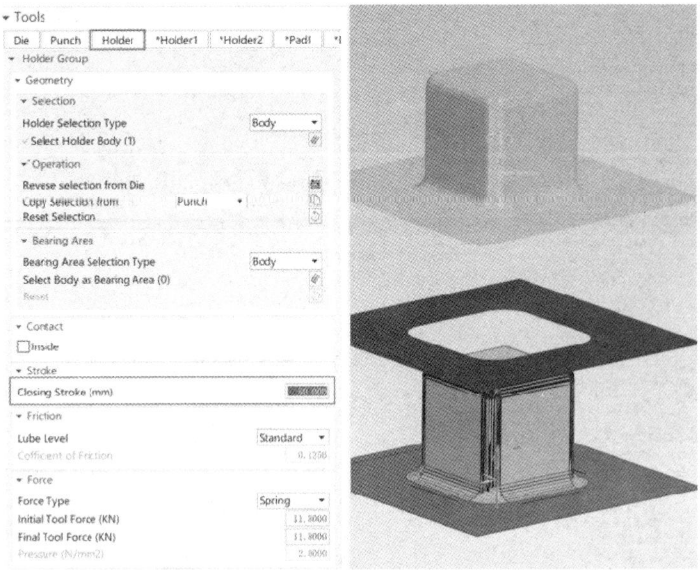

图 2-69　模具装配（续）

（5）定义压边力。

① 切换到 Holder ，可以手工修改压边力。

② 默认压边力=板料在压边圈上投影面积×2.0MPa，弹性压边方式。

③ 手工直接修改 Initial Tool Force 大小为 18kN，Final Tool Force 大小为 18.0kN，如图 2-70 所示。

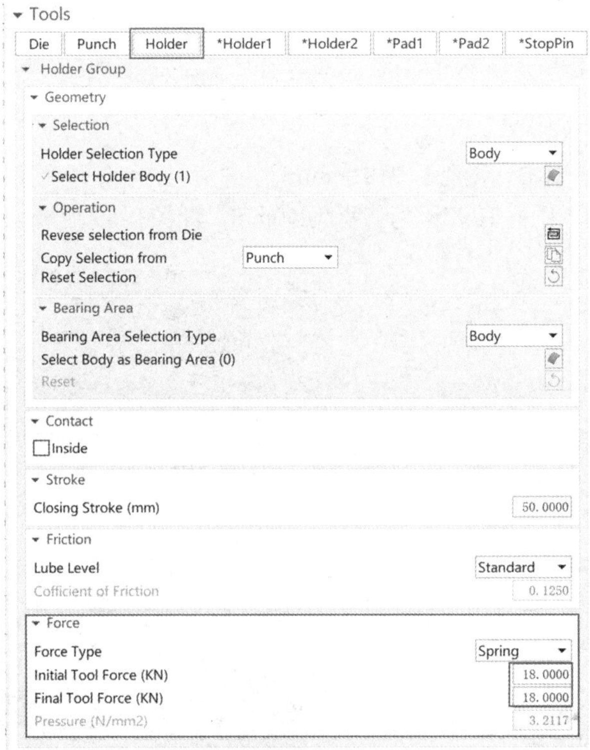

图 2-70　定义压边力

（6）定义等效拉深筋。

① 切换到拉深筋设置项 ▼ Drawbeads 。

② 选择拉深筋中心线 Select Drawbead (4) 定义等效拉深筋，如图 2-71 所示，选择 4 条等效拉深筋线。

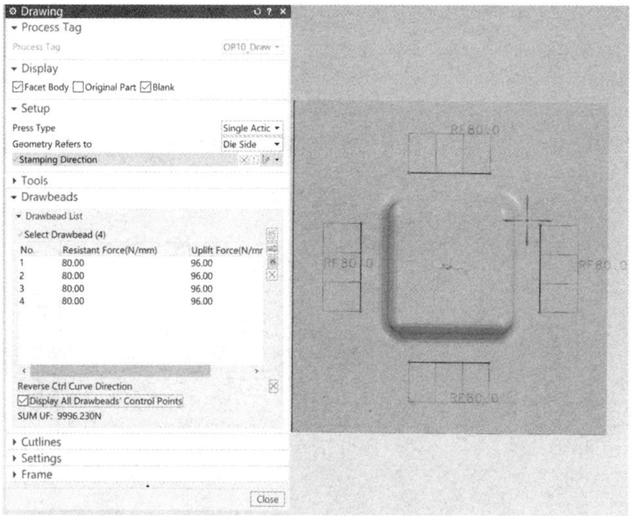

图 2-71　定义等效拉深筋

③ 拉深筋阻力值可以通过拉深筋形状计算 ，也可以直接手工修改 1　80.00　　　96.00 。

④ 如果是可变阻力拉深筋，可以单击 按钮进行编辑更新。

5）拉深成型过程预览

（1）退出拉深工序模型定义对话框。

（2）不显示模型和板料 □Original Part □Blank 。

（3）单击 Animation Play 按钮，检查拉深成型工序定义是否正确，如图 2-72 所示。

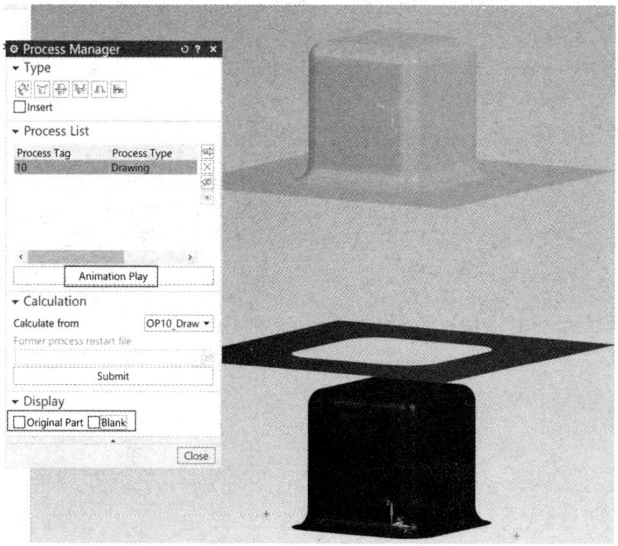

图 2-72　拉深成型过程预览

6）提交计算

（1）单击 Submit 按钮，进行拉深成型模拟，如图 2-73 所示。

（2）默认是多核并行计算。

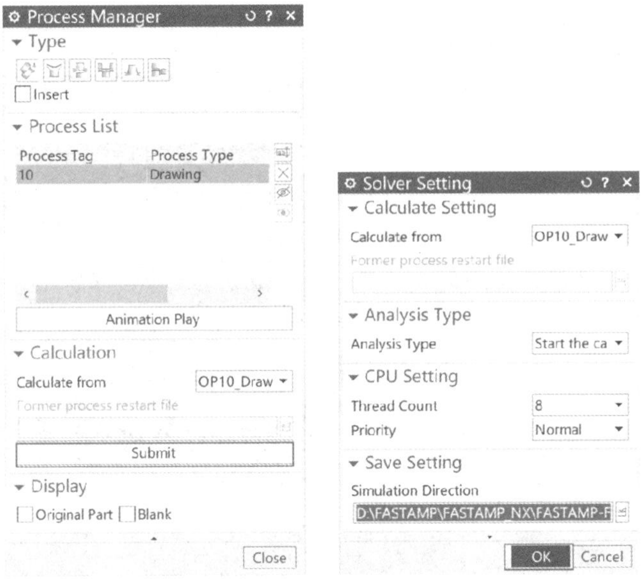

图 2-73 提交计算

7）拉深成型模拟过程

拉深成型模拟过程如图 2-74 所示，一般零件只需要几分钟。

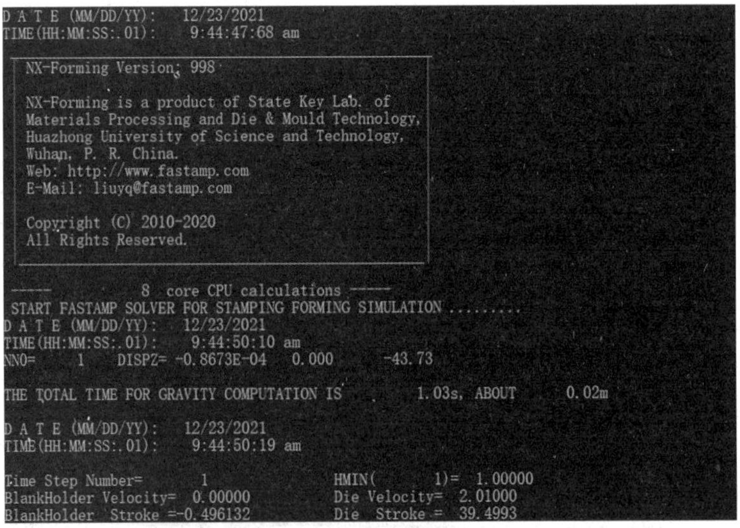

图 2-74 拉深成型模拟过程

8）后处理结果

（1）冲压成型模拟完成后，在工具栏中单击按钮打开后处理界面，如图 2-75 所示。

（2）显示冲压成型过程模拟结果，如图 2-76 所示。

（3）显示 FLD、主应变、减薄率和主应力等仿真分析结果，如图 2-77 所示。

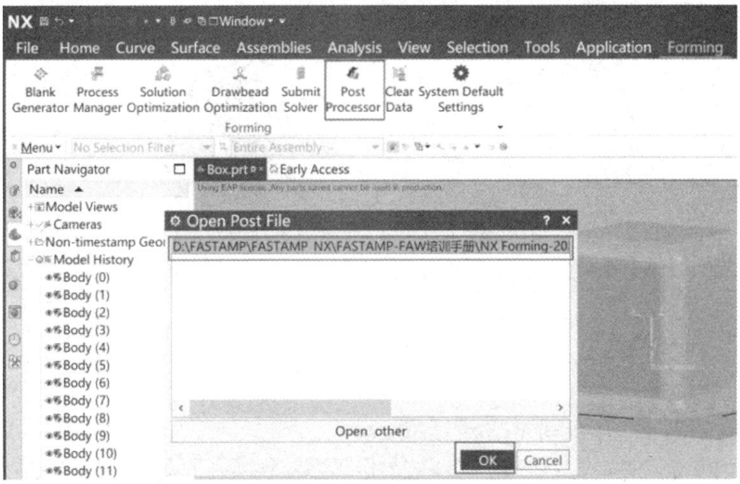

图 2-75　打开后处理界面

图 2-76　冲压成型过程模拟结果

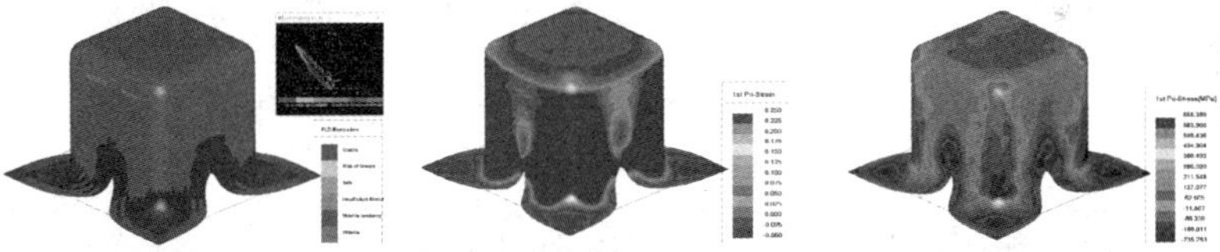

(a) FLD　(b) 最大主应变　(c) 最大主应力

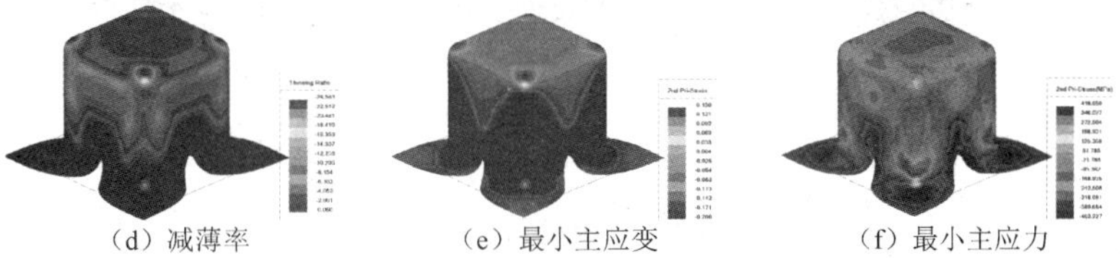

(d) 减薄率　(e) 最小主应变　(f) 最小主应力

图 2-77　仿真分析结果

2. 翼子板拉深

1）模型准备

(1) 板料线，如果板料有预冲孔，那么还要有预冲孔线。

(2) 如果采用等效拉深筋模型，那么模型中必须包括拉深筋中心线。

(3) 如果冲压方向为任意方向，那么需要给出冲压方向线。

(4) 翼子板冲压成型全工序模型如图 2-78 所示。

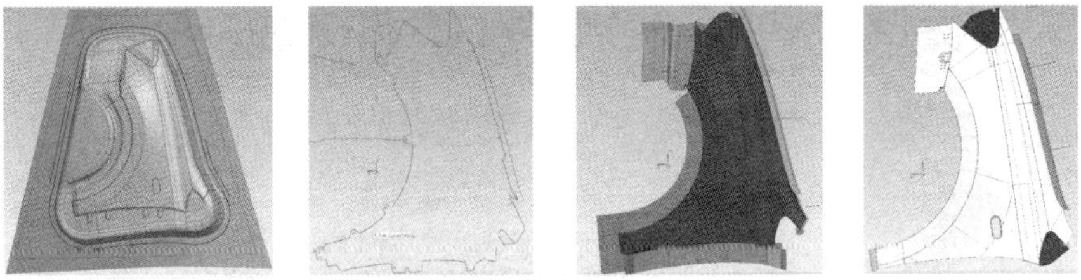

（a）拉深模型　（b）修边模型　（c）翻边模型1　（d）翻边模型2

图 2-78　翼子板冲压成型全工序模型

2）定义板料和材料

（1）定义板料。

① 单击按钮，打开板料定义对话框。

② 如图 2-79（a）所示，选择板料轮廓线 Select Blank Outline (4)，选择板料网格划分参考圆角 Calculate Tool Radius (1)，也可以手工修改合适的圆角尺寸 Tool Radius (mm) 10.0000。

③ 板料网格划分如图 2-79（b）所示。

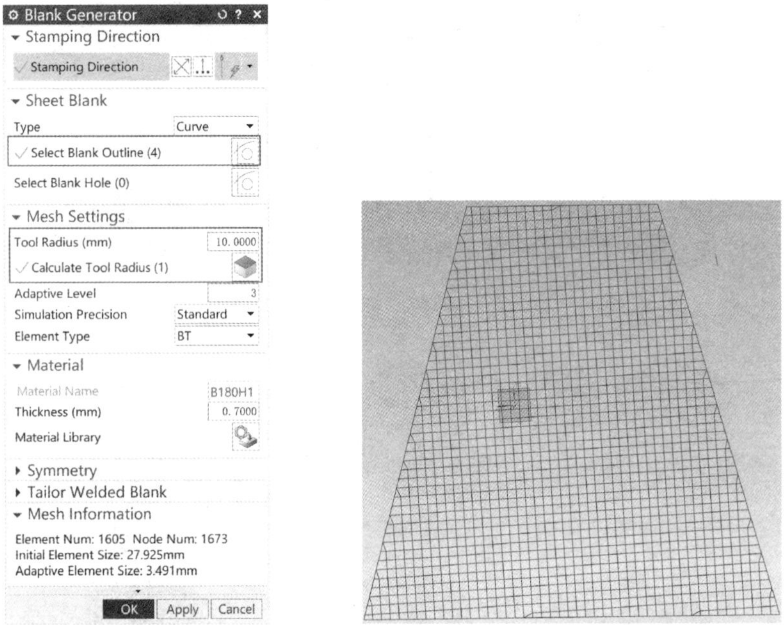

（a）选择板料轮廓线和参考圆角　（b）板料网格剖分

图 2-79　定义板料

（2）定义材料。

① 单击 Material Library 按钮选择材料，选择合适的材料牌号（B180H1），如图 2-80 所示。

② 如果材料库中已有的材料与自己要求的参数有差别，可以自己修改后单击 Save 按钮进行保存。

③ 如果材料库中没有我们所需的材料，可以单击 New 按钮，修改材料力学性能参数后保存。

④ 修改板厚为 0.7mm Thickness(mm) 0.7。

3）定义工序列表

（1）设置工序列表。

① 在工具栏中单击按钮进行工序定义，图 2-81 所示为工序管理器。

② 选择重力、拉深、修边、翻边、回弹工序。

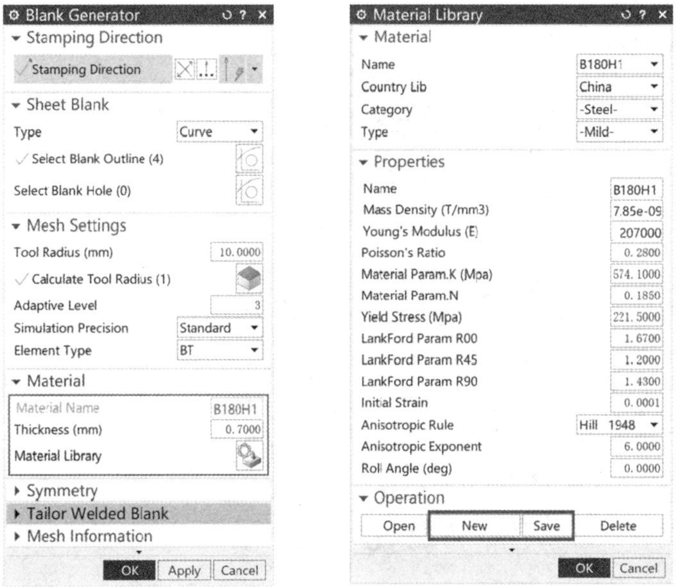

图 2-80　定义材料

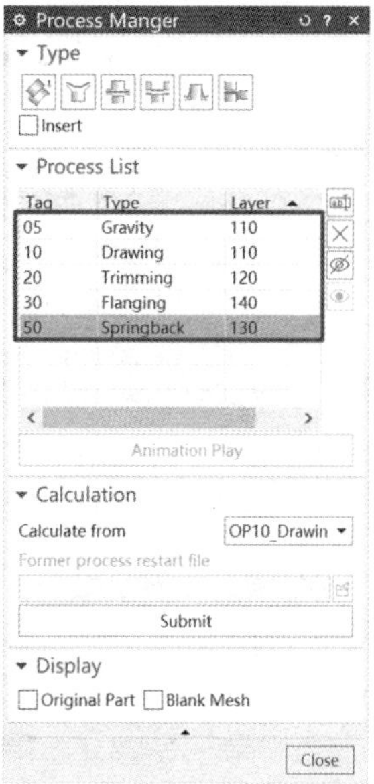

图 2-81　工序管理器

（2）定义工序。

重力效应不是单独工序，是与拉深关联的，因此只要定义拉深工序，重力效应就会自动完成定义。

4）定义拉深工序模型

（1）定义拉深工艺。

① 选择拉深工序 10 Drawing，单击按钮编辑拉深工艺中的实际参数，如图 2-82（a）所示。

② 默认压机类型为单动压机 Single Action，模型参考面选择以凹模为基准 Die Side，如图 2-82（b）所示。

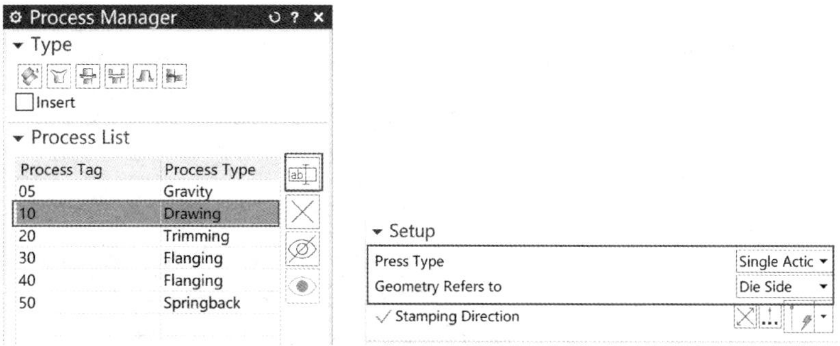

（a）选择拉深工序　　（b）定义拉深工艺

图 2-82　定义拉深工艺

（2）定义冲压方向。

① 隐藏板料网格模型 □Blank ，如图 2-83（a）所示。

② 选择直线定义冲压方向 ，冲压方向一定要正确。如果冲压方向相反，则反向调整冲压方向，如图 2-83（b）所示。

③ 默认冲压方向为“－Z”。

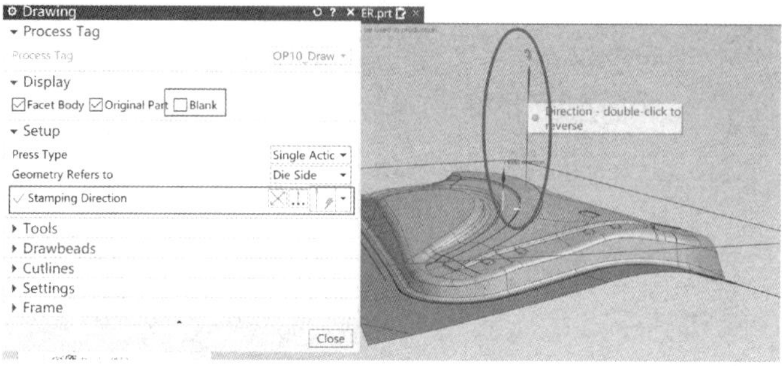

（a）隐藏板料网格模型

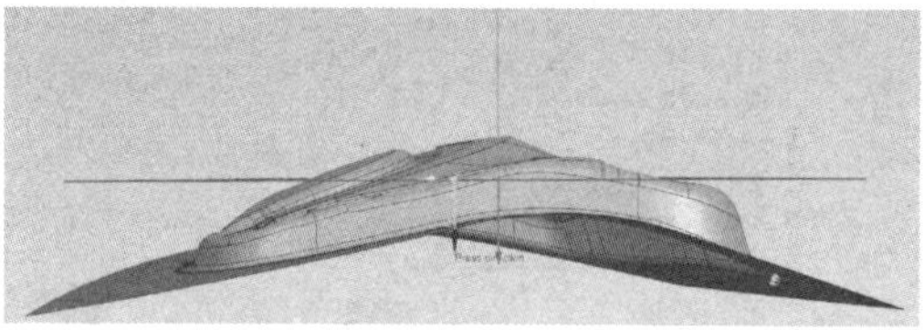

（b）冲压方向

图 2-83　定义冲压方向

（3）定义模具曲面。

① 选择 Die ，然后选择 Reference (2) 相应模具曲面，如图 2-84 所示。

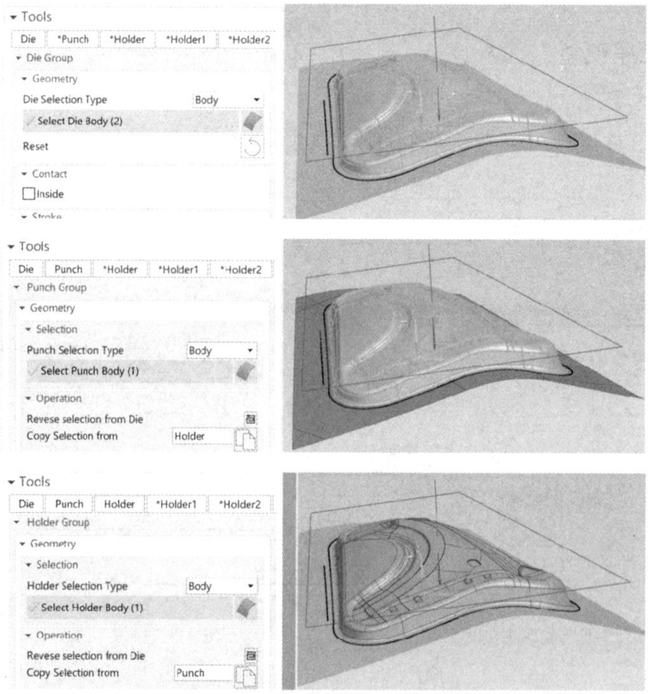

图 2-84　定义模具曲面

② 按同样方法定义凸模 Punch 和压边圈 Holder ，如图 2-84 所示。

（4）模具装配。

① 切换到 Die ，设置 Die 的行程为 700mm。

② 切换到 Holder ，设置 Holder 的行程为 150mm，如图 2-85 所示。

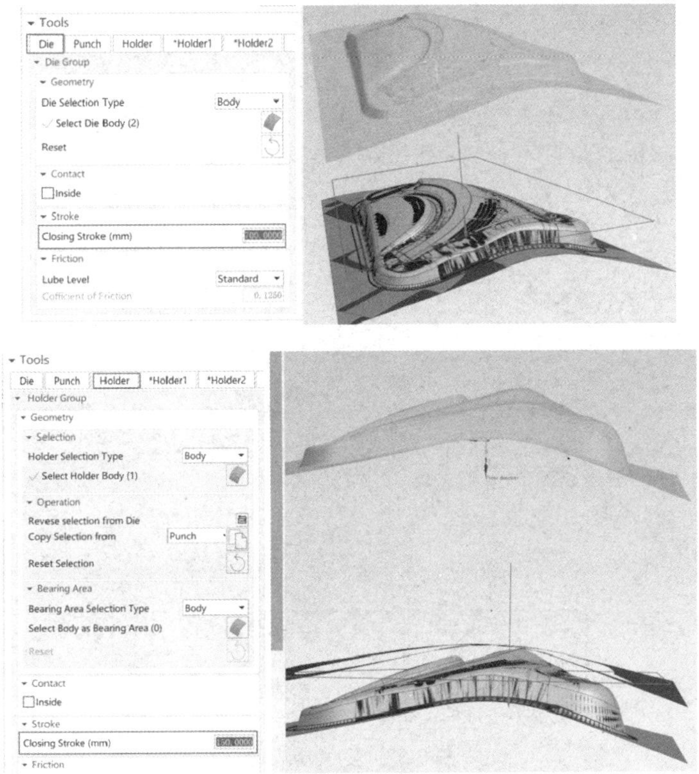

图 2-85　模具装配

③ Holder 大小是压机的顶杆行程。

（5）定义摩擦系数。

① 切换到 Die ，默认摩擦级别为标准，摩擦系数为 0.125，如图 2-86（a）所示。

② 可以选择手工修改摩擦系数，选择自定义方式 User define ，如图 2-86（b）所示。

③ 用相同方法定义冲头和压边的摩擦系数。

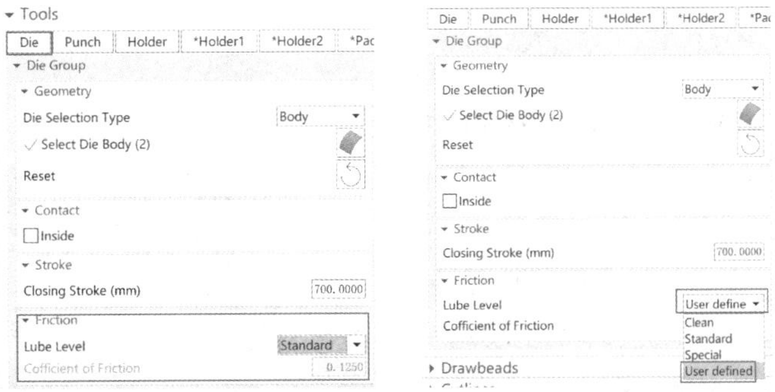

（a）定义凹模摩擦系数　　（b）自定义摩擦系数

图 2-86　定义摩擦系数

（6）定义压边力。

① 切换到 Holder ，可以手工修改压边力。

② 默认压边力=板料在压边圈上投影面积×2.0MPa，弹性压边方式。

③ 手工直接修改 Initial Tool Force 大小为 1100.0kN，Final Tool Force 大小为 1100.0kN，如图 2-87 所示。

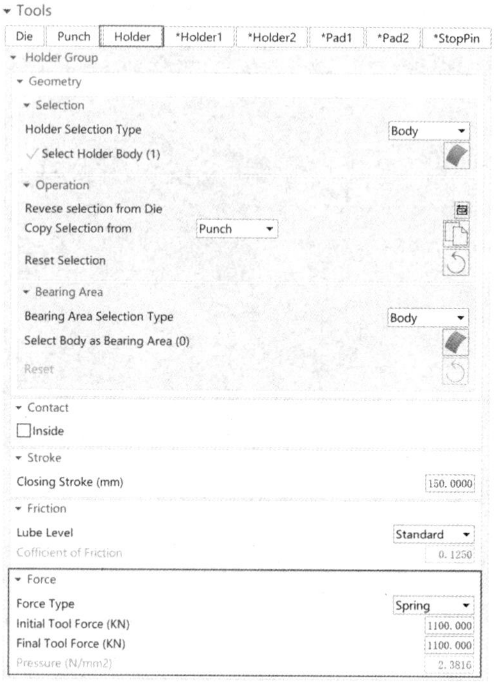

图 2-87　定义压边力

（7）定义等效拉深筋。

① 切换到拉深筋设置项 ▾ Drawbeads 。

② 为了使选择拉深筋中心线方便，关闭模具网格模型 ☐ Facet Body ，如图 2-88（a）所示。

③ 选择拉深筋中心线 Select Drawbead (1) 定义等效拉深筋，如图 2-88（b）所示。

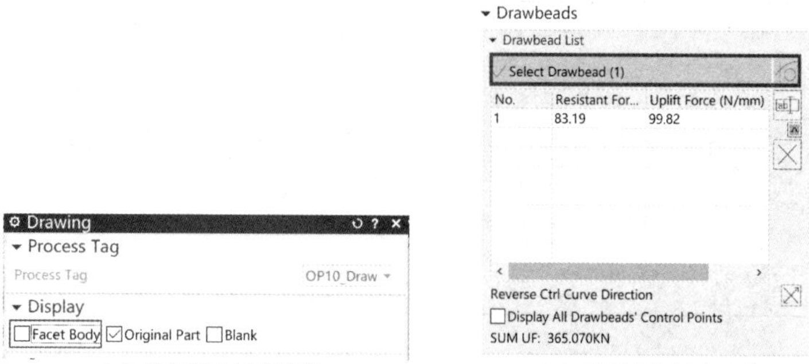

（a）关闭模具网格模型　　　（b）选择拉深筋中心线

图 2-88　定义等效拉深筋 1

④ 拉深筋阻力值可以通过拉深筋形状计算 ⌃ ，修改拉深筋高为 5.0mm，如图 2-89（a）所示。

⑤ 选择其他 2 条拉深筋中心线定义等效拉深筋，显示网格面片 ☑ Facet Body ，显示所有拉深

筋 Display All Drawbeads' Control Points ，3 条拉深筋的举力值是 452.352kN，如图 2-89（b）所示。

⑥ 退出拉深工序定义。

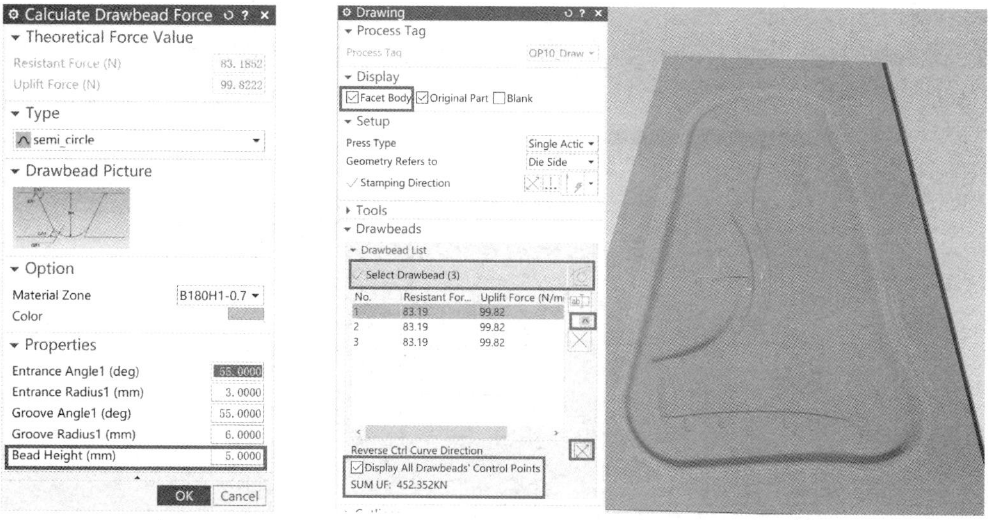

（a）计算等效拉深筋阻力　　（b）定义等效拉深筋

图 2-89　定义等效拉深筋 2

5）定义修边工序

（1）修边工序模型准备。

① 在层设置中打开修边线模型，如图 2-90（a）所示，不显示拉深工序模型，显示修边工序模型。

② 在工序管理器中选择修边工序 20 Trimming ，单击 按钮进入修边工序，如图 2-90（b）所示。

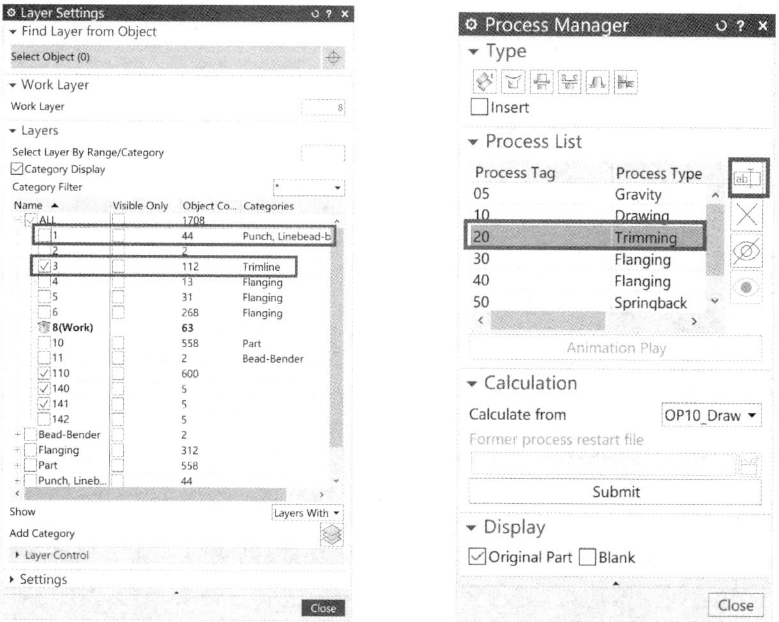

（a）修边工序模型显示　　（b）进入修边工序

图 2-90　修边工序模型准备

（2）修边工序定义。

① 修边工序的冲压方向默认继承了前一序拉深工序的冲压方，用户可以根据实际方向修改。

② 选择修边线定义修边工序，管理中选择修边工序，一共定义了17条修边线，如图2-91所示。

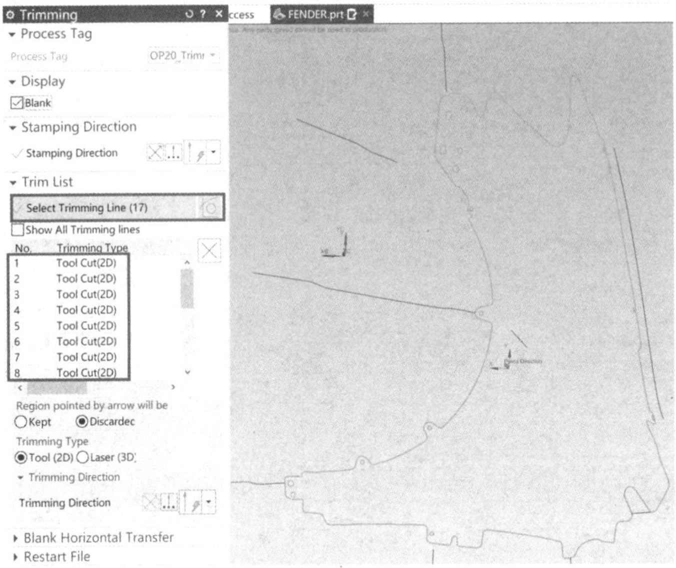

图2-91 修边工序定义

（3）修边参数调整。

① 调整修边切除和保留区域，根据工件实际切除和保留方向切换选择，如图2-92所示。

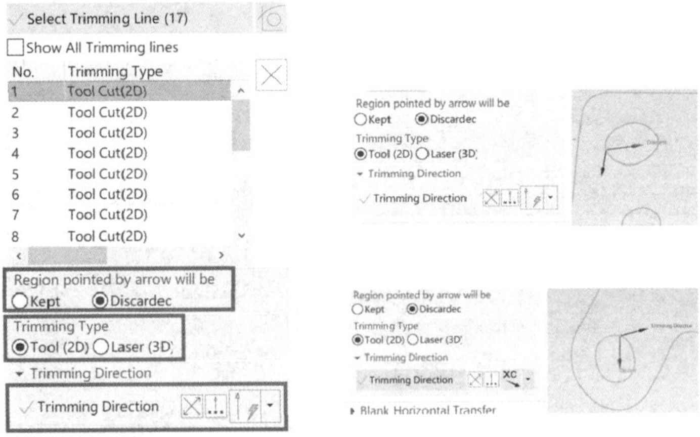

图2-92 调整修边工序参数

② 模具修边（2D）和激光修边（3D）两种修边法根据实际工艺选择；2D修边方式是通过修边线沿修边方向投影到零件上来修边的，不要求修边线与零件表面贴合；3D修边方式必须要求修边线与零件表面贴合，距离比较大时会影响修边精度，甚至无法完成修边。

③ 默认修边刀方向为修边冲压方向，但是对于侧冲孔来说，必须调整修边刀方向，如图 2-92 所示。

④ 退出修边工序定义。

6）定义翻边工序

（1）翻边模型准备。

① 翻边成型模拟前需要准备好模型，主要包括上压料、下压料、翻边刀块、侧翻边的翻边方向线，如图 2-93 所示。

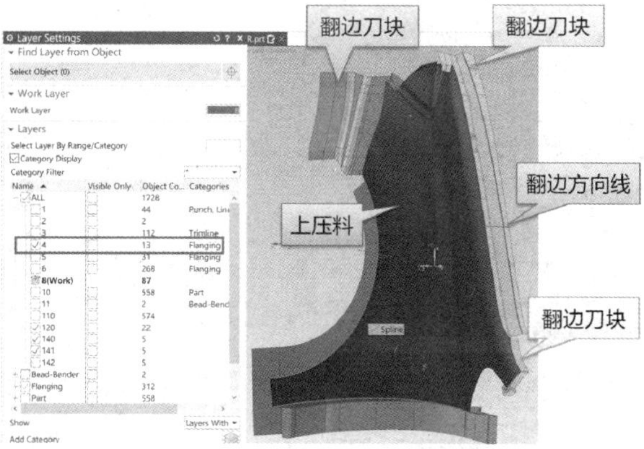

图 2-93　翻边模型准备

② 显示翻边工序模型所在层。

（2）进入翻边工序。

选择翻边工序 30 Flanging，单击按钮进入翻边工序，如图 2-94 所示。

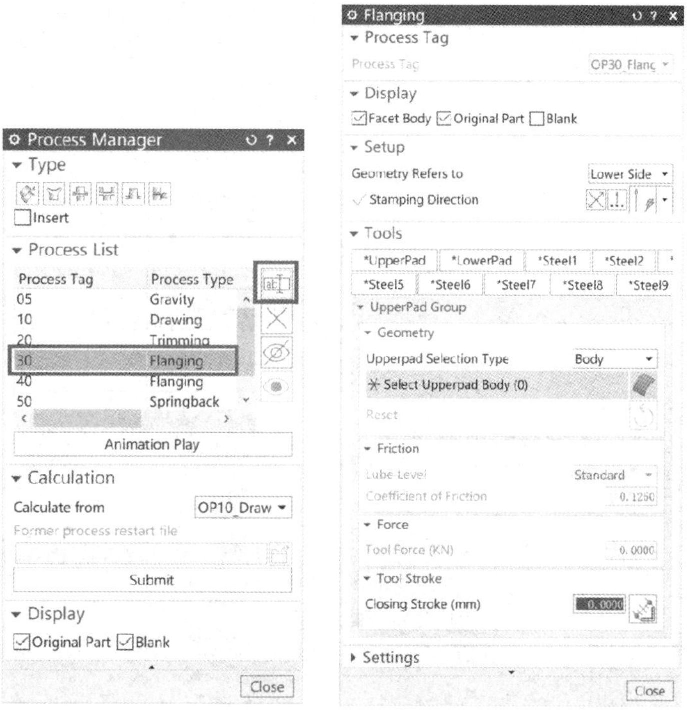

图 2-94　进入翻边工序

（3）定义翻边工艺。

① 定义模型参考面，选择 UpperPad Side ▾ ，如图 2-95 所示。

② 翻边方向继承了上一修边工序的冲压方向，用户可以根据实际工艺情况自定义翻边方向 Stamping Direction ，如图 2-95 所示，通过直线定义翻边成型工序冲压方向。

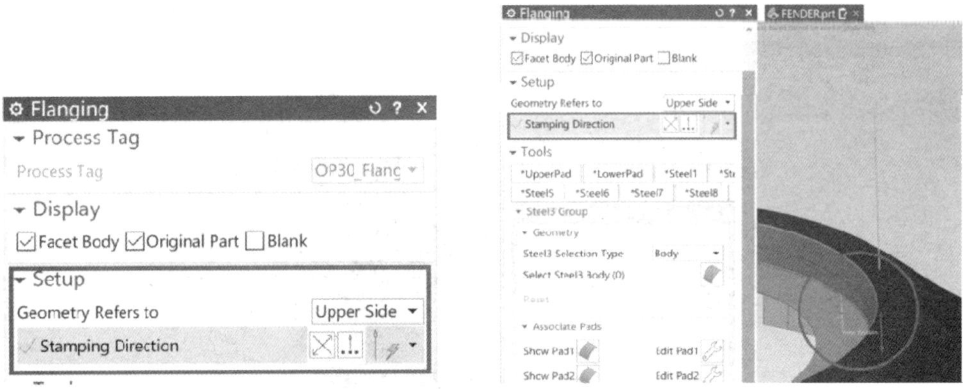

图 2-95　定义翻边工艺

（4）定义翻边模具曲面。

① 关闭显示板料模型 ☑Facet Body ☑Original Part ☐Blank 。

② 选择上压料 Upperpad ，选择上压料模具曲面，如图 2-96 所示。

③ 按同样方法定义下压料 *LowerPad 和翻边刀块 *Steel1 模具曲面，过程如图 2-97 所示。

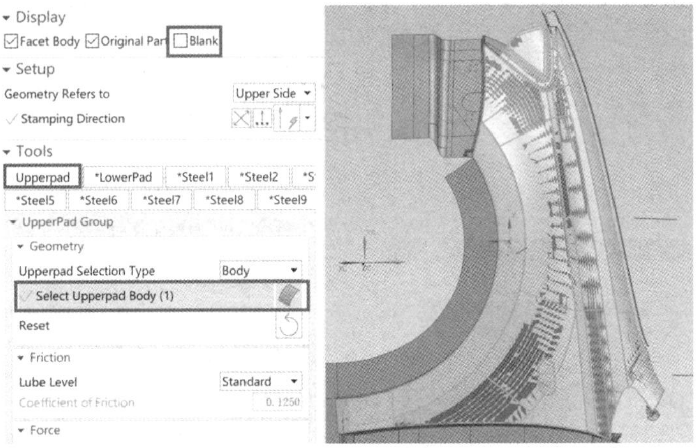

图 2-96　定义翻边上压料模具曲面

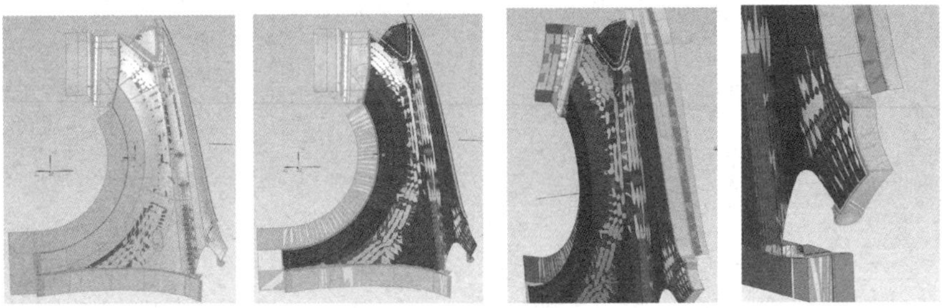

（a）下压料　　　（b）翻边刀块1　　　（c）翻边刀块2　　　（d）翻边刀块3

图 2-97　定义翻边下压料和翻边刀块模具曲面过程

（5）定义翻边工艺参数（上压料模具）。

① 切换到上压料页面 Upperpad，设置上压料模具位置为 10mm Closing Stroke (mm) 10.0000，如图 2-98 所示。

② 上压料压强默认为 2MPa，通过板料在上压料模具上的投影面积计算出上压料力大小。默认压料力为 578kN，也可以手工修改压料力。

③ 默认摩擦系数级别为标准 Lube Level Standard，如图 2-98 所示。

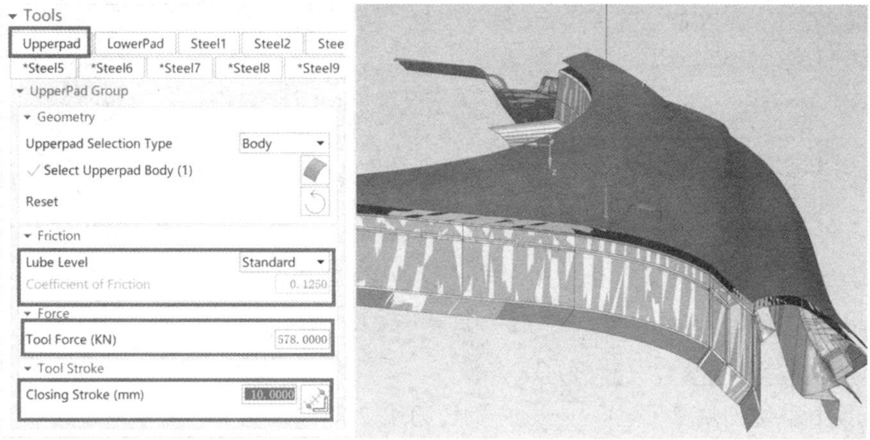

图 2-98　定义上压料模具工艺参数

（6）定义翻边工艺参数（下压料模具）。

① 按同样方法定义下压料模具工艺参数，如图 2-99 所示。

② 下压料模具是固定不动的，行程为 0mm。

③ 由于下压料模具是固定不动的，因此模具力也不起作用。

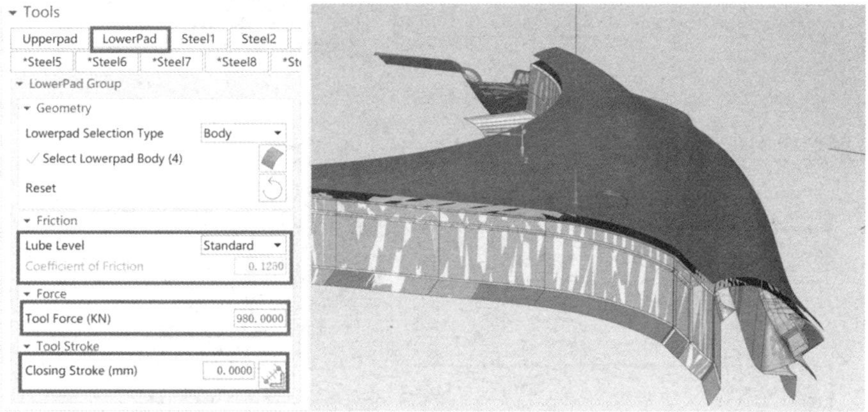

图 2-99　定义下压料模具工艺参数

（7）定义翻边工艺参数（翻边刀块 1）。

① 切换到翻边刀块 1 页面 Steel1，翻边刀块 1 是垂直翻边的，默认翻边刀块 1 运动方向 CAM Direction 与翻边冲压方向相同，不需要手工修改。

② 设置翻边刀块 1 的行程为 100mm Closing Stroke (mm) 100.0000，如图 2-100 所示。

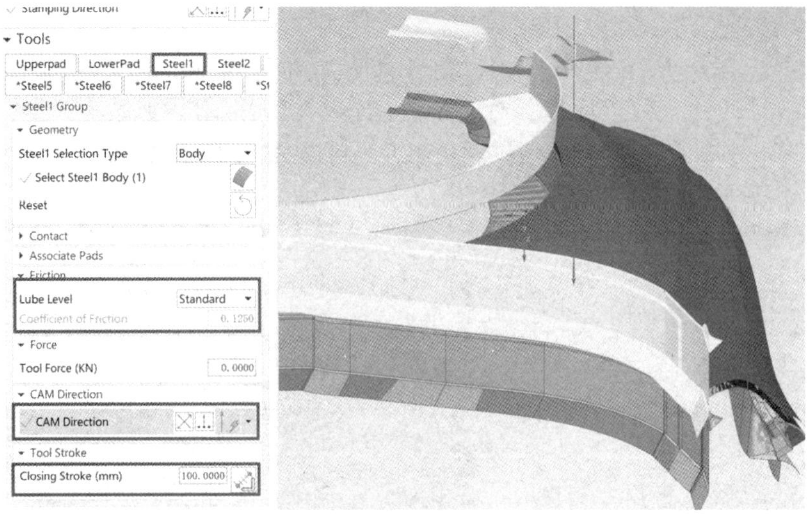

图 2-100　定义翻边刀块 1 工艺参数

③ 默认摩擦级别为标准 Standard，摩擦系数为 0.125。

（8）定义翻边工艺参数（翻边刀块 2）。

① 切换到翻边刀块 2 页面 Steel2，翻边刀块 2 是侧翻边的，需要通过直线定义翻边刀块 2 运动方向，如图 2-101 所示。

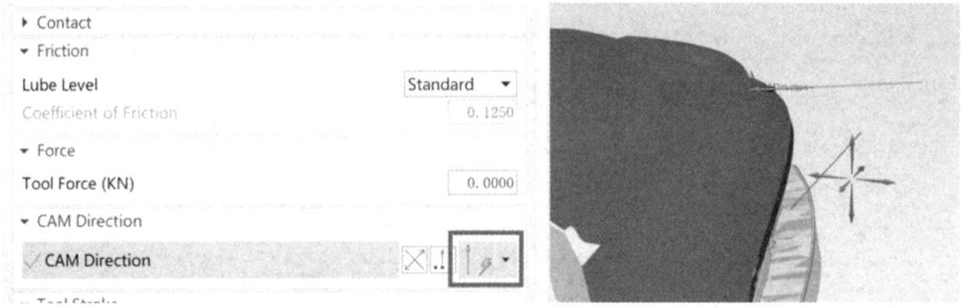

图 2-101　设置翻边刀块 2 运动方向

② 设置翻边刀块 2 的行程为 80mm Closing Stroke (mm) 80.0000，如图 2-102 所示。

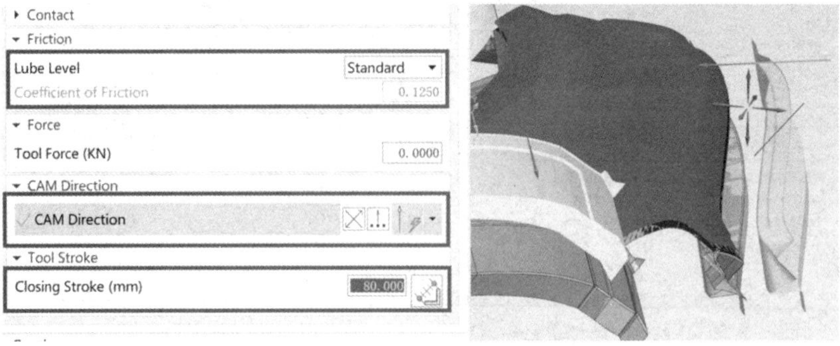

图 2-102　设置翻边刀块 2 工艺参数

③ 默认摩擦级别为标准 Standard，摩擦系数为 0.125。

（9）定义翻边工艺参数（翻边刀块 3）。

① 切换到翻边刀块 3 页面 Steel3，翻边刀块 3 是侧翻边的，需要通过直线定义翻边刀块 3 运动方向，如图 2-103 所示。

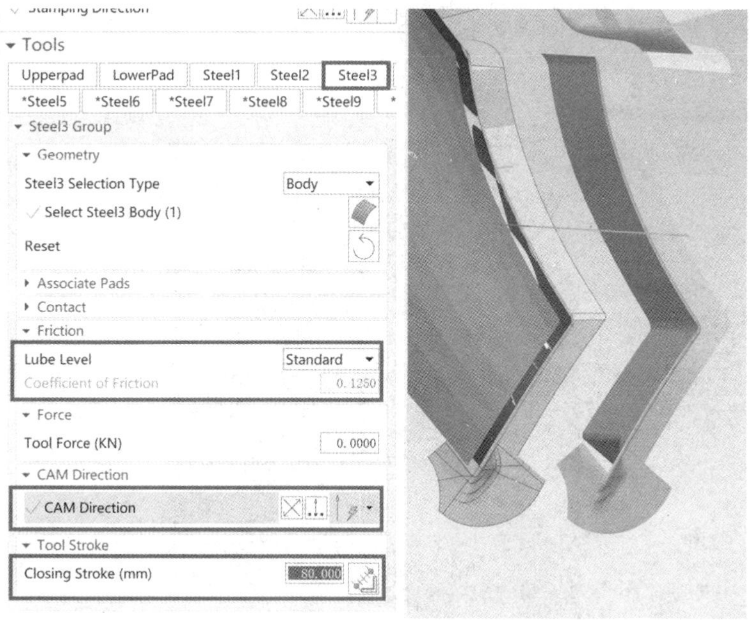

图 2-103 设置翻边刀块 3 工艺参数

② 设置翻边刀块 1 的行程为 80mm Closing Stroke (mm) 80.0000 ，如图 2-103 所示。

③ 默认摩擦级别为标准 Standard ，摩擦系数为 0.125。

7）翻边成型过程预览

（1）退出翻边工序模型定义对话框。

（2）不显示 Part ☐Original Part ，选择 30 翻边工序 30 Flanging ，预览成型过程动画 Animation Play ，如图 2-104 所示，检查翻边成型工序的模具运动是否正确。

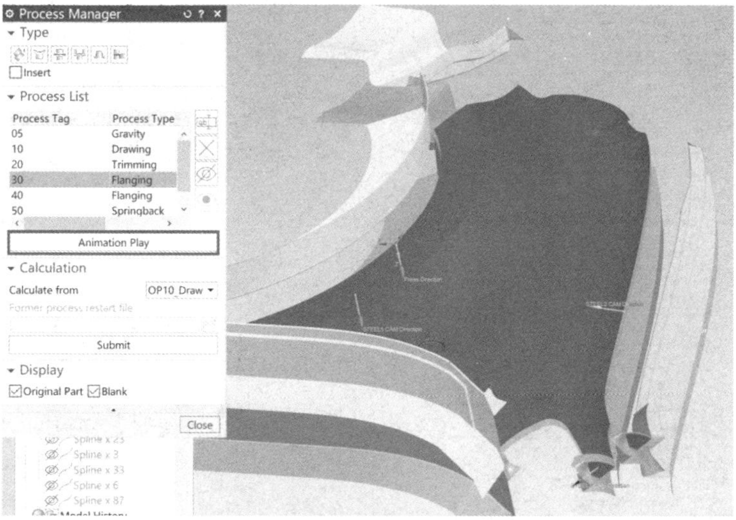

图 2-104 翻边成型模具运动过程预览

8）定义回弹工序和方向

（1）定义回弹工序。

① 关闭翻边模型所在层，打开板料网格层，如图 2-105（a）所示。

② 在工序管理器中选择回弹模拟 40 Springback ，进入回弹模拟编辑 ab ，如图 2-105（b）所示。

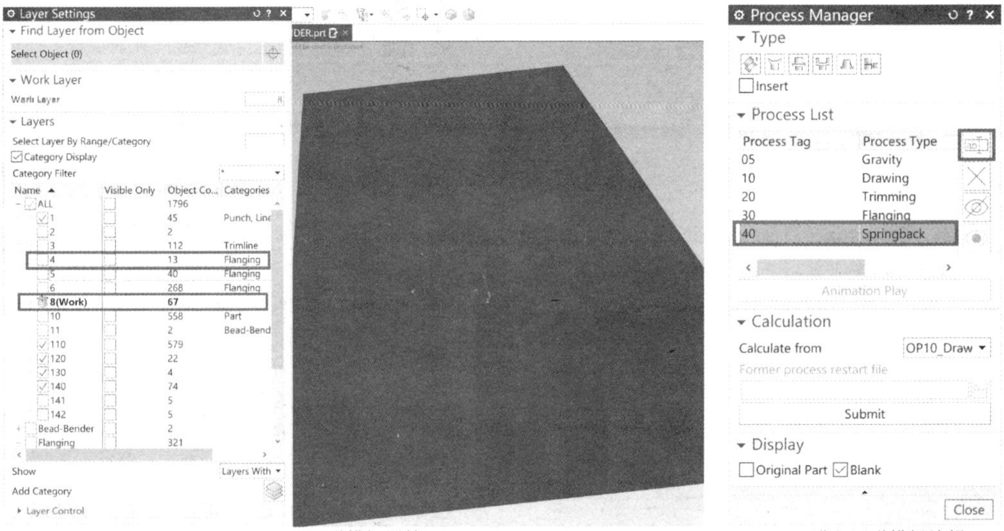

（a）回弹模拟层管理　　（b）进入回弹模拟编辑

图 2-105　定义回弹工序

（2）定义回弹方向。

① 重力方向 Stamping Direction 可以根据零件摆放定义，如图 2-106 所示，通过直线设置重力方向。

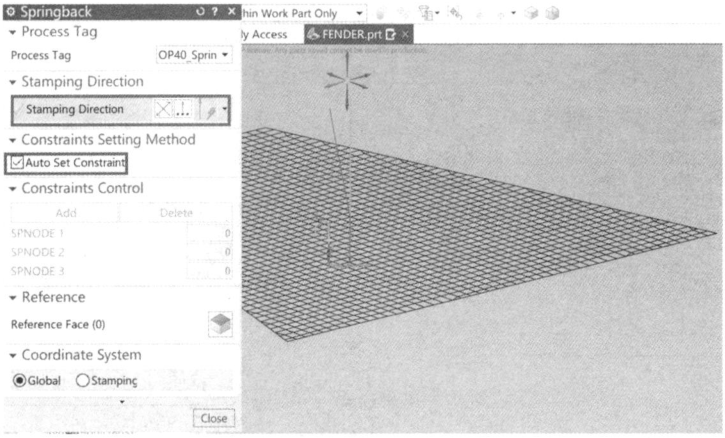

图 2-106　定义回弹重力方向

② 回弹约束默认为自动 Auto Set Constraint ，用户可以根据实际零件情况手工定义约束点。

9）提交计算

（1）提交计算 Submit ，进行拉深成型模拟，如图 2-107 所示。

（2）用户可以选择 CPU 核心个数计算，这样可以提高成型模拟速度。

10）成型模拟过程

开始重力效应、拉延、修边、翻边、回弹过程的全工序模拟，如图 2-108 所示。

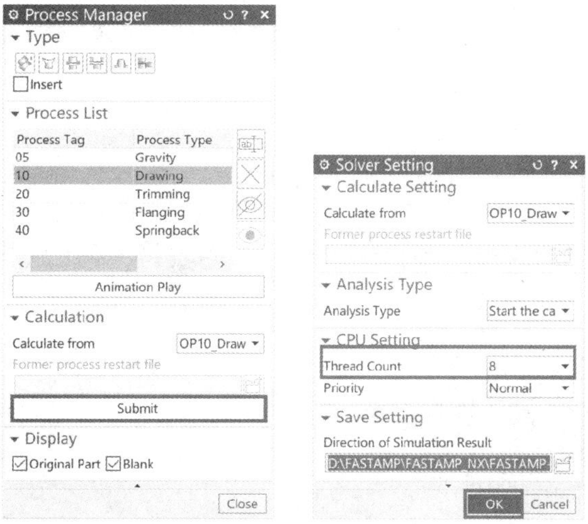

图 2-107　提交计算

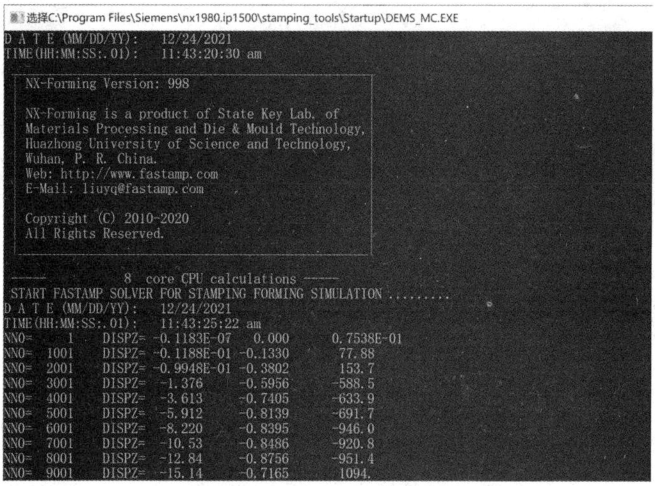

图 2-108　全工序成型模拟

11）后处理结果

（1）后处理结果。

① 冲压成型模拟完成后，在工具栏中单击按钮，打开后处理界面，如图 2-109 所示。

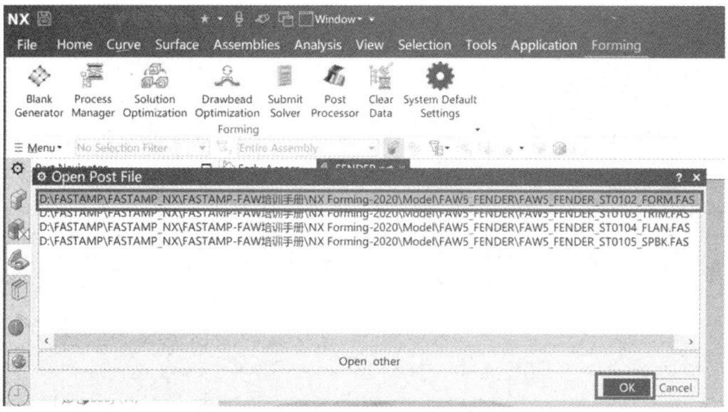

图 2-109　后处理界面

② 图 2-109 中，后缀为_FORM.FAS 的文件是拉延工序后处理文件，后缀为_TRIM.FAS 的文件是修边工序后处理文件，后缀为_FLAN.FAS 的文件是翻边工序后处理文件，后缀为_SPBK.FAS 的文件是回弹工序后处理文件。

③ 打开拉延工序后处理文件\FAW5_FENDER_ST0102_FORM.FAS，如图 2-109 所示。

（2）拉延成型后处理结果。

① 图 2-110（a）～图 2-110（e）所示分别为初始板料、重力状态、压边合模、拉延成型中间过程、凹模合模。

（a）初始板料　（b）重力状态

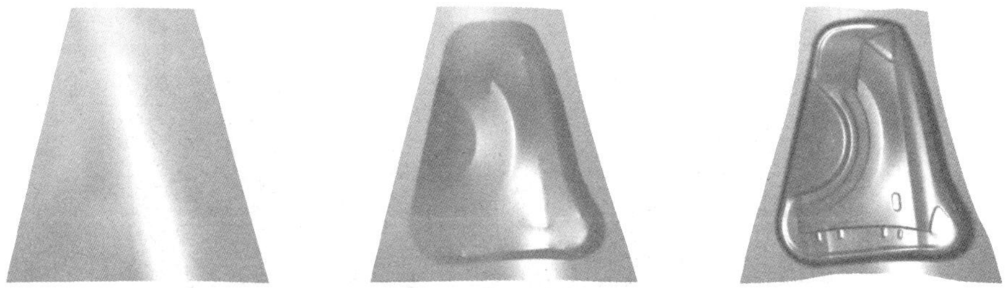

（c）压边合模　（d）拉延成型中间过程　（e）凹模合模

图 2-110　拉延成型过程

② 图 2-111（a）～图 2-111（g）所示分别为收缩线、FLD、减薄率、主应变、次应变、主应力、次应力。

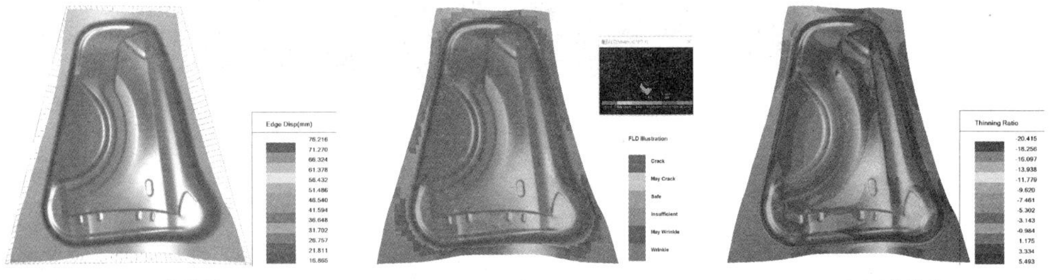

（a）收缩线　（b）FLD　（c）减薄率

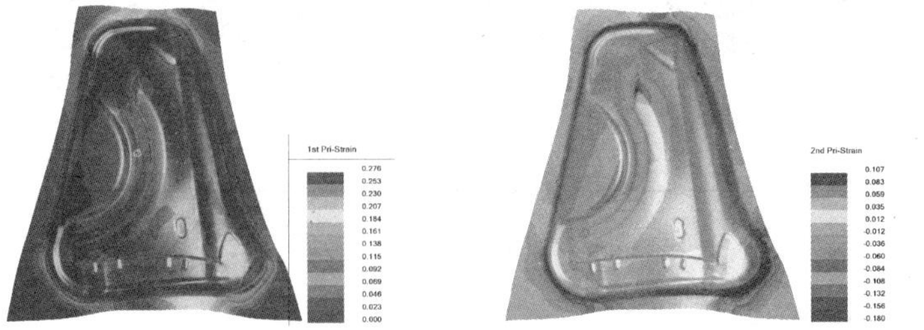

（d）主应变　（e）次应变

图 2-111　拉延成型仿真分析结果

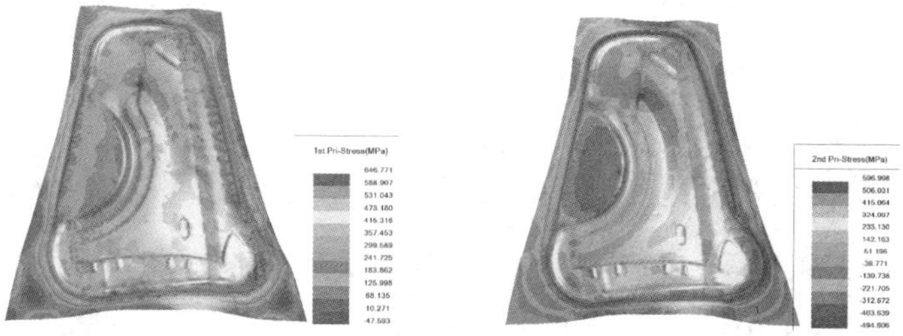

（f）主应力　　（g）次应力

图 2-111　拉延成型仿真分析结果（续）

（3）修边工序后处理结果。

图 2-112（a）所示为拉延成型结果，图 2-112（b）～图 2-112（e）所示为修边结果。

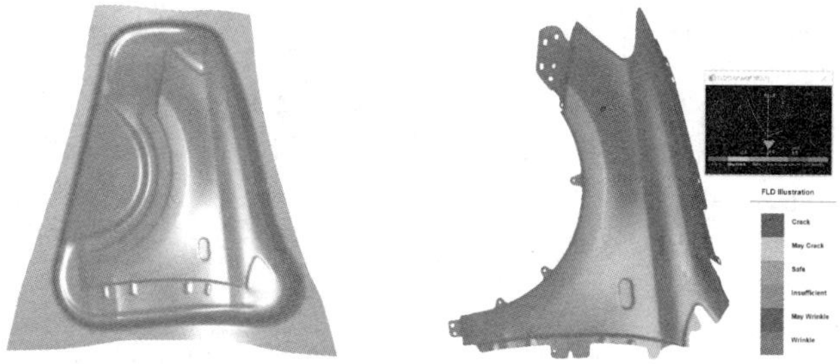

（a）拉延成型结果　　（b）修边FLD

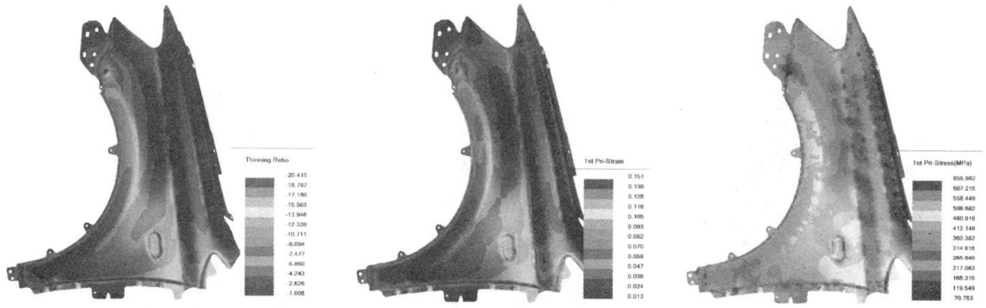

（c）减薄率　　（d）主应变　　（e）主应力

图 2-112　修边仿真分析结果

（4）翻边成型后处理结果。

① 图 2-113（a）～图 2-113（d）所示分别为翻边成型时工件的初始状态、上压料闭合状态、翻边成型中间状态、翻边成型结束状态。

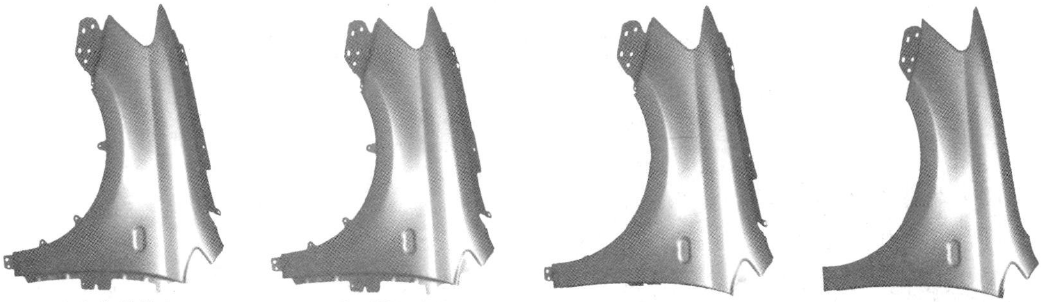

（a）初始状态　　（b）上压料闭合状态　　（c）翻边成型中间状态　　（d）翻边成型结束状态

图 2-113　翻边成型过程

② 图 2-114（a）～图 2-114（f）所示分别为翻边成型的 FLD、主应变、主应力、减薄率、次应变、次应力。

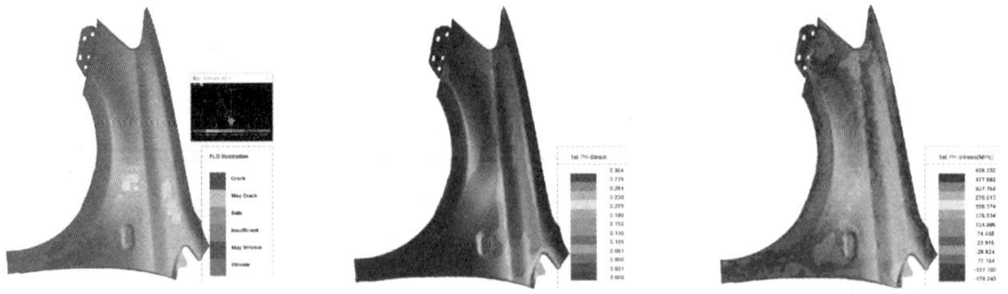

（a）FLD （b）主应变 （c）主应力

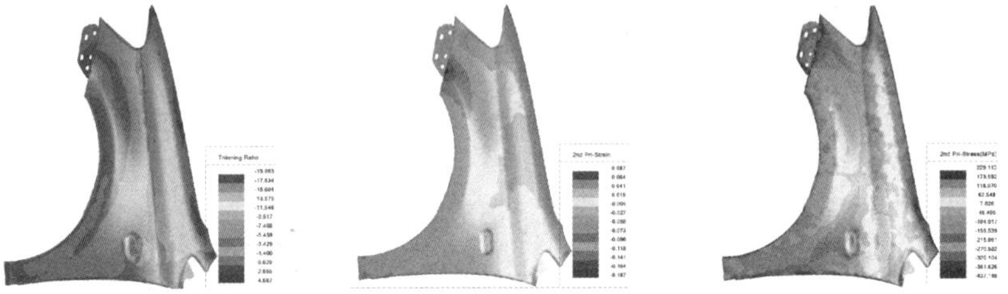

（d）减薄率 （e）次应变 （f）次应力

图 2-114 翻边成型仿真分析结果

（5）回弹模拟后处理结果。

图 2-115（a）～图 2-115（f）所示分别为回弹模拟的回弹量比较、法向回弹量、*Y* 方向回弹量、回弹截面比较、*X* 方向回弹量和 *Z* 方向回弹量。

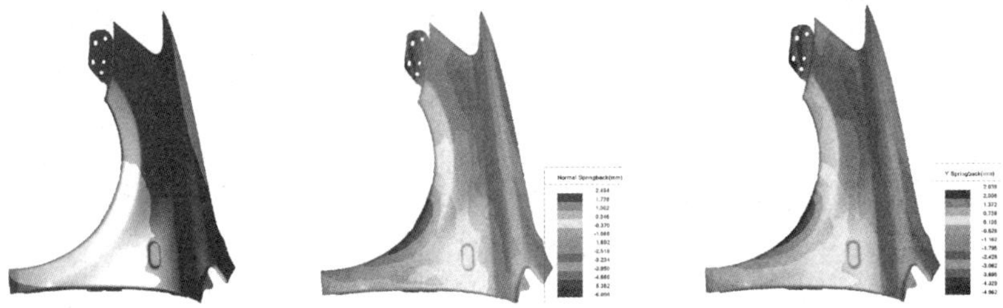

（a）回弹量比较 （b）法向回弹量 （c）*Y*方向回弹量

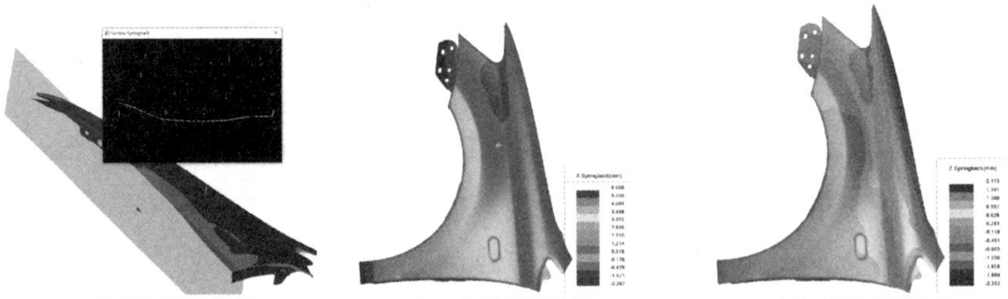

（d）回弹截面比较 （e）*X*方向回弹量 （f）*Z*方向回弹量

图 2-115 回弹仿真分析结果

12）调整板料网格尺寸

（1）板料网格尺寸。

① 板料网格划分时，参考了拉延工序的凹模口圆角，如图 2-116 所示，网格尺寸比较适合拉延成型模拟，可以保证圆角有 4～5 个单元过渡，以保证拉延成型模拟精度。

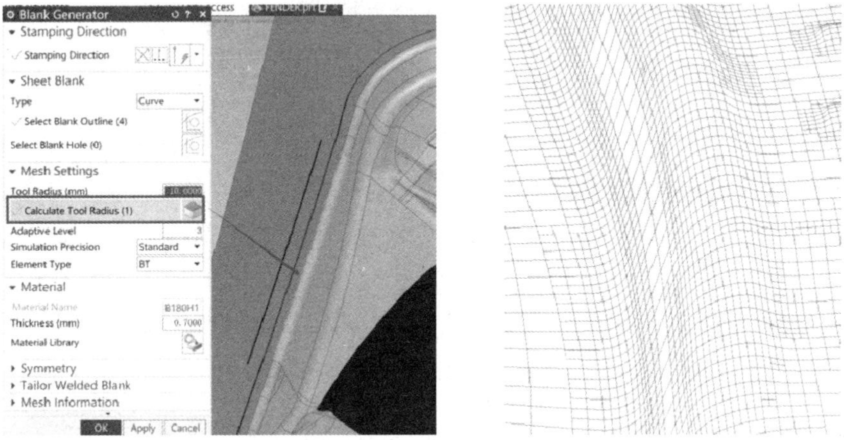

图 2-116　网格划分参考了拉延模型圆角

② 对于修边工序和翻边工序来说，明显网格尺寸过大，如图 2-117 所示，修边孔和圆角明显失真，需要缩小网格尺寸。

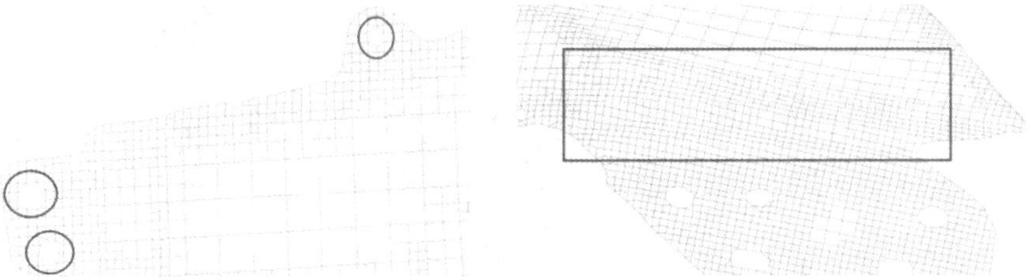

图 2-117　修边工序和翻边工序的网格失真

（2）板料网格重新划分。

① 通过层管理关闭拉延工序模型，打开翻边工序模型，如图 2-118 所示。

② 如图 2-119 所示，在翻边工序模型中选择适当的模型圆角，圆角尺寸为 2.95mm。

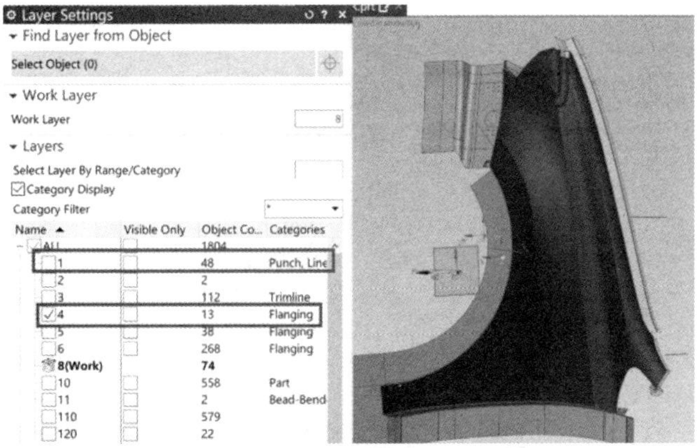

图 2-118　打开翻边工序模型

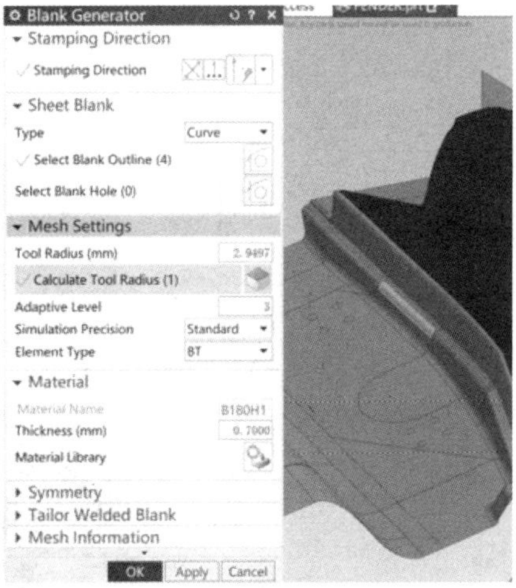

图 2-119　选择适当的模型圆角

③ 初始单元数为 18625，选择重新划分，自适应加密级别自动提高到 4 级，网格重新划分结果如图 2-120 所示。

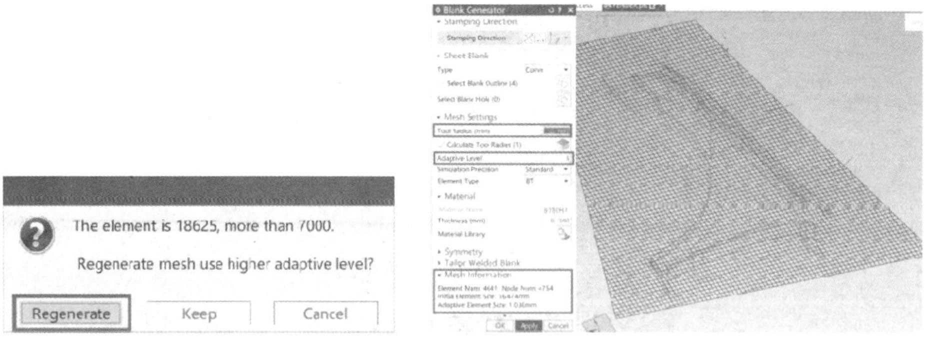

图 2-120 网格重新划分结果

13）重新计算

重新提交全工序成型过程模拟，如图 2-121 所示。

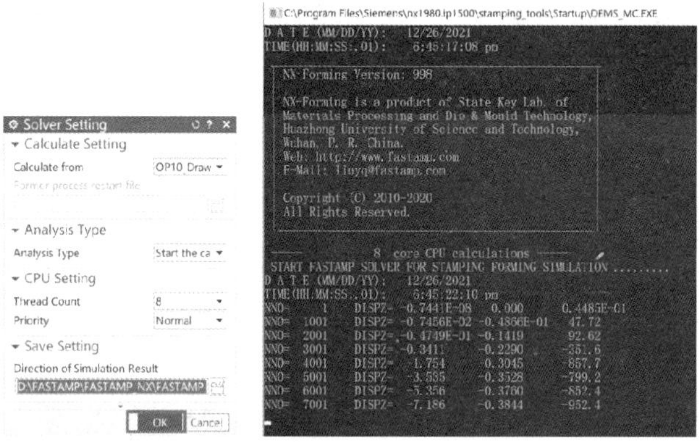

图 2-121 重新提交全工序成型过程模拟

14）后处理结果

（1）拉延成型后处理结果。

图 2-122（a）～图 2-122（g）所示分别为重新划分网格后模拟的收缩线、FLD、减薄率、主应变、次应变、主应力、次应力。

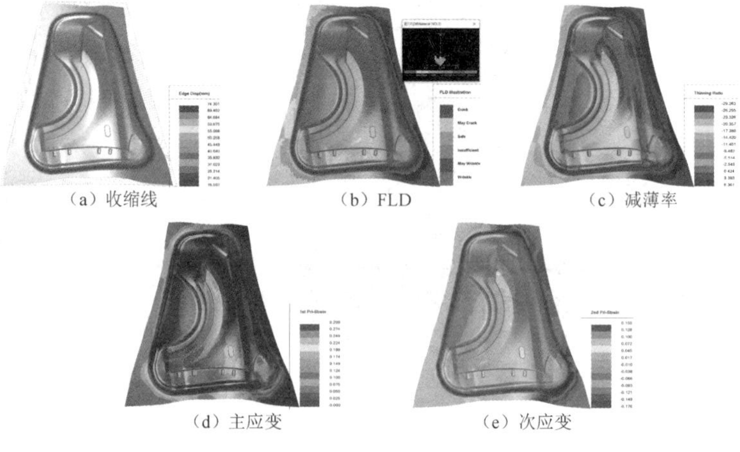

（a）收缩线　（b）FLD　（c）减薄率

（d）主应变　（e）次应变

图 2-122 拉延成型仿真分析结果（优化后）

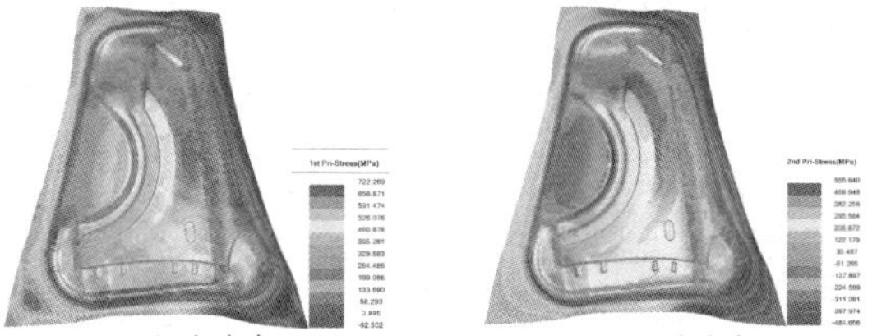

（f）主应力　（g）次应力

图 2-122　拉延成型仿真分析结果（优化后）（续）

（2）修边工序后处理结果。

图 2-123（a）所示为网格重新划分后的拉延成型结果，图 2-123（b）～图 2-123（e）所示为网格重新划分后的修边结果。

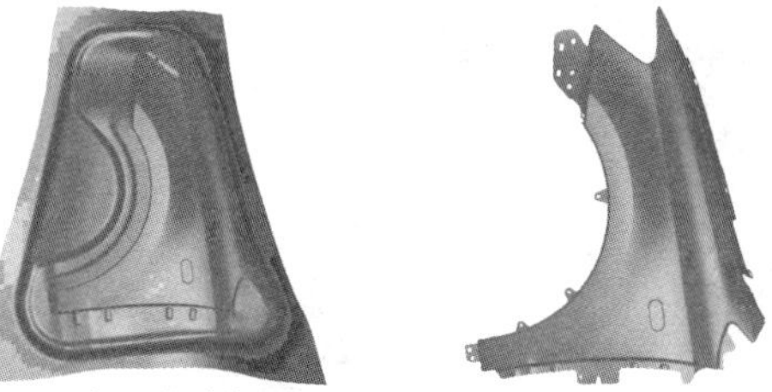

（a）拉延成型结果　（b）修边FLD

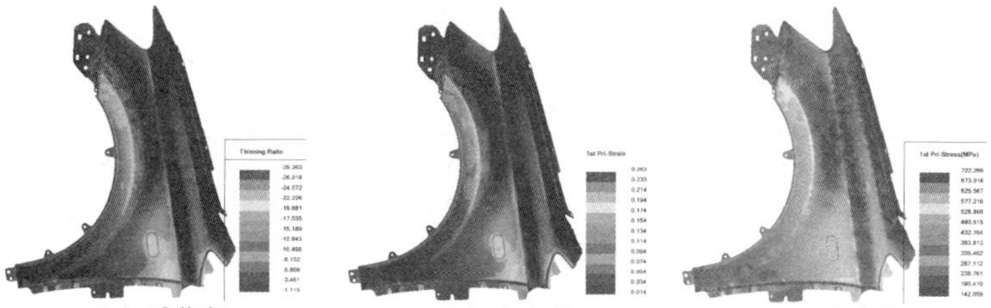

（c）减薄率　（d）主应变　（e）主应力

图 2-123　修边仿真分析结果（优化后）

（3）翻边成型后处理结果。

图 2-124（a）～图 2-124（f）所示分别为网格重新划分后翻边成型的 FLD、主应变、主应力、减薄率、次应变、次应力。

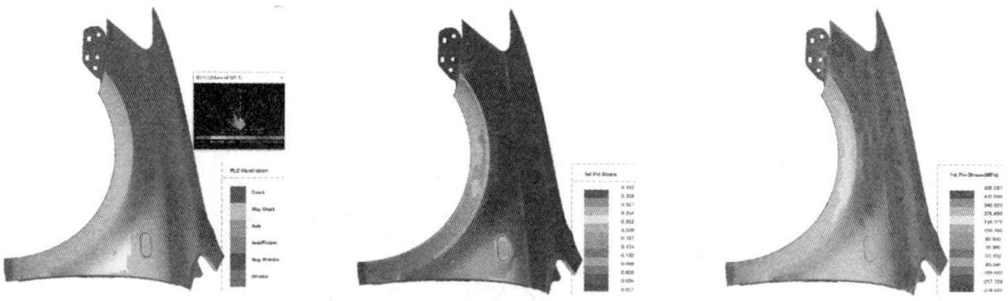

（a）FLD　（b）主应变　（c）主应力

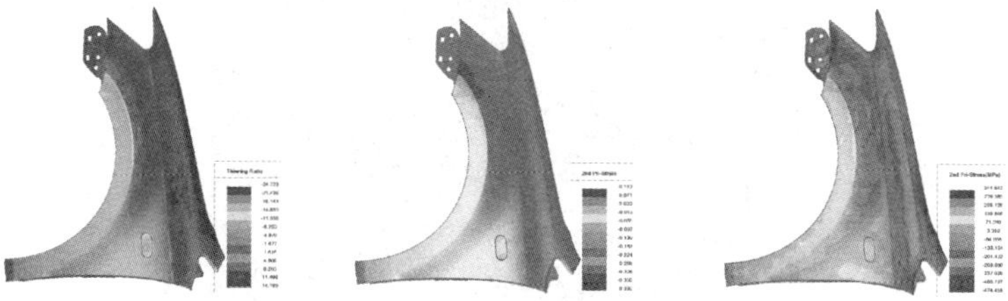

（d）减薄率　（e）次应变　（f）次应力

图 2-124　翻边成型仿真分析结果（优化后）

（4）回弹模拟后处理结果。

图 2-125（a）～图 2-125（f）所示分别为网格重新划分后回弹模拟的回弹量比较、法向回弹量、*Y* 方向回弹量、回弹截面比较、*X* 方向回弹量和 *Z* 方向回弹量。

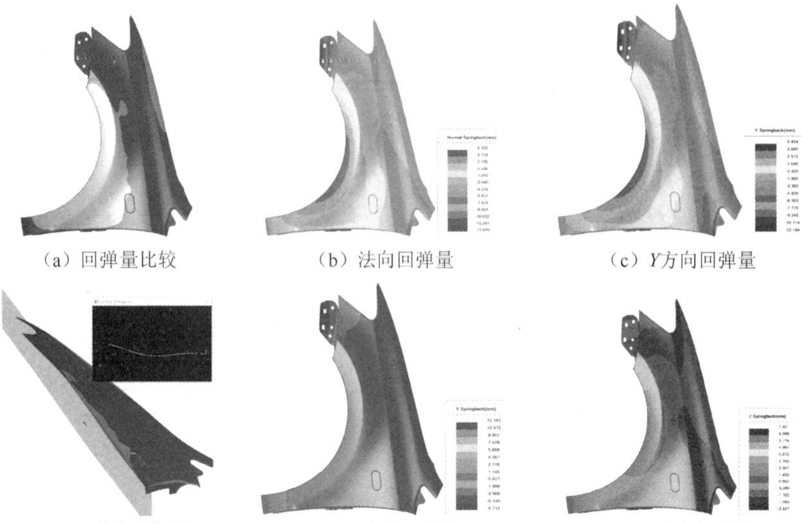

（a）回弹量比较　（b）法向回弹量　（c）*Y* 方向回弹量

（d）回弹截面比较　（e）*X* 方向回弹量　（f）*Z* 方向回弹量

图 2-125　回弹仿真分析结果（优化后）

（5）板料网格重新划分前后细节对比。

① 板料网格重新划分前后修边细节对比如图 2-126 所示，边界和孔都比较光顺过渡，可以满足计算精度要求。

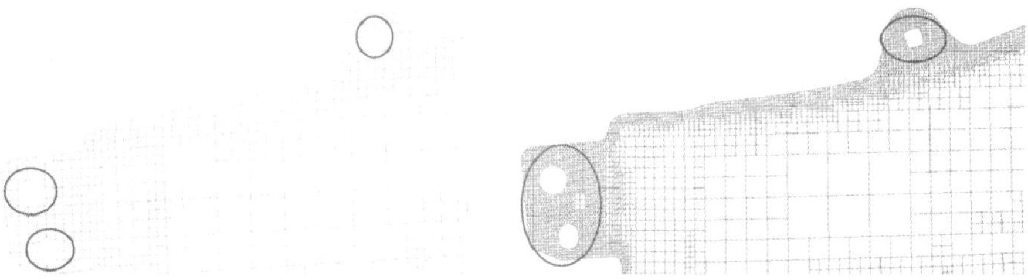

图 2-126　板料网格重新划分前后修边细节对比

② 翻边成型模拟的小圆角过渡也比较好，如图 2-127 所示。

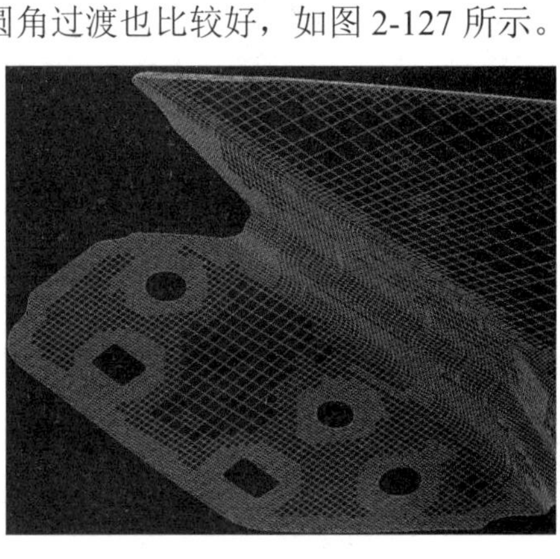

图 2-127　修边局部放大

③ 网格过大，对于物理量和回弹模拟精度会产生一定的影响。

（6）板料网格重新划分前后拉延模拟结果对比。

① 板料网格重新划分前后 FLD 对比如图 2-128（a）和图 2-128（b）所示，结果差别不大。

② 板料网格重新划分前后减薄率整体趋势比较相近，如图 2-128（c）和图 2-128（d）所示。两者最大减薄位置是相同的，减薄率结果不同，前者是－0.204，后者是－0.292。

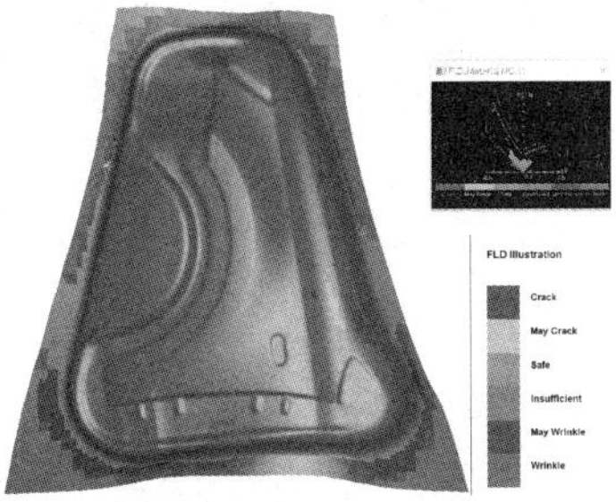

（a）板料网格划分前FLD

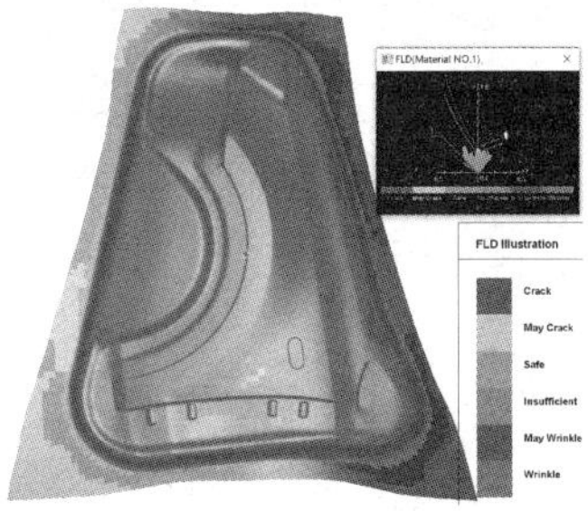

（b）板料网格划分后FLD

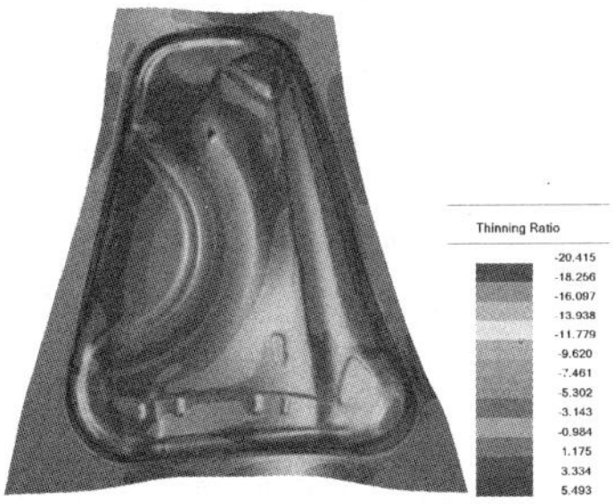

（c）板料网格划分前减薄率

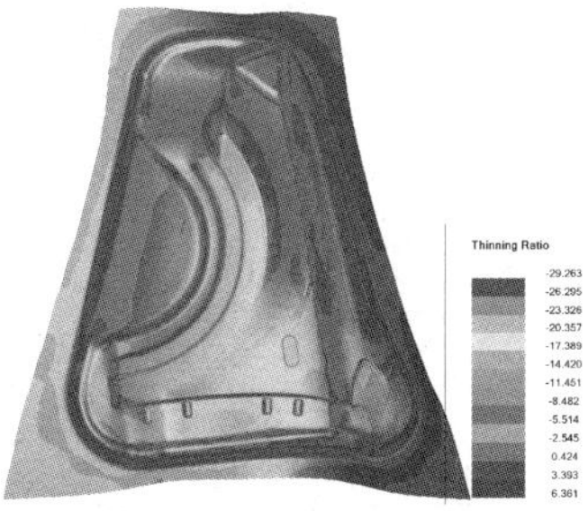

（d）板料网格划分后减薄率

图 2-128 板料网格重新划分前后 FLD 和减薄率对比

（7）板料网格重新划分前后回弹模拟结果对比。

① 板料网格重新划分前后法向回弹量对比如图 2-129 所示，两者法向回弹量趋势非常类似。

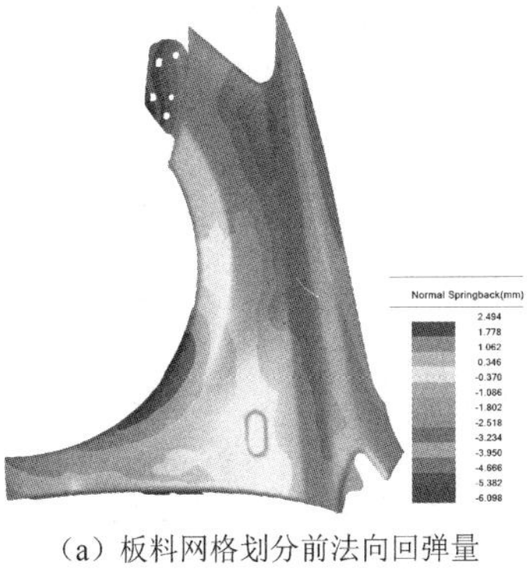

（a）板料网格划分前法向回弹量

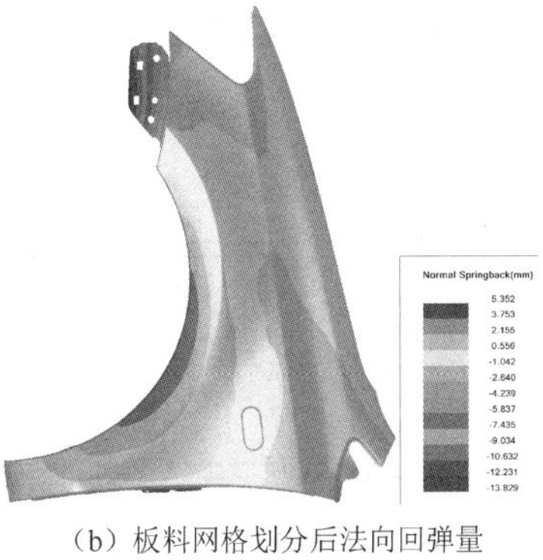

（b）板料网格划分后法向回弹量

图 2-129 板料网格重新划分前后法向回弹量对比

② 法向回弹量大小差别很大，前者法向回弹量大小在－0.61～2.5mm，后者在－13.8～5.3mm，回弹量相差 1 倍多。

复习思考题

2-1　有限元解的误差有哪些？

2-2　有一个桁架结构如题图 2-2 所示，各杆的杨氏模量和横截面积都分别为 $E=2.95\times10^5\text{N/mm}^2$，$A=100\text{mm}^2$，外力 $F_2=20000\text{N}$ 和 $F_3=-25000\text{N}$，试求解该结构的节点位移、单元应力和支反力，并编写 MATLAB 实现求解。

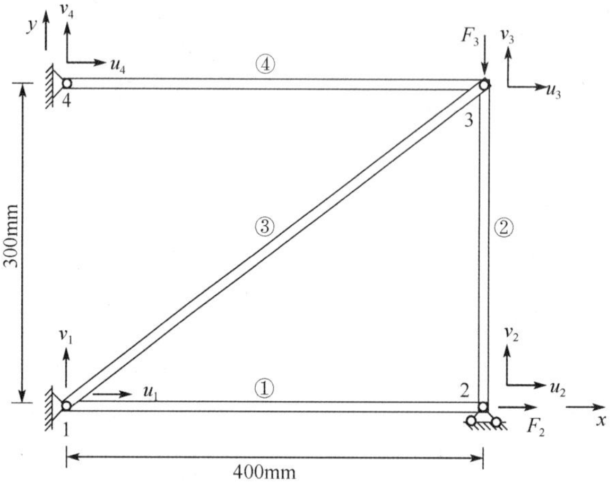

题图 2-2　四杆桁架结构

2-3　有一框架结构如题图 2-3 所示，节点 1、5 处为固定支座，节点 4 处受到 x 方向 $F=200\text{kN}$ 的集中力作用。结构中各杆件采用相同的材料，杨氏模量 $E=30000\text{MPa}$，梁、柱截面面积分别为 0.08m^2 和 0.16m^2，梁、柱截面惯性矩分别为 $0.0128/12\text{m}^4$ 和 $0.0256/12\text{m}^4$。编写 MATLAB 对该框架结构进行弹性静力分析。

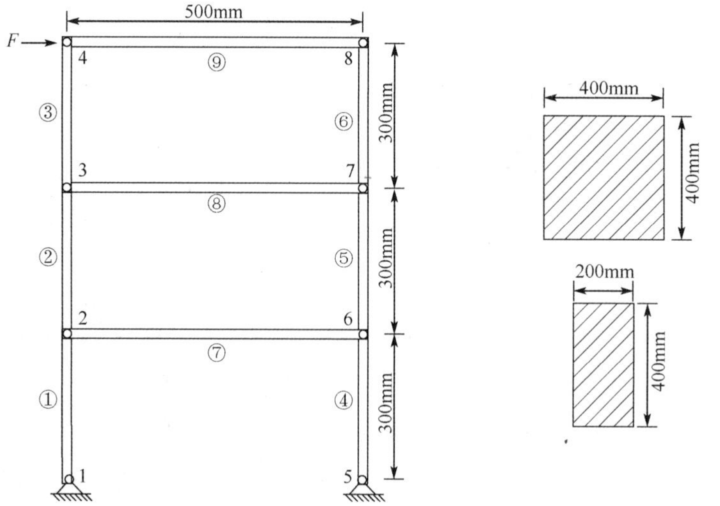

题图 2-3　框架结构

2-4　采用高斯积分法，求解 8 节点等参单元的形函数之一 $N_3 = \dfrac{1}{4}(1+\xi)(1+\eta)(\xi+\eta-1)$ 在边界 $\eta=1$ 上的高斯积分。

2-5　有一悬臂梁结构如题图 2-5 所示，悬臂长度 $l=2.0\text{m}$，梁高 $h=0.5\text{m}$，梁宽 $t=0.2\text{m}$。梁左端嵌固，右端受到 $-y$ 方向的集中力 $F=-1000\text{kN}$。材料的杨氏模量 $E=200000\text{MPa}$，泊松比 $\mu=0.3$。编写 MATLAB 对该悬臂梁进行弹性静力分析。

2-6　有一平面矩形结构如题图 2-6 所示，其杨氏模量 $E=1\text{MPa}$，泊松比 $\mu=0.25$，厚度 $t=1\text{mm}$，假设有约束和外载，即

位移边界条件 BC(u)：$u_A=0$，$v_A=0$，$u_D=0$

力边界条件 BC(f)：$F_{Bx}=-1$，$F_{By}=0$，$F_{Cx}=1$，$F_{Cy}=0$，$F_{Dx}=0$

试在以下两种建模情形下求该系统的位移场、应变场、应力场、各个节点的支反力、系统的应变能、外力功、总势能，并比较计算精度。

建模方案一：使用两个 CST 三角形单元。

建模方案二：使用一个 4 节点矩形单元。

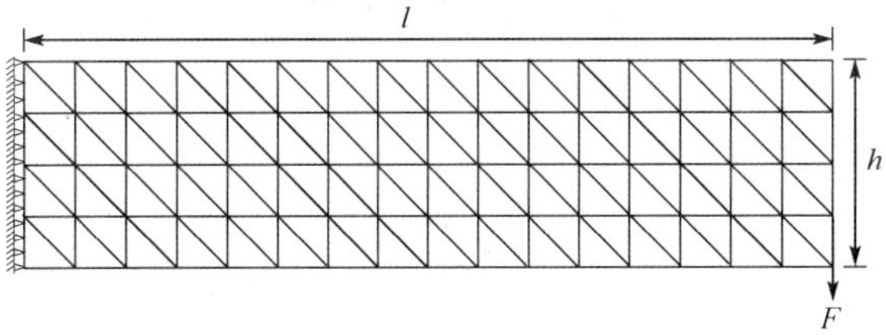

题图 2-5　悬臂梁结构

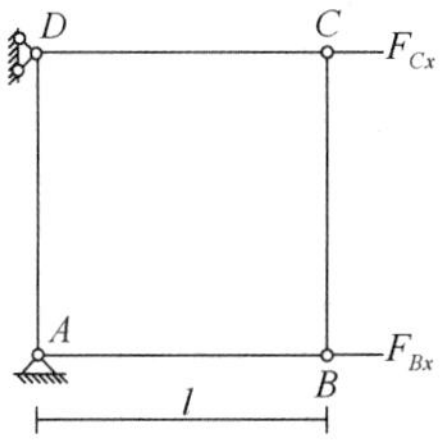

题图 2-6　矩形结构

2-7　对题图 2-7（a）所示的 4 节点四面体单元进行有限元分析，并将题图 2-7（b）所示的空间块进行四面体单元离散，然后采用 MATLAB 计算各个节点的位移、支反力及单元的应力。在空间块的右端面上端点受集中力 F 作用。相关参数为：$l=0.8\text{m}$，$h=0.6\text{m}$，$t=0.2\text{m}$，$E=1\times10^{10}\text{Pa}$，$\mu=0.25$，$F=1\times10^{5}\text{N}$。

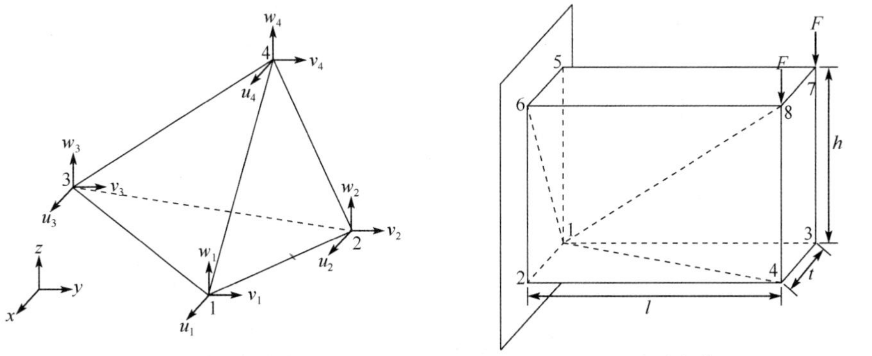

（a）4节点四面体单元　（b）空间块

题图 2-7　四面体单元离散

2-8　对题图 2-8（a）所示的 8 节点六面体单元进行有限元分析，并将题图 2-8（b）所示的空间块进行六面体单元离散，然后采用 MATLAB 计算各个节点的位移、支反力及单元的应力。在空间块的右端部受两个集中力 F 作用。相关参数为：$l=0.8\text{m}$，$h=0.6\text{m}$，$t=0.2\text{m}$，

$E = 1\times10^{10}\text{Pa}$，$\mu = 0.25$，$F = 1\times10^{5}\text{N}$。

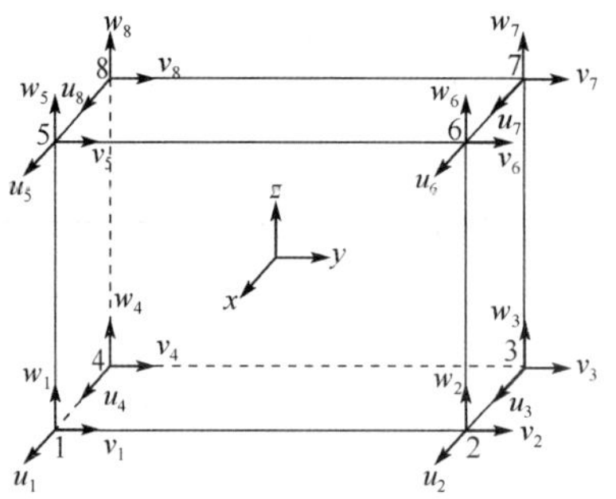

（a）8节点六面体单元

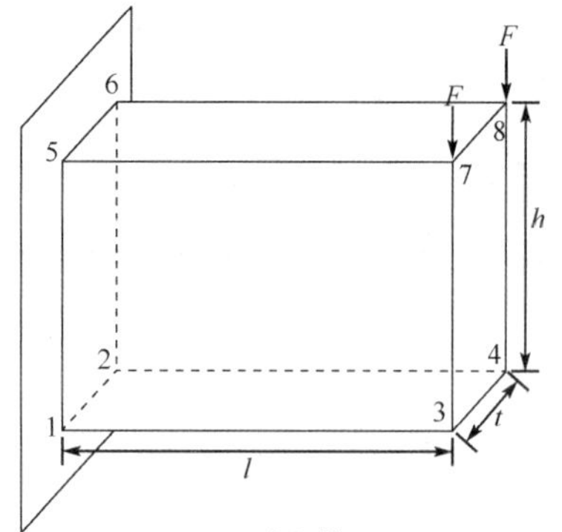

（b）空间块

题图 2-8　六面体单元离散

2-9　在 Deform 软件中如何模拟工件的多工步成型？

2-10　数值模拟技术应用于金属锻压成型领域的优点有哪些？

2-11　利用数值模拟技术设计冲压工艺和冲压模具有哪些优点，有哪些不足？

第3章　有限差分法

有限差分法（Finite Difference Method，FDM），是一种微分数值方法，通过有限差分来近似导数，从而寻求微分方程的近似解[17]，至今仍被广泛运用于流体动力学、土木工程、材料铸造、晶体凝固、气象、空气声学等领域。发展至今，有限差分法已成为一种重要的数值求解方法，在工程领域有着广泛深入的应用。

与有限元法相比，有限差分法的最大特点是网格规则，不需要构造形函数，也不需要计算单元刚度矩阵和总体刚度矩阵，建模及编程相对简单。规则网格对于在超级计算机上进行超大规模的模拟非常有用，适用于气象、地震和天体物理模拟等。对于具有复杂边界的问题，有限差分法不如有限元法那样可以很方便地处理边界条件约束，它需要借助其他方法来对边界网格进行截断，或者通过边界向网格投影来近似描述边界条件。当然，对于大规模计算，如一级方程式汽车计算流体动力学（CFD）模拟和航天飞机 CFD 模拟等，为实现边界拟合网格而产生的额外计算成本是值得的。此外，有限差分法很难用于处理材料不连续性、局部网格优化或类似于有限元中的“自适应网格优化”等。

3.1　有限差分法基础

3.1.1　差分基本概念

1. 差分

设自变量 x 的解析函数为 $y=f(x)$，则根据微分学可知，函数 y 对 x 的导数为

$$\mathrm{d}f=\frac{\mathrm{d}y}{\mathrm{d}x}=\lim_{\Delta x\to 0}\frac{\Delta y}{\Delta x}=\lim_{\Delta x\to 0}\frac{f(x+\Delta x)-f(x)}{\Delta x} \tag{3-1}$$

式中，$\mathrm{d}y$ 和 $\mathrm{d}x$ 分别为函数和自变量的微分，$\frac{\mathrm{d}y}{\mathrm{d}x}$ 为函数对自变量的一阶导数（也称微商）；Δy 和 Δx 分别为函数和自变量的差分，$\frac{\Delta y}{\Delta x}$ 为函数对自变量的一阶差商。

在导数的定义中，因为 Δx 趋于零的方向是任意的，所以 Δx 的取值可正可负，但是在有限差分中 Δx 通常取一个很小的正值。因此，与微分对应的差分项就有三种表达方式。

向前差分：

$$\Delta y=f(x+\Delta x)-f(x) \tag{3-2}$$

向后差分：

$$\Delta y=f(x)-f(x-\Delta x) \tag{3-3}$$

中心差分：

$$\Delta y = f\left(x+\frac{1}{2}\Delta x\right)-f\left(x-\frac{1}{2}\Delta x\right) \tag{3-4}$$

式（3-1）是一阶导数，对应的式（3-2）～式（3-4）称为一阶差分。对一阶差分再进行一阶差分就得到了二阶差分，记为$\Delta^2 y$。以向前差分为例，有

$$\begin{aligned}\Delta^2 y &= \Delta(\Delta y)\\ &= \Delta(f(x+\Delta x)-f(x))\\ &= \Delta f(x+\Delta x)-\Delta f(x)\\ &= [f(x+2\Delta x)-f(x+\Delta x)]-[f(x+\Delta x)-f(x)]\\ &= f(x+2\Delta x)-2f(x+\Delta x)+f(x)\end{aligned} \tag{3-5}$$

以此类推，任意阶差分都可由其第一阶差分再进行一阶差分得到，则 n 阶差分为

$$\begin{aligned}\Delta^n y &= \Delta(\Delta^{n-1} y)\\ &= \Delta[\Delta(\Delta^{n-2} y)]\\ &= \cdots\\ &= \Delta\{\Delta\cdots[\Delta(\Delta y)]\}\\ &= \Delta\{\Delta\cdots[\Delta(f(x+\Delta x)-f(x))]\}\end{aligned} \tag{3-6}$$

同理，n 阶向后差分和中心差分的形式类似。

2．差商

函数的差分与自变量的差分之比为函数对自变量的差商。与差分类似，差商同样有三种表达方式。

向前差商：

$$\frac{\Delta y}{\Delta x}=\frac{f(x+\Delta x)-f(x)}{\Delta x} \tag{3-7}$$

向后差商：

$$\frac{\Delta y}{\Delta x}=\frac{f(x)-f(x-\Delta x)}{\Delta x} \tag{3-8}$$

中心差商：

$$\frac{\Delta y}{\Delta x}=\frac{f\left(x+\frac{1}{2}\Delta x\right)-f\left(x-\frac{1}{2}\Delta x\right)}{\Delta x} \tag{3-9}$$

或

$$\frac{\Delta y}{\Delta x}=\frac{f(x+\Delta x)-f(x-\Delta x)}{2\Delta x} \tag{3-10}$$

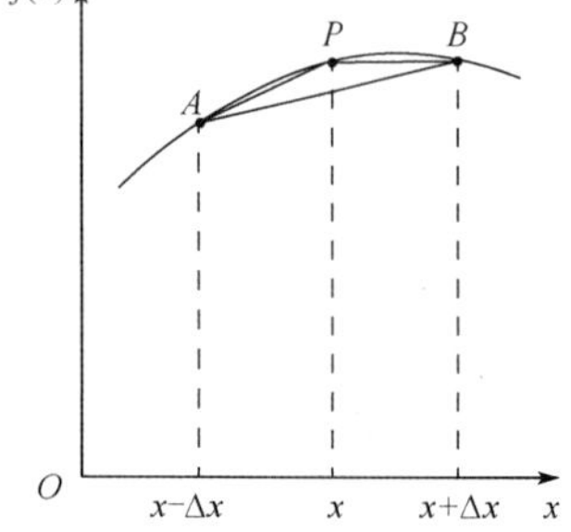

图 3-1　导数的几何意义

式（3-7）～式（3-10）称为一阶差商，对应于图 3-1 中点 P 的一阶向前差商、向后差商和中心差商，其在几何意义上可分别表征为弧线 PB 、AP 和 AB 的斜率。

二阶差商通常取中心式，即

$$\frac{\Delta^2 y}{\Delta x^2}=\frac{f(x+\Delta x)-2f(x)+f(x-\Delta x)}{(\Delta x)^2} \tag{3-11}$$

与差分的推导类似，n 阶差商为

$$\frac{\Delta^n y}{\Delta x^n}=\frac{\Delta\{\Delta\cdots[\Delta(f(x+\Delta x)-f(x))]\}}{(\Delta x)^n} \tag{3-12}$$

3．多元差分与差商

多元函数的差分和差商也可以类推，例如，自变量为$x_1,x_2,\cdots,x_n$的多元函数$f(x_1,x_2,\cdots,x_n)$的一阶向前差分为

$$\begin{aligned}\Delta f(x_1,x_2,\cdots,x_n)&=f(x_1+\Delta x_1,x_2,\cdots,x_n)-f(x_1,x_2,\cdots,x_n)\\ \Delta f(x_1,x_2,\cdots,x_n)&=f(x_1,x_2+\Delta x_2,\cdots,x_n)-f(x_1,x_2,\cdots,x_n)\\ &\cdots\\ \Delta f(x_1,x_2,\cdots,x_n)&=f(x_1,x_2,\cdots,x_n+\Delta x_n)-f(x_1,x_2,\cdots,x_n)\end{aligned} \tag{3-13}$$

相应的一阶向前差商为

$$\begin{aligned}\frac{\Delta f(x_1,x_2,\cdots,x_n)}{\Delta x_1}&=\frac{f(x_1+\Delta x_1,x_2,\cdots,x_n)-f(x_1,x_2,\cdots,x_n)}{\Delta x_1}\\ \frac{\Delta f(x_1,x_2,\cdots,x_n)}{\Delta x_2}&=\frac{f(x_1,x_2+\Delta x_2,\cdots,x_n)-f(x_1,x_2,\cdots,x_n)}{\Delta x_2}\\ &\cdots\\ \frac{\Delta f(x_1,x_2,\cdots,x_n)}{\Delta x_n}&=\frac{f(x_1,x_2,\cdots,x_n+\Delta x_n)-f(x_1,x_2,\cdots,x_n)}{\Delta x_n}\end{aligned} \tag{3-14}$$

4．逼近误差

由差分和差商的定义可知，当自变量的差分（增量）趋近于零时，差商逼近于导数。如果逼近的误差在允许的范围之内，则可以用差商代替导数来进行数值计算。差商与导数之间的误差表明差商逼近导数的程度，称为逼近误差。由函数的泰勒展开可以得到逼近误差相对于自变量差分（增量）的量级，称为用差商代替导数的精度，简称为差商的精度。

现将函数$f(x+\Delta x)$在x的领域Δx内进行向后泰勒展开，得

$$\begin{aligned}f(x+\Delta x)=f(x)+\frac{f'(x)}{1!}\Delta x+\frac{f''(x)}{2!}(\Delta x)^2+\\ \frac{f'''(x)}{3!}(\Delta x)^3+\frac{f^{(4)}(x)}{4!}(\Delta x)^4+O((\Delta x)^5)\end{aligned} \tag{3-15}$$

所以向后差商为

$$\begin{aligned}\frac{f(x+\Delta x)-f(x)}{\Delta x}&=\frac{f'(x)}{1!}\Delta x+\frac{f''(x)}{2!}(\Delta x)^2+\frac{f'''(x)}{3!}(\Delta x)^3+O((\Delta x)^4)\\ &=f'(x)+O(\Delta x)\end{aligned} \tag{3-16}$$

式中，符号$O(\ )$和$(\ )$中的量具有相同的量级。式（3-16）表明一阶向后差商的逼近误差与自变量的增量同级。我们把$O((\Delta x)^n)$中的Δx的指数n作为精度的阶数。这里$n=1$，故一阶向后差商具有一阶精度。Δx是个小量，因此其阶数越大，精度越高。

向前泰勒展开为

$$f(x-\Delta x)=f(x)-\frac{f'(x)}{1!}\Delta x+\frac{f''(x)}{2!}(\Delta x)^2-\frac{f'''(x)}{3!}(\Delta x)^3+\frac{f^{(4)}(x)}{4!}(\Delta x)^4+O((\Delta x)^5) \tag{3-17}$$

所以向前差商为

$$\frac{f(x-\Delta x)-f(x)}{\Delta x}=-\frac{f'(x)}{1!}\Delta x+\frac{f''(x)}{2!}(\Delta x)^2-\frac{f'''(x)}{3!}(\Delta x)^3+O((\Delta x)^4) \tag{3-18}$$
$$=f'(x)+O(\Delta x)$$

一阶向前差商也具有一阶精度。

式（3-15）减去式（3-17）可得

$$\frac{f(x+\Delta x)-f(x-\Delta x)}{2\Delta x}=f'(x)+O((\Delta x)^2) \tag{3-19}$$

一阶中心差商具有二阶精度。

式（3-15）加式（3-17）可得

$$\frac{f(x+\Delta x)-2f(x)+f(x-\Delta x)}{\Delta x^2}=f''(x)+O((\Delta x)^2) \tag{3-20}$$

二阶中心差商也具有二阶精度。

3.1.2 差分方程、截断误差和相容性

1. 差分方程

差分相当于微分，差商相当于导数；差分和差商是用有限形式表示的，对应于离散数域，用于求解离散问题，而微分和导数是用极限形式表示的，对应于连续数域，用于求解连续问题，具体关系如图 3-2 所示。

现以一维非稳态对流方程的初值问题

$$\begin{cases}\dfrac{\partial\zeta(x,t)}{\partial t}+\alpha\dfrac{\partial\zeta(x,t)}{\partial x}=0\\ \zeta(x,0)=\bar{\zeta}(x)\end{cases} \tag{3-21}$$

为例，列出对应的差分方程。

式中，α 为对流系数；$\zeta(x,t)$ 为对流场函数；$\bar{\zeta}(x)$ 为初始条件下的某已知函数。

将式（3-21）的求解域离散为有限差分网格，如图 3-3 所示，其中 Δx 和 Δt 分别是空间步长和时间步长，网格交叉点为节点。通常空间步长 Δx 取值相等（空间等距差分）；时间步长 Δt 取值与 α 有关，当 α 为常数时，Δt 也取常数（时间等距差分）。

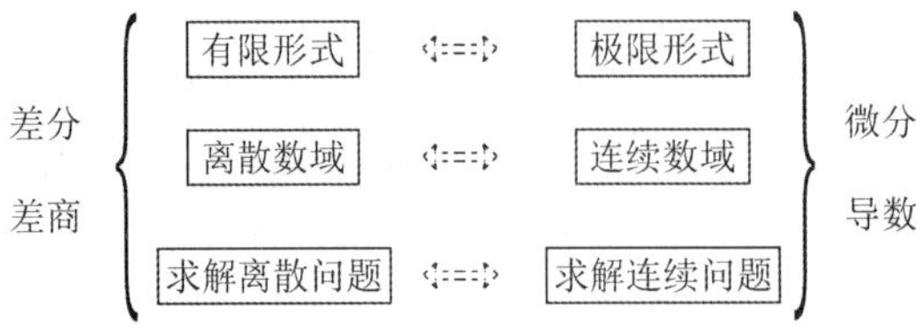

图 3-2 差分（差商）与微分（导数）的对应关系

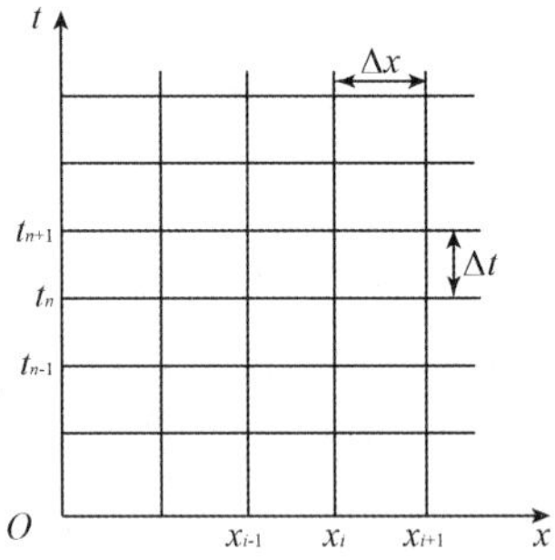

图 3-3 对流方程的差分网格

对于等距差分，域内任意节点的坐标 (x_i,t_n) 可以用初始节点坐标 $(x_0,0)$ 表示，即

$$\begin{cases} x_i = x_0 + i\Delta x & (i=0,1,\cdots) \\ t_n = n\Delta t & (n=0,1,\cdots) \end{cases} \tag{3-22}$$

于是，初值问题式（3-21）在节点(x_i,t_n)处可以表示为

$$\begin{cases} \left(\dfrac{\partial \zeta}{\partial t}\right)_i^n + \alpha\left(\dfrac{\partial \zeta}{\partial x}\right)_i^n = 0 \\ \zeta_i^0 = \bar{\zeta}(x_i) \end{cases} \tag{3-23}$$

式中，α为常数。

若式（3-23）的时间导数用一阶向前差商近似代替，则

$$\left(\frac{\partial \zeta}{\partial t}\right)_i^n \approx \frac{\zeta_i^{n+1} - \zeta_i^n}{\Delta t} \tag{3-24}$$

若式（3-23）的空间导数用一阶中心差商近似代替，则

$$\left(\frac{\partial \zeta}{\partial x}\right)_i^n \approx \frac{\zeta_{i+1}^n - \zeta_{i-1}^n}{2\Delta x} \tag{3-25}$$

则式（3-23）在节点(x_i,t_n)处的对流方程可以近似表示为

$$\begin{cases} \dfrac{\zeta_i^{n+1} - \zeta_i^n}{\Delta t} + \alpha\dfrac{\zeta_{i+1}^n - \zeta_{i-1}^n}{2\Delta x} = 0 \\ \zeta_i^0 = \bar{\zeta}(x_i) \end{cases} \tag{3-26}$$

或

$$\begin{cases} \zeta_i^{n+1} = \zeta_i^n - \alpha\dfrac{\Delta t}{2\Delta x}(\zeta_{i+1}^n - \zeta_{i-1}^n) \\ \zeta_i^0 = \bar{\zeta}(x_i) \end{cases} \tag{3-27}$$

式（3-26）和式（3-27）均为一维对流问题的时间向前差分、空间中心差分（Forward Time Centered Space，FTCS）格式，均被称为一维非稳态对流方程初值问题的差分方程和初始条件。

同理，还可以用时间和空间均向前差分（Forward Time Forward Space，FTFS），或时间向前差分、空间向后差分（Forward Time Backward Space，FTBS）等格式来表示式（3-21）。三种差分格式的几何示意图如图 3-4 所示。

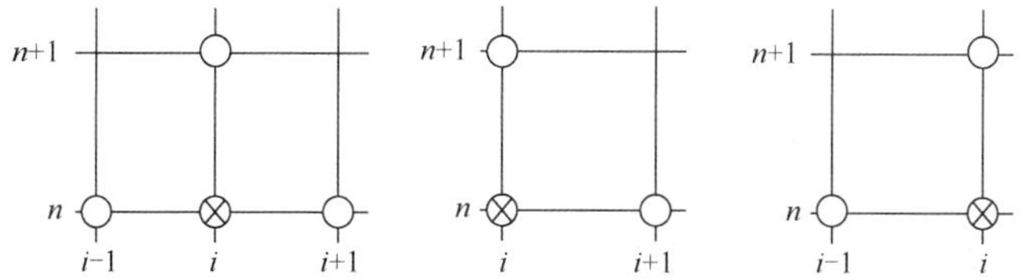

图 3-4　三种差分格式的几何示意图

2. 截断误差

根据逼近误差分析可知，用时间向前差商代替时间导数的误差为$O(\Delta t)$，用空间中心差商代替空间导数的误差为$O\left((\Delta x)^2\right)$，因此对流方程的微分方程式（3-23）与差分方程式（3-26）之间也存在某种误差，可以表示为

$$R_i^n = O(\Delta t) + O\left((\Delta x)^2\right) = O\left(\Delta t, (\Delta x)^2\right) \tag{3-28}$$

这种由差分方程近似代替微分方程所引起的误差被称为截断误差。这里的误差量级为Δt的一次式和Δx的二次式。若已知Δt和Δx的关系，如$\Delta t/\Delta x$为常数，则$R_i^n = O(\Delta t) + O\left((\Delta x)^2\right) = O(\Delta t)$，精度为一阶。在通常情况下，可以认为对$\Delta t$是一阶精度，对$\Delta x$是二阶精度。

3. 相容性

1）方程相容

设微分方程为

$$\mathrm{D}(\zeta) = f \tag{3-29}$$

式中，D为微分算子；f为已知函数，则对应的差分方程为

$$\mathrm{D}_\Delta(\zeta) = f \tag{3-30}$$

式中，D_Δ为差分算子，则对应的截断误差为

$$R = \mathrm{D}_\Delta(\varphi) - \mathrm{D}(\varphi) \tag{3-31}$$

式中，φ为定义域上某一足够光滑的函数（如代数函数），也可以取微分方程的解ζ。

如果当Δx、$\Delta t \to 0$时，其截断误差的某种范数$\|R\|$（在一些数值计算中，截断误差可以使用范数来度量，常用的是无穷范数，即取绝对值的最大值$\|R\|_\infty = \max\{|R|\}$）满足

$$\lim_{\substack{\Delta x \to 0 \\ \Delta t \to 0}} \|R\| = 0 \tag{3-32}$$

则称微分方程与相应的差分方程相容，否则不相容。

2）定解条件相容

设微分方程式（3-29）的定解条件为

$$\mathrm{B}(\zeta) = g \tag{3-33}$$

式中，B为微分算子；g为已知函数，则对应的差分方程的定解条件为

$$\mathrm{B}_\Delta(\zeta) = g \tag{3-34}$$

式中，B_Δ为差分算子，则定解条件对应的截断误差为

$$r = \mathrm{B}_\Delta(\varphi) - \mathrm{B}(\varphi) \tag{3-35}$$

如果定解条件的截断误差的某种范数$\|r\|$满足

$$\lim_{\substack{\Delta x \to 0 \\ \Delta t \to 0}} \|r\| = 0 \tag{3-36}$$

则称式（3-29）和式（3-30）的定解条件相容，否则不相容。

3）定解问题相容

如果微分方程式（3-29）和差分方程式（3-30）相容，并且微分定解条件式（3-33）和差分定解条件式（3-34）也相容，即同时满足

$$\lim_{\substack{\Delta x \to 0 \\ \Delta t \to 0}} \|R\| = 0, \quad \lim_{\substack{\Delta x \to 0 \\ \Delta t \to 0}} \|r\| = 0 \tag{3-37}$$

则定解问题才相容，换句话说，只有在式（3-37）成立的前提下，才可以用差分格式代替微分格式进行求解。

由于Δx、$\Delta t \to 0$有两种情况，所以定解问题相容也有两种情况。一是Δx和Δt各自趋向

于零，则定解问题无条件相容；二是Δx和Δt以某种关系（如$\Delta t = c\Delta x$）趋向于零，则定解问题条件相容。

4．收敛性和稳定性

1）差分解的收敛性

（1）收敛性定义。

设差分网格上任一节点(x_i,t_n)的差分解为ζ_i^n，而该节点对应的微分解为$\zeta(x_i,t_n)$，两者之间的误差（离散误差）$e_i^n = \zeta_i^n - \zeta(x_i,t_n)$。

如果离散误差的范数$\|e_i^n\|$满足

$$\lim_{\substack{\Delta x \to 0 \\ \Delta t \to 0}} \|e_i^n\| = 0 \tag{3-38}$$

则差分格式的解收敛于相应微分格式的定解。

可以证明，如果Δx和Δt各自独立趋近于零，则差分解无条件收敛于微分解，反之差分解条件收敛于微分解。

（2）相容性与收敛性的关系。

相容性回答差分方程逼近微分方程、差分定解条件逼近微分定解条件的程度问题，即在什么前提下，可以用同一定解问题的差分格式代替微分格式求解。但是相容性并不能获得对应解之间的误差大小，即差分格式解能否收敛于微分格式解。收敛性回答在差分问题和微分问题相容的前提下，对应解之间的逼近程度（一致性）问题。

由于讨论方程相容和定解条件相容时，是在定解问题的差分格式和微分格式具有同一解$\zeta(t,x)$或定解域内存在一个足够光滑的函数ϕ，并且可以在点(x_i,t_n)的邻域内对函数ϕ进行泰勒展开的基础上，推导出的方程截断误差和定解条件截断误差。也就是说，截断误差R、r实质上是在假设同一问题的差分格式和微分格式具有同一解的前提下，推导出的两种方程、两种定解条件之间的误差。从收敛性定义可知，R、r并不代表定解问题的真正误差，即不同格式对应解之间的逼近程度，因为还存在着一个求解域的离散误差。所以，定解问题的相容性仅仅是其解具有收敛性的必要条件。

2）差分格式的稳定性

差分格式的稳定性是指定解条件的微小变化和计算误差的累积是否对求解结果有显著影响。由于差分格式的稳定性与具体的差分格式有关，所以这里仅给出一种利用差分解判断差分格式是否稳定的通式。

设差分解$\zeta_i^n = Z(x,t)$，若式

$$\|Z\| \leqslant K_1\|\mathrm{D}_\Delta(Z)\| + K_2\|\mathrm{B}_\Delta(Z)\| \tag{3-39}$$

成立，则给定差分格式是稳定的，否则是不稳定的。也就是说，如果差分解的范数$\|Z\|$始终小于或等于差分方程范数与经差分处理的定解条件范数之和，则差分格式是稳定的。在式（3-39）中，D_Δ和B_Δ是对应于微分方程和定解条件的差分算子；K_1和K_2是不受$\Delta x \to 0$和$\Delta t \to 0$影响的 Lipschitz 常数。若取

$$K = \max(K_1, K_2) \tag{3-40}$$

则

$$\|Z\| \leqslant K[\|\mathrm{D}_\Delta(Z)\| + \|\mathrm{B}_\Delta(Z)\|] \tag{3-41}$$

差分格式的稳定性有条件稳定和完全稳定之分。如果在一定条件下，某一节点解对后续

节点解的影响很小或保持在某个限度内，则该差分格式是条件稳定的。如果在任何条件下得到的差分解都稳定，则该差分格式是完全稳定的。

3.1.3 差分格式的构造

在本节中，我们将以一些简单的微分方程（包括常微分方程和偏微分方程）为例，引入差分方法求解微分方程的概念，并说明其求解过程与原理。

对于微分方程，我们并不陌生。在力学、物理学等领域中，各个定律并不一定直接由某些表征物理量的未知函数与自变量间的规律给出，而往往由这些函数和它们对自变量的各阶导数或偏导数的关系给出，这种带有导数或微分符号的未知函数方程称为微分方程。如果微分方程关于未知函数和它的各阶导数是线性的，则称为线性微分方程；否则，称为非线性微分方程。

一般地，微分方程中未知函数只与一个自变量有关，则称为常微分方程，记为

$$F(x,y,y',y'',\cdots,y^{(n)})=0 \tag{3-42}$$

式中，x为自变量；$y(x)$为未知函数；$\{y',y'',\cdots,y^{(n)}\}$为未知函数的各阶导数或微分。方程中所含未知函数导数的最高阶数（如n）称为这个方程或方程组的阶（如n阶常微分方程）。

在微分方程中，如果其中的未知函数与多个自变量有关，则称为偏微分方程，记为

$$F\left(x_1,x_2,\cdots,x_m;u_{x_1},u_{x_2},\cdots,u_{x_m},u_{x_1x_1},u_{x_1x_2},\cdots\right)=0 \tag{3-43}$$

式中，$u=u(x_1,x_2,\cdots,x_m)$，$m\geqslant 2$为未知函数；F是关于$\{x_1,x_2,\cdots,x_m\}$、u及u的有限个偏导数的已知函数。如果在F中含有u的偏导数的最高阶数为n，则称为n阶偏微分方程。如果F关于u及其导数是齐次的，则称为齐次微分方程。

下面，我们给出一些力学中常见的微分方程。

物体运动方程：

$$\frac{\mathrm{d}s}{\mathrm{d}t}=v(t)，\quad \frac{\mathrm{d}v}{\mathrm{d}t}=a(t) \tag{3-44}$$

梁的静力平衡方程：

$$\frac{\mathrm{d}M}{\mathrm{d}x}=Q(x)，\quad \frac{\mathrm{d}Q}{\mathrm{d}x}=q(x) \tag{3-45}$$

振动方程：

$$\frac{\mathrm{d}^2 s}{\mathrm{d}t^2}+a\frac{\mathrm{d}s}{\mathrm{d}t}+bs=f(t) \tag{3-46}$$

圆薄膜振动方程：

$$x\frac{\mathrm{d}^2 w}{\mathrm{d}x^2}+\frac{\mathrm{d}w}{\mathrm{d}x}+kxw=0 \tag{3-47}$$

悬索方程：

$$\frac{\mathrm{d}^2 y}{\mathrm{d}x^2}-\frac{w}{H}\sqrt{1+\left(\frac{\mathrm{d}y}{\mathrm{d}x}\right)^2}=0 \tag{3-48}$$

梁的挠度方程：

$$\frac{\mathrm{d}^2}{\mathrm{d}x^2}\left[EJ(x)\frac{\mathrm{d}^2 w}{\mathrm{d}x^2}\right]=q(x) \tag{3-49}$$

圆柱壳的轴对称弯曲方程：

$$\frac{\mathrm{d}^4 w}{\mathrm{d}x^4}+\frac{Eh}{a^2 D}w=\frac{q(x)}{D} \tag{3-50}$$

弹性地基梁的挠度方程：

$$EJ\frac{\mathrm{d}^4 w}{\mathrm{d}x^4}+kw=q(x) \tag{3-51}$$

拉普拉斯方程：

$$\frac{\partial^2 \phi}{\partial x^2}+\frac{\partial^2 \phi}{\partial y^2}=0 \quad (2\mathrm{D}) \tag{3-52}$$

$$\frac{\partial^2 \phi}{\partial x^2}+\frac{\partial^2 \phi}{\partial y^2}+\frac{\partial^2 \phi}{\partial z^2}=0 \quad (3\mathrm{D}) \tag{3-53}$$

热传导或热扩散方程：

$$a\frac{\partial v}{\partial t}=\frac{\partial^2 v}{\partial x^2}+\frac{\partial^2 v}{\partial y^2} \tag{3-54}$$

弦的振动方程：

$$\frac{\partial^2 Y}{\partial t^2}=a^2\frac{\partial^2 Y}{\partial x^2} \tag{3-55}$$

双调和方程：

$$\frac{\partial^4 \phi}{\partial x^4}+2\frac{\partial^4 \phi}{\partial x^2 \partial y^2}+\frac{\partial^4 \phi}{\partial y^4}=0 \tag{3-56}$$

薄板的弯曲方程：

$$D\left(\frac{\partial^4 w}{\partial x^4}+2\frac{\partial^4 w}{\partial x^2 \partial y^2}+\frac{\partial^4 w}{\partial y^4}\right)=q(x,y) \tag{3-57}$$

根据定义，我们不难看出：式（3-44）～式（3-51）为常微分方程，式（3-52）～式（3-57）为偏微分方程。并且，式（3-44）～式（3-45）为一阶方程，式（3-46）～式（3-49）及式（3-52）～式（3-55）为二阶方程，式（3-50）～式（3-51）及式（3-56）～式（3-57）为四阶方程。在动力学中，最常见的是二阶微分方程，在弹性理论中，最常见的是四阶微分方程。

必须指出，所有的物理学、力学等学科领域中的微分方程，都是以一些基本定律及实验现象为基础建立的。在这些方程中的量，包括自变量和特定函数的物理量，都是有量纲的物理量。由量纲分析和相似理论，这些物理量所组成的物理方程都可以化为无量纲形式。在这种无量纲形式的微分方程中，所有的自变量和有着特定物理意义的函数表征的量都是无量纲的，并且还会出现一些决定这个物理系统的无量纲常数——相似模量。这种无量纲形式的微分方程，才是纯数学的微分方程，是一类可以描述很多不同物理现象的微分方程。利用 3.1.1 节所介绍的微分的差分表示，我们就很容易地将微分方程离散化为差分方程组的形式。

此外，在具体求解微分方程时，必须附加某些定解条件，微分方程和定解条件一起组成定解问题。对于高阶微分方程，定解条件通常有三种提法：第一种是给出了积分曲线在初始时刻的形式，这类条件称为初始条件，相应的定解问题称为初值问题；第二种是给出了积分曲线在边界上的形式，这类条件称为边界条件，相应的定解问题称为边值问题；第三种是既给出了部分初始条件，又给出了部分边界条件，即混合定解条件，相应的定解问题称为混合问题。

1. 常微分方程

1）差分格式构造与求解

在力学问题中，有些力学现象与规律可由较为简单的常微分方程来描述，如物体的运动、卫星在空间中飞行、一定条件下物体的运动变化、弹簧振子的振动、梁的扭转和弯曲等。

这里，我们不妨以二阶常微分方程为例，如下：

$$y''+p(x)y'+q(x)y=r(x),\quad x\in(a,b) \tag{3-58}$$

其定解条件已知，为

$$\alpha_0 y'(a)+\beta_0 y(a)=\gamma_0,\quad \alpha_1 y'(b)+\beta_1 y(b)=\gamma_1 \tag{3-59}$$

式（3-59）中，通过参数$(\alpha_0,\beta_0,\gamma_0)$和$(\alpha_1,\beta_1,\gamma_1)$取值的不同，可以构造出包括初值条件、边界条件或混合条件的定解条件。

将区间$[a,b]$分为N等份，结合前面3.1.1节介绍的差分公式，二阶常微分方程式（3-58）相应的差分方程为

$$\frac{y_{n+1}-2y_n+y_{n-1}}{h^2}+p_n\frac{y_{n+1}-y_{n-1}}{2h}+q_n y_n=r_n\quad (n=1,2,\cdots,N-1) \tag{3-60}$$

式中，步长$h=(b-a)/N$；节点$x_n=a+nh$，$(n=0,1,\cdots,N)$。相应的定解条件则为

$$\alpha_0\frac{y_1-y_0}{h}+\beta_0 y_0=\gamma_0,\quad \alpha_1\frac{y_N-y_{N-1}}{h}+\beta_1 y_N=\gamma_1 \tag{3-61}$$

通常，把定解问题中的微分方程所对应的差分方程和定解条件的离散形式统称为定解问题的一个差分格式。于是，式（3-60）和式（3-61）构成了定解问题式（3-58）和式（3-59）的一个差分格式。由式（3-60）和式（3-61）可以看出，待求离散节点处的函数未知值数的个数为$N+1$（未知数$y_0,y_1,\cdots,y_n$），而方程的个数也为$(N-1)+1+1=N+1$，其完全可以获得问题的解。上面的定解差分格式也可写成矩阵形式，即

$$\boldsymbol{Ay}=\boldsymbol{b} \tag{3-62}$$

式中，$\boldsymbol{y}=\{y_0\ \ y_1\ \ y_2\ \ \cdots\ \ y_N\}^{\mathrm{T}}$为待求未知函数列阵；系数矩阵$\boldsymbol{A}$和非齐次矩阵$\boldsymbol{b}$分别为

$$\boldsymbol{A}=\begin{bmatrix}-\alpha_0+h\beta_0 & \alpha_0 & & & 0\\ 2-hp_1 & -4+2h^2q_1 & 2+hp_1 & & \\ & \ddots & \ddots & \ddots & \\ & & 2-hp_{N-1} & -4+2h^2q_{N-1} & 2+hp_{N-1}\\ 0 & & & -\alpha_1 & \alpha_1+h\beta_1\end{bmatrix} \tag{3-63}$$

$$\boldsymbol{b}=\{h\gamma_0\ \ 2h^2r_1\ \ 2h^2r_2\ \ \cdots\ \ 2h^2r_{N-1}\ \ h\gamma_1\}^{\mathrm{T}} \tag{3-64}$$

故微分方程式（3-58）及定解条件式（3-59）的差分解为

$$\boldsymbol{y}=\boldsymbol{A}^{-1}\boldsymbol{b} \tag{3-65}$$

2）实例分析

用差分方法解边值问题：

$$\begin{cases}y''(x)-y(x)=x & (0<x<1)\\ y(0)=0,\ y(1)=1\end{cases}$$

解：取步长$h=0.1$，节点$x_n=\dfrac{1}{10}n$，$(n=0,1,2,\cdots,10)$，根据式（3-58）和式（3-59），最终由式（3-62）得出其差分格式为

$$\begin{bmatrix} 10^{-1} & 0 & & & 0 \\ 2 & -4-2\times10^{-2} & 2 & & \\ & \ddots & \ddots & \ddots & \\ & & 2 & -4-2\times10^{-2} & 2 \\ 0 & & & 0 & 10^{-1} \end{bmatrix} \begin{Bmatrix} y_0 \\ y_1 \\ \vdots \\ y_9 \\ y_{10} \end{Bmatrix} = \begin{bmatrix} 0 \\ 2\times10^{-2}\times0.1 \\ \vdots \\ 2\times10^{-2}\times0.9 \\ 10^{-1} \end{bmatrix}$$

差分方法的计算结果如表 3-1 所示。

表 3-1　差分方法的计算结果

x_n	0.0	0.1	0.2	0.3	0.4	0.5	0.6	0.7	0.8	0.9	1.0
y_n	0.0	0.0705	0.1427	0.2183	0.2991	0.3869	0.4836	0.5911	0.7115	0.8470	1.0

实际上，该常微分方程的解析解为

$$y=\frac{2(e^x-e^{-x})}{e-e^{-1}}-x \tag{3-66}$$

运行代码后给出了该微分方程的差分结果与解析结果，如图 3-5 所示。

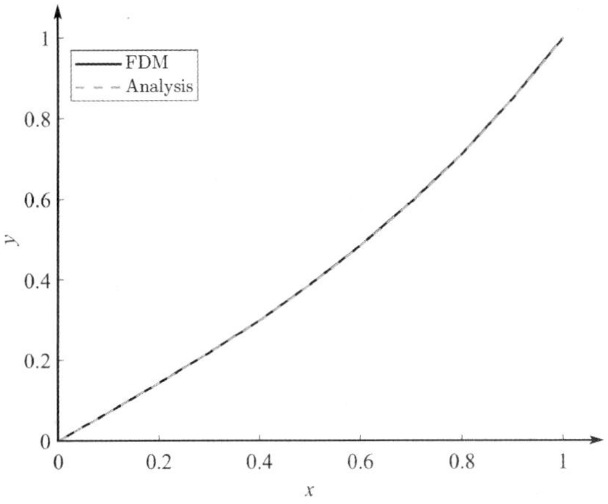

图 3-5　边值问题的差分结果与解析结果比较

图 3-5 彩图

其中实线代表有限差分法（FDM）的求解结果，虚线代表理论值。由图 3-5 可以看出，差分数值计算结果与理论解析结果吻合很好。

3）MATLAB 源代码

本实例简要的 MATLAB 代码框架如下所示，完整代码文件参见“Codes\ Chapter3_FDM\ Matlab_3_1\BouVal\main.m”。

边值问题实现代码

```
fontsize = 14;
set(0,'DefaultAxesFontname','Times New Roman');
set(0,'DefaultAxesFontSize',fontsize);

dx=0.1;
x=0:dx:1;
b=zeros(length(x),1);

%传入数据
```

```
pn=0;qn=1;a0=0;a1=0;b0=1;r0=0;b1=1;r1=1;

%构造矩阵 A
A=(-4-2*10^(-2))*eye(length(x));
A=A+diag(ones(1,length(x)-1)+1,1);
A=A+diag(ones(1,length(x)-1)+1,-1);
A(1,1)=-a0+dx*b0;A(1,2)=-a0;
A(length(x),length(x))=-a1+dx*b1;A(length(x),length(x)-1)=-a1;

for n=2:length(x)-1
    b(n)=2*(dx^2)*(0+(n-1)*dx);
end
b(1)=dx*r0;
b(length(x))=dx*r1;

%差分图
y=inv(A)*b;
plot(x,y,'o');
hold on

%解析图
x=0:0.001:1;
y=(2*((exp(x))-(exp(-x)))/(exp(1)-exp(-1)))-x;
plot(x,y,'-','color','red');
hold off;
```

2. 偏微分方程

在数学物理方程中，大多数问题通常由偏微分方程控制。一般而言，不同类型的微分方程控制着不同的物理过程或描述不同的力学现象，它们解的特性也会有明显的不同。本节主要介绍一维和二维偏微分方程差分格式的构造方法。

1）一维线性偏微分方程

一维线性偏微分方程差分格式的构造方法主要有两种：泰勒展开法和多项式逼近法。如图 3-6 所示，在空间上分布的离散物理量$u(x)$，使用$j-2$、$j-1$和j三个点上的物理量信息计算$\left\{\dfrac{\partial u}{\partial x}\right\}_j$。

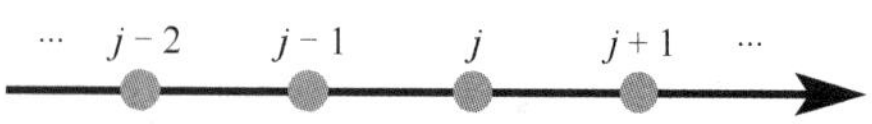

图 3-6 离散物理量分布

（1）泰勒展开法。

① 确定基架点。

差分基架点：计算j点导数需要使用的点，根据计算量、精度等要求而定。

② 写成待定系数的形式。

$$\left(\frac{\partial u}{\partial x}\right)_j = a_1 u_{j-2} + a_2 u_{j-1} + a_3 u_j + O(x^n) \tag{3-67}$$

此形式体现了计算量和精度的要求。

③ 利用泰勒级数在所求j点处展开，确定系数。

将$j-2$、$j-1$两点物理量用泰勒公式在j点展开，可得到：

$$u_{j-2}=u_j+\left(\frac{\partial u}{\partial x}\right)_j(-2\Delta x)+\frac{1}{2!}\left(\frac{\partial^2 u}{\partial x^2}\right)_j(-2\Delta x)^2+\frac{1}{3!}\left(\frac{\partial^3 u}{\partial x^3}\right)(-2\Delta x)^3+O(\Delta x^4) \tag{3-68}$$

$$u_{j-1}=u_j+\left(\frac{\partial u}{\partial x}\right)_j(-\Delta x)+\frac{1}{2!}\left(\frac{\partial^2 u}{\partial x^2}\right)_j(-\Delta x)^2+\frac{1}{3!}\left(\frac{\partial^3 u}{\partial x^3}\right)(-\Delta x)^3+O(\Delta x^4) \tag{3-69}$$

将式（3-68）和式（3-69）代入式（3-67）中可得：

$$\left(\frac{\partial u}{\partial x}\right)_j=(a_1+a_2+a_3)u_j-(2a_1+a_2)\left(\frac{\partial u}{\partial x}\right)_j\Delta x+\left(2a_1+\frac{1}{2}a_2\right)\left(\frac{\partial^2 u}{\partial x^2}\right)(\Delta x)^2+O(\Delta x^3) \tag{3-70}$$

通过待定系数可得方程组：

$$\begin{cases}a_1+a_2+a_3=0\\-(2a_1+a_2)\Delta x=1\\\left(2a_1+\dfrac{1}{2}a_2\right)(\Delta x)^2=0\end{cases} \tag{3-71}$$

通过求解以上方程组可得：$a_1=\dfrac{1}{2\Delta x}$，$a_2=-\dfrac{2}{\Delta x}$，$a_3=\dfrac{3}{2\Delta x}$

④ 差分格式为

$$\left(\frac{\partial u}{\partial x}\right)_j=\frac{1}{2\Delta x}(u_{j-2}-4u_{j-1}+3u_j)+\frac{7}{6}\left(\frac{\partial^3 u}{\partial x^3}\right)\Delta x^2+O(\Delta x^3) \tag{3-72}$$

式中，$\dfrac{1}{2\Delta x}(u_{j-2}-4u_{j-1}+3u_j)$称为差分格式；$\dfrac{7}{6}\left(\dfrac{\partial^3 u}{\partial x^3}\right)\Delta x^2+O(\Delta x^3)$称为截断误差。

（2）多项式逼近法。

① 假设物理量在空间上呈多项式函数分布：

$$u(x)=ax^3+bx^2+cx+d \tag{3-73}$$

② 将离散的 4 个点的物理量值(x_j,u_j)，其中$x_j=j\Delta x$，代入式（3-73）中，确定系数。

③ 计算导数$\dfrac{\partial u}{\partial x}=3ax^2+2bx+c$，同样可得：

$$\left(\frac{\partial u}{\partial x}\right)_j=\frac{1}{2\Delta x}(u_{j-2}-4u_{j-1}+3u_j) \tag{3-74}$$

这两种方法都是利用了离散的几个点去构造一个与原函数近似的函数，所构造的函数相比原函数是明确的、解析的。

不同之处是泰勒展开法在构建之初就确定了精度、计算量等要求，而多项式逼近法可以用的插值方法很多（具有不同精度、不同计算量的如多项式插值、拉格朗日插值、牛顿插值、Hermite 插值、分段插值等），所以它最后的精度结果因插值方法的选择而异。

2）二维线性偏微分方程

（1）差分格式构造与求解。

二维线性偏微分方程的一般形式可以写成如下形式：

$$a(x,y)\frac{\partial^2\phi}{\partial x^2}+2b(x,y)\frac{\partial^2\phi}{\partial x\partial y}+c(x,y)\frac{\partial^2\phi}{\partial y^2}+d(x,y)\frac{\partial\phi}{\partial x}+e(x,y)\frac{\partial\phi}{\partial y}+f(x,y)\phi=g(x,y) \tag{3-75}$$

其分类可以由判别式来确定，即

$$\varDelta=b^2-ac:\begin{cases}<0，椭圆形\\=0，抛物线\\>0，双曲线\end{cases} \tag{3-76}$$

在 3.1.2 节的一维非稳态对流方程式（3-21）就属于偏微分方程。

（2）实例分析。

有一细长绝缘杆的长度为l，初始时刻温度分布为$\varphi(x)$，在其两端施加恒温热源μ_1和μ_2，用有限差分法求解绝缘杆温度随时间的变化情况。

$$\begin{cases}\dfrac{\partial u}{\partial t}-a\dfrac{\partial^2 u}{\partial x^2}=0 & (x\in[0,l]，\ t\in[0,T])\\ u(x,0)=\varphi(x) & (x\in[0,l])\\ u(0,t)=\mu_1(t) & (t\in[0,T])\\ u(l,t)=\mu_2(t) & (t\in[0,T])\end{cases} \tag{3-77}$$

① 显式差分格式。

与式（3-77）相对应的差分格式为

$$\begin{cases}u_{j,n+1}=(1-2a\lambda)u_{j,n}+a\lambda(u_{j+1,n}+u_{j-1,n}) & \begin{pmatrix}j=1,2,\cdots,J-1\\ n=0,1,\cdots,N-1\end{pmatrix}\\ u_{j,0}=\varphi(j,h) & (j=0,1,2,\cdots,J)\\ u_{0,n}=g_1(n\tau),u_{J,n}=g_2(n\tau) & (n=0,1,\cdots,N)\end{cases} \tag{3-78}$$

式中，h、τ 分别为步长；$J=[l/h]$；$N=[T/\tau]$

为了方便起见，引入下面的向量和矩阵形式：

$$\boldsymbol{u}_n=\{u_{1,n}\ \ u_{2,n}\ \ \cdots\ \ u_{J-1,n}\}^{\mathrm{T}} \tag{3-79}$$

$$\boldsymbol{\varphi}=\{\varphi(h)\ \ \varphi(2h)\ \ \cdots\ \ \varphi((J-1)h)\}^{\mathrm{T}} \tag{3-80}$$

$$\boldsymbol{g}_n=\{a\lambda u_{0,n}\ \ 0\ \ \cdots\ \ 0\ \ a\lambda u_{J,n}\}^{\mathrm{T}}=\{a\lambda g_1(n\tau)\ \ 0\ \ \cdots\ \ 0\ \ a\lambda g_2(n\tau)\}^{\mathrm{T}} \tag{3-81}$$

$$\boldsymbol{A}=\begin{bmatrix}1-2a\lambda & a\lambda & & & 0\\ a\lambda & 1-2a\lambda & a\lambda & & \\ & \ddots & \ddots & \ddots & \\ & & a\lambda & 1-2a\lambda & a\lambda\\ 0 & & & a\lambda & 1-2a\lambda\end{bmatrix} \tag{3-82}$$

则定解问题的差分格式可写成矩阵：

$$\begin{cases}\boldsymbol{u}_{n+1}=\boldsymbol{A}\boldsymbol{u}_n+\boldsymbol{g}_n & (n=0,1,2,\cdots,N-1)\\ \boldsymbol{u}_0=\boldsymbol{\varphi}\end{cases} \tag{3-83}$$

根据式（3-83），可以很容易地逐层计算，得到第$n+1$层的函数值$u_{j,n+1}$。

初始边界条件赋值后具体计算：

$$\begin{cases} \dfrac{\partial u}{\partial t} - a\dfrac{\partial^2 u}{\partial x^2} = 0 & (x \in [0,l],\ t \in [0,T]) \\ u(x,0) = \sin(\pi x) & (x \in [0,l]) \\ u(0,t) = 1 & (t \in [0,T]) \\ u(l,t) = 2 & (t \in [0,T]) \end{cases} \tag{3-84}$$

将空间x离散化：$x_j = 0 + (j-1)\Delta x$，其中$\Delta x = l/N$。

将时间t离散化：$t_n = 0 + (n-1)\Delta t$。

为了方便起见，规定$u_j^n = u(x_j, t_n)$，那么可以得到：

$$u(x, t_n + \Delta t) = u(x, t_n) + \frac{\partial u}{\partial t}(x, t_n)\Delta t + \cdots \tag{3-85}$$

$$u(x_j, t_n + \Delta t) = u(x_j, t_n) + \frac{\partial u}{\partial t}(x_j, t_n)\Delta t + \cdots \tag{3-86}$$

又因为已知式（3-84），可得：

$$\frac{\partial u}{\partial t}(x_j, t_n) = a\frac{\partial^2}{\partial x^2}u(x_j, t_n) \tag{3-87}$$

又因为：

$$\begin{cases} u(x_i + \Delta x, t_n) = u(x_i, t_n) + \dfrac{\partial u}{\partial x}(x_i, t_n)\Delta x + \dfrac{1}{2}\dfrac{\partial^2 u}{\partial x^2}(x_i, t_n)\Delta x^2 + \cdots \\ u(x_i - \Delta x, t_n) = u(x_i, t_n) - \dfrac{\partial u}{\partial x}(x_i, t_n)\Delta x + \dfrac{1}{2}\dfrac{\partial^2 u}{\partial x^2}(x_i, t_n)\Delta x^2 + \cdots \end{cases} \tag{3-88}$$

可得：

$$\frac{\partial^2 u}{\partial x^2}(x_i, t_n) = \frac{u(x_i + \Delta x, t_n) + u(x_i - \Delta x, t_n) - 2u(x_i, t_n)}{\Delta x^2} + O(x^2) \tag{3-89}$$

即

$$\frac{\partial^2}{\partial x^2}u(x_j, t_n) \approx \frac{u_{j+1}^n + u_{j-1}^n - 2u_j^n}{\Delta x^2} \tag{3-90}$$

那么式（3-86）就可以写为

$$u_j^{n+1} = u_j^n + \left(a\left(\frac{u_{j+1}^n + u_{j-1}^n - 2u_j^n}{\Delta x^2}\right)\right)\Delta t \tag{3-91}$$

式（3-91）可改写成：

$$\begin{Bmatrix} u_1^{n+1} \\ u_2^{n+1} \\ u_3^{n+1} \\ \vdots \\ u_{N+1}^{n+1} \end{Bmatrix} = \frac{1}{\Delta x^2}\begin{bmatrix} -2 & 1 & & & \\ 1 & -2 & 1 & & \\ & \ddots & \ddots & \ddots & \\ & & 1 & -2 & 1 \\ & & & 1 & -2 \end{bmatrix}\begin{Bmatrix} u_1^n \\ u_2^n \\ u_3^n \\ \vdots \\ u_{N+1}^n \end{Bmatrix} \tag{3-92}$$

设过渡矩阵为$\boldsymbol{A}$，令：

$$\boldsymbol{u}^n = \begin{Bmatrix} u_1^n \\ u_2^n \\ \vdots \\ u_{N+1}^n \end{Bmatrix};\quad \boldsymbol{u}^{n+1} = \begin{Bmatrix} u_1^{n+1} \\ u_2^{n+1} \\ \vdots \\ u_{N+1}^{n+1} \end{Bmatrix} \tag{3-93}$$

式（3-91）可写为

$$\boldsymbol{u}^{n+1}=\boldsymbol{u}^{n}+\left(a\frac{1}{\Delta x^{2}}\boldsymbol{A}\boldsymbol{u}^{n}+\boldsymbol{f}^{n}\right)\Delta t \tag{3-94}$$

又根据已知

$$\begin{cases} u_1^{n+1}=\mu_1^{n+1} \\ u_{N+1}^{n+1}=\mu_2^{n+1} \end{cases} \tag{3-95}$$

运行代码后结果如图 3-7 所示。

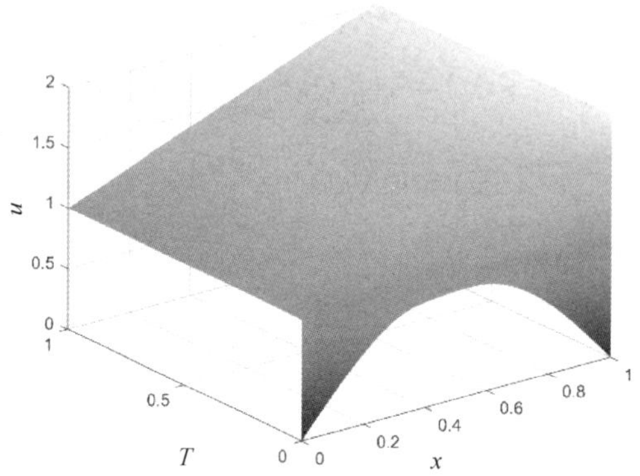

图 3-7 温度变化图

② 隐式差分格式。

与式（3-77）相对应的隐式差分格式为

$$\begin{cases} -a\lambda u_{j+1,n+1}+(1+2a\lambda)u_{j,n+1}-a\lambda u_{j-1,n+1}=u_{j,n} & \begin{pmatrix} j=1,2,\cdots,J-1 \\ n=0,1,\cdots,N-1 \end{pmatrix} \\ u_{j,0}=\varphi(jh) & (j=0,1,2,\cdots,J) \\ u_{0,n}=g_1(n\tau),\ u_{J,n}=g_2(n\tau) & (n=0,1,\cdots,N) \end{cases} \tag{3-96}$$

式中，h、τ 均为步长。

与前面的显式差分格式类似，可以得到以下矩阵形式的差分格式：

$$\begin{cases} \boldsymbol{B}\boldsymbol{u}_n+\boldsymbol{u}_{n+1}=\boldsymbol{u}_n+\boldsymbol{g}_{n+1} \quad (n=0,1,2,\cdots,N-1) \\ \boldsymbol{u}_0=\boldsymbol{\varphi} \end{cases} \tag{3-97}$$

式中：

$$\boldsymbol{g}_{n+1}=[a\lambda g_1((n+1)\tau)\ \ 0\ \cdots\ 0\ \ a\lambda g_2((n+1)\tau)]^{\mathrm{T}} \tag{3-98}$$

$$\boldsymbol{B}=\begin{bmatrix} 1+2a\lambda & -a\lambda & & & 0 \\ -a\lambda & 1+2a\lambda & -a\lambda & & \\ & \ddots & \ddots & \ddots & \\ & & -a\lambda & 1+2a\lambda & -a\lambda \\ 0 & & & -a\lambda & 1+2a\lambda \end{bmatrix} \tag{3-99}$$

其他的向量定义与式（3-79）和式（3-80）的相同。

（3）MATLAB 源代码。

本实例简要的 MATLAB 代码框架如下所示，完整代码文件参见“Codes\Chapter3_FDM\Matlab_3_1\Tem\main.m”。

绝缘杆温度变化实现代码

```
a=1;
dx=0.02;                %x 的步长
x=0:dx:1;
dt=0.0001;              %t 的步长
t=0:dt:1;
u=zeros(length(x),length(t));
u(:,1)=sin(pi*x);       % x 在 t=0 的初始条件
m1=1;                   % t 在 x=0 的初始条件
m2=2;                   % t 在 x=1 的初始条件

A=-2*eye(length(x))+diag(ones(1,length(x)-1),1)+diag(ones(1,length(x)-1),-1);
for n=1:length(t)-1
    u(:,n+1)=u(:,n)+a*dt/dx^2*A*u(:,n);
    u(1,n+1)=m1;
    u(end,n+1)=m2;
end

[T,X]=meshgrid(t,x);
surf(X,T,u)
shading interp
```

3.2　泊松问题

物理过程都可用椭圆形方程来描述，其中最典型的方程是泊松（Poisson）方程。传热学中带有稳定热源或内部无热源的稳定温度场的温度分布、流体动力学中不可压缩流体的稳定无旋流动、弹性力学中平衡问题及电磁学中静电场的电势等均满足泊松方程，泊松方程也是数值网格生成技术所遵循的基本方程。因此，研究其数值求解方法具有重要意义。

3.2.1　泊松理论

泊松问题的一般形式为

$$\begin{cases} -\left(\dfrac{\partial^2 u}{\partial x^2}+\dfrac{\partial^2 u}{\partial y^2}\right)=f(x,y) & a<x<b,\ c<y<d \\ u(x,y)|_{(x,y)\in\partial\Omega}=\phi(x,y) \end{cases} \tag{3-100}$$

式中，$\partial\Omega$ 为分段光滑曲线；$f(x,y)$ 和 $\phi(x,y)$ 分别为 Ω 上的已知连续函数。本节讨论使用有限差分法求解二维矩形区域上的泊松方程。

1．五点差分格式

如图 3-8 所示，首先对求解区域进行网格划分。取 h 为 x 和 y 方向的步长，用两组平行线 $x_i=ih, y_j=jh$，$(i=0,1,2,\cdots,m$；$j=0,1,2,\cdots,n)$ 将矩形区域 $[a,b]\times[c,d]$ 分割成矩形网格，节点记为 (x_i,y_i)。

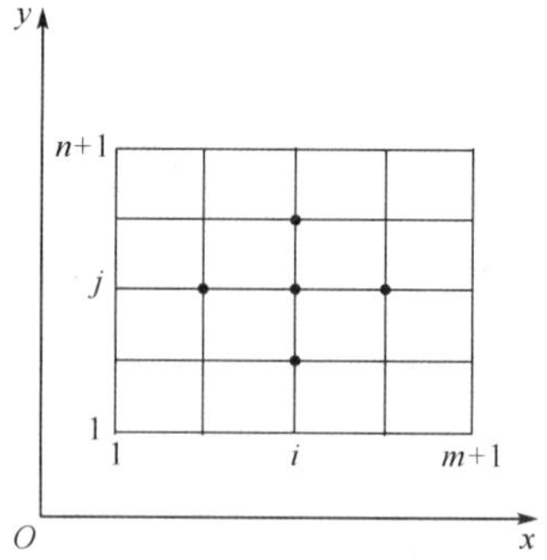

图 3-8 五点差分网格划分

将未知解函数在内部节点上的值按行排列，组成解向量为

$$\boldsymbol{U}=\{u_{11},u_{21}\cdots,u_{m1},\cdots,u_{1n},u_{2n},\cdots,u_{mn}\}^{\mathrm{T}} \tag{3-101}$$

对于求解域内节点(x_i,y_i)，二阶中心差商公式为

$$\left(\frac{\partial^2 u}{\partial x^2}\right)_{(i,j)}=\frac{u(x_{i+1},y_j)-2u(x_i,y_j)+u(x_{i-1},y_j)}{h^2}+O(h^2) \tag{3-102}$$

$$\left(\frac{\partial^2 u}{\partial y^2}\right)_{(i,j)}=\frac{u(x_i,y_{j+1})-2u(x_i,y_j)+u(x_i,y_{j-1})}{h^2}+O(h^2) \tag{3-103}$$

代入泊松方程式（3-100）得到

$$-\left[\frac{u(x_{i+1},y_i)-2u(x_i,y_i)+u(x_{i-1},y_i)}{h^2}+\frac{u(x_i,y_{i+1})-2u(x_i,y_i)+u(x_i,y_{i-1})}{h^2}\right] \tag{3-104}$$
$$=f(x_i,y_i)+O(h^2)$$

式（3-104）略去截断误差$O(h^2)$，即得式（3-100）的五点差分方程

$$-\left[\frac{u_{i+1,j}-2u_{i,j}+u_{i-1,j}}{h^2}+\frac{u_{i,j+1}-2u_{i,j}+u_{i,j-1}}{h^2}\right]=f_{i,j} \tag{3-105}$$

即

$$-\frac{1}{h^2}(u_{i+1,j}+u_{i-1,j}+u_{i,j+1}+u_{i,j-1}-4u_{i,j})=f_{i,j} \tag{3-106}$$

2. 差分格式的求解

利用边界条件可以将式（3-106）转化为矩阵形式：

$$\boldsymbol{AU}=\boldsymbol{F} \tag{3-107}$$

式中，$\boldsymbol{A}=\frac{1}{h^2}\begin{bmatrix}\boldsymbol{B} & -\boldsymbol{I} & & & \\ -\boldsymbol{I} & \boldsymbol{B} & -\boldsymbol{I} & & \\ & \cdots & \cdots & \cdots & \\ & & -\boldsymbol{I} & \boldsymbol{B} & -\boldsymbol{I} \\ & & & -\boldsymbol{I} & \boldsymbol{B}\end{bmatrix}_{(m-1)(n-1)}$，$\boldsymbol{B}=\begin{bmatrix}4 & -1 & & & \\ & -1 & 4 & -1 & \\ & \cdots & \cdots & \cdots & \\ & & -1 & 4 & -1 \\ & & & -1 & 4\end{bmatrix}_{(m-1)}$，$\boldsymbol{I}$为$m-1$阶单位矩阵；右端向量$\boldsymbol{F}$的元素依赖于边值和右端项$\phi(x,y)$。显然$\boldsymbol{A}$是对称正定矩阵，也是稀疏矩阵，因此可以采用逐次超松弛法、共轭梯度法或交替方向法进行求解。

3.2.2 实例分析

用五点差分求解泊松方程第一边值问题

$$\begin{cases} -\left(\dfrac{\partial^2 u}{\partial x^2}+\dfrac{\partial^2 u}{\partial y^2}\right)=1 & \text{in } G \\ u=0 & \text{on } G \end{cases} \tag{3-108}$$

求解域为图 3-9（a）中的十字形区域 G，它由 5 个相等的单位正方形组成，每条边长均为 1。

1. 对称性

将十字形图形的中心放于坐标原点 O 处，如图 3-9（b）所示，可知区域 G 可以看作是由 8 个梯形 G_1 通过旋转和翻转拼接而成的。因此为了方便计算、减少计算量，只针对 G_1 进行网格划分，用五点差分格式进行求解。但是由于 G_1 是直角梯形，进行网格划分时会出现 x 方向网格点个数不同的现象，不利于有差分系数矩阵的生成，所以将梯形 G_1 和三角形 S_1 合在一起形成一个矩形，其区域为 $[0,1.5]\times[0,0.5]$。我们只需要在矩形区域 G_1+S_1 内求解泊松方程。

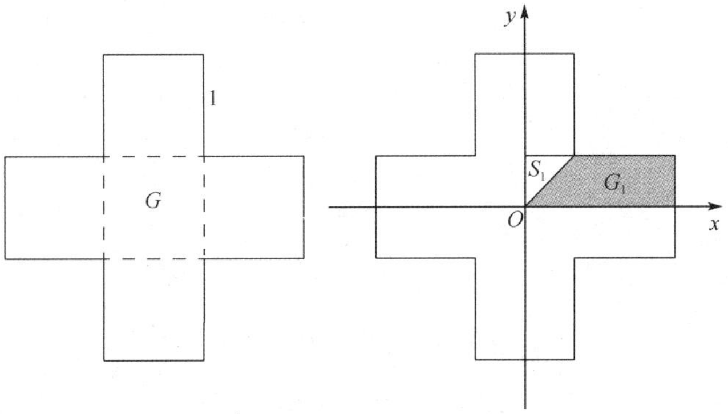

（a）完整求解域　　（b）分散求解域

图 3-9　泊松求解域

设直线 l 是经过原点 O 的任意一条直线，其方程为 $y=kx$。设 $m(x,y)$ 是区域内任一点，则其关于 l 对称的点为 $n(s,t)$，根据对称可求出

$$s=\frac{(k-1)^2+2y}{k^2+1},\quad t=\frac{2kx+(k^2-1)y}{k^2+1} \tag{3-109}$$

则

$$u_x=u_s s_x+u_t t_x=u_s\frac{1-k^2}{k^2+1}+u_t\frac{2k}{k^2+1} \tag{3-110}$$

$$u_{xx}=u_{ss}\left(\frac{1-k^2}{1+k^2}\right)^2+2u_{st}\frac{2k(1-k^2)}{(1+k^2)^2}+u_{tt}\left(\frac{2k}{1+k^2}\right)^2 \tag{3-111}$$

同理可得

$$u_{yy}=u_{ss}\left(\frac{2k}{1+k^2}\right)^2+2u_{st}\frac{2k(k^2-1)}{(1+k^2)^2}+u_{tt}\left(\frac{k^2-1}{1+k^2}\right)^2 \tag{3-112}$$

将 $u(s,t)$ 代替 $u(x,y)$ 得

$$u_{xx}+u_{yy}=u_{ss}+u_{tt}=1 \tag{3-113}$$

令 $\theta=\arctan(k)$，点 m 的坐标为 $(r\cos\alpha, r\sin\alpha)$，则 m 关于直线 l 的对称点 n 为 $(r\cos(2\theta-\alpha), r\sin(2\theta-\alpha))$。由上述证明可知，$u(m)=u(n)$。由 θ 和 m 点的任意性可知，对于函数 u 图像上的任意一点 m，其关于任意一条经过原点直线 l 的对称点 n 都在 u 的图像

上，即$u(\alpha+\delta)=u(\alpha)$，即 u 关于原点是旋转对称的。当 l 为 x 轴时，有$u(x,y)=u(x,-y)$；当 l 为 y 轴时，$u(x,y)=u(-x,y)$。

坐标轴旋转不改变方程的形式，所以函数在直角坐标系中 u 关于原点是旋转对称的，又由于所求十字形区域关于 x、y 轴是轴对称和关于原点中心对称的，因此可通过矩形求解区域 G_1+S_1，就可以知道函数在整个十字形区域的图像。

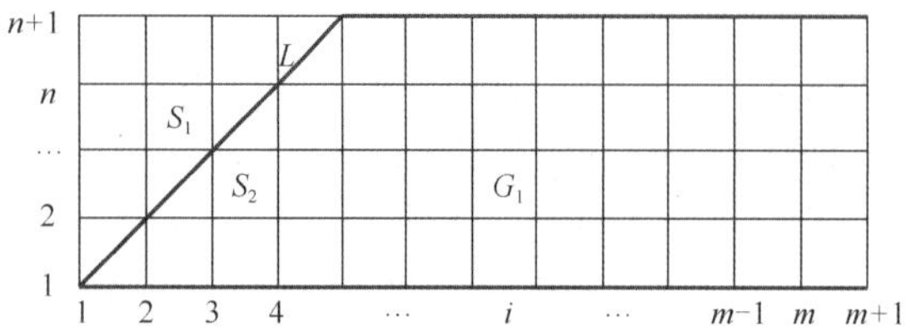

图 3-10　泊松求解域网格划分

2. 差分格式和求解

对求解区域进行网格划分，如图 3-10 所示，取步长$h=h_x=h_y=0.02$，将矩形区域$[0,1.5]\times[0,0.5]$分割成矩形网格，节点记为(x_i,y_i)。

解向量为式（3-101），二阶中心差商公式为式（3-102）和式（3-103），将其代入泊松方程式（3-100），于是式（3-104）变为

$$-\left[\frac{u(x_{i+1},y_i)-2u(x_i,y_i)+u(x_{i-1},y_i)}{h^2}+\frac{u(x_i,y_{i+1})-2u(x_i,y_i)+u(x_i,y_{i-1})}{h^2}\right]=1+O(h^2) \tag{3-114}$$

进一步，式（3-106）变为

$$-\frac{1}{h^2}(u_{i+1,j}+u_{i-1,j}+u_{i,j+1}+u_{i,j-1}-4u_{i,j})=1 \tag{3-115}$$

差分方程的矩阵形式为式（3-107）。为了方便程序设计采用了 MATLAB 的“\”运算符来求解$\boldsymbol{U}$。

3. 各节点差分方程

如图 3-10 所示，区域G_1为原始求解区域，L 为斜边，S_1和S_2分别为关于 L 左右两侧对称的三角形。由对称性可知，S_1和S_2中关于 L 相互对称的节点上 u 的函数值是相同的。按从左到右、从下到上的次序排列节点ij。

（1）对于三角形S_1中的节点$u(i,j)$，$n\geqslant i>j\geqslant 1$，有

$$u(i,j)-u(j,i)=0$$

（2）由于原点 O 的特殊性，其邻点$u(1,2)=u(1,-1)=u(-1,1)=u(2,1)$，所以其差分为

$$u(1,1)-4u(1,2)=h^2\times f(i,j)$$

（3）对于网格下边界除了原点 O 外的所有网格节点，由对称性得$u(1,i)$的邻点$u(1,i-1)=u(1,i+1)$，所以其差分为

$$4u(i,j)-u(i-1,j)-u(i+1,j)-2u(i,j+1)=h^2 f(i,j)$$

对于右下角的节点$u(1,m)$，其差分为

$$4u(i,j)-u(i-1,j)-2u(i,j+1)=h^2 f(i,j)$$

（4）对于G_1内部的节点，其差分为

$$4u(i,j)-u(i-1,j)-u(i+1,j)-u(i,j-1)-u(i,j+1)=h^2 f(i,j)$$

（5）对于网格最后一列的所有节点$u(:,m)$，其差分为

$$4u(n_x,j)-u(n_x,j-1)-u(n_x,j+1)-u(n_x-1,j)=h^2 f(i,j)$$

（6）在求出了所有的内点后，对剩下的边界点赋值。

最上面一行上的边界点

$$u(n+1,n+1:m)=0$$

最右侧一列的边界点

$$u(1:n+1,m+1)=0$$

三角形S_1和S_2边界上的节点是S_1的边界点，但却是整个求解区域$(S_1+S_2+G_1)$的内节点

$$u(n+1,1:n)=u(1:n,n+1)$$

4．结果

区域G_1+S_1的函数值如图 3-11 所示，可知除边界点外，任意网格内节点$(x_i,y_j)\in(G_1+S_1)$，都有函数值$u(i,j)>0$，与极值定理相符合。此结论同样适用于区域G。

区域G的函数值如图 3-12 所示，极大值为 0.2250，出现在圆心 O 处。

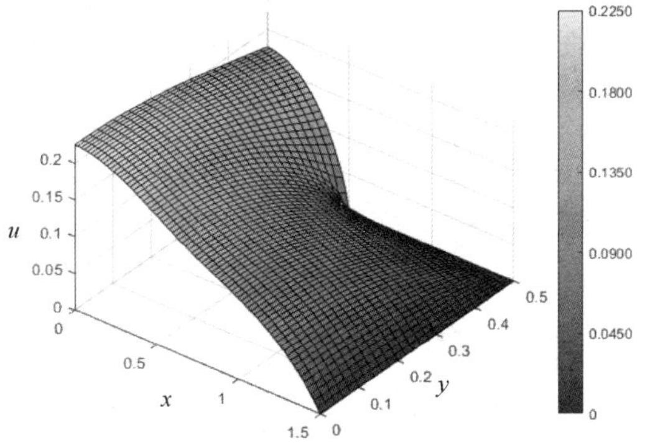

图 3-11　区域G_1+S_1的函数值

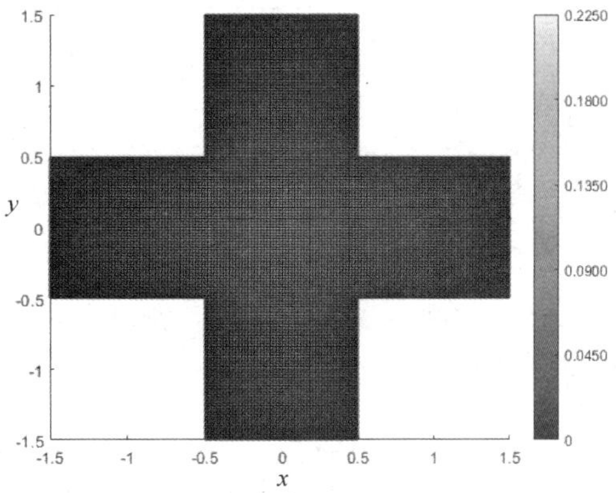

图 3-12　区域 G 的函数值

3.2.3　MATLAB 源代码

本实例简要的 MATLAB 代码框架如下所示，完整代码文件参见“Codes\ Chapter3_FDM\ Matlab_3_2\main.m”。

泊松问题实现

```
if nargin<1  %默认步长 h=0.02
   h=0.02;
end
x=0:h:3/2;  y=0:h:1/2;
nx=length(x)-1;  ny=length(y)-1;  %取区域的内点

%构造矩阵 B
B=eye(nx,nx)*4;
for i=1:nx-1
   B(i,i+1)=-1;
end
```

```
for i=2:nx
    B(i,i-1)=-1;
end
I=-eye(nx,nx);

%构造系数矩阵 A
A=zeros(nx*ny,nx*ny);
A(1:nx,1:nx)=B;
%由区域的对称性，将正方形网格最下面一行的差分形式改为 4u(i,j)-u(i-1,j)-u(i+1,j)-2*u(i,j+1)
%因为 u(i,j+1)=u(i,j-1)
A(1:nx,nx+1:2*nx)=2*I;
A(nx+1:2*nx,nx+1:2*nx)=B;
%将正方形网格左下角第一个点的差分形式改为 4u(i,j)-u(i-1,j)-u(i+1,j)-u(i,j+1)-u(i,j-1)
%=4u(i,j)-2u(i,j+1)-2u(i+1,j)
A(1,2)=-2;
%为了方便，本程序在梯形中增加了一个三角形，以方便编程
A(nx+1:2*nx,1:nx)=I;
for i=2:ny-1
    A(i*nx+1:(i+1)*nx,i*nx+1:(i+1)*nx)=B;
    A((i-1)*nx+1:i*nx,i*nx+1:(i+1)*nx)=I;
    A(i*nx+1:(i+1)*nx,(i-1)*nx+1:i*nx)=I;
end

b=h*h*ones(nx*ny,1);
%由于对称性，左侧三角形中有 u(i,j)-u(j,i)=0，i>j，因此令 A(i,j)=1，A(j,i)=-1，所以在本程
%序中多计算了(ny^2-my)/2 个点的函数值，但对程序的影响并不是很大
for i=2:ny
    A((i-1)*nx+1:(i-1)*nx+i-1,:)=0;
    for j=1:i-1
        A((i-1)*nx+j,(i-1)*nx+j)=1;
        A((i-1)*nx+j,(j-1)*nx+i)=-1;
        b((i-1)*nx+j)=0;
    end
end
x=A\b;%为了方便，采用左除求解网格点上的函数值
%x=gmres(A,b,100);
%按顺序将 x 赋值给 u
u=zeros(ny+1,nx+1);
for i=1:ny
    for j=1:nx
        u(i,j)=x((i-1)*nx+j);
    end
end
%根据对称性，给网格最上面一行的点赋值
u(ny+1,1:ny)=u(1:ny,ny+1);

%绘制泊松方程在区域上的图形
[x,y]=meshgrid(0:h:3/2,0:h:1/2);
```

```
hold on
surf(x,y,u)      %11，第一象限的第一块区域，下面的以此类推
surf(y,x,u)      %12
surf(-y,x,u)     %21
surf(-x,y,u)     %22
surf(-x,-y,u)    %31
surf(-y,-x,u)    %32
surf(y,-x,u)     %41
surf(x,-y,u)     %42
hold off
```

3.3　枝晶凝固问题

枝晶生长是材料科学中一种重要的相变现象。在金属和合金的铸造过程中，熔化的金属首先在液相中生成微小的胚胎，然后逐渐成长为稳定的晶核。在过冷作用下，它们不断长大，形成不同的结构，最终完成凝固过程。枝晶生长的最终形态直接影响材料的性能，如机械强度、腐蚀性、导电性和延展性。数值技术可以提供洞察铸件内部微观组织结构并对其进行质量分析的能力。它可以帮助工程师观察不同条件和参数下金属凝固过程中微观组织的演变，从而提高产品质量。此外，它有助于控制枝晶生长，以获得所需的材料性能。下面介绍在基于相场理论的枝晶凝固模拟中，采用有限差分法模拟枝晶生长。

3.3.1　枝晶凝固理论

1. 数学模型

基于自由能泛函的相场模型的研究可以用 Ryo Kobayashi 提出的纯物质过冷熔体中的枝晶生长模型为例进行说明。此模型中将温度场函数$T(x,y,t)$和相场函数$\phi(x,y,t)$作为变量。将相场状态变量ϕ作为序参数，用来表征研究系统演变过程中相的状态（液相或固相），并由此完成相场状态的变化：$\phi=1$表征相场变化处于固相状态，$\phi=0$表征相场变化处于液相状态。此相场模型的定义使得固液相的变化可以更加直接地表现出来，如图 3-13 所示。

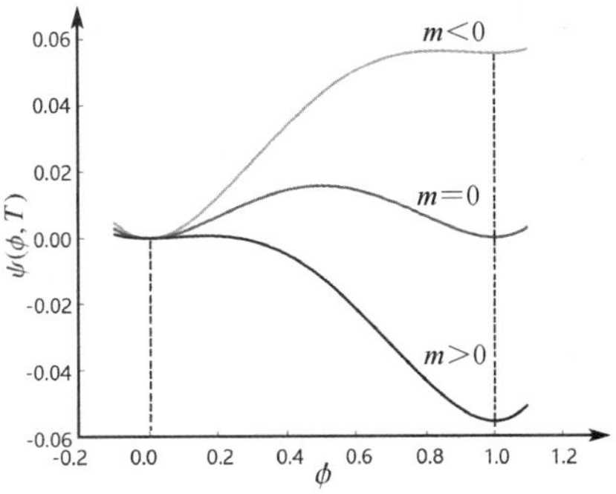

图 3-13　用相场参数ϕ表示的固液界面

由 Ginzburg-Landau 相变理论，可以写出研究系统相变状态的自由能泛函$F(\phi,m)$形式：

$$F(\phi,m)=\int\left[\frac{1}{2}\varepsilon^2|\nabla\phi|^2+\psi(\phi,T)\right]\mathrm{d}\Omega \tag{3-116}$$

式中，ε是一个与界面宽度相关的常数；m表征参数表示热力学驱动力，是温度的函数；$\psi(\phi,T)$表征 Ginzburg-Landau 自由能的密度变化公式，属于双稳态函数。对于每个m值来说，当$\phi=1$和$\phi=0$时，$\psi(\phi,T)$具有局部最小值。此时$\psi(\phi,T)$的具体表达式为

$$\psi(\phi,T)=\frac{1}{4}\phi^4-\left(\frac{1}{2}-\frac{1}{3}m\right)\phi^3+\left(\frac{1}{4}-\frac{1}{2}m\right)\phi^2 \tag{3-117}$$

式中，作为热力学驱动力的过冷度函数定义为

$$m(T)=\frac{\alpha}{\pi}\arctan[\gamma(T_{\text{eq}}-T)] \tag{3-118}$$

式中，T_{eq}表示平衡温度，此处表示熔化温度。温度场均归一化处理$T\in[0,1]$。如图 3-13 所示，$\psi(\phi,T)$有两个局部极小值，分别位于$\phi=0$和$\phi=1$处。动力系统趋于稳定，导致能量减少，界面相的亚稳态转变为局部稳态。当处于界面相$0<\phi<1$时，温度T是小于平衡时温度T_{eq}的，即当$m>0$时，由于枝晶生长的界面相是各向异性的，因此界面相将转变为固相$\phi=1$。为了捕捉枝晶的各向异性特征，引入了界面宽度ε函数：

$$\varepsilon(\theta)=\bar{\varepsilon}\{1+\delta\cos[j(\theta-\theta_0)]\} \tag{3-119}$$

式中，$\bar{\varepsilon}$表征相位宽度，决定界面层的厚度；δ表征表面各向异性的强度；j表征各向异性的模数；θ为相界面外法向与正x轴的夹角；θ_0为初始角度。

式（3-117）中系统的自由能随时间单调减少，考虑到梯度动力学的概念，凝固的非守恒相场方程定义为

$$\tau\frac{\partial\phi}{\partial t}=-\frac{\delta F}{\delta\phi} \tag{3-120}$$

将式（3-117）～式（3-119）代入式（3-116）中，那么式（3-120）可以转化为

$$\tau\frac{\partial\phi}{\partial t}=-\frac{\partial}{\partial x}\left(\varepsilon\varepsilon'\frac{\partial\phi}{\partial y}\right)+\frac{\partial}{\partial y}\left(\varepsilon\varepsilon'\frac{\partial\phi}{\partial x}\right)+\nabla\cdot\varepsilon^2\nabla\phi-\mu(\phi,T) \tag{3-121}$$

式中，$\varepsilon'=\mathrm{d}\varepsilon/\mathrm{d}\theta$；$\mu(\phi,T)$为化学自由能关于$\phi$的导数，由下式给出：

$$\mu(\phi,T)=\phi^3-(1.5-m)\phi^2+(0.5-m)\phi=-\phi(1-\phi)(\phi-0.5+m) \tag{3-122}$$

考虑到计算区域的温度变化，需要添加部分的热源项来进行热量的传导，最终得到温度场控制方程：

$$\frac{\partial T}{\partial t}=\nabla\cdot\nabla T+K\frac{\partial\phi}{\partial t} \tag{3-123}$$

式中，K为无量纲潜热，并与单位体积潜热成正比。式（3-121）与式（3-123）都是用于控制研究枝晶生长形貌的相场模型方程。

2. 离散近似

1）温度场控制方程离散

本案例采用五点中心差分格式，其拉普拉斯算子可以记作：

$$(\nabla^2u)_{i,j}=\frac{u_{i+1,j}+u_{i-1,j}+u_{i,j+1}+u_{i,j-1}-4u_{i,j}}{h^2} \tag{3-124}$$

首先，我们定义$T_{i,j}^p$为在(i,j)位置p时刻的温度；$\phi_{i,j}^p$为在(i,j)位置p时刻的序参数，则温度场控制方程式（3-123）中温度对时间的微分差分离散形式为

$$\frac{\partial T}{\partial t}=\frac{T_{i,j}^{p+1}-T_{i,j}^p}{\Delta\tau} \tag{3-125}$$

$$\frac{\partial\phi}{\partial t}=\frac{\phi_{i,j}^{p+1}-\phi_{i,j}^p}{\Delta\tau} \tag{3-126}$$

本案例采用均匀网格：空间步长为$\Delta x=\Delta y$，时间步长为$\Delta\tau$；根据拉普拉斯算子，

式（3-123）中空间离散表达如下：

$$T_a=\nabla\cdot\nabla T=\frac{1}{(2\Delta x)^2}(T_{i+1,j}^p+T_{i-1,j}^p+T_{i,j+1}^p+T_{i,j-1}^p-4T_{i,j}^p) \tag{3-127}$$

将式（3-125）～式（3-127）代入式（3-123）中，可以得到温度场控制方程的离散形式：

$$\frac{T_{i,j}^{p+1}-T_{i,j}^p}{\Delta\tau}=T_a+K\frac{\phi_{i,j}^{p+1}-\phi_{i,j}^p}{\Delta\tau} \tag{3-128}$$

2）相场控制方程离散

相场控制方程式（3-121）的离散与温度场控制方程的离散类似，其各阶差分近似如下：

$$\phi_x\approx\frac{\partial\phi}{\partial x}=\frac{\phi_{i+1,j}^p-\phi_{i-1,j}^p}{2\Delta x} \tag{3-129}$$

$$\phi_y\approx\frac{\partial\phi}{\partial y}=\frac{\phi_{i,j+1}^p-\phi_{i,j-1}^p}{2\Delta y} \tag{3-130}$$

$$\phi_{xy}\approx\frac{(\phi_{i+1,j+1}^p-\phi_{i+1,j-1}^p)-(\phi_{i-1,j+1}^p-\phi_{i-1,j-1}^p)}{4\Delta x^2} \tag{3-131}$$

$$\phi_{xx}\approx\frac{\phi_{i+1,j}^p+\phi_{i-1,j}^p-2\phi_{i,j}^p}{2(\Delta x)^2} \tag{3-132}$$

$$\phi_{yy}\approx\frac{\phi_{i,j+1}^p+\phi_{i,j-1}^p-2\phi_{i,j}^p}{2(\Delta y)^2} \tag{3-133}$$

式（3-121）在时间上的离散形式与式（3-126）相同，其在空间上的离散形式可以表示为

$$\phi_a=\frac{\partial}{\partial x}\left(\varepsilon\varepsilon'\frac{\partial\phi}{\partial y}\right)=\frac{\left(\varepsilon\varepsilon'\frac{\partial\phi}{\partial y}\right)_{i,j+1}^p-\left(\varepsilon\varepsilon'\frac{\partial\phi}{\partial y}\right)_{i,j-1}^p}{2\Delta x} \tag{3-134}$$

$$\phi_b=\frac{\partial}{\partial y}\left(\varepsilon\varepsilon'\frac{\partial\phi}{\partial x}\right)=\frac{\left(\varepsilon\varepsilon'\frac{\partial\phi}{\partial x}\right)_{i+1,j}^p-\left(\varepsilon\varepsilon'\frac{\partial\phi}{\partial y}\right)_{i-1,j}^p}{2\Delta y} \tag{3-135}$$

$$\phi_c=\nabla\cdot\varepsilon^2\nabla\phi=\varepsilon^2(\nabla^2\phi)=\varepsilon^2\frac{\phi_{i+1,j}^p+\phi_{i-1,j}^p+\phi_{i,j+1}^p+\phi_{i,j-1}^p-4\phi_{i,j}^p}{(\Delta x)^2} \tag{3-136}$$

式中，$\varepsilon'=-\bar{\varepsilon}\delta j\sin(j(\theta-\theta_0))$，$\Delta x=\Delta y$。

综上，相场控制方程最终离散方程形式如下：

$$\tau\frac{\phi_{i,j}^{p+1}-\phi_{i,j}^p}{\Delta\tau}=-\phi_a+\phi_b+\phi_c+\phi(1-\phi)(\phi-0.5+m) \tag{3-137}$$

3.3.2　实例分析

在本例中，选择有限差分法、有限元法和等几何法三种数值方法用于模拟枝晶生长。如果没有特别说明，以下所有模拟中的参数在这三种方法中的数值设置是相同的，参数如表 3-2 所示。生长区域尺寸为 9×9，为了便于观察，将初晶的位置放置于计算区域正中，模拟计算区域均采用 512×512 个单元。

表 3-2　枝晶生长参数

参数	表示符号	数值
松弛时间因子	τ	0.0003
相位宽度	$\bar{\varepsilon}$	0.01

续表

参数	表示符号	数值
各向异性的强度	δ	0.04
各向异性的模数	j	6
初始角度	θ_0	90°
熔化温度	T_{eq}	1
潜热	K	2
式（3-118）中的常数	α	0.9
式（3-118）中的常数	γ	10

在本节中主要研究不同方法的计算效率问题，至于潜热、各向异性的模数和初始角度等参数对枝晶生长的影响，在后续的第 5 章节进行仔细的对比研究。图 3-14（a）～图 3-14（c）所示分别为有限差分法、有限元法和等几何法在$t=0.36$时的枝晶形貌对比。通过对比我们发现，一次枝晶和二次枝晶的数量和形貌大致相同。

三种方法的计算效率比较如表 3-3 所示，在条件相同时进行 CPU 的时间比较。有限差分法选择在网格数为 512×512，恒定时间步长$\Delta t=0.000025$，总时间步长$N=7200$下进行计算；而等几何法和有限元法选择在同样网格数为 512×512，恒定时间步长$\Delta t=0.001$，总时间步长$N=360$下进行计算［注：式（3-121）～式（3-123）均进行了无量纲化处理，所有物理量均没有单位。］。为了进行更多的比较，等几何法和有限元法采用了不同的网格划分方案，比如 256×256、512×512 和 1024×1024。

（a）有限差分法　（b）有限元法　（c）等几何法

图 3-14　$t=0.36$时枝晶形貌

表 3-3　有限差分法、有限元法和等几何法的 CPU 时间比较

方法	网格数	处理器编号	CPU 时间/min
有限差分法	512 × 512	1	52
有限元法	256 × 256	4	9.1
	256 × 256	16	2.9
	256 × 256	64	1.1
	512 × 512	4	44
	512 × 512	16	15
	512 × 512	64	4.8
	1024 × 1024	4	173
	1024 × 1024	16	62
	1024 × 1024	64	23

续表

方法	网格数	处理器编号	CPU 时间/min
等几何法	256 × 256	4	8.2
	256 × 256	16	2.7
	256 × 256	64	0.9
	512 × 512	4	37
	512 × 512	16	12
	512 × 512	64	4.2
	1024 × 1024	4	160
	1024 × 1024	16	54
	1024 × 1024	64	19

等几何法的实现是由课题组开发的 MPI 并行 FORTRAN 代码执行的，而有限元法代码来自开源的 C++有限元框架 MOOSE（多物理面向对象仿真环境）[36]。它们都在同一个高性能集群天河 2 号（处理器为 Intel(R) Xeon(R) CPU E5-2692 v2 2.20GHz）中实现。有限差分法的 MATLAB 代码可在文献[37]中找到。从表 3-3 中可以看出，等几何法和有限元法的计算效率几乎处于相同水平，而有限差分法则显示出更高的计算效率。事实上，有限差分法所需的计算工作量更少，但是它处理复杂的计算区域和应用边界条件并不容易。

3.3.3 MATLAB 源代码

本实例简要的 MATLAB 代码框架如下所示，完整代码文件参见“Codes\Chapter3_FDM\Matlab_3_3\main.m”。

枝晶实现代码

```
TAU      = 0.0003;     %松弛时间因子
eps       = 0.01;      %相位宽度
delta     = 0.04;      %各向异性的强度
alpha    = 0.9;
gamma  = 10.0;         %过冷度函数
Teq      = 1.0;        %熔化温度
Nx       = 512;
Ny      = 512;         %单元数
H       = 0.03;        %空间分辨率
DT      = 0.000025;    %时间步长
timesteps = 7200;      %总时间步长
nistep   = 200;        %输出图片
pi       = 3.14159265358;

K     = 1.6;           %潜热
j      = 6.0;          %各向异性的模数
angleo = pi/2.0;       %初始角度

T = zeros(Ny,Nx);
p = zeros(Ny,Nx);
for i1=1:Ny
```

```
    for i2=1:Nx
        if ((i1-Ny/2)*(i1-Ny/2)+(i2-Nx/2)*(i2-Nx/2)<100)
            p(i1,i2) = 1.0;
        else
            p(i1,i2) = 0.0;
        end
    end
end

for index=1:timesteps
    index
    %所有相关矩阵的计算
    for i1=1:Ny
        for i2=1:Nx
            ip = mod(i2,Nx)+1;
            im = mod((Nx+i2-2),Nx)+1;
            jp = mod(i1,Ny)+1;
            jm = mod((Ny+i1-2),Ny)+1;
            grad_p_X(i1,i2) =((p(i1,ip) - p(i1,im))/H);
            grad_p_Y(i1,i2) =((p(jp,i2) - p(jm,i2))/H);
            lap_p(i1,i2) =(2.0*(p(i1,ip)+p(i1,im)+p(jp,i2)+p(jm,i2))+p(jp,ip)+
p(jm,im)+p(jp,im)+p(jm,ip)-…
12.0*p(i1,i2))/(3.0*H*H);
            lap_T(i1,i2) =(2.0*(T(i1,ip)+T(i1,im)+T(jp,i2)+T(jm,i2))+T(jp,ip)+
T(jm,im)+T(jp,im)+T(jm,ip)-…
12.0*T(i1,i2))/(3.0*H*H);
        end
    end

    for i1 = 1:Ny
        for i2=1:Nx
            if (grad_p_X(i1,i2)==0.0&& grad_p_Y(i1,i2)>0.0)
                angle(i1,i2) =0.5*pi;
            end
            if (grad_p_X(i1,i2)==0.0&& grad_p_Y(i1,i2)<=0.0)
                angle(i1,i2) = -0.5*pi;
            end
            if (grad_p_X(i1,i2)>0.0&& grad_p_Y(i1,i2)>0.0)
                angle(i1,i2) =atan(grad_p_Y(i1,i2)/grad_p_X(i1,i2));
            end
            if (grad_p_X(i1,i2)>0.0&& grad_p_Y(i1,i2)<=0.0)
                angle(i1,i2) = 2.0*pi+atan(grad_p_Y(i1,i2)/grad_p_X(i1,i2));
            end
            if(grad_p_X(i1,i2)<0.0)
                angle(i1,i2) = pi +atan(grad_p_Y(i1,i2)/grad_p_X(i1,i2));
            end
```

```
        end
    end

    for i1 =1:Ny
        for i2=1:Nx
            %界面宽度函数
            epsilon(i1,i2) =eps*(1.0 +delta*cos(j*(angle(i1,i2)-angleo)));
            epsilon_prime(i1,i2) = -eps*j*delta*sin(j*(angle(i1,i2)-angleo));
        end
    end

    for i1 = 1:Ny
        for i2=1:Nx
            aY(i1,i2) = -epsilon(i1,i2)*epsilon_prime(i1,i2) * grad_p_Y(i1,i2);
            aX(i1,i2) =epsilon(i1,i2)*epsilon_prime(i1,i2) * grad_p_X(i1,i2);
            eps2(i1,i2) =epsilon(i1,i2)*epsilon(i1,i2);
        end
    end

    for i1=1:Ny
        for i2=1:Nx
            ip = mod(i2,Nx)+1;
            im = mod((Nx+i2-2),Nx)+1;
            jp = mod(i1,Ny)+1;
            jm = mod((Ny+i1-2),Ny)+1;
            dXdY(i1,i2) = (aY(i1,ip)- aY(i1,im))/H;
            dYdX(i1,i2) = (aX(jp,i2)- aX(jm,i2))/H;
            grad_eps2_X(i1,i2) =(eps2(i1,ip) - eps2(i1,im))/H;
            grad_eps2_Y(i1,i2) =(eps2(jp,i2) - eps2(jm,i2))/H;
        end
    end

    for i1=1:Ny
        for i2=1:Nx

            po = p(i1,i2);
            m = (alpha/pi) * atan(gamma*(Teq-T(i1,i2))); %过冷度函数
            scal=grad_eps2_X(i1,i2)*grad_p_X(i1,i2)+grad_eps2_Y(i1,i2)*
grad_p_Y(i1,i2);

            %相场变量的演化
            p(i1,i2) = p(i1,i2)+((dXdY(i1,i2)+dYdX(i1,i2) +
eps2(i1,i2)*lap_p(i1,i2)+scal +…
                    po*(1.0-po)*(po-0.5+m)) * DT/TAU);

            %温度场的演化
```

```
        T(i1,i2) =T(i1,i2)+(lap_T(i1,i2)*DT) +(K*(p(i1,i2) - po));

      end
   end

end
```

3.4 颗粒烧结问题

烧结是将粉末压块转化为致密固体并在实际生产中广泛使用的材料加工技术。从历史上看，它起源于古代的陶瓷加工。如今，它已成为汽车和航空工业中微电子封装、纳米结构生产和网状零件制造的主要生产方法。

烧结过程包括晶格间的体扩散、沿晶界的表面扩散、晶粒生长和晶界迁移、蒸气传输（蒸发和冷凝），以及最终粒子的刚性平移和旋转。

致密化和晶粒生长过程中严格控制孔隙率对于达到烧结材料所需的机械和物理性能至关重要。为了实现这些目标，仅仅依靠实验是不够的，需要对烧结这一过程进行数值模拟。

3.4.1 颗粒烧结理论

1. 自由能密度函数

假设粉末压块的质量在烧结期间保持不变。质量分布由密度场$\rho(\boldsymbol{r},t)$描述，其中$\boldsymbol{r}$和t分别是空间位置向量和时间。质量守恒的特征在于密度函数的连续性方程：

$$\frac{\partial\rho}{\partial t}+\nabla\cdot(\rho\boldsymbol{v})=0 \tag{3-138}$$

式中，∇是梯度算子；$\boldsymbol{v}(\boldsymbol{r},t)$是速度场函数，描述了$t$时位于位置$\boldsymbol{r}$的质点的局部瞬时运动；$\rho\boldsymbol{v}$描述了质量通量密度，可以写成两个不同物理过程的贡献之和：

$$\boldsymbol{j}=\rho\boldsymbol{v}=\boldsymbol{j}_{\text{dif}}+\boldsymbol{j}_{\text{adv}} \tag{3-139}$$

式中，$\boldsymbol{j}_{\text{dif}}$和$\boldsymbol{j}_{\text{adv}}$分别是扩散通量密度和平流通量密度。

扩散通量是相对于固定在晶格上的参考系来测量的。根据 Cahn-Hilliard 非线性扩散方程，扩散通量密度与化学势梯度成正比

$$\boldsymbol{j}_{\text{dif}}=-\boldsymbol{D}(\boldsymbol{r})\nabla\frac{\delta\boldsymbol{F}}{\delta\rho} \tag{3-140}$$

式中，$\boldsymbol{D}(\boldsymbol{r})$是扩散系数；$\boldsymbol{F}$是系统总自由能。

为了描述粉末压块的烧结过程，我们需要指定每个时刻单个颗粒的形状、尺寸、相对位置和枝晶取向，即粉末压块微观结构及其演变。在相场形式中，微观结构的演变可以方便地用质量密度场$\rho(\boldsymbol{r},t)$和非守恒序参量$\eta(\boldsymbol{r},t;\alpha=1,2,\cdots,p)$来描述。质量密度场$\rho(\boldsymbol{r},t)$描述了固体材料（或孔隙）的分布，固相处$\rho(\boldsymbol{r},t)=1$，孔隙处$\rho(\boldsymbol{r},t)=0$，而固-孔隙界面处在$(0,1)$内变化。非守恒序参量$\eta(\boldsymbol{r},t;\alpha)$用来区分微观结构中的不同粒子，其中序参量的个数等于粉末压块中的颗粒数量。同样，它对指定粒子取值 1，对其他粒子取值 0。此外，序参量在演化的晶界处平滑地从 1 变化到 0，或者从 0 变化到 1。用这些场变量表示微观结构，根据梯度热力学，

系统的自由能函数由式（3-141）描述。

$$\boldsymbol{F}=\int_V\left[f(\rho,\eta(\alpha))+\frac{1}{2}\beta_\rho|\nabla\rho|^2+\sum_\alpha\frac{1}{2}\beta_\eta|\nabla\eta(\alpha)|^2\right]\mathrm{d}^3\boldsymbol{r} \tag{3-141}$$

式中，β_ρ 为浓度梯度系数；β_η 为晶界能量梯度系数；$f(\rho,\eta(\alpha))$ 为化学自由能函数，定义了均匀共存相（固体和孔隙）和多个固体畴（不同晶体取向的颗粒/晶粒）。式（3-141）中积分项的第二项和第三项分别表示气孔表面和晶界处产生的额外自由能。

化学自由能函数可以采用 Landau 多项式近似，该多项式的一种特殊形式是

$$\begin{aligned}f(\rho,\eta(\alpha))=A\rho^2(1-\rho)^2+B\Bigg[\rho^2+6(1-\rho)\sum_\alpha\eta^2(\alpha)-\\4(2-\rho)\sum_\alpha\eta^3(\alpha)+3\left(\sum_\alpha\eta^2(\alpha)\right)^2\Bigg]\end{aligned} \tag{3-142}$$

式中，A 和 B 是与材料物理参数有关的常数。

烧结中涉及的各种扩散路径的特征在于式（3-140）中扩散系数的微观结构特征依赖性。扩散系数 $\boldsymbol{D}(\boldsymbol{r})$ 是 $\rho(\boldsymbol{r},t)$ 和 $\eta(\boldsymbol{r},t;\alpha)$ 的函数。

$$\boldsymbol{D}(\boldsymbol{r})=\boldsymbol{D}_{\mathrm{vol}}\phi(\rho)+\boldsymbol{D}_{\mathrm{vap}}[1-\phi(\rho)]+\boldsymbol{D}_{\mathrm{surf}}\rho(1-\rho)+\boldsymbol{D}_{\mathrm{gb}}\sum_\alpha\sum_{\alpha'\neq\alpha}\eta(\alpha)\eta(\alpha') \tag{3-143}$$

式中，$\phi(\rho)=\rho^3(10-15\rho+6\rho^2)$；$\boldsymbol{D}_{\mathrm{vol}}$、$\boldsymbol{D}_{\mathrm{vap}}$、$\boldsymbol{D}_{\mathrm{surf}}$ 和 $\boldsymbol{D}_{\mathrm{gb}}$ 分别是固体、气体、表面和晶格扩散系数张量。使用式（3-140）和式（3-143）自动解释不同的扩散机制，而无须明确跟踪表面或晶界。

平流通量描述了通过作为刚体的局部体积单元运动的质量传输。根据平流速度场 $\boldsymbol{v}_{\mathrm{adv}}(\boldsymbol{r},t)$，我们将平流通量密度写为

$$\boldsymbol{j}_{\mathrm{adv}}=\rho\boldsymbol{v}_{\mathrm{adv}} \tag{3-144}$$

在烧结过程中，平流速度场特别简单。除粒子形状因扩散而改变外，每个粒子都作刚体运动，刚体运动包括平移和旋转。平流速度场是粉末压块中所有颗粒的两个贡献之和：

$$\boldsymbol{v}_{\mathrm{adv}}=\sum_\alpha\boldsymbol{v}_{\mathrm{adv}}(\alpha)=\sum_\alpha[\boldsymbol{v}_{\mathrm{t}}(\alpha)+\boldsymbol{v}_{\mathrm{r}}(\alpha)] \tag{3-145}$$

式中，$\boldsymbol{v}_{\mathrm{t}}(\alpha)$ 和 $\boldsymbol{v}_{\mathrm{r}}(\alpha)$ 分别是与 α 粒子的平移和旋转相关的速度场。

2. 相场演化的动力学方程

粒子刚体运动的驱动力来自晶界作为原子源（或空位下沉）的作用，即原子从晶界扩散到附近生长的颈部表面。原子在高负曲率颈部表面的化学势低于晶界，晶界是一条高扩散路径。同样，空位从附近的颈部表面流入晶界。过饱和空位被晶界处的位错湮灭，产生有效的局部力，通过刚体平移和旋转将相邻粒子拉向彼此。通过刚体运动接近颗粒中心在烧结粉末压块的致密化中起着关键作用。如果没有粒子刚体运动，空位的过饱和将导致晶界处的质量密度下降。在相场形式中，作用在 α 粒子晶界上的有效局部力密度可以表示为

$$\mathrm{d}\boldsymbol{F}(\alpha)=\kappa\sum_{\alpha'\neq\alpha}(\rho-\rho_0)\langle\eta(\alpha)\eta(\alpha')\rangle[\nabla\eta(\alpha)-\nabla\eta(\alpha')]\mathrm{d}^3\boldsymbol{r} \tag{3-146}$$

式中，κ 是一个刚度常数，它将力的大小与晶界处的空位过饱和联系起来。常数 ρ_0 表征了晶界处质量密度的平衡值，如果 $\rho=\rho_0$，则晶界处的力消失。运算 $\langle\eta(\alpha)\eta(\alpha')\rangle$ 定义为

$$\langle\eta(\alpha)\eta(\alpha')\rangle=\begin{cases}1, & \eta(\alpha)\eta(\alpha')\geq c\\ 0, & \text{其他}\end{cases} \tag{3-147}$$

式中，c 是通过阶参数乘积$\eta(\boldsymbol{r},\alpha)\eta(\boldsymbol{r},\alpha')$识别晶界的阈值。值得注意的是，局部力方程中的梯度因子$\nabla\eta(\alpha)-\nabla\eta(\alpha')$对于确保任何一对相邻粒子之间的作用反应定律非常重要。

作用在围绕质心的第三个粒子上的合力和力矩分别为

$$\boldsymbol{F}(\alpha)=\int_V \mathrm{d}\boldsymbol{F}(\alpha) \tag{3-148}$$

$$\boldsymbol{T}(\alpha)=\int_V [\boldsymbol{r}-\boldsymbol{r}_{\mathrm{c}}(\alpha)]\times\mathrm{d}\boldsymbol{F}(\alpha) \tag{3-149}$$

式中，α 粒子的质心为

$$\boldsymbol{r}_{\mathrm{c}}(\alpha)=\frac{1}{V(\alpha)}\int_V \boldsymbol{r}\eta(\boldsymbol{r},\alpha)\mathrm{d}^3\boldsymbol{r} \tag{3-150}$$

α 粒子的体积为

$$V(\alpha)=\int_V \eta(\boldsymbol{r},\alpha)\mathrm{d}^3\boldsymbol{r} \tag{3-151}$$

刚体平移和旋转的速度场分别为

$$\boldsymbol{v}_{\mathrm{t}}(\boldsymbol{r},\alpha)=\frac{m_{\mathrm{t}}}{V(\alpha)}\boldsymbol{F}(\alpha)\eta(\boldsymbol{r},\alpha) \tag{3-152}$$

$$\boldsymbol{v}_{\mathrm{r}}(\boldsymbol{r},\alpha)=\frac{m_{\mathrm{r}}}{V(\alpha)}\boldsymbol{T}(\alpha)\times[\boldsymbol{r}-\boldsymbol{r}_{\mathrm{c}}(\alpha)]\eta(\boldsymbol{r},\alpha) \tag{3-153}$$

式中，m_{t}和m_{r}分别是表征粒子平移和旋转迁移率的常数。由于粉末压块中颗粒的刚体运动是一个涉及晶界滑动的高度耗散过程，因此采用了一个力与速度而不是刚体运动加速度相关的方程。通过将力和转矩阈值引入方程，可以考虑滑动摩擦对颗粒运动的影响。式（3-152）和式（3-153）分别用于计算平移和旋转速度。

通过将式（3-152）和式（3-153）代入式（3-145）中，获得整个粉末压块上的平流速度场$\boldsymbol{v}_{\mathrm{adv}}(\boldsymbol{r},t)$。使用扩散通量密度和平流通量密度及连续性方程得出

$$\frac{\partial\rho}{\partial t}=\nabla\cdot\left(\boldsymbol{D}(\boldsymbol{r})\nabla\frac{\delta\boldsymbol{F}}{\delta\rho}-\rho\boldsymbol{v}_{\mathrm{adv}}\right)+\xi_{\rho}(\boldsymbol{r},t) \tag{3-154}$$

这是一个非线性扩散-平流方程。高斯分布 Langevin 噪声项$\xi_{\rho}(\boldsymbol{r},t)$说明了热噪声的影响，并使式（3-154）具有随机性。值得注意的是，将刚体运动引入相场模型用平流项修正了传统的 Cahn-Hilliard 方程。

晶界迁移的特征在于非连续多组分阶参数$\eta(\boldsymbol{r},t;\alpha)$的时间依赖的 Ginzburg-Landau（Allen-Cahn）结构松弛方程。与扩散情况一样，粒子刚体运动的存在也用平流项修正了结构松弛方程。

$$\frac{\partial\eta(\alpha)}{\partial t}=-L\frac{\delta\boldsymbol{F}}{\delta\eta(\alpha)}-\nabla\cdot[\eta(\alpha)\boldsymbol{v}_{\mathrm{adv}}(\alpha)]+\xi_{\eta}(\boldsymbol{r},t;\alpha) \tag{3-155}$$

式中，L 是表征晶界迁移率的常数，$\xi_{\eta}(\boldsymbol{r},t;\alpha)$是热噪声。

式（3-154）和式（3-155）的解$\rho(\boldsymbol{r},t)$和$\eta(\boldsymbol{r},t;\alpha)$提供了场函数的时间和空间演化，描述了烧结过程中粉末压块的微观结构演化。演化的驱动力通过多种质量传输机制和结构松弛降

低系统总自由能，即通过表面扩散、晶界扩散、体积扩散、蒸气传输、粒子刚体运动和晶界迁移降低表面能和晶界能。初始条件$\rho(\boldsymbol{r},t_0)$和$\eta(\boldsymbol{r},t_0;\alpha)$描述了初始压块微观结构，其可以是任意非平衡状态或预定的状态。在计算机模拟中，微结构通过自动遵循有利的动力学路径而进化，以减少总自由能，而无须对进化路径施加先验约束。

3.4.2 实例分析

在本实例中，采用有限差分法对相场方程进行空间和时间离散，分别采用 2 个晶粒和 9 个晶粒进行烧结过程浓度场的模拟，其晶粒编号、坐标(x, y)和半径 R 参数如表 3-4 所示，模拟区域差分单元尺寸$N_x \times N_y = 100 \times 100$，材料的相关属性如表 3-5 所示。

表 3-4　晶粒信息

	晶粒编号	坐标(x, y)	半径 R
2 个晶粒（同尺寸）	1	(40, 50)	20
	2	(70, 50)	10
2 个晶粒（不同尺寸）	1	(30, 50)	20
	2	(70, 50)	20
9 个晶粒	1	(50, 29)	10
	2	(50, 50)	10
	3	(50, 71)	10
	4	(29, 50)	10
	5	(71, 50)	10
	6	(39, 39)	5
	7	(39, 61)	5
	8	(61, 39)	5
	9	(61, 61)	5

表 3-5　晶粒烧结材料的相关属性

参数	表示符号	数值
固体扩散系数张量	$\boldsymbol{D}_{\mathrm{vol}}$	0.04
气体扩散系数张量	$\boldsymbol{D}_{\mathrm{vap}}$	0.002
表面扩散系数张量	$\boldsymbol{D}_{\mathrm{surf}}$	16.0
晶格扩散系数张量	$\boldsymbol{D}_{\mathrm{gb}}$	1.6
浓度梯度系数	β_ρ	5.0
晶界能量梯度系数	β_η	2.0

1．双晶粒烧结

我们首先来探究 2 个不同尺寸晶粒烧结过程的形貌演变，如图 3-15 所示，其坐标(x, y)和半径 R 如表 3-4 所示。2 个晶粒首先靠近形成烧结颈［见图 3-15（b）］，随后烧结颈向尺寸较小的晶粒一侧迁移［见图 3-15（c）］，导致大晶粒的面积不断增大［见图 3-15（c1）］，而小晶粒的面积不断减小［见图 3-15（c2）］，直到最终消失［见图 3-15（d2）］。

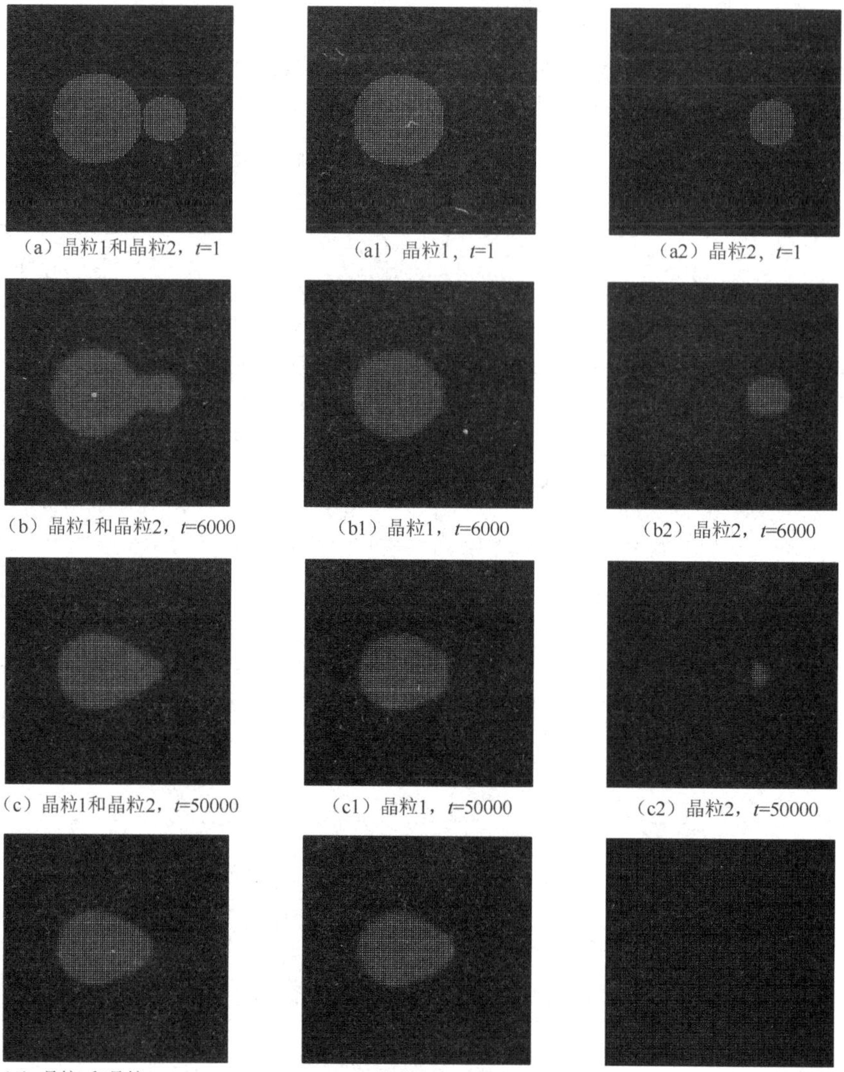

（a）晶粒1和晶粒2，t=1　（a1）晶粒1，t=1　（a2）晶粒2，t=1

（b）晶粒1和晶粒2，t=6000　（b1）晶粒1，t=6000　（b2）晶粒2，t=6000

（c）晶粒1和晶粒2，t=50000　（c1）晶粒1，t=50000　（c2）晶粒2，t=50000

（d）晶粒1和晶粒2，t=62000　（d1）晶粒1，t=62000　（d2）晶粒2，t=62000

图 3-15　2 个不同尺寸晶粒烧结的形貌演变

在烧结过程中涉及 2 种动力学机制：表面扩散机制和晶界迁移机制。这 2 种机制的传质速率分别与相界和晶界的曲率相关。在烧结初期，物质通过表面扩散机制在 2 个晶粒邻近处开始传输，形成烧结颈；烧结颈形成之后，大、小晶粒同时通过表面扩散机制向烧结颈传输物质，但由于 2 个晶粒的曲率不同，所以其传质速率不同，导致烧结颈向尺寸较小的晶粒一侧生长，形成了弯曲的晶界；随后，受到弯曲晶界曲率的驱动，晶界向小晶粒所在的凹侧迁移，小晶粒逐渐减小，大晶粒逐渐变大，最终导致大晶粒吞噬小晶粒（大吞小）的现象发生。因此，烧结过程中“大吞小”的现象通常发生在曲率不同的 2 个晶粒上，而对于等曲率的 2 个晶粒，由于表面扩散完全对称，所以晶界不会弯曲生长，也就不会发生由于晶界迁移而产生的“大吞小”的现象。

图 3-16 所示为 2 个相同尺寸晶粒烧结的形貌演变，选取与图 3-15 相同时间步的结果图进行对比，其坐标(x, y)和半径 R 如表 3-4 所示。通过比较可以看出，烧结过程中它们的形貌演变有着显著的不同。烧结过程中先后发生了晶粒的黏合、烧结颈的形成和增长。这一现象与

文献[38]给出的实验结果一致。

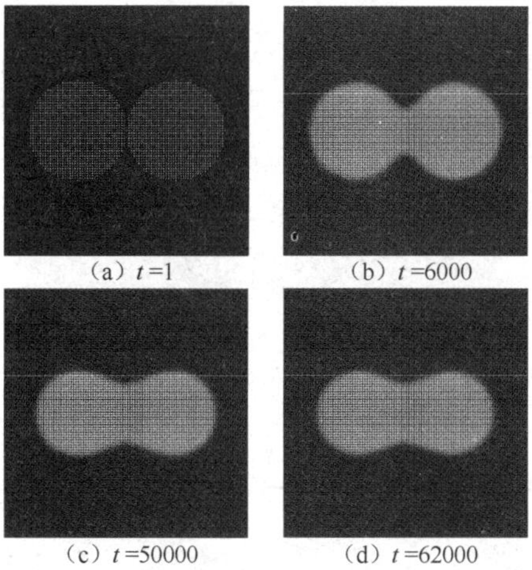

图 3-16　2 个相同尺寸晶粒烧结的形貌演变

2．多晶粒烧结

实际的烧结过程是一个多晶粒的演变过程，如图 3-17 所示，模拟了 9 个晶粒烧结过程的相场演变，其坐标(x, y)和半径 R 如表 3-4 所示。

从图 3-17（b）可以看出，烧结颈首先形成于 2 个相邻晶粒的初始接触点处。晶粒间隙逐渐演化成为晶界交叉处的气孔，气孔在演化过程中出现了“球化”现象［见图 3-17（c)］，其对晶界的移动有一定的阻碍作用。该工作的相场模拟结果与扫描电镜（SEM）的实验观察结果[38]基本一致。随着时间步的进行，间隙消失［见图 3-17（d)］，尖端边界逐渐消失［见图 3-17（e)］，微观组织迅速逼近“圆形晶粒”。

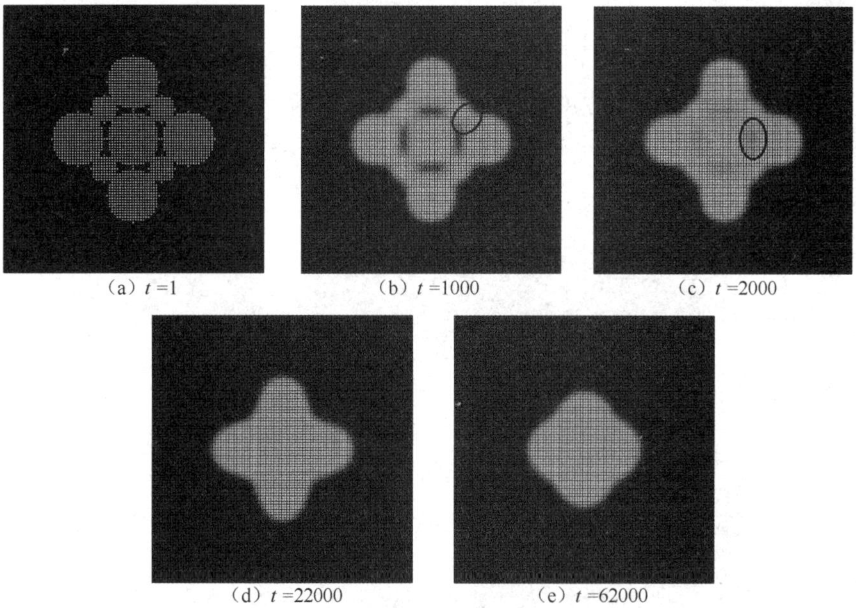

图 3-17　9 个晶粒烧结的形貌演变

3.4.3 MATLAB 源代码

本实例简要的 MATLAB 代码框架如下所示，完整代码文件参见“Codes\Chapter3_FDM\Matlab_3_4\main.m”。

烧结实现代码

```
%设置单元尺寸
Nx = 100;  Ny = 100;  NxNy = Nx*Ny;
dx = 0.5;  dy = 0.5;

%设置积分步
nstep = 100000;  nshow = 100;  nprint = 2000;  dtime = 1.0e-4;

%晶粒数 2 或 9
%npart = 2
npart = 9;

%材料相关属性
coefm = 5.0;  coefk = 2.0;  coefl = 5.0;
dvol = 0.040;  dvap = 0.002;  dsur = 16.0;  dgrb = 1.6;

%准备结果存储空间
X = 0:0.5:49.5;  Y = 0:0.5:49.5;
Zcon = zeros(100, 100);  Zeta1 = zeros(100, 100);  Zeta2 = zeros(100, 100);

%微结构初始化，程序设置了晶粒数为 2 和 9 两种情况
for ipart =1:npart
    for i=1:Nx
        for j=1:Ny
            con(i,j) =0.0;
            etas(i,j,ipart) = 0.0;
        end
    end
end

%9 个晶粒
if(npart == 9)
    R = 10.0;
    xc(1)=50.0;  yc(1)=29.0;
    xc(2)=50.0;  yc(2)=50.0;
    xc(3)=50.0;  yc(3)=71.0;
    xc(4)=29.0;  yc(4)=50.0;
    xc(5)=71.0;  yc(5)=50.0;
    xc(6)=39.0;  yc(6)=39.0;
    xc(7)=39.0;  yc(7)=61.0;
    xc(8)=61.0;  yc(8)=39.0;
    xc(9)=61.0;  yc(9)=61.0;
```

```
   for ipart=1:npart
      Rx = R;

      if(ipart > 5 )  Rx = 0.5*R;  end

      for i=1:Nx
         for j=1:Ny
            xx1 =sqrt((i-xc(ipart))^2 +(j-yc(ipart))^2);
            if( xx1 <= Rx)  con(i,j)= 0.999;   etas(i,j,ipart) =0.999;  end
         end %j
      end %i

   end %ipart

end %if

%2 个晶粒
if(npart == 2)
   R1 = 20.0;    x1 = 40.0;  y1 = Ny/2;
   R2 = 0.5*R1;  x2 = 70.0;

   for i=1:Nx
      for j=1:Ny
         xx1 =sqrt((i-x1)^2 +(j-y1)^2);  xx2 =sqrt((i-x1)^2 +(j-y2)^2);
         if( xx1 <= R1)   con(i,j)=0.999;   etas(i,j,1) =0.999;  end
         if(xx2 <= R2)   con(i,j) = 0.999;   etas(i,j,1)=0.0;  etas(i,j,2)=0.9999;
end

      end %j
   end %i
end %if

%初始化 eta
for i=1:Nx
   for j=1:Ny
      eta(i,j) = 0.0;
   end
end

for istep =1:nstep
   %浓度场迭代
   iflag = 1;
   for i=1:Nx
      for j=1:Ny

         jp=j+1;  jm=j-1;  ip=i+1;  im=i-1;

         if(im == 0)      im=Nx;   end
```

```
        if(ip == (Nx+1))  ip=1;    end
        if(jm == 0)      jm=Ny;  end
        if(jp == (Ny+1))  jp=1;    end

        hne=con(ip,j);  hnw=con(im,j);  hns=con(i,jm);  hnn=con(i,jp);
hnc=con(i,j);
        lap_con(i,j) =(hnw + hne + hns + hnn -4.0*hnc)/(dx*dy);

        %计算自由能对浓度的导数
        [dfdcon,dfdeta]=free_energ_sint_v1(i,j,con,eta,etas,npart,iflag);
        dummy(i,j) = dfdcon - 0.5*coefm*lap_con(i,j);

    end %for j
  end %for i

  for i=1:Nx
    for j=1:Ny

        jp=j+1;  jm=j-1;  ip=i+1;  im=i-1;

        if(im == 0)      im=Nx;  end
        if(ip == (Nx+1))  ip=1;    end
        if(jm == 0)      jm=Ny;   end
        if(jp == (Ny+1))  jp=1;    end

        hne=dummy(ip,j);  hnw=dummy(im,j);  hns=dummy(i,jm); hnn=dummy(i,jp);
hnc=dummy(i,j);
        lap_dummy(i,j) =(hnw + hne + hns + hnn -4.0*hnc)/(dx*dy);

        %Mobility差值函数
        phi = con(i,j)^3 *(10.0-15.0*con(i,j) + 6.0*con(i,j)^2);

        sum =0.0;
        for ipart =1:npart
            for jpart =1:npart
                if(ipart ~= jpart)
                    sum = sum + etas(i,j,ipart)*etas(i,j,jpart);
                end
            end
        end

        mobil = dvol*phi + dvap*(1.0-phi) + dsur*con(i,j)*(1.0-con(i,j)) +
dgrb*sum;

        %时间积分
        con(i,j) = con(i,j) + dtime*mobil*lap_dummy(i,j);

        %处理偏差值
```

```
        if(con(i,j) >= 0.9999)  con(i,j)= 0.9999;  end
        if(con(i,j) < 0.00001)  con(i,j) = 0.00001;  end

        Zcon(i,j) = con(i,j);
    end %j
end %i

%相场迭代
iflag = 2;
for ipart = 1:npart

    for i=1:Nx
        for j=1:Ny
            eta(i,j) = etas(i,j,ipart);
        end
    end

    for i=1:Nx
        for j=1:Ny

            jp=j+1;   jm=j-1;   ip=i+1;  im=i-1;

            if(im == 0)       im=Nx;   end
            if(ip == (Nx+1))   ip=1;     end
            if(jm == 0)       jm=Ny;   end
            if(jp == (Ny+1))   jp=1;     end

            hne=eta(ip,j);  hnw=eta(im,j);  hns=eta(i,jm);  hnn=eta(i,jp);
hnc=eta(i,j);
            lap_eta(i,j) =(hnw + hne + hns + hnn -4.0*hnc)/(dx*dy);

            %自由能对相的导数
            [dfdcon,dfdeta]=free_energ_sint_v1(i,j,con,eta,etas,npart,iflag);

            %时间积分
            eta(i,j) = eta(i,j) - dtime * coefl*(dfdeta - 0.5 *coefk*lap_eta(i,j));

            %处理偏差值
            if(eta(i,j) >= 0.9999)   eta(i,j) = 0.9999;  end
            if(eta(i,j) < 0.0001)  eta(i,j) = 0.0001;   end

        end %j
    end %i

    for i=1:Nx
        for j=1:Ny
            etas(i,j,ipart) = eta (i,j);
            if(ipart==1)
                Zeta1(i, j) =  etas(i,j,ipart);
```

```
            else
               Zeta2(i, j) =  etas(i,j,ipart);
            end
         end%end for
      end
   end %ipart

   %结果输出
   if((mod(istep, nshow) == 0) || (istep == 1) )
      axis equal; hold on;
      pcolor(X, Y, Zcon)
      stitle=['time = ',num2str(istep)];
      title(stitle,'fontname','Times New Roman','Color','k','FontSize',15);
      axis off; hold off;

      M(istep) = getframe;
   end %if
end %istep

%求解时间
compute_time = etime(clock(),time0);
fprintf('Compute Time: %10d\n',compute_time);
```

求导子程序

```
function [dfdcon,dfdeta] =free_energ_sint_v1(i,j,con,eta,etas,npart,iflag)
format long;
A=16.0;
B= 1.0;
dfdcon =0.0;
dfdeta =0.0;

if(iflag == 1)       %浓度场自由能迭代
   sum2 = 0.0;
   sum3 = 0.0;
   for ipart = 1:npart
      sum2 = sum2 + etas(i,j,ipart).^2;
      sum3 = sum3 + etas(i,j,ipart).^3;
   end
   dfdcon = B*(2.0*con(i,j) + 4.0*sum3 - 6.0*sum2) - 2.0*A*con(i,j)^2 .* ...
         (1.0-con(i,j)) + 2.0*A*con(i,j)*(1.0-con(i,j))^2;
end

if(iflag == 2)       %相场自由能迭代
   sum2 =0.0;
   for ipart = 1: npart
      sum2 = sum2 + etas(i,j,ipart)^2;
   end
   dfdeta = B*(-12.0*eta(i,j)^2 .* (2.0-con(i,j)) +12.0 *eta(i,j)* (1.0-con(i,j))
+12.0*eta(i,j)*sum2);
```

```
end

end
```

3.5　通道湍流流动问题

湍流是流体的一种流动状态。当流体的流速很大时，流体做不规则运动，有垂直于流管轴线方向的分速度产生，这种运动称为湍流，又称为乱流、扰流或紊流。湍流利弊兼有，一方面它强化传递和反应过程；另一方面它极大地增加摩擦阻力和能量损耗。鉴于湍流是自然界和各种技术过程中普遍存在的流体运动状态（如风、河中水流、飞行器和船舶表面附近的绕流、流体机械中流体的运动等），因此研究、预测和控制湍流是认识自然现象、发展现代技术的重要课题之一。

3.5.1　通道湍流流动理论

1．控制方程和求解方法

1）Navier-Stokes 方程

我们采用 Navier-Stokes 方程描述不可压缩流体的流动：

$$\frac{\partial \boldsymbol{u}}{\partial t}+\nabla\cdot(\boldsymbol{uu})=-\nabla \boldsymbol{p}+\nu\Delta\boldsymbol{u}+\boldsymbol{f} \tag{3-156}$$

式中，$\boldsymbol{C}=\nabla\cdot(\boldsymbol{uu})$ 为对流项，$\boldsymbol{uu}$ 定义了由速度分量u_i组成的 3×3 矩阵$u_i u_j$；$\boldsymbol{P}=-\nabla \boldsymbol{p}$ 为压力梯度，在本章中，为了简洁起见，假设“压力” $\boldsymbol{p}$ 是实际压力除以恒定密度；$\boldsymbol{D}=\nu\Delta\boldsymbol{u}$ 为黏性项；$\boldsymbol{f}$ 为外力。流体的不可压缩性通过连续性方程来实现：

$$\nabla\cdot\boldsymbol{u}=0 \tag{3-157}$$

式（3-157）两边取散度，并注意$\nabla\cdot\boldsymbol{D}=\nabla\cdot\dfrac{\partial\boldsymbol{u}}{\partial t}=0$，得到压力的泊松方程：

$$\nabla \boldsymbol{p}=-\nabla\cdot\boldsymbol{C} \tag{3-158}$$

因此，压力和速度以椭圆方式耦合，这需要代数方程组的数值求解。

2）投影法

在投影法中，压力–速度的耦合基于亥姆霍兹定理。该定理指出，任何光滑向量场都可以表示为两个部分的和：无发散部分和无卷曲部分。因此，通过具有不消失散度的平滑中间速度$\boldsymbol{u}^*$和压力梯度$\nabla\boldsymbol{p}$，可以获得如下无散度速度：

$$\boldsymbol{u}=\boldsymbol{u}^*-\nabla\boldsymbol{p} \tag{3-159}$$

当在标准时间步长积分框架中使用显式欧拉方法离散时间导数时，投影方法很容易理解。首先仅使用对流($\boldsymbol{C}^n$)和扩散($\boldsymbol{D}^n$)项，然后使用时间步n的已知值来计算中间速度$\boldsymbol{u}^*$，最后在时间步Δt上应用欧拉方法，则速度增量可以由$\delta\boldsymbol{u}=\boldsymbol{u}^*-\boldsymbol{u}^n$和$\boldsymbol{u}^*$表示为

$$\boldsymbol{u}^*=\boldsymbol{u}^n-\Delta t(\boldsymbol{C}^n-\boldsymbol{D}^n) \tag{3-160}$$

式中，$\boldsymbol{u}^*$通常不是无发散的，且是由$\boldsymbol{C}^n$引起的非线性，并且当从式（3-158）解出$\boldsymbol{p}$时，必须使用式(3-159)将其投影回无发散的对应物。将欧拉方法扩展到本章中使用的四阶 Runge-Kutta（RK4）方法很简单。在 RK4 方法中，投影步骤需要在所有子步骤上执行，即每个时间步执行

4次，以保持原始方案的四阶时间精度。选择经典RK4方法作为时间离散化系数，系数为$a_1=\frac{1}{6}$、$a_2=\frac{1}{3}$、$a_3=\frac{1}{3}$和$a_4=\frac{1}{6}$。

3）倾斜对称离散化

式（3-156）显式离散化的关键问题之一是非线性对流项。在这里讨论保守形式为$\frac{\partial \boldsymbol{u}v}{\partial x}$的非线性导数的计算是有益的。这些项可以用数学上但不是数字上等价的各种方式书写，例如，这些项的对流形式可以写成$\frac{\partial \boldsymbol{u}v}{\partial x}=\boldsymbol{u}\frac{\partial v}{\partial x}+v\frac{\partial \boldsymbol{u}}{\partial x}$。在本章中，选择了斜对称形式，因为对于Navier-Stokes方程的离散对流项，这种形式保存了流体的动能，例如，对于出现$\boldsymbol{u}$和v乘积的非线性项，斜对称形式只是保守形式和对流形式的平均值：

$$\frac{\partial \boldsymbol{u}v}{\partial x}=\frac{1}{2}\left(\frac{\partial \boldsymbol{u}v}{\partial x}+\boldsymbol{u}\frac{\partial v}{\partial x}+v\frac{\partial \boldsymbol{u}}{\partial x}\right) \tag{3-161}$$

2．基于有限差分的通道流动

1）通道流动模拟设置

外部恒定体力$\boldsymbol{f}=(f_x,0,0)$将通道流驱动至x方向，以确保稳定的湍流状况。在顶壁和底壁处，使用“无滑移”边界条件（BC），以使速度在壁上消失。在流向和翼展方向上，使用周期性边界条件。

众所周知，当壁面剪切应力和体力相互平衡时，可以达到稳定的湍流状态。这种平衡在摩擦雷诺数Re_τ、体力分量f_x、通道高度H和黏度v之间产生简单的联系，关系式为

$$f_x=\frac{8v^2}{H^3}Re_\tau \tag{3-162}$$

式中，为了更好地处理低湍流情况，摩擦雷诺数取值$Re_\tau=180$，这为基于有限差分求解的基准测试提供了良好的测试问题[39]。该区域的大小为$2\pi\times2\times\pi$，离散为72^3个单元，因此流向和翼展方向网格间距Δx和Δz是常数。相反，使用双曲正切函数$\tanh(cy)$的拉伸应用于壁面法线方向，使得y在壁面附近较小，在通道中心附近较大。为了解决薄的近壁面界层，所以需要细化网格。动态调整模拟时间步长，使得3D情况下的最大库朗数$\mathrm{Co}_{\max}=0.5$。

2）微分矩阵

数值计算导数的一种标准、紧凑的方法是将函数$\boldsymbol{g}$的离散点数据表示为列向量$\bar{\boldsymbol{g}}$，并将微分算子（如$\frac{\partial}{\partial x}$）表示为微分矩阵$\boldsymbol{D}_x$，于是得到$\frac{\partial \boldsymbol{g}}{\partial x}=\boldsymbol{D}_x\bar{\boldsymbol{g}}$。因此，紧凑求解Navier-Stokes方程所需的“全部”是：①了解哪些离散化方案产生稳定解；②了解边界条件的给出方式和位置；③形成微分矩阵。在此之后，连续方程可以被紧凑地转换成线性代数。

图3-18显示了通道壁附近网格的示意图，包括壁法线方向(Δy)上的非恒定网格间距，其中白色区域表示通道内部，而灰色区域位于壁外部。壁正好位于索引位置$j=1/2$处的网格线上。边界条件隐式地设置在灰色单元格（重影单元格）中，使得所需的边界条件恰好在索引位置$j=1/2$处指定，以作为位置$j=0$和$j=1$的线性插值。

对一阶导数进行评估，以便首先将场值插值到单元表面的索引位置$j\pm\frac{1}{2}$，然后根据插

值计算单元中的导数

$$\left(\frac{\partial \boldsymbol{u}}{\partial x}\right)_j \approx \frac{\boldsymbol{u}_{j+\frac{1}{2}} - \boldsymbol{u}_{j-\frac{1}{2}}}{\Delta x_j} \tag{3-163}$$

式中，$\boldsymbol{u}_{j+\frac{1}{2}}$ 和 $\boldsymbol{u}_{j-\frac{1}{2}}$ 分别定义为

$$\boldsymbol{u}_{j+\frac{1}{2}} = \frac{\Delta x_{j+1}\boldsymbol{u}_j + \Delta x_j \boldsymbol{u}_{j+1}}{\Delta x_j + \Delta x_{j+1}},\quad \boldsymbol{u}_{j-\frac{1}{2}} = \frac{\Delta x_j \boldsymbol{u}_{j-1} + \Delta x_{j-1}\boldsymbol{u}_j}{\Delta x_{j-1} + \Delta x_j} \tag{3-164}$$

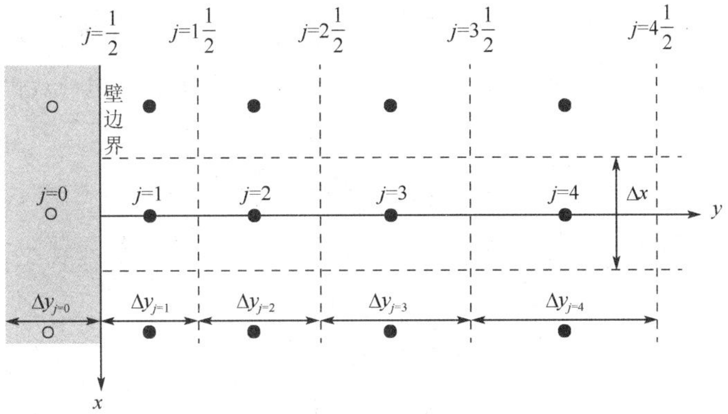

图 3-18　非均匀单元中心有限差分网格

类似地，使用在单元面上定义的导数来评估二阶导数：

$$\left(\frac{\partial^2 \boldsymbol{u}}{\partial x^2}\right)_j \approx \frac{1}{\Delta x_j}\left[\left(\frac{\partial \boldsymbol{u}}{\partial x}\right)_{j+\frac{1}{2}} - \left(\frac{\partial \boldsymbol{u}}{\partial x}\right)_{j-\frac{1}{2}}\right] \tag{3-165}$$

$$\left(\frac{\partial \boldsymbol{u}}{\partial x}\right)_{j+\frac{1}{2}} \approx \frac{2(\boldsymbol{u}_{j+1} - \boldsymbol{u}_j)}{\Delta x_j + \Delta x_{j+1}},\quad \left(\frac{\partial \boldsymbol{u}}{\partial x}\right)_{j-\frac{1}{2}} \approx \frac{2(\boldsymbol{u}_j - \boldsymbol{u}_{j-1})}{\Delta x_{j-1} + \Delta x_j} \tag{3-166}$$

作为示例，我们考虑将间隔 $x \in [0, 1]$ 离散为 N 个等距单元。任务是使用中心差分（$\frac{\partial^2 \boldsymbol{g}}{\partial x^2} \approx \boldsymbol{D}_{xx}\bar{\boldsymbol{g}}$）对测试函数的二阶导数进行数值计算。对周期性边界条件的矩阵 $\boldsymbol{D}_{xx,1}$ 的第一行上的矩阵元素与第 N 行上的元素简单耦合，反之亦然。对 Dirichlet 条件 $\boldsymbol{u}(x=0)=0$ 得到的 $\boldsymbol{u}_0 = -\boldsymbol{u}_1$ 和矩阵 $\boldsymbol{D}_{xx,2}$ 的上角元素被相应地修改。分别地，Neumann 条件 $\frac{\partial \boldsymbol{u}(x=1)}{\partial x} = 0$ 得到的 $\boldsymbol{u}_0 = \boldsymbol{u}_1$ 和矩阵 $\boldsymbol{D}_{xx,2}$ 的底角元素被修改。

$$\boldsymbol{D}_{xx,1} = \frac{1}{\Delta x^2}\begin{bmatrix} -2 & 1 & & & 1 \\ 1 & -2 & 1 & & \\ & \ddots & \ddots & \ddots & \\ & & 1 & -2 & 1 \\ 1 & & & 1 & -2 \end{bmatrix},\quad \boldsymbol{D}_{xx,2} = \frac{1}{\Delta x^2}\begin{bmatrix} -1 & 1 & & & \\ 1 & -2 & 1 & & \\ & \ddots & \ddots & \ddots & \\ & & 1 & -2 & 1 \\ & & & 1 & -3 \end{bmatrix} \tag{3-167}$$

相同的原理用于在通道流动求解器中创建三维微分矩阵。对于速度，总共需要 6 个微分矩阵：$\boldsymbol{D}_x$、$\boldsymbol{D}_y$、$\boldsymbol{D}_z$、$\boldsymbol{D}_{xx}$、$\boldsymbol{D}_{yy}$ 和 $\boldsymbol{D}_{zz}$。对于压力，也需要 6 个微分矩阵：$\boldsymbol{D}_x^p$、$\boldsymbol{D}_y^p$、$\boldsymbol{D}_z^p$、$\boldsymbol{D}_{xx}^p$、$\boldsymbol{D}_{yy}^p$ 和 $\boldsymbol{D}_{zz}^p$。稀疏矩阵的大小为 $N^3 \times N^3$。对于速度和压力，边界条件在 x 和 z 方向上都是周期性的。在 y 方向上，实现 Dirichlet 或 Neumann 条件。在模拟开始时，只构建一次矩阵。由于边界条件的隐式计算，瞬时解不会显式地出现在矩阵中。所有 Dirichlet 和 Neumann 边界条件仅通过修改式（3-163）和式（3-165）来实现。

3）评估速度增量

现在，算子表示为$N^3 \times N^3$大小的稀疏矩阵。为了计算三维速度场的导数，速度被写为成$\boldsymbol{N}^3 \times 1$大小的列向量$\bar{\boldsymbol{u}}_n$、$\bar{\boldsymbol{v}}_n$和$\bar{\boldsymbol{w}}_n$。在矩阵向量形式中，$x$方向动量方程的对流项可以以如下的斜对称形式计算：

$$\begin{aligned}\boldsymbol{C}_x = \frac{1}{2}\big[&\boldsymbol{D}_x(\bar{\boldsymbol{u}}_n\bar{\boldsymbol{u}}_n) + \boldsymbol{D}_y^p(\bar{\boldsymbol{v}}_n\bar{\boldsymbol{u}}_n) + \boldsymbol{D}_z(\bar{\boldsymbol{w}}_n\bar{\boldsymbol{u}}_n) + \\ &\bar{\boldsymbol{u}}_n(\boldsymbol{D}_x\bar{\boldsymbol{u}}_n) + \bar{\boldsymbol{v}}_n(\boldsymbol{D}_y\bar{\boldsymbol{u}}_n) + \bar{\boldsymbol{w}}_n(\boldsymbol{D}_z\bar{\boldsymbol{u}}_n)\big]\end{aligned} \tag{3-168}$$

式中，$\bar{\boldsymbol{u}}_n\bar{\boldsymbol{u}}_n$类型的乘积表示向量的元素乘法，即$\bar{\boldsymbol{u}}_n\bar{\boldsymbol{u}}_n \in \mathbb{R}^{N^3\times 1}$。我们注意到，当矩阵对两个速度的乘积进行运算时，矩阵$\boldsymbol{D}_y^p$用于定义速度的无滑移边界条件的一致性原因。类似地，扩散项在x方向上的评估如下：

$$\bar{\boldsymbol{D}}_x = \nu\boldsymbol{D}_{xx}\bar{\boldsymbol{u}}_n + \nu\boldsymbol{D}_{yy}\bar{\boldsymbol{u}}_n + \nu\boldsymbol{D}_{zz}\bar{\boldsymbol{u}}_n \tag{3-169}$$

同理，可以将单元质心处的速度增量评估为两个贡献的总和：

$$\begin{cases}\delta\bar{\boldsymbol{u}} = \Delta t\left(-\bar{\boldsymbol{C}}_x + \bar{\boldsymbol{D}}_x + f_x\right) \\ \delta\bar{\boldsymbol{v}} = \Delta t\left(-\bar{\boldsymbol{C}}_y + \bar{\boldsymbol{D}}_y\right) \\ \delta\bar{\boldsymbol{w}} = \Delta t\left(-\bar{\boldsymbol{C}}_z + \bar{\boldsymbol{D}}_z\right)\end{cases} \tag{3-170}$$

式（3-168）实现的简要的 MATLAB 代码框架如 3.5.3 节所示，完整代码文件参见“Codes\Chapter3_FDM\Matlab_3_5\ThreeDChannel_Solver.m”。

4）投影

泊松方程可以使用式（3-165）进行离散，并且在流向和翼展方向上具有周期性边界条件。根据惯例，Neumann 边界条件$\left(\frac{\partial \boldsymbol{p}}{\partial y}\right)_{\text{wall}} = 0$在壁上规定压力。在均匀网格上，使用式（3-165）形成的拉普拉斯算子将简单地对应于标准七点差分。然而，在一个壁单元面上，设置参考压力$\boldsymbol{p} = 0$的 Dirichlet 边界条件，以使泊松方程的解唯一，然后可以构造泊松矩阵$\boldsymbol{M}$。由于网格不使用虚节点，边界条件被实现到$\boldsymbol{M}$的对角条目中，从而在壁上形成一个六点差分。矩阵元素也被 Dirichlet 边界条件规定为在参考压力的单元格处进行修改。因此，渠道流量配置的泊松算子表示为三个矩阵的总和，即$\boldsymbol{M} = \boldsymbol{D}_{xx}^p + \boldsymbol{D}_{yy}^p + \boldsymbol{D}_{zz}^p$。在实践中，矩阵$\boldsymbol{M}$被略微修改，以考虑边界上单元面处的选择为$\boldsymbol{p}_{\text{ref}} = 0$。

一旦更新了中间速度$\bar{\boldsymbol{u}}^*$、$\bar{\boldsymbol{v}}^*$和$\bar{\boldsymbol{w}}^*$，就可以根据泊松方程求解压力：

$$\boldsymbol{M}\bar{\boldsymbol{p}} = \boldsymbol{D}_x\bar{\boldsymbol{u}}^* + \boldsymbol{D}_y\bar{\boldsymbol{v}}^* + \boldsymbol{D}_z\bar{\boldsymbol{w}}^* \tag{3-171}$$

式（3-171）使用标准预处理双共轭梯度法（MATLAB 函数 bicgstab）和不完全 LU 预处理器求解。在模拟开始之前，预处理矩阵和$\boldsymbol{M}$都只生成一次。最后，一旦已知压力，就可以使用微分矩阵进行投影：

$$\begin{cases}\bar{\boldsymbol{u}}_{n+1} = \bar{\boldsymbol{u}}^* - \boldsymbol{D}_x^p\,\bar{\boldsymbol{p}} \\ \bar{\boldsymbol{v}}_{n+1} = \bar{\boldsymbol{v}}^* - \boldsymbol{D}_y^p\,\bar{\boldsymbol{p}} \\ \bar{\boldsymbol{w}}_{n+1} = \bar{\boldsymbol{w}}^* - \boldsymbol{D}_z^p\,\bar{\boldsymbol{p}}\end{cases} \tag{3-172}$$

式中，场$\bar{\boldsymbol{u}}_{n+1}$、$\bar{\boldsymbol{v}}_{n+1}$和$\bar{\boldsymbol{w}}_{n+1}$是无发散的。

投影实现的简要 MATLAB 代码框架如 3.5.3 节所示，完整代码文件参见"Codes\Chapter3_FDM\Matlab_3_5\ThreeDChannel_Projection.m"。

3.5.2　实例分析

通道湍流流动如图 3-19 所示，假设几何尺寸长度$l = 628\text{mm}$，宽度$w = 314\text{mm}$和高度$h = 200\text{mm}$。顶壁和底壁上没有滑动条件，而x和y方向的边界是周期性的。流量由体力$\bar{\boldsymbol{g}}_x$驱动。区域离散为72^3个单元。摩擦雷诺数取值$Re_\tau = 180$，最大库朗数$\text{Co}_{\max} = 0.5$。计算总时间步为 1000 步，每隔 5 步输出一次结果。

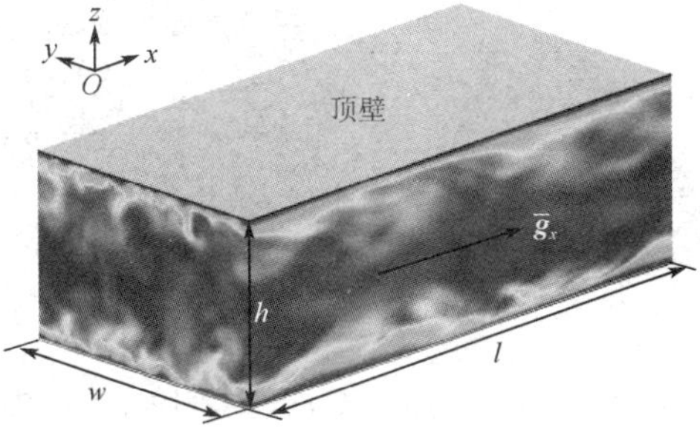

图 3-19　通道湍流尺寸示意图和流向速度的三维剪切表示

图 3-19 也显示了速度场的瞬时情况，在顶壁和底壁处，黏性边界层形成，速度在壁处接近零。图 3-20 显示了各个平面的流向速度场，其中图 3-20（b）显示了从$y^+ \approx 10$处截取的切面流向速度，缓冲区内的湍流条纹得到了很好的观察。

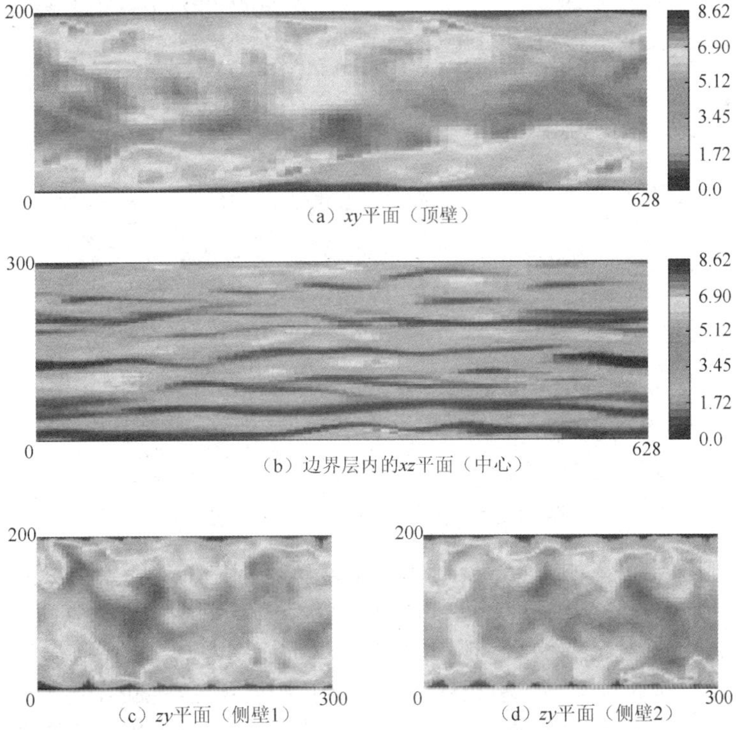

图 3-20　各平面的流向速度场

图 3-21 显示了涡度指示，其中考虑了 Q 标准的等值面。正 Q 值表示涡度主导区域，其

中 $|\boldsymbol{\omega}|^2 \gg |\boldsymbol{S}_{ij}|^2$，其中 $\boldsymbol{\omega}$ 是流体的涡度，$\boldsymbol{S}_{ij}$ 是应变率张量。

将计算结果与 MKM（Material Kinematics and Mechanics）结果进行比较，如图 3-22 所示，我们发现，不论是平均速度、分量方向的运动曲线，还是雷诺剪切应力曲线，都与 MKM 的曲线很吻合。在图 3-22（a）中，我们发现平均速度与 Moser 等人[39]的参考数据非常一致。这种良好的一致性也体现在图 3-22（b）中提供的速度分量的时间和空间平均标准偏差上。事实上，这并不令人惊讶，因为所使用的网格数接近于文献[39]中所使用的特定情况下的典型 DNS（直接数值模拟，Direct Numerical Simulation）网格数。

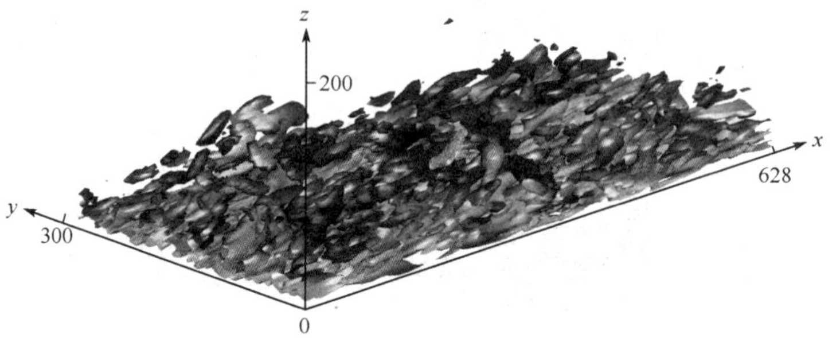

图 3-21　涡度指示图，Q 标准（Q=10）的等值面

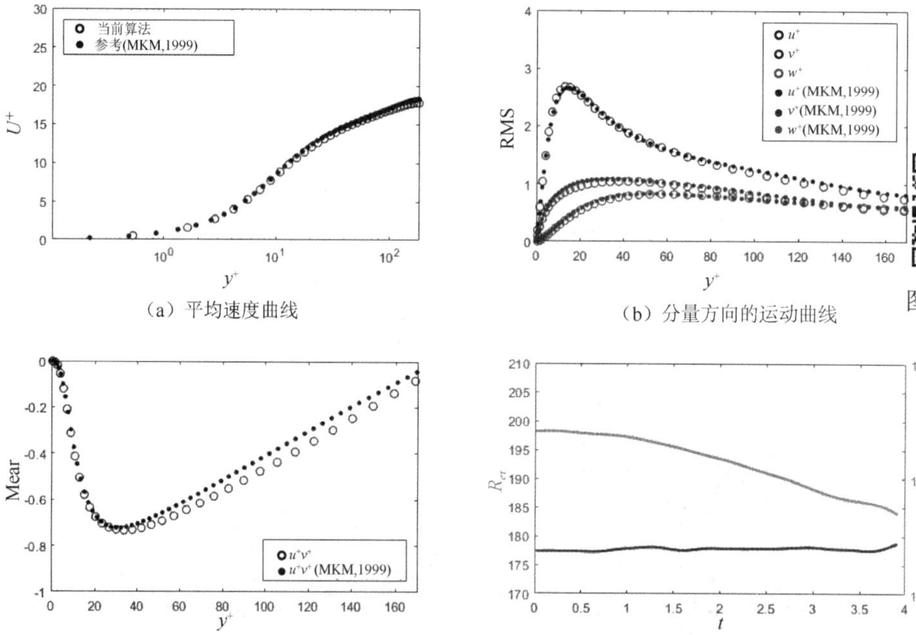

（a）平均速度曲线

（b）分量方向的运动曲线

图 3-22 彩图

（c）雷诺剪切应力曲线

（d）溶液动能的演变和平均摩擦雷诺数

图 3-22　当前结果与 MKM 曲线对比图

接下来，我们简要解释如何实现渠道流动的求解。首先，从初始条件恒定速度开始，以相当粗略的网格 36^3 进行一次模拟，以产生具有层流边界层的初始速度分布。然后，将随机波动添加到层流速度分布中，并继续模拟约 $1000\Delta t\,(\mathrm{Co}_{\max}=0.9)$。这一阶段只需要几分钟的时间，因此流场开始出现定性湍流。将粗糙网格的结果插值到更精细的网格 72^3 上，再继续模拟 $1000\Delta t$，这一阶段总共需要几个小时。最后，对流场进行时空平均，并将模拟结果与参考数据进行比较[39]。

3.5.3 MATLAB 源代码

本实例简要的 MATLAB 代码框架如下所示，完整代码文件参见“Codes\Chapter3_FDM\Matlab_3_5\main.m”。

对流项和扩散项的数值计算

```
%对流项（斜对称）-笛卡儿分量
%注：Neumann 边界条件算子 Dzp 用于通道壁上的速度乘积微分
CONVx = 0.5*(Dx*(u.*u) +Dy*(v.*u) +Dzp*(w.*u) +u.*(Dx*u) +v.*(Dy*u)+w.*(Dz*u));
CONVy = 0.5*(Dx*(u.*v) +Dy*(v.*v) +Dzp*(w.*v) +u.*(Dx*v) +v.*(Dy*v)+w.*(Dz*v));
CONVz = 0.5*(Dx*(u.*w) +Dy*(v.*w) +Dzp*(w.*w) +u.*(Dx*w) +v.*(Dy*w)+w.*(Dz*w));

%扩散项-笛卡儿分量
DIFFx = nu*(Dxx*u+Dyy*u+Dzz*u);
DIFFy = nu*(Dxx*v+Dyy*v+Dzz*v);
DIFFz = nu*(Dxx*w+Dyy*w+Dzz*w);
```

投影

```
%计算散度
DIV = Dx*u+Dy*v+Dz*w;
%用 RHS 上的 DIV 求解泊松方程的压力
[p , flag] = bicgstab (M, DIV, bicgtol , bicgmaxit , Lbicg , Ubicg , pest);

%计算压力梯度
px = Dxp*p;
py = Dyp*p;
pz = Dzp*p;

%具有压力梯度的正确速度场（向量）
u = u-px;
v = v-py;
w = w-pz;
```

整体计算流程

```
ThreeDChannel_Casesetup;                     %设置案例参数
ThreeDChannel_CreateFields;                  %创建几何图形并初始化
ThreeDChannel_DifferentialOperators;         %生成离散运算符
ThreeDChannel_Preconditioners;               %为线性方程求解器生成预处理器
ThreeDChannel_Projection;                    %执行初始投影

for i=1:nsteps
    ThreeDChannel_AdjustTimeStep;            %动态调整时间步长
    ThreeDChannel_Solver;                    %运行求解器
    ThreeDChannel_RunPostProcessing;         %统计和可视化
end
```

3.6 铸造问题

金属铸造历史悠久，铸造业一直是材料加工领域的重要支柱之一。然而，在铸件生产的过程中，通常伴随着较高的废品率，主要原因是传统的铸造工艺设计和模具设计大多依赖工人经验的积累，缺乏动态和定量数据支持的结果预测方法和设计优化，从而难以提高产品的最终质量。事实上，大多数造成高废品率的铸件缺陷（如缩孔、气孔、裂纹和变形等）都是在充模和铸造液凝固过程中形成的。借助数值模拟技术的应用，我们能够精确模拟铸造液充型和凝固阶段的物理细节和变化规律，从而科学地预测铸件成型质量，进行工艺方案和模具设计的优化，以大幅提升铸造产品的合格率。

3.6.1 铸造理论

1．铸件凝固过程的数值模拟

1）数学模型

模拟铸造过程温度场时，不考虑充型过程并忽略应力变形做功引起的热效应，则温度场的控制方程（Fourier 方程）为

$$\rho c\frac{\partial T}{\partial t}=\frac{\partial}{\partial x}\left(k_x\frac{\partial T}{\partial x}\right)+\frac{\partial}{\partial y}\left(k_y\frac{\partial T}{\partial y}\right)+\frac{\partial}{\partial z}\left(k_z\frac{\partial T}{\partial z}\right)+\rho L\frac{\partial f_{\mathrm{s}}}{\partial t} \tag{3-173}$$

式中，ρ为密度；c为比热容；T为温度；t为时间；k_x、k_y和k_z分别为x、y和z方向的热导率；L为比潜热；f_{s}为凝固温度区间内的固相质量分数。

式（3-173）说明：基于能量守恒原理，微体单位时间温度变化获得（或散失）的热量等于单位时间由x、y和z三个方向传入（或传出）微体的热量加上微体单位时间相变释放（或吸收）的热量。对于铸件/铸型系统中无相变材料（如铸型）的导热而言，右边最后一项等于零。

2）离散方法

对式（3-173）中的各项进行差分离散：

$$\frac{\partial T}{\partial t}=\lim_{\Delta t\to 0}\frac{\Delta T}{\Delta t}\approx\frac{T'-T}{\Delta t} \tag{3-174}$$

$$\begin{aligned}\frac{\partial^2 T}{\partial x^2}&=\lim_{\Delta x\to 0}\left[\frac{\left(\lim\limits_{\Delta x\to 0}\frac{\Delta T}{\Delta x}\right)_{x+\Delta x}-\left(\lim\limits_{\Delta x\to 0}\frac{\Delta T}{\Delta x}\right)_{x}}{\Delta x}\right]\\&\approx\frac{(T_{x+\Delta x}-T_x)-(T_x-T_{x-\Delta x})}{(\Delta x)^2}=\frac{T_{x+\Delta x}+T_{x-\Delta x}-2T_x}{(\Delta x)^2}\end{aligned} \tag{3-175}$$

当单元的各边长相等$\Delta x=\Delta y=\Delta z$，且热导率各向同性相等$k_x=k_y=k_z=\lambda$时，有

$$\frac{\partial^2 T}{\partial x^2}+\frac{\partial^2 T}{\partial y^2}+\frac{\partial^2 T}{\partial z^2}=\frac{T_{x+\Delta x}+T_{x-\Delta x}+T_{y+\Delta y}+T_{y-\Delta y}+T_{z+\Delta x}+T_{z-\Delta x}-6T}{(\Delta x)^2} \tag{3-176}$$

将式（3-174）～式（3-176）代入式（3-173）中，得到铸件系统热导率传导控制方程的差分格式为

$$\rho c\frac{T'-T}{\partial t} = \lambda\frac{T_{x+\Delta x}+T_{x-\Delta x}+T_{y+\Delta y}+T_{y-\Delta y}+T_{z+\Delta x}+T_{z-\Delta x}-6T}{(\Delta x)^2}+\rho L\frac{\partial f_s}{\partial t} \tag{3-177}$$

2．铸液充型过程的数值模拟

1）数学模型

铸液充型过程的流动属于带有自由表面不可压缩黏性非稳态流体流动，包含质量传递、动量传递和能量传递。

（1）连续方程（质量守恒方程）。

连续方程是质量守恒定律在流体力学中的具体体现。对于带有自由表面不可压缩黏性非稳态流体流动，有

$$D=\frac{\partial u}{\partial x}+\frac{\partial v}{\partial y}+\frac{\partial w}{\partial z}=0 \tag{3-178}$$

式中，D 为散度；u、v 和 w 为流体在 x、y 和 z 三个方向上的流速分量。

式（3-178）表明，对于不可压缩流体的无源流动场而言，在充满流体的流动域中任何一点，流速的散度应该等于 0，即无源无漏，质量守恒。

（2）动量守恒方程。

动量守恒方程是根据牛顿第二定律推导出的黏性流体运动方程，又称 Navier-Stokes 方程（简称 N-S 方程）。对于带有自由表面不可压缩黏性非稳态流体流动，动量守恒方程的表现形式为

$$\rho\left(\frac{\partial u}{\partial t}+u\frac{\partial u}{\partial x}+v\frac{\partial u}{\partial y}+w\frac{\partial u}{\partial z}\right)=-\frac{\partial p}{\partial x}+\rho g_x+\rho\mu\left(\frac{\partial^2 u}{\partial x^2}+\frac{\partial^2 u}{\partial y^2}+\frac{\partial^2 u}{\partial z^2}\right) \tag{3-179}$$

$$\rho\left(\frac{\partial v}{\partial t}+u\frac{\partial v}{\partial x}+v\frac{\partial v}{\partial y}+w\frac{\partial v}{\partial z}\right)=-\frac{\partial p}{\partial y}+\rho g_y+\rho\mu\left(\frac{\partial^2 v}{\partial x^2}+\frac{\partial^2 v}{\partial y^2}+\frac{\partial^2 v}{\partial z^2}\right) \tag{3-180}$$

$$\rho\left(\frac{\partial w}{\partial t}+u\frac{\partial w}{\partial x}+v\frac{\partial w}{\partial y}+w\frac{\partial w}{\partial z}\right)=-\frac{\partial p}{\partial z}+\rho g_z+\rho\mu\left(\frac{\partial^2 w}{\partial x^2}+\frac{\partial^2 w}{\partial y^2}+\frac{\partial^2 w}{\partial z^2}\right) \tag{3-181}$$

式中，g 为重力加速度；ρ 为流体密度；p 为流体压强；μ（$\mu=\eta/\rho$）为流体运动黏度，η 为流体动力黏度。

式（3-179）～式（3-181）表明，由微元体内流体重力、体表面压力和流体自身运动的动力（加速力与黏性力之差）所产出的动量之和为零。其中，等式左边代表加速力，左边括号中各项代表微元体在位置移动中的速度变化（该微元的加速度）；等式右边第一项代表作用在微元体表面的压力，第二项代表流体重力，第三项代表黏性力。

（3）能量守恒方程。

能量守恒方程是热力学第一定律在流体力学中的具体体现。对于带有自由表面不可压缩黏性非稳态流体流动，有

$$\rho c\frac{\partial T}{\partial t}+\rho c\left(u\frac{\partial T}{\partial x}+v\frac{\partial T}{\partial y}+w\frac{\partial T}{\partial z}\right)=\lambda\left(\frac{\partial^2 T}{\partial x^2}+\frac{\partial^2 T}{\partial y^2}+\frac{\partial^2 T}{\partial z^2}\right)+Q \tag{3-182}$$

式中，c 为流体比热容；Q 为流体内热源；λ 为流体热导率。

式（3-182）表明，流体流动引起的温度变化主要由流体自身导热和流体对流传热造成。其中，等式左边第一项代表与温度变化相关的能量，第二项代表与对流传热相关的能量；等

式右边第一项代表与流体自身导热相关的能量，第二项代表与流体内热源相关的能量。

2）离散方法

（1）连续方程（质量守恒方程）。

$$D \approx \frac{u_{x+\Delta x}-u_x}{\Delta x}+\frac{v_{y+\Delta y}-v_y}{\Delta y}+\frac{w_{z+\Delta z}-w_z}{\Delta z}=0 \tag{3-183}$$

$$D \approx \frac{u_x-u_{x-\Delta x}}{\Delta x}+\frac{v_y-v_{y-\Delta y}}{\Delta y}+\frac{w_z-w_{z-\Delta z}}{\Delta z}=0 \tag{3-184}$$

（2）动量守恒方程。

以式（3-179）为例，将方程中的各偏微分项用相应的差分项代替

$$\frac{\partial u}{\partial t} \approx \frac{u'-u}{\Delta t} \tag{3-185}$$

$$u\frac{\partial u}{\partial x}+v\frac{\partial u}{\partial y}+w\frac{\partial u}{\partial z} \approx u\frac{u_{x+\Delta x}-u_x}{\Delta x}+v\frac{u_{y+\Delta y}-u_y}{\Delta y}+w\frac{u_{z+\Delta z}-u_z}{\Delta z} \tag{3-186}$$

$$\frac{\partial p}{\partial x} \approx \frac{p_{x+\Delta x}-p_x}{\Delta x} \tag{3-187}$$

$$\begin{aligned}\frac{\partial^2 u}{\partial x^2}+\frac{\partial^2 u}{\partial y^2}+\frac{\partial^2 u}{\partial z^2} \approx \mu\Bigg[&\frac{u_{x+\Delta x}+u_{x-\Delta x}-2u_x}{(\Delta x)^2}+\\&\frac{u_{y+\Delta y}+u_{y-\Delta y}-2u_y}{(\Delta y)^2}+\frac{u_{z+\Delta z}+u_{z-\Delta z}-2u_z}{(\Delta z)^2}\Bigg]\end{aligned} \tag{3-188}$$

将式（3-185）～式（3-188）代入式（3-179）中，取$\Delta x=\Delta y=\Delta z$，并简化成数值迭代形式：

$$\begin{aligned}u' = u+g_x\Delta t-\frac{1}{\rho}\times\frac{p_{x+\Delta x}-p_x}{\Delta x}\Delta t-\\\frac{uu_{x+\Delta x}+vu_{y+\Delta y}+wu_{z+\Delta z}-(u+v+w)u}{\Delta x}\Delta t+\\\mu\frac{u_{x+\Delta x}+u_{x-\Delta x}+u_{y+\Delta y}+u_{y-\Delta y}+u_{z+\Delta z}+u_{z-\Delta z}-6u}{(\Delta x)^2}\Delta t\end{aligned} \tag{3-189}$$

同理

$$\begin{aligned}v' = v+g_y\Delta t-\frac{1}{\rho}\times\frac{p_{x+\Delta x}-p_x}{\Delta y}\Delta t-\\\frac{uv_{x+\Delta x}+vv_{y+\Delta y}+wv_{z+\Delta z}-(u+v+w)v}{\Delta y}\Delta t+\\\mu\frac{v_{x+\Delta x}+v_{x-\Delta x}+v_{y+\Delta y}+v_{y-\Delta y}+v_{z+\Delta z}+v_{z-\Delta z}-6v}{(\Delta y)^2}\Delta t\end{aligned} \tag{3-190}$$

$$\begin{aligned}w' = w+g_z\Delta t-\frac{1}{\rho}\times\frac{p_{x+\Delta x}-p_x}{\Delta z}\Delta t-\\\frac{uw_{x+\Delta x}+vw_{y+\Delta y}+ww_{z+\Delta z}-(u+v+w)w}{\Delta z}\Delta t+\\\mu\frac{w_{x+\Delta x}+w_{x-\Delta x}+w_{y+\Delta y}+w_{y-\Delta y}+w_{z+\Delta z}+w_{z-\Delta z}-6w}{(\Delta z)^2}\Delta t\end{aligned} \tag{3-191}$$

式中，u、v 和 w 为坐标(x,y,z)的流体单元当前时刻的流速分量，u'、v' 和w'为同一单元下一

时刻的流速分量，带下角标的 u、v 和 w 为当前时刻与单元(x,y,z)相邻的其他 6 个单元的流速分量；Δt 为时间步长。

借助式（3-189）～式（3-191），可以利用当前时刻的单元流速分量 u、v 和 w 求得同一单元下一时刻的流速分量u'、v'和w'。

（3）能量守恒方程。

$$\begin{aligned}&\frac{\partial T}{\partial t}+u\frac{\partial T}{\partial x}+v\frac{\partial T}{\partial y}+w\frac{\partial T}{\partial z}\\&\approx\frac{T'-T}{\Delta t}+u\frac{T_{x+\Delta x}-T_x}{\Delta x}+v\frac{T_{y+\Delta y}-T_y}{\Delta y}+w\frac{T_{z+\Delta z}-T_z}{\Delta z}\end{aligned}\tag{3-192}$$

$$\begin{aligned}&\frac{\partial^2 T}{\partial x^2}+\frac{\partial^2 T}{\partial y^2}+\frac{\partial^2 T}{\partial z^2}\\&\approx\frac{T_{x+\Delta x}+T_{x-\Delta x}-2T_x}{(\Delta x)^2}+\frac{T_{y+\Delta y}+T_{y-\Delta y}-2T_y}{(\Delta y)^2}+\frac{T_{z+\Delta z}+T_{z-\Delta z}-2T_z}{(\Delta z)^2}\end{aligned}\tag{3-193}$$

将式（3-192）～式（3-193）代入式（3-182）中，取$\Delta x=\Delta y=\Delta z$，并简化成数值迭代形式：

$$\begin{aligned}T'=T+\alpha\frac{T_{x+\Delta x}+T_{x-\Delta x}+T_{y+\Delta y}+T_{y-\Delta y}+T_{z+\Delta z}+T_{z-\Delta z}-6T}{(\Delta x)^2}\Delta t-\\\frac{uT_{x+\Delta x}+vT_{y+\Delta y}+wT_{z+\Delta z}-(u+v+w)T}{\Delta z}\Delta t+\frac{Q}{\rho c}\Delta t\end{aligned}\tag{3-194}$$

式中，α（$\alpha=\lambda/(pc)$）为热扩散系数；T 和T'分别为当前时刻与下一时刻的温度，带下角标的T 为当前时刻与单元(x,y,z)相邻的其他 6 个单元的温度。

3.6.2 实例分析——AnyCasting

1. 导入 STL 文件

进入 anyPRE 模块，单击如图 3-23 所示的按钮导入铸造模拟所需实体。

图 3-23 导入 STL 文件

2. 设置实体和模具

1）设置实体

单击 网格划分 按钮设置实体 • 设置实体 （用于赋予实体类型），在如图 3-24 所示的对话框中分别设置各实体的类型。

2）设置模具

（1）单击 • 设置模具 按钮，在弹出的对话框中选择“浇铸系统+模具”，并确定立方体的壁厚，如图 3-25 所示。

（2）确定浇口面方向，如图 3-26 所示。

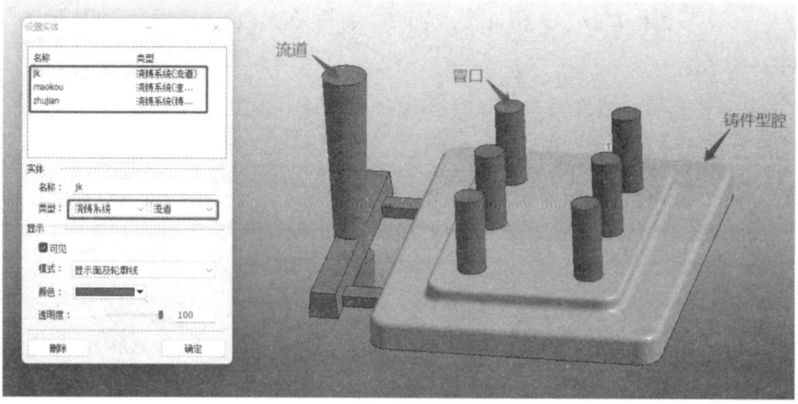

图 3-24 设置实体的类型

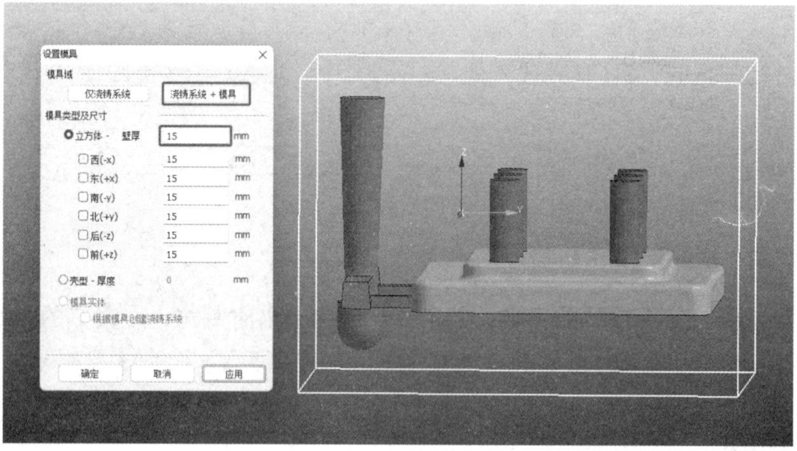

图 3-25 确定模具壁厚

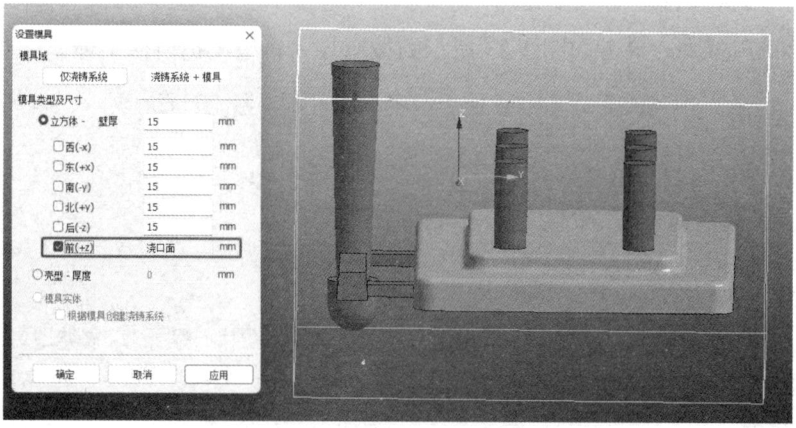

图 3-26 确定浇口面方向

3. 划分网格

单击 划分均匀网格 按钮，在弹出的对话框中确定总网格数，确保最薄位置至少含有 3 个网格，如图 3-27 所示。

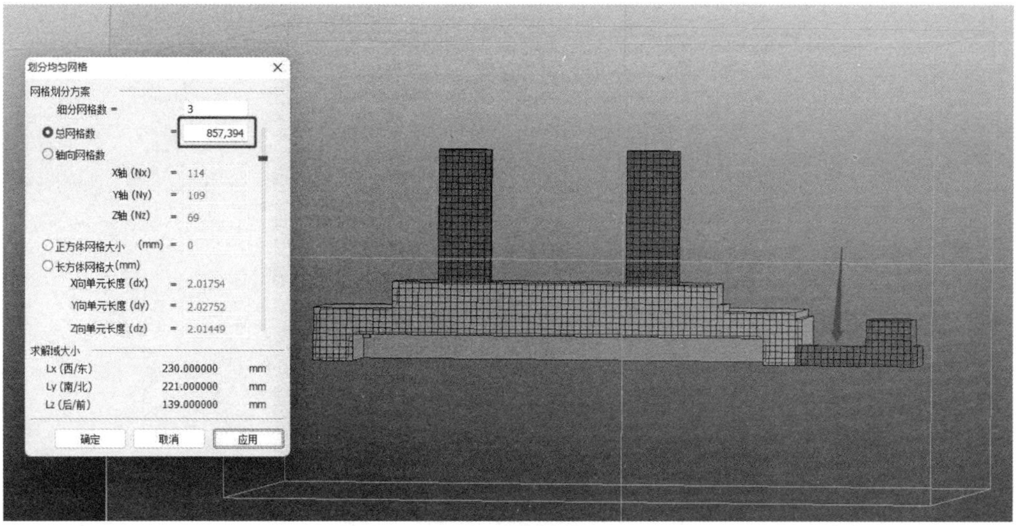

图 3-27　划分均匀网格

4. 任务设计

（1）单击“基本过程”按钮，选择“任务设计”，弹出“任务设计”对话框，单击“目标工艺”选项卡，在“铸造工艺分组”下拉列表中选择“类别 1(非金属模)”，在“铸造工艺”列表框中选择“砂型铸造”，如图 3-28 所示。

（2）在 Analysis Type 选项卡中单击“充型分析及充型前后的热/凝固分析”单选按钮，如图 3-29 所示。

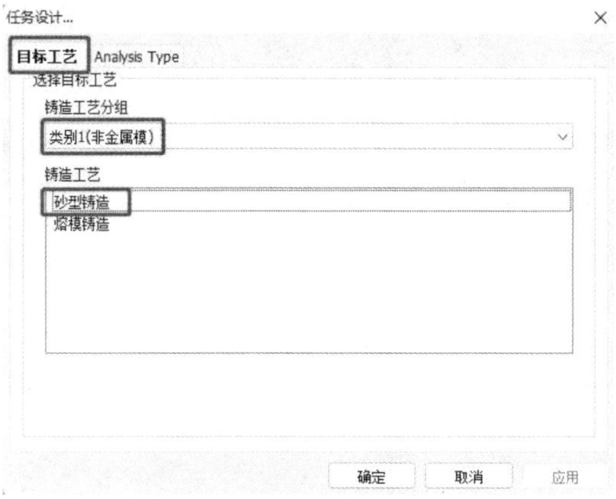

图 3-28　目标工艺

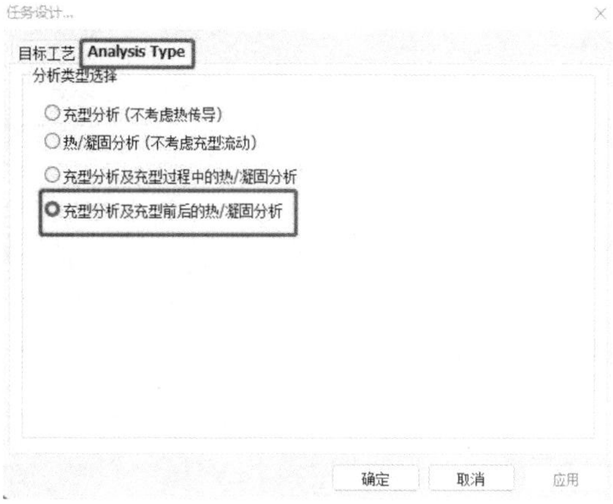

图 3-29　分析类型

5. 材料设置

（1）单击“材料设置”按钮，在弹出的对话框中进行浇铸系统的材料设置，同时记录固相线温度和液相线温度，后面需要用到，具体步骤如图 3-30 所示。

（2）进行模具的材料设置，如图 3-31 所示。

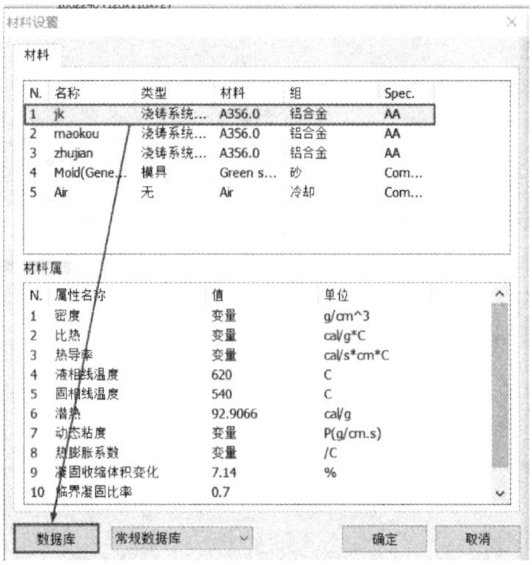

（a）材料设置

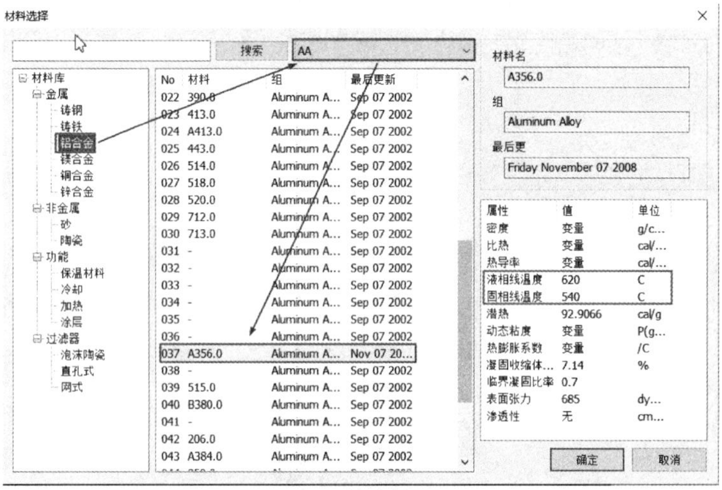

（b）材料选择

图 3-30　浇铸系统的材料设置

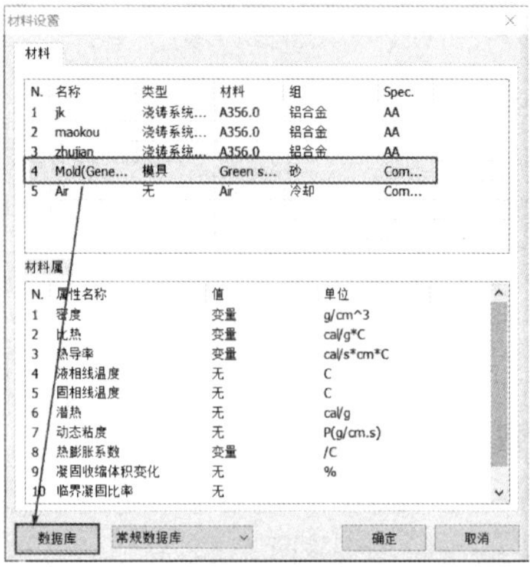

（a）材料设置

图 3-31　模具的材料设置

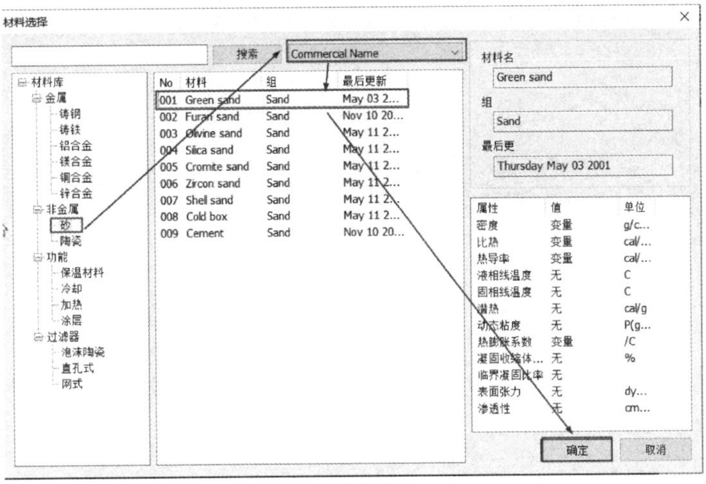

（b）材料选择

图 3-31　模具的材料设置（续）

6. 初始边界条件

单击 初边值条件 按钮，在弹出的对话框中温度默认常量即可，如图 3-32 所示。

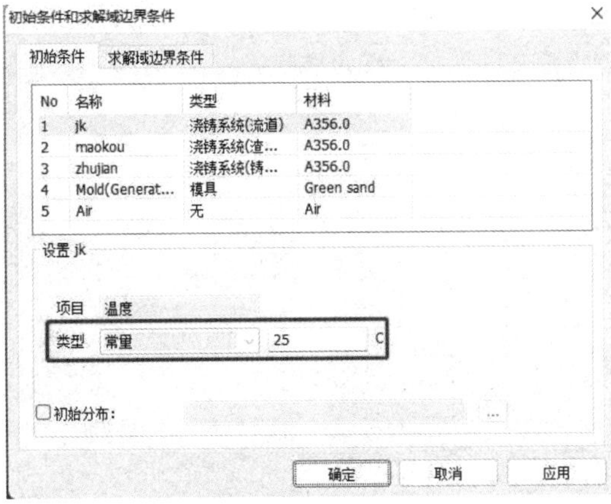

图 3-32　初始边界条件

7. 热传导模型

单击 热传导模型 按钮，在弹出的对话框中选择浇铸系统和模具之间的热传导，如图 3-33 所示。

8. 浇口条件

单击 浇口条件 按钮，按空格键并选择浇口面，进行如图 3-34 所示的浇口条件设置。

9. 重力设置

激活设置并选择重力方向为“−z”，如图 3-35 所示。

10. 设置模型

（1）设置收缩模型。单击 可选模块 内 收缩模型 （凝固过程仿真时选用该模型），在弹出的对话框中进行如图 3-36 所示的操作，其中铝合金固相率为 0.1～0.12。

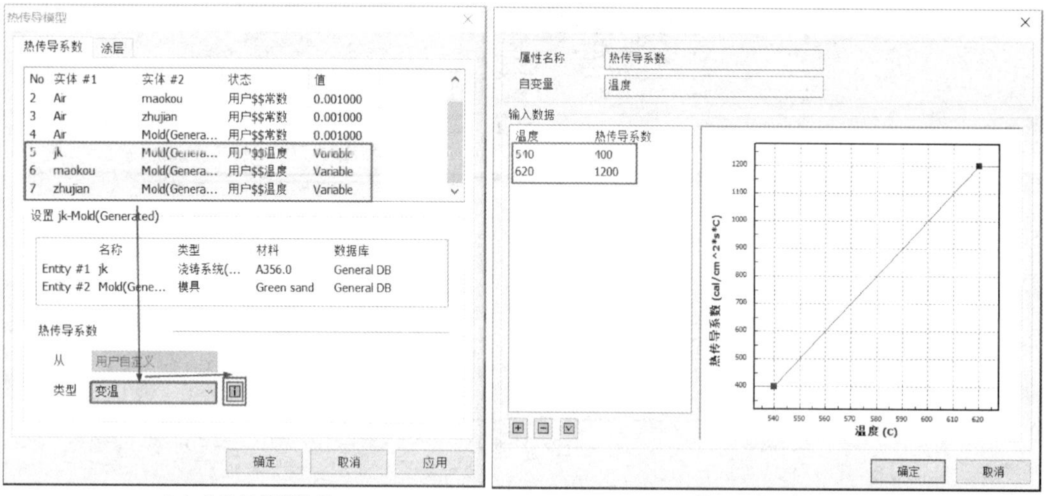

（a）热传导模型设置　　　　（b）输入温度和热传导系数

图 3-33　热传导模型

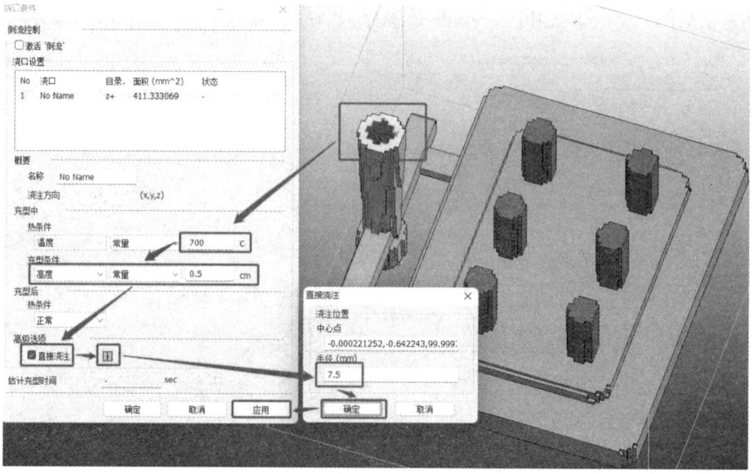

图 3-34　浇口条件设置

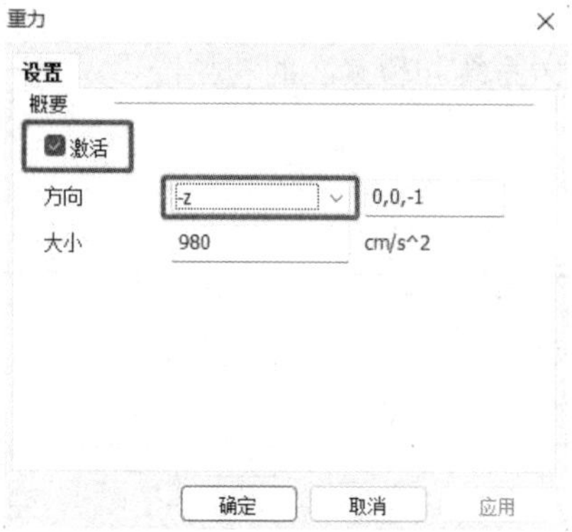

图 3-35　重力设置

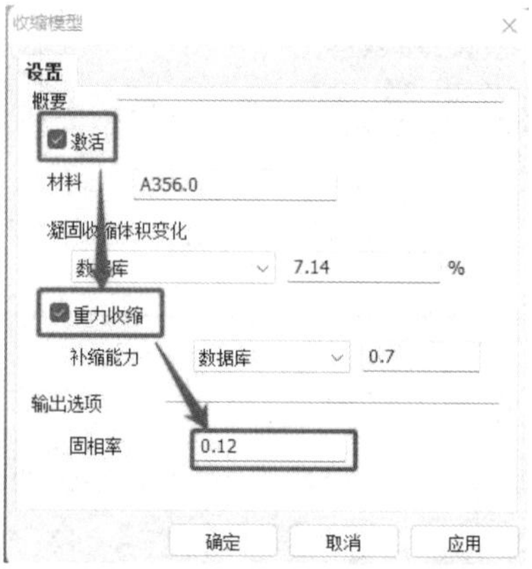

图 3-36　收缩模型

（2）设置氧化/夹渣模型。单击 `氧化/夹渣模型` 按钮，并在弹出的对话框中进行激活 `☑激活`。

（3）设置液流追踪。单击 `液流追踪` 按钮，并在弹出的对话框中进行激活 `☑激活`。

（4）设置传感器。单击 `设置仪器` 内 `传感器`（用于记录充型过程中该位置的温度、速率等参数，并可用计算结果来创建曲线图），为内浇口"添加"传感器，并输入内浇口内传感器的位置坐标，Sensor_1 为(50，－15，2)，Sensor_2 为(50, 15, 2)，如图 3-37 所示。

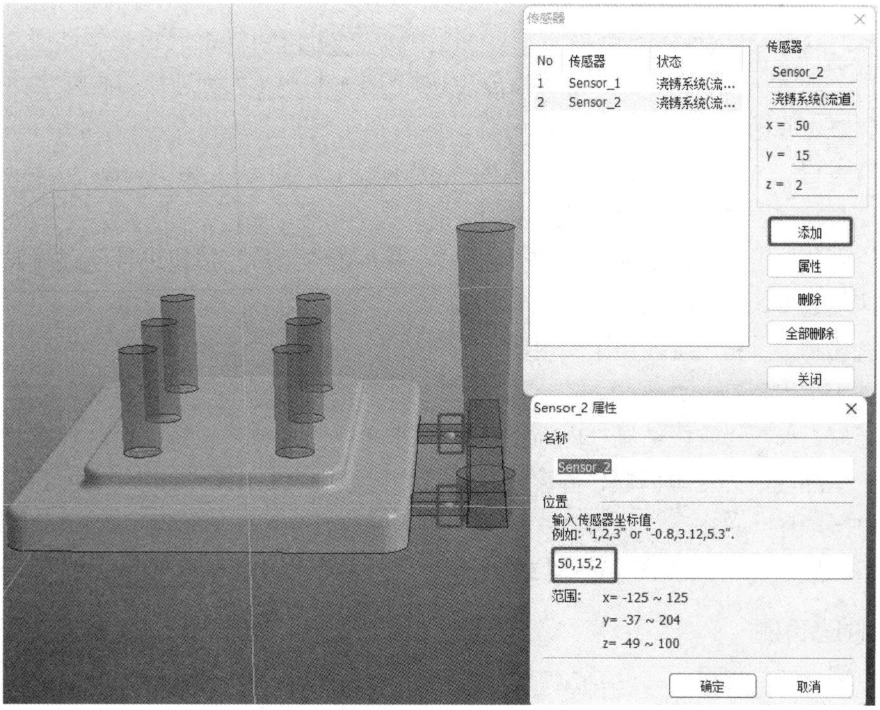

图 3-37 传感器

11. 求解

（1）单击 `求解条件` 内的 `结束/输出条件`（可自行设定符合实际情况的系列），在弹出的对话框中单击"输出条件"选项卡，"充型率"和"固相分数"的添加系列均为 1 开始 100 结束，间隔均为 1，具体如图 3-38 所示。

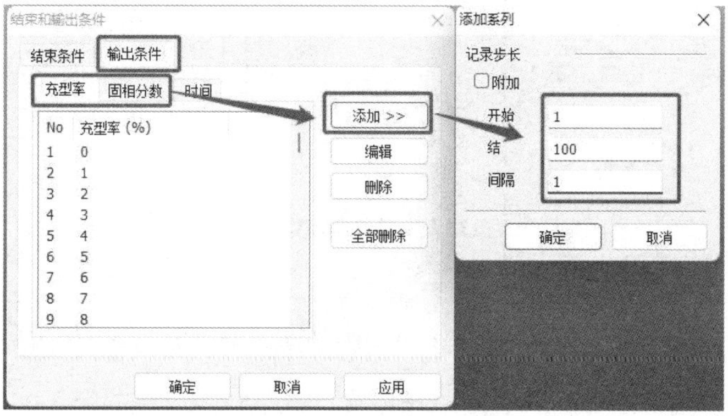

图 3-38 结束条件和输出条件

（2）单击 `运行求解` 按钮，在弹出的对话框中单击"确定"按钮，开始求解。

12．激活实形

（1）进入 anyPOST 模块，单击“打开项目文件”按钮，打开保存的“rltx”文件。

（2）单击“构建实形”按钮，在弹出的对话框中单击“确定”按钮，如图 3-39 所示。

13．显示观察各变量

（1）充型顺序。单击 历史数据 内的 充型顺序（可详细展示充型过程，在自由表面波动下用处极大），并单击左上角“播放”按钮进行动画播放，观察紊流和汇流的位置，判断“渣”是否会进入铸件、是否存在气孔。

（2）液料追踪。单击“阶段结果”内的“液料追踪”，如图 3-40 所示，并单击“播放”按钮进行动画播放，观察浮渣是否进入铸件。

（3）速度。单击“阶段结果”内的“速度”，并单击“播放”按钮进行动画播放，观察液体流速，速度越慢，则越不易产生卷气和紊流。

（4）氧化物。单击“阶段结果”内的“氧化物”，并单击“播放”按钮进行动画播放，观察氧化物是否推入冒口。

（5）温度。单击“阶段结果”内的“温度”，并单击“播放”按钮进行动画播放，温度低的区域易产生缩孔、缩松等问题，温度过高的集中区域则更易出现针孔等析出性问题。

（6）凝固顺序。单击 历史数据 内的 凝固顺序（用于观察铸件的凝固过程），并单击“播放”按钮进行动画播放，冒口位置应最后凝固，充分发挥冒口的补缩作用。

14．缺陷预测

（1）单击 高级铸造分析 内的 概率缺陷参数（用于观察与收缩关联的危险区域），在弹出的对话框中选择“残余熔体体积”，临界体积分数为 0.9，如图 3-41 所示。

图 3-39 激活实形

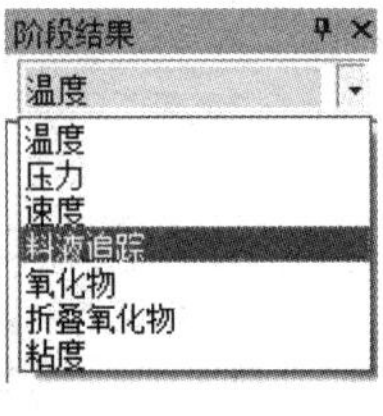

图 3-40 液料追踪

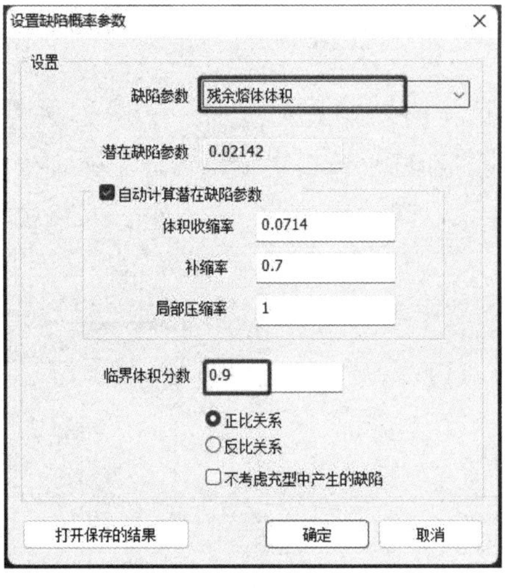

图 3-41 缺陷概率参数

（2）通过概率缺陷云图可获取缺陷所在位置，概率缺陷云图如图 3-42 所示。

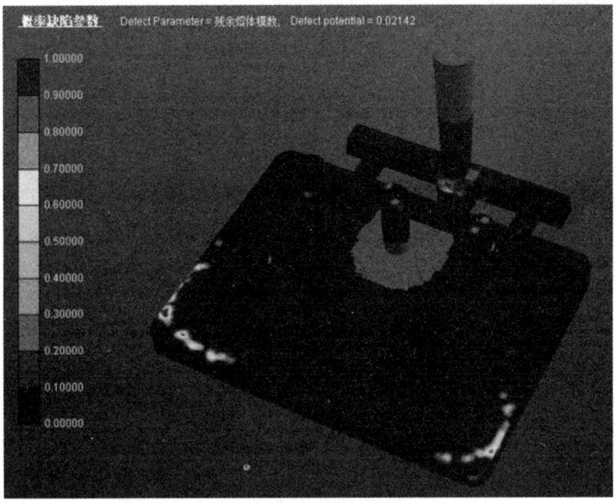

图 3-42　概率缺陷云图

复习思考题

3-1　详述差分格式的误差来源。

3-2　写出一维非稳态对流方程式（3-21）的 FTFS 差分格式和 FTBS 差分格式，以及对应的截断误差精度。

3-3　验证一维非稳态对流方程式（3-21）FTBS 差分格式的收敛性。

3-4　等截面超静定梁如题图 3-4 所示，梁左端为铰支，右端为固定支撑。在铰支端作用一单位力偶，长度 L、弹性模量 E 和惯性矩 I 为已知，求梁的挠度和铰支端的转角。

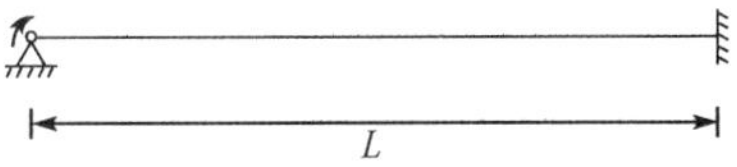

题图 3-4　等截面超静定梁

3-5　求解初边值问题

$$\begin{cases} \dfrac{\partial u}{\partial t}=\dfrac{\partial^2 u}{\partial x^2},\quad x\in(0,1),\quad t>0 \\ u(x,0)=\begin{cases} 2x,\quad x\in[0,0.5) \\ 2(1-x),\quad x\in[0.5,1] \end{cases} \\ u(0,t)=u(1,t)=0.0,\quad t>0 \end{cases}$$

，利用

$$\begin{cases} u_j^n+1=u_j^n+\lambda(u_{j+1}^n-2u_j^n+u_{j-1}^n) \\ \lambda=\dfrac{\Delta t}{\Delta x^2} \end{cases}$$

，并与解析解 $u(x,t)=\dfrac{8}{\pi^2}\sum\limits_{n=1}^{+\infty}\dfrac{1}{n^2}\sin\left(\dfrac{n\pi}{2}\right)\sin(n\pi x)\exp(-n^2\pi^2 t)$ 比较，并编写 MATLAB 实现代码。要求：

（1）取 $\Delta x=h=\dfrac{1}{10}$，$\lambda=\dfrac{1}{10}$，分别计算 $t=0.01, 0.05, 0.10$ 时刻的近似解。

（2）取 $\Delta x=h=\dfrac{1}{10}$，$\lambda=0.5$，分别计算 $t=0.01, 0.05, 0.10$ 时刻的近似解。

（3）取$\Delta x=h=\dfrac{1}{10}$，$\lambda=1.0$，分别计算$t=0.01,0.05,0.10$时刻的近似解。

3-6 参照3.2节，在区域$\Omega:\{0<x^2+y^2<\mathbb{R}^2\}$内求解泊松方程的定解问题。

$$\begin{cases}\dfrac{\partial^2\phi}{\partial x^2}+\dfrac{\partial^2\phi}{\partial y^2}+f=0, & \{(x,y)|(x,y)\in\Omega\}\\ \phi|_{\Gamma\in\partial\Omega}=0, & \{(x,y)|x^2+y^2=\mathbb{R}^2\}\end{cases}$$

3-7 运行3.3节代码，分别观察（1）$K=1.6$、（2）$j=4$和（3）$\theta_0=135°$时的枝晶形貌变化。

3-8 运行3.4节代码，观察不同尺寸颗粒无规则排列下的颗粒烧结模拟。

3-9 当流速不同时，分别会产生什么流动？

3-10 数值模拟技术在金属铸造成型中的应用主要包括哪几个方面？

第 4 章　物质点法

物质点法（Material Point Method，MPM）是一种无网格法，采用质点离散材料区域，用背景网格计算空间导数和求解动量方程，避免了有限元法在计算过程中出现的网格畸变问题，兼具拉格朗日和欧拉算法的优势，非常适合模拟涉及材料特大变形和断裂破裂的问题。物质点法在超高速碰撞、冲击、爆炸、动态断裂、流固耦合、多尺度分析、颗粒材料流动和岩土失效等一系列涉及材料及材料特大变形问题中的工程应用的过程中展示了其相对于传统数值方法的优势。

4.1　物质点法理论

4.1.1　更新拉格朗日格式的弱形式

1．积分的物质导数

质点的现时坐标$\boldsymbol{x}_i$相对于物质坐标$\boldsymbol{X}_j$的偏导数$\boldsymbol{F}_{ij}=\partial\boldsymbol{x}_i/\partial\boldsymbol{X}_j$称为变形梯度，它是一个非对称的二阶张量。初始构形中由相邻质点$\boldsymbol{X}$和$\boldsymbol{X}+\mathrm{d}\boldsymbol{X}$构成的无限小线元$\mathrm{d}\boldsymbol{X}$在现时构形中变为

$$\mathrm{d}\boldsymbol{x}_i=\boldsymbol{x}_i(\boldsymbol{X}+\mathrm{d}\boldsymbol{X},t)-\boldsymbol{x}_i(\boldsymbol{X},t) \tag{4-1}$$

对$\boldsymbol{x}_i(\boldsymbol{X}+\mathrm{d}\boldsymbol{X},t)$在$\boldsymbol{X}$处进行泰勒展开，并略去高阶项，可得

$$\mathrm{d}\boldsymbol{x}_i=\frac{\partial\boldsymbol{x}_i}{\partial\boldsymbol{X}_j}\mathrm{d}\boldsymbol{X}_j \tag{4-2}$$

式（4-2）表明，变形梯度可以看作一个线性变换，它把参考构形中质点$\boldsymbol{X}$的邻域映射为现时构形中$\boldsymbol{x}$的一个邻域，或者说把初始构形中的线元$\mathrm{d}\boldsymbol{X}$变换为现时构形中的线元$\mathrm{d}\boldsymbol{x}$。变形梯度$\partial\boldsymbol{x}_i/\partial\boldsymbol{X}_j$刻画了物体的整个变形，既包括了线元的伸缩，也包括了线元的转动。变形梯度的行列式J称为雅可比行列式，有

$$J=\left|\frac{\partial\boldsymbol{x}_i}{\partial\boldsymbol{X}_j}\right|=\begin{vmatrix}\dfrac{\partial x_1}{\partial X_1} & \dfrac{\partial x_1}{\partial X_2} & \dfrac{\partial x_1}{\partial X_3}\\ \dfrac{\partial x_2}{\partial X_1} & \dfrac{\partial x_2}{\partial X_2} & \dfrac{\partial x_2}{\partial X_3}\\ \dfrac{\partial x_3}{\partial X_1} & \dfrac{\partial x_3}{\partial X_2} & \dfrac{\partial x_3}{\partial X_3}\end{vmatrix} \tag{4-3}$$

从数学观点来说，变形梯度是物体运动$\boldsymbol{x}_i=\boldsymbol{x}_i(\boldsymbol{X},t)$的雅可比矩阵。从几何观点来说，$\boldsymbol{x}_i=\boldsymbol{x}_i(\boldsymbol{X},t)$表示了一个物体的初始构形到现时构形的一一对应映射，即其雅可比行列式J不等于零。

变形梯度矩阵的行列式J可以用来表示变形过程中体元的体积变化，有

$$J=\frac{\mathrm{d}V}{\mathrm{d}V_0} \tag{4-4}$$

可见，J 表示变形前后体元体积之比。一个定义在现时构形中的积分的物质导数为

$$\frac{\mathrm{d}}{\mathrm{d}t}\int_{\Omega} f(\boldsymbol{x},t)\mathrm{d}V=\frac{\mathrm{d}}{\mathrm{d}t}\int_{\Omega_0} f(\boldsymbol{x},t)J\mathrm{d}V_0 =\int_{\Omega_0}\left[\frac{\mathrm{d}f(\boldsymbol{x},t)}{\mathrm{d}t}J+f(\boldsymbol{x},t)\frac{\mathrm{d}J}{\mathrm{d}t}\right]\mathrm{d}V_0 \tag{4-5}$$

式中，$\dfrac{\mathrm{d}f(\boldsymbol{x},t)}{\mathrm{d}t}=\dfrac{\partial f(\boldsymbol{X},t)}{\partial t}$表示函数$f(\boldsymbol{x},t)$的物质导数。

式（4-5）可以改写为

$$\frac{\mathrm{d}}{\mathrm{d}t}\int_{\Omega} f(\boldsymbol{x},t)\mathrm{d}V=\int_{\Omega}\left[\frac{\mathrm{d}f(\boldsymbol{x},t)}{\mathrm{d}t}+f(\boldsymbol{x},t)\frac{\mathrm{d}\boldsymbol{v}_k}{\mathrm{d}\boldsymbol{x}_k}\right]\mathrm{d}V \tag{4-6}$$

2．质量守恒

任意时刻物体的总质量为

$$m=\int_{\Omega}\rho(\boldsymbol{x},t)\mathrm{d}V \tag{4-7}$$

式中，$\rho(\boldsymbol{x},t)$为现时构形中物体的密度。质量守恒要求质量的物质导数为零，即

$$\frac{\mathrm{d}m}{\mathrm{d}t}=\frac{\mathrm{d}}{\mathrm{d}t}\int_{\Omega}\rho\mathrm{d}V=\int_{\Omega}\left(\frac{\mathrm{d}\rho(\boldsymbol{x},t)}{\mathrm{d}t}+\rho\frac{\partial\boldsymbol{v}_k}{\partial\boldsymbol{x}_k}\right)\mathrm{d}V=0 \tag{4-8}$$

因此有

$$\frac{\mathrm{d}\rho}{\mathrm{d}t}+\rho\frac{\partial\boldsymbol{v}_k}{\partial\boldsymbol{x}_k}=0 \tag{4-9}$$

式（4-9）称为连续方程，它以现时构形为参考构形。取初始构形为参考构形，式（4-7）可以写为

$$\int_{\Omega}\rho\,\mathrm{d}V=\int_{\Omega_0}\rho_0\mathrm{d}V_0 \tag{4-10}$$

式中，ρ_0为初始构形中物体的密度。利用式（4-4）把式（4-10）左端变换到初始构形中，可得

$$\int_{\Omega_0}(\rho J-\rho_0)\mathrm{d}V_0=0 \tag{4-11}$$

因此，得到拉格朗日描述中的质量守恒方程的另一种形式为

$$\rho(\boldsymbol{X},t)J(\boldsymbol{X},t)=\rho_0(\boldsymbol{X}) \tag{4-12}$$

3．动量方程

动量定理表明，物体动量的物质导数等于作用于系统上的外力之和。外力之和为

$$\boldsymbol{f}_i(t)=\int_{\Omega}\rho\boldsymbol{b}_i(\boldsymbol{x},t)\mathrm{d}V+\int_{\Gamma}\boldsymbol{t}_i(\boldsymbol{x},t)\mathrm{d}A \tag{4-13}$$

式中，$\boldsymbol{b}_i$为作用于物体单位质量上的体力；$\boldsymbol{t}_i=\boldsymbol{n}_j\boldsymbol{\sigma}_{ji}$，$\boldsymbol{n}_j$为边界的法向单位向量，在给定面力边界$\Gamma_t$处，$\boldsymbol{t}_i$为给定面力$\bar{\boldsymbol{t}}_i$；而在给定位移边界$\Gamma_u$处，$\boldsymbol{t}_i$为约束反力。物体的动量为

$$\boldsymbol{p}_i(t)=\int_{\Omega}\rho\boldsymbol{v}_i(\boldsymbol{x},t)\mathrm{d}V \tag{4-14}$$

由动量定理可得

$$\frac{\mathrm{d}}{\mathrm{d}t}\int_{\Omega}\rho\boldsymbol{v}_i(\boldsymbol{x},t)\mathrm{d}V=\int_{\Omega}\rho\boldsymbol{b}_i(\boldsymbol{x},t)\mathrm{d}V+\int_{\Gamma}\boldsymbol{t}_i(\boldsymbol{x},t)\mathrm{d}A \tag{4-15}$$

利用式（4-6）可将式（4-15）左端改写为

$$\frac{\mathrm{d}}{\mathrm{d}t}\int_{\Omega}\rho\boldsymbol{v}_i(\boldsymbol{x},t)\mathrm{d}V=\int_{\Omega}\left[\frac{\mathrm{d}(\rho\boldsymbol{v}_i)}{\mathrm{d}t}+\rho\boldsymbol{v}_i\frac{\partial\boldsymbol{v}_j}{\partial\boldsymbol{x}_j}\right]\mathrm{d}V=\int_{\Omega}\left[\rho\frac{\mathrm{d}\boldsymbol{v}_i}{\mathrm{d}t}+\boldsymbol{v}_i\left(\frac{\mathrm{d}\rho}{\mathrm{d}t}+\rho\frac{\partial\boldsymbol{v}_j}{\partial\boldsymbol{x}_j}\right)\right]\mathrm{d}V \quad (4\text{-}16)$$

将连续方程式（4-9）代入式（4-16）中，可得

$$\frac{\mathrm{d}}{\mathrm{d}t}\int_{\Omega}\rho\boldsymbol{v}_i(\boldsymbol{x},t)\mathrm{d}V=\int_{\Omega}\rho\frac{\mathrm{d}\boldsymbol{v}_i}{\mathrm{d}t}\mathrm{d}V \quad (4\text{-}17)$$

类似地，对任意函数ϕ，均有

$$\frac{\mathrm{d}}{\mathrm{d}t}\int_{\Omega}\rho\phi\,\mathrm{d}V=\int_{\Omega}\rho\frac{\mathrm{d}\phi}{\mathrm{d}t}\mathrm{d}V \quad (4\text{-}18)$$

利用高斯定理，可将式（4-15）右端的第二项改写为

$$\int_{\Gamma}\boldsymbol{t}_i(\boldsymbol{x},t)\mathrm{d}A=\int_{\Gamma}\boldsymbol{n}_j\boldsymbol{\sigma}_{ji}\mathrm{d}A=\int_{\Omega}\frac{\partial\boldsymbol{\sigma}_{ji}}{\partial\boldsymbol{x}_j}\mathrm{d}V \quad (4\text{-}19)$$

将式（4-17）和式（4-19）代入式（4-15）中，可得

$$\int_{\Omega}\left(\rho\frac{\mathrm{d}\boldsymbol{v}_i}{\mathrm{d}t}-\rho\boldsymbol{b}_i-\frac{\partial\boldsymbol{\sigma}_{ji}}{\partial\boldsymbol{x}_j}\right)\mathrm{d}V=0 \quad (4\text{-}20)$$

因此，得到拉格朗日描述下物体的运动微分方程为

$$\rho\frac{\mathrm{d}\boldsymbol{v}_i}{\mathrm{d}t}-\rho\boldsymbol{b}_i-\frac{\partial\boldsymbol{\sigma}_{ji}}{\partial\boldsymbol{x}_j}=0 \quad (4\text{-}21)$$

4. 能量方程

不考虑热交换和热源，系统总能量的变换率等于外力（体积力和面力）对系统做功的功率，即

$$\frac{\mathrm{d}}{\mathrm{d}t}\int_{\Omega}\left(\rho e+\frac{1}{2}\rho\boldsymbol{v}_i\boldsymbol{v}_i\right)\mathrm{d}V=\int_{\Omega}\boldsymbol{v}_i\rho\boldsymbol{b}_i\mathrm{d}V+\int_{\Gamma}\boldsymbol{v}_i\boldsymbol{t}_i\mathrm{d}A \quad (4\text{-}22)$$

式中，e为单位质量内能（比内能）；左端为内能的变化率和动能的变化率，右端两项分别为体力和面力的功率。利用式（4-18），可将式（4-22）的左端改写为

$$\frac{\mathrm{d}}{\mathrm{d}t}\int_{\Omega}\left(\rho e+\frac{1}{2}\rho\boldsymbol{v}_i\boldsymbol{v}_i\right)\mathrm{d}V=\int_{\Omega}\left(\rho\frac{\mathrm{d}e}{\mathrm{d}t}+\rho\boldsymbol{v}_i\frac{\mathrm{d}\boldsymbol{v}_i}{\mathrm{d}t}\right)\mathrm{d}V \quad (4\text{-}23)$$

利用高斯定理，可将式（4-22）右端的第二项改写为

$$\begin{aligned}\int_{\Gamma}\boldsymbol{v}_i\boldsymbol{t}_i\mathrm{d}A&=\int_{\Gamma}\boldsymbol{v}_i\boldsymbol{n}_j\boldsymbol{\sigma}_{ji}\mathrm{d}A=\int_{\Omega}\frac{\partial}{\partial\boldsymbol{x}_j}(\boldsymbol{\sigma}_{ji}\boldsymbol{v}_i)\mathrm{d}V\\&=\int_{\Omega}\left(\frac{\partial\boldsymbol{v}_i}{\partial\boldsymbol{x}_j}\boldsymbol{\sigma}_{ji}+\boldsymbol{v}_i\frac{\partial\boldsymbol{\sigma}_{ji}}{\partial\boldsymbol{x}_j}\right)\mathrm{d}V\\&=\int_{\Omega}\left(\boldsymbol{D}_{ji}\boldsymbol{\sigma}_{ji}-\boldsymbol{\Omega}_{ji}\boldsymbol{\sigma}_{ji}+\boldsymbol{v}_i\frac{\partial\boldsymbol{\sigma}_{ji}}{\partial\boldsymbol{x}_j}\right)\mathrm{d}V\\&=\int_{\Omega}\left(\boldsymbol{D}_{ji}\boldsymbol{\sigma}_{ji}+\boldsymbol{v}_i\frac{\partial\boldsymbol{\sigma}_{ji}}{\partial\boldsymbol{x}_j}\right)\mathrm{d}V\end{aligned} \quad (4\text{-}24)$$

$$\boldsymbol{\Omega}_{ij}=\frac{1}{2}\left(\frac{\partial\boldsymbol{v}_i}{\partial\boldsymbol{x}_j}-\frac{\partial\boldsymbol{v}_j}{\partial\boldsymbol{x}_i}\right) \quad (4\text{-}25)$$

$$\boldsymbol{D}_{ij}=\frac{1}{2}\left(\frac{\partial\boldsymbol{v}_i}{\partial\boldsymbol{x}_j}+\frac{\partial\boldsymbol{v}_j}{\partial\boldsymbol{x}_i}\right) \quad (4\text{-}26)$$

式（4-24）中，$\boldsymbol{\Omega}_{ji}$和$\boldsymbol{D}_{ji}$分别为旋转张量和变形率张量，由于$\boldsymbol{\Omega}_{ji}$是反对称的，而$\boldsymbol{\sigma}_{ji}$是对称的，因此有$\boldsymbol{\Omega}_{ji}\boldsymbol{\sigma}_{ji}=0$。将式（4-23）和式（4-24）代入式（4-22）中，并对式（4-22）右端的第二项应用高斯定理，可得

$$\int_{\Omega}\left[\rho\frac{\mathrm{d}e}{\mathrm{d}t}-\boldsymbol{D}_{ij}\boldsymbol{\sigma}_{ij}+\boldsymbol{v}_i\left(\rho\frac{\mathrm{d}\boldsymbol{v}_i}{\mathrm{d}t}-\frac{\partial\boldsymbol{\sigma}_{ji}}{\partial\boldsymbol{x}_j}-\rho\boldsymbol{b}_i\right)\right]\mathrm{d}V=0 \tag{4-27}$$

式（4-27）积分号中的最后一项恰好是动量方程式（4-21），并考虑到$\boldsymbol{D}_{ij}=\dot{\boldsymbol{\varepsilon}}_{ij}$，因此可得

$$\rho\frac{\mathrm{d}e}{\mathrm{d}t}=\boldsymbol{D}_{ij}\boldsymbol{\sigma}_{ij}=\dot{\boldsymbol{\varepsilon}}_{ij}\boldsymbol{\sigma}_{ij} \tag{4-28}$$

式（4-28）为拉格朗日描述下的能量方程，它表明柯西应力张量和变形率张量在功率上是共轭的，或者说它们在能量上共轭。这一特性在建立动量方程的弱形式（虚功原理和虚功率）时非常有用。

5．控制方程

综上所述，不考虑热量变换，更新拉格朗日格式的控制方程为

质量守恒：

$$\frac{\mathrm{d}\rho}{\mathrm{d}t}+\rho\frac{\partial\boldsymbol{v}_k}{\partial\boldsymbol{x}_k}=0 \tag{4-29}$$

动量方程：

$$\frac{\mathrm{d}\boldsymbol{\sigma}_{ij}}{\mathrm{d}\boldsymbol{x}_j}+\rho\boldsymbol{b}_i=\rho\dot{\boldsymbol{u}}_i \tag{4-30}$$

能量方程：

$$\dot{\rho}\boldsymbol{e}=\dot{\boldsymbol{\varepsilon}}_{ij}\boldsymbol{\sigma}_{ij}=\boldsymbol{s}_{ij}\dot{\boldsymbol{\varepsilon}}_{ij}-\boldsymbol{p}\dot{\boldsymbol{\varepsilon}}_{kk} \tag{4-31}$$

本构关系：

$$\boldsymbol{\sigma}^{\nabla}=\boldsymbol{\sigma}^{\nabla}(\dot{\boldsymbol{\varepsilon}}_{ij},\boldsymbol{\sigma}_{ij},\cdots) \tag{4-32}$$

几何方程：

$$\dot{\boldsymbol{\varepsilon}}_{ij}=\frac{1}{2}(\boldsymbol{v}_{i,j}+\boldsymbol{v}_{j,i}) \tag{4-33}$$

边界条件：

$$\begin{cases}(\boldsymbol{n}_j\boldsymbol{\sigma}_{ij})|_{\Gamma_t}=\bar{\boldsymbol{t}}_i\\ \boldsymbol{v}_i|_{\Gamma_u}=\bar{\boldsymbol{v}}_i\end{cases} \tag{4-34}$$

初始条件：

$$\boldsymbol{v}_i(\boldsymbol{X},0)=\boldsymbol{v}_{0i}(\boldsymbol{X}),\boldsymbol{u}_i(\boldsymbol{X},0)=\boldsymbol{u}_{0i}(\boldsymbol{X}) \tag{4-35}$$

式中，Γ_t和Γ_u分别为给定面力边界和给定位移边界；$\boldsymbol{\sigma}_{ij}$为柯西应力；$\boldsymbol{s}_{ij}=\boldsymbol{\sigma}_{ij}+p\boldsymbol{\delta}_{ij}$为偏应力张量；$\boldsymbol{p}$为静水压力（受压为正）；$\rho$为当前密度；$\boldsymbol{b}_i$为作用于物体的单位质量上的体力；$\ddot{\boldsymbol{u}}_i$为加速度；$\boldsymbol{n}_j$为边界的外法线单位向量。

每个质点携带的质量在运动过程中保持不变，因此质量守恒自动满足。

4.1.2 物质点离散

前面给出的控制方程是一组偏微分方程，它描述了连续体的运动规律。对于复杂的实际过程问题，只能采用数值方法来求其近似解，此时必须对所求解的问题进行离散，将偏微分

方程近似转化为有限个代数方程，以便于计算机求解。

求解偏微分方程的一类数值方法是首先建立和原微分方程及定解条件等价的弱形式，再在此基础上建立近似解法。物质点法的求解格式是基于弱形式建立的。

动量方程式（4-30）要求在求解域内处处满足，因此直接求解这组微分方程是非常复杂的。数值方法一般是从微分方程的弱形式出发，它只要求动量方程在某种平均意义下满足。取虚位移$\delta u_j \in \mathbb{R}_0$，$\mathbb{R}_0 = \{\delta \boldsymbol{u}_j | \delta \boldsymbol{u}_j \subset C^0, \ \delta \boldsymbol{u}_j|_{\Gamma_u} = 0\}$，考虑到$\delta \boldsymbol{u}_j|_{\Gamma_u} = 0$（在边界$\Gamma_u$处位移已知，故其变分为 0），并引入比应力$\boldsymbol{\sigma}_{ij}^s = \boldsymbol{\sigma}_{ij}/\rho$和比边界面力$\bar{\boldsymbol{t}}_i^s = \boldsymbol{t}_i/\rho$，可得

$$\int_\Omega \rho \ddot{\boldsymbol{u}}_i \delta \boldsymbol{u}_i \mathrm{d}V + \int_\Omega \rho \boldsymbol{\sigma}_{ij}^s \delta \boldsymbol{u}_{i,j} \mathrm{d}V - \int_\Omega \rho \boldsymbol{b}_i \delta \boldsymbol{u}_i \mathrm{d}V - \int_{\Gamma_t} \rho \bar{\boldsymbol{t}}_i^s \delta \boldsymbol{u}_i \mathrm{d}A = 0 \tag{4-36}$$

式（4-36）为动量方程式（4-30）和给定面力边界条件的等效积分弱形式，也称为虚功方程，它所包含的位移函数$\boldsymbol{u}_i$对坐标的导数最高阶次为 1，比强形式降低了一阶。因此，位移函数$\boldsymbol{u}_i$只需要满足C_0阶连续性。

物质点法将连续体离散为一系列点，如图 4-1 所示，质点的运动代表了物体的运动，质点携带了密度、速度、应力等各种物理量。其中实线表征物体边界，圆点表征物质点，虚线表征背景网格。

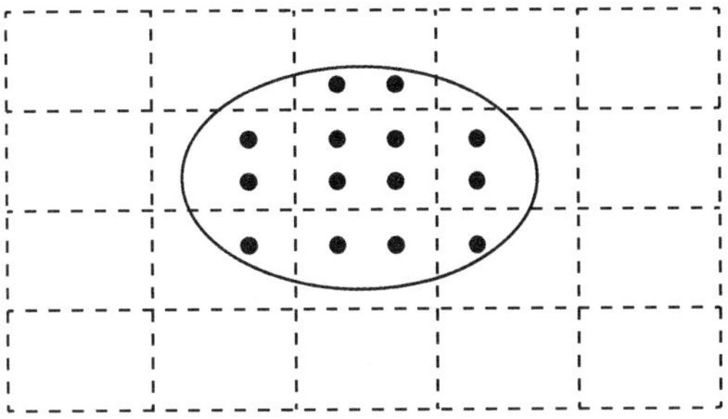

图 4-1　物质点法离散示意图

连续体的密度可以近似为

$$\rho(\boldsymbol{x}_i) = \sum_{p=1}^{n_p} m_p \delta(\boldsymbol{x}_i - \boldsymbol{x}_{ip}) \tag{4-37}$$

式中，n_p为质点总数；m_p为质点p的质量；δ为 Dirac Delta 函数；$\boldsymbol{x}_{ip}$为质点p的坐标。将式（4-37）代入虚功方程式（4-36）中，可将虚功方程转化为求和形式：

$$\sum_{p=1}^{n_p} m_p \ddot{\boldsymbol{u}}_{ip} \delta \boldsymbol{u}_{ip} + \sum_{p=1}^{n_p} m_p \boldsymbol{\sigma}_{ijp}^s \delta \boldsymbol{u}_{ip,j} - \sum_{p=1}^{n_p} m_p \boldsymbol{b}_{ip} \delta \boldsymbol{u}_{ip} - \sum_{p=1}^{n_p} m_p \bar{\boldsymbol{t}}_{ip}^s h^{-1} \delta \boldsymbol{u}_{ip} = 0 \tag{4-38}$$

式中，$\boldsymbol{u}_{ip} = \boldsymbol{u}_i(\boldsymbol{x}_p)$，$\delta \boldsymbol{u}_{ip,j} = \delta \boldsymbol{u}_{i,j}(\boldsymbol{x}_p)$，$\boldsymbol{\sigma}_{ijp}^s = \boldsymbol{\sigma}_{ij}^s(\boldsymbol{x}_p)$，$\boldsymbol{b}_{ip} = \boldsymbol{b}_i(\boldsymbol{x}_p)$，$\bar{\boldsymbol{t}}_{ip}^s = \bar{\boldsymbol{t}}_i^s(\boldsymbol{x}_p)$；$h$是为了将式（4-36）左端最后一项边界积分转化为体积分而引入的假想边界层厚度。由式（4-38）可见，物质点法将式（4-36）中的各项积分转化为被积函数在各物质点处的值与该物质点所代表的体积之积的和，即采用了质点积分。

在求解动量方程时，质点和背景网格完全固连，质点随着背景网格一起运动，因此可以通过建立在背景网格节点上的有限元函数$N_I(\boldsymbol{x}_i)$来实现质点和背景网格节点之间信息的映射。下面用带下标I的量来表示背景网格节点的变量，用带下标 p 的量来表示质点携带的变量，则质点p的坐标$\boldsymbol{x}_{ip}$可以由背景网格节点坐标$\boldsymbol{x}_{iI}$插值而得到，即

$$\boldsymbol{x}_{ip} = N_{Ip} \boldsymbol{x}_{iI} \tag{4-39}$$

式中，$N_{Ip} = N_I(\boldsymbol{x}_p)$为节点$I$的形函数在质点$p$处的值；大写下标（如$I$、$J$）表示节点，大写下标重复两次表示在其取值范围内求和。当涉及背景网格的一个具体单元时，该下标的取值范围为该单元的节点总数（对于八节点六面体单元，节点总数为 8）；当涉及整个背景网格时，该下标的取值范围为背景网格的节点总数n_g。

如果背景网格采用八节点六面体单元，则节点I的形函数为

$$N_I=\frac{1}{8}(1+\xi\xi_I)(1+\eta\eta_I)(1+\zeta\zeta_I),\quad I=1,2,\cdots,8 \tag{4-40}$$

式中，ξ_I、η_I、ζ_I为节点I的自然坐标，其取值均为±1。由于有限元形函数N_I具有紧支性，式（4-39）只需对质点$\boldsymbol{x}_p$所在单元的顶点求和即可。

同理可知，质点p的位移$\boldsymbol{u}_{ip}$及导数$\boldsymbol{u}_{ip,j}$则可以由节点位移$\boldsymbol{u}_{iI}$插值而得到，即

$$\boldsymbol{u}_{ip}=N_{Ip}\boldsymbol{u}_{iI} \tag{4-41}$$

$$\boldsymbol{u}_{ip,j}=N_{Ip,j}\boldsymbol{u}_{iI} \tag{4-42}$$

类似地，质点p的虚位移$\delta\boldsymbol{u}_{ip}$也可以近似为

$$\delta\boldsymbol{u}_{ip}=N_{Ip}\delta\boldsymbol{u}_{iI} \tag{4-43}$$

将式（4-41）～式（4-43）代入式（4-38）中，并考虑到节点虚位移$\delta\boldsymbol{u}_{iI}$在本质边界$\Gamma_u$上为零，在其余所有节点处任意取值，可得背景网格节点的运动方程

$$\boldsymbol{p}_{iI}=\boldsymbol{f}_{iI}^{\text{int}}+\boldsymbol{f}_{iI}^{\text{ext}},\quad \boldsymbol{x}_I\notin\Gamma_u \tag{4-44}$$

式中

$$\boldsymbol{p}_{iI}=\boldsymbol{m}_{IJ}\dot{\boldsymbol{u}}_{iJ} \tag{4-45}$$

是第I个背景网格节点在i方向的动量；其中$\boldsymbol{m}_{IJ}$是背景网格的质量矩阵，定义为

$$\boldsymbol{m}_{IJ}=\sum_{p=1}^{n_p}m_pN_{Ip}N_{Jp} \tag{4-46}$$

节点内力和外力分别为

$$\boldsymbol{f}_{iI}^{\text{int}}=-\sum_{p=1}^{n_p}N_{Ip,j}\boldsymbol{\sigma}_{ijp}\frac{m_p}{\rho_p} \tag{4-47}$$

$$\boldsymbol{f}_{iI}^{\text{ext}}=\sum_{p=1}^{n_p}m_pN_{Ip}\boldsymbol{b}_{ip}+\sum_{p=1}^{n_p}N_{Ip}\bar{\boldsymbol{t}}_{ip}h^{-1}\frac{m_p}{\rho_p} \tag{4-48}$$

式中

$$\boldsymbol{\sigma}_{ijp}=\boldsymbol{\sigma}_{ij}(\boldsymbol{x}_p) \tag{4-49}$$

为质点p的应力。

如果采用集中质量矩阵

$$\boldsymbol{m}_I=\sum_{J=1}^{n_g}\boldsymbol{m}_{IJ}=\sum_{p=1}^{n_p}m_pN_{Ip} \tag{4-50}$$

则节点的运动方程式（4-44）可以进一步简化为

$$\boldsymbol{m}_I\ddot{\boldsymbol{u}}_{iI}=\boldsymbol{f}_{iI}^{\text{int}}+\boldsymbol{f}_{iI}^{\text{ext}},\quad \boldsymbol{x}_I\notin\Gamma_u \tag{4-51}$$

注意，在式（4-51）中，下标I为自由下标，不求和。

由以上推导过程可以看出，物质点法和有限元法有很多类似的地方，但是它们的主要区别在于：

（1）有限元法采用高斯积分，将积分转化为被积函数在各高斯点处的值与该高斯点所代表的体积之积的和。物质点法采用物质点积分，将积分转化为被积函数在各质点处的值与该质点所代表的体积之积的和。

（2）有限元法的计算网格始终与物体固连，而物质点法的背景网格只在每个时间步内与物体固连，在每个时间步结束时，丢弃已经变形的背景网格。由于质点已经携带了物体的全

部物质信息，在下一个时刻，将物质点的信息映射到新的背景网格上，然后积分求解网格物理量。因此，在物质点法中不需要存储每个时刻的背景网格节点的所有信息。

所以，物质点法可以看作采用质点积分，并且在每个时间步中都进行网格重划分的特殊有限元法。高斯积分可以看作对多项式被积函数进行精确积分，而质点积分一般不能进行精确积分。因此，对于小变形问题，物质点法的精度和效率远远低于有限元法，其误差主要源于质点的积分的误差。但是在大变形问题上，有限元法会由于网格畸变出现精度降低甚至计算终止的问题。

4.1.3　运动方程求解

1．时间积分

物质点法利用显式时间积分对动量方程进行积分，得到更新后的节点速度，然后通过形函数进行映射，得到更新后的质点变量。

1）显式时间积分

爆炸、冲击问题中的载荷作用时间短、变化快，系统响应的频率高，一般多采用显式积分求解。中心差分法是最常用的显式积分方法，其临界时间步长取决于单元的特征长度。在小变形问题中，单元的特征长度不变，因此在整个求解过程中可以采用相同的时间积分步长。但在爆炸、冲击等大变形问题中，单元的特征长度不断减小，因此中心差分法的临界时间步长也不断减小，需要采用变步长的中心差分法。

假设已知时间$t^0=0,t^1,\cdots,t^n$处的位移、速度和加速度，以及在时间t^{n+1}的位移$\boldsymbol{u}_{iI}^{n+1}$。考虑到变步长中心差分法[40]，则$t^{n+1/2}$时刻的速度$\dot{\boldsymbol{u}}_{iI}^{n+1/2}$和$t^n$时刻的加速度$\ddot{\boldsymbol{u}}_{iI}^{n}$可以被近似表示为

$$\dot{\boldsymbol{u}}_{iI}^{n+1/2}=\frac{\boldsymbol{u}_{iI}^{n+1}-\boldsymbol{u}_{iI}^{n}}{t^{n+1}-t^{n}}=\frac{1}{\Delta t^{n+1/2}}(\boldsymbol{u}_{iI}^{n+1}-\boldsymbol{u}_{iI}^{n}) \tag{4-52}$$

$$\ddot{\boldsymbol{u}}_{iI}^{n}=\frac{\dot{\boldsymbol{u}}_{iI}^{n+1/2}-\dot{\boldsymbol{u}}_{iI}^{n-1/2}}{t^{n+1/2}-t^{n-1/2}}=\frac{1}{\Delta t^{n}}(\dot{\boldsymbol{u}}_{iI}^{n+1/2}-\dot{\boldsymbol{u}}_{iI}^{n-1/2}) \tag{4-53}$$

式中，$\Delta t^{n+1/2}=t^{n+1}-t^{n}$，$\Delta t^{n}=t^{n+1/2}-t^{n-1/2}=(\Delta t^{n-1/2}+\Delta t^{n+1/2})/2$。如图 4-2 所示，$\boldsymbol{u}_{iI}^{n+1}$和$\boldsymbol{u}_{iI}^{n}$分别表示$t^{n+1}$和$t^n$时刻的位移，$\dot{\boldsymbol{u}}_{iI}^{n-1/2}$表示$t^{n-1/2}$时刻的速度。

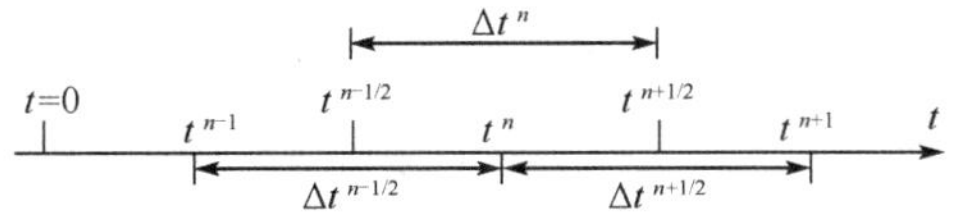

图 4-2　显式时间积分示意图

式（4-52）和式（4-53）是变步长的中心差近似，可以写成积分的形式，即

$$\boldsymbol{u}_{iI}^{n+1}=\boldsymbol{u}_{iI}^{n}+\Delta t^{n+1/2}\dot{\boldsymbol{u}}_{iI}^{n+1/2} \tag{4-54}$$

$$\dot{\boldsymbol{u}}_{iI}^{n+1}=\dot{\boldsymbol{u}}_{iI}^{n-1/2}+\Delta t^{n}\ddot{\boldsymbol{u}}_{iI}^{n} \tag{4-55}$$

t^n时刻的运动方程为

$$m_I\ddot{\boldsymbol{u}}_{iI}^{n}=\boldsymbol{f}_{iI}^{n} \tag{4-56}$$

由式（4-56）求得t^n时刻的加速度$\ddot{\boldsymbol{u}}_{iI}^{n}$后，代入式（4-55）中可得

$$\dot{\boldsymbol{u}}_{iI}^{n+1/2}=\dot{\boldsymbol{u}}_{iI}^{n-1/2}+\Delta t^n \boldsymbol{f}_{iI}^n/m_I \tag{4-57}$$

式（4-56）右端都是已知量，由此可求得$t^{n+1/2}$时刻的速度$\dot{\boldsymbol{u}}_{iI}^{n+1/2}$，然后由式（4-54）可得到时刻$t^{n+1}$的位移$\boldsymbol{u}_{iI}^{n+1}$。在此格式中，位移和速度是在时刻$t^{n+1}$和$t^{n+1/2}$交错求解的，因此也称为蛙跳格式。

蛙跳格式只给出了$t^{n+1/2}$时刻的速度$\dot{\boldsymbol{u}}_{iI}^{n+1/2}$，而没有给出$t^{n+1}$时刻的速度$\dot{\boldsymbol{u}}_{iI}^{n+1}$。由于中心差分法的时间步长一般很小，因此在计算$t^{n+1}$时刻系统的动能时可以近似采用时刻$t^{n+1/2}$的速度$\dot{\boldsymbol{u}}_{iI}^{n+1/2}$。

中心差分法的算法流程如下。

（1）计算节点力$\boldsymbol{f}_{iI}^n$。

（2）由t^n时刻的运动方程计算t^n时刻的加速度$\ddot{\boldsymbol{u}}_{iI}^n$：

$$\ddot{\boldsymbol{u}}_{iI}^n=\boldsymbol{f}_{iI}^n/m_I \tag{4-58}$$

（3）施加运动学边界条件。

（4）由式（4-55）计算$t^{n+1/2}$时刻的速度$\dot{\boldsymbol{u}}_{iI}^{n+1/2}$。

（5）由式（4-54）计算t^{n+1}时刻的位移$\boldsymbol{u}_{iI}^{n+1}$。

（6）令$t^{n+1}=t^n+\Delta t^{n+1/2}$，$n=n+1$。

（7）根据需要输出当前时刻的计算结果。

在中心差分法中，如果采用集中质量矩阵，则在求各时刻的解时，不需要进行矩阵的求逆运算，效率比较高。

2）时间积分步长确定

显式积分方法是一种近似求解方法，每一步积分计算都会产生误差。如果无论Δt取多大，给定任意初始条件，积分结果都不会无界增大，则称此方法是无条件稳定的；反之，如果Δt必须小于某个临界值Δt_{cr}，积分结果才不会无界增大，则称此方法是条件稳定的。

由于显式时间积分仅是条件稳定的，因此显式动态物质点法的时间步长必须小于临界值，即$\Delta t\leqslant\Delta t_{\mathrm{cr}}$，以便误差不会在时间步长之间如此放大。一般将缩放时间步长选为

$$\Delta t=\alpha\Delta t_{\mathrm{cr}} \tag{4-59}$$

式中，α为一个常数，一般可取为$0.8\leqslant\alpha\leqslant 0.98$。

为了避免应力波在一个时间步长中传播多个单元，因此临界时间步长定义为

$$\Delta t_{\mathrm{cr}}=\min_e\frac{T_{\min}^e}{\pi}=\min_e\frac{l_e}{c} \tag{4-60}$$

式中，$T_{\min}^e$为单元e的最小周期；l_e为单元e的特征长度。

$$c=\left(\frac{4G}{3\rho}+\left.\frac{\partial p}{\partial\rho}\right|_S\right)^{\frac{1}{2}} \tag{4-61}$$

为材料的绝热声速，其中下标S表示等熵。式（4-60）表明，为了确保显式时间积分稳定，要求在一个时间步长中任何信息传播的距离不能超过一个单元，这也称为 CFL（Courant Friedrichs Lewy）条件。

材料的压力p是密度ρ和初始单位体积内能E的函数，即$p=p(\rho,E)$，因此有

$$\left.\frac{\partial p}{\partial\rho}\right|_S=\left.\frac{\partial p}{\partial\rho}\right|_E+\left.\frac{\partial p}{\partial E}\right|_\rho\left.\frac{\partial E}{\partial\rho}\right|_S \tag{4-62}$$

对于等熵过程有$\mathrm{d}E=-p\mathrm{d}V$，有

$$\left.\frac{\partial E}{\partial V}\right|_S = -p \tag{4-63}$$

式中，V 为变形梯度张量的行列式，也即变形前后体元的体积比，称为相对体积。利用关系式$\rho V=\rho_0$可得

$$\left.\frac{\partial E}{\partial \rho}\right|_S = \left.\frac{\partial E}{\partial V}\right|_S \frac{\mathrm{d}V}{\mathrm{d}\rho} = \frac{pV^2}{\rho_0} \tag{4-64}$$

材料的绝热声速 c 最终可以写为

$$c=\left(\frac{4G}{3\rho}+\left.\frac{\partial p}{\partial \rho}\right|_E+\left.\frac{pV^2\partial p}{\rho_0\partial E}\right|_\rho\right)^{\frac{1}{2}} \tag{4-65}$$

对于线弹性材料，$p=-K\ln V$，因此

$$\left.\frac{\partial p}{\partial \rho}\right|_S = \left.\frac{\partial p}{\partial V}\right|_S \frac{\mathrm{d}V}{\mathrm{d}\rho} = \frac{K}{\rho} \tag{4-66}$$

式中，$K=E/3(1-2\mu)$为体积模量。将式（4-66）代入式（4-65）中，可以得到线弹性材料的声速为

$$c=\sqrt{\frac{E(1-\mu)}{(1+\mu)(1-2\mu)\rho}} \tag{4-67}$$

对于其他材料，需要根据压力和密度之间的关系由式（4-65）来计算其声速。

在物质点法中，时间积分是在空间固定的背景网格上进行的，在确定临界时间步长时，与采用拉格朗日网格的方法不同，除考虑材料的声速外，还需要考虑质点速度。特别是对超高速撞击问题，质点速度和材料的声速处于同一量级，质点速度的影响不能忽略。因此，在物质点法中，临界时间步长应取为

$$\Delta t_{\mathrm{cr}} = \min_e \frac{l_e}{c+|u|} \tag{4-68}$$

式中，l_e在采用均匀背景网格时可以取为节点距离d_c，即

$$\Delta t_{\mathrm{cr}} = \frac{d_c}{\max\limits_p (c_p+|u_p|)} \tag{4-69}$$

式中，c_p和u_p分别为质点p的声速和质点速度。

2．求解格式

在有限元法中，计算程序存储了各时刻网格节点的质量和速度（动量）；而在物质点法中，物体的所有物质信息均由质点携带，背景网格节点不记录任何物质信息。

为了在背景网格上求解t^n时刻的动量方程，需要将质点在t^n时刻的质量、动量、应力、体力和面力等信息映射到背景网格，以计算背景网格节点的质量、动量、内力和外力等。采用显式时间积分求解网格节点的动量方程后，将网格节点的速度变化量和位置变化量映射回质点，以更新质点的速度和位置。质点的应力可以通过应力更新计算，应力更新首先要计算质点在当前时刻的应变增量，然后通过本构方程计算质点的应力增量。应变增量是应变率的函数，而应变率可以通过网格节点的速度计算。

应力更新可以在每个时间步开始时进行，称为 USF（Update Stress First）；也可以在时间步结束时进行，称为 USL（Update Stress Last）；我们通常所采用的是 MUSL（Modified Update Stress Last）。应力更新时，先要基于速度场计算应变率，实际上各种格式的主要差异在于采

用不同的节点速度来计算应变率。

在 MUSL 格式中，将更新后的质点动量 $\boldsymbol{p}_{ip}^{n+1/2}=m_p\boldsymbol{v}_{ip}^{n+1/2}$ 再次映射到背景网格后重新计算节点的速度，即 $\boldsymbol{v}_{iI}^{n+1/2}=\sum_{p=1}^{n_p}m_p\boldsymbol{v}_{ip}^{n+1/2}N_{ip}^n/m_I^n$。MUSL 格式是对 USL 格式的一种改进，它不直接利用更新的节点动量来计算节点速度，而是将更新的质点动量映射回背景网格后再计算节点速度。物质点 MUSL 求解格式示意图如图 4-3 所示，具体求解过程如下。

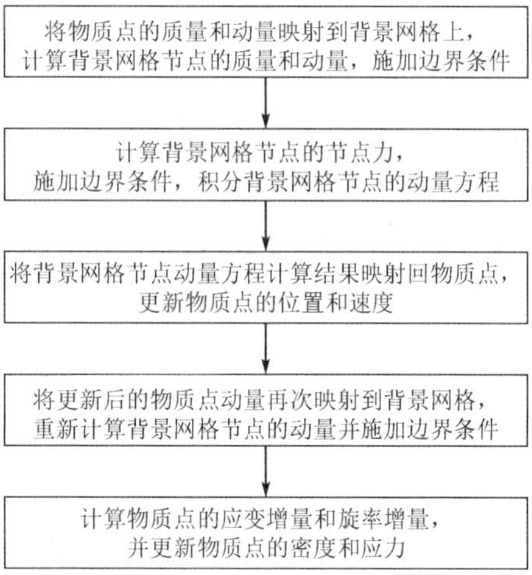

将物质点的质量和动量映射到背景网格上，
计算背景网格节点的质量和动量，施加边界条件
计算背景网格节点的节点力，
施加边界条件，积分背景网格节点的动量方程
将背景网格节点动量方程计算结果映射回物质点，
更新物质点的位置和速度
将更新后的物质点动量再次映射到背景网格，
重新计算背景网格节点的动量并施加边界条件
计算物质点的应变增量和旋率增量，
并更新物质点的密度和应力

图 4-3 物质点 MUSL 求解格式示意图

（1）将各质点的质量和动量映射到背景网格上，以计算背景网格节点的质量和动量：

$$m_I^n=\sum_{p=1}^{n_p}m_pN_{Ip}^n \tag{4-70}$$

$$\boldsymbol{p}_{iI}^{n-1/2}=\sum_{p=1}^{n_p}m_p\boldsymbol{v}_{ip}^{n-1/2}N_{Ip}^n \tag{4-71}$$

（2）对节点动量施加本质边界条件。对于固定边界，令 $\boldsymbol{p}_{iI}^{n-1/2}=0$。

（3）计算背景网格节点内力 $\boldsymbol{f}_{iI}^{\text{int},n}$、节点外力 $\boldsymbol{f}_{iI}^{\text{ext},n}$ 和总的节点力 $\boldsymbol{f}_{iI}^n$：

$$\boldsymbol{f}_{iI}^{\text{int},n}=-\sum_{p=1}^{n_p}N_{Ip,j}^n\boldsymbol{\sigma}_{ijp}\frac{m_p}{\rho_p} \tag{4-72}$$

$$\boldsymbol{f}_{iI}^{\text{ext},n}=\sum_{p=1}^{n_p}m_pN_{Ip}^n\boldsymbol{b}_{ip}^n+\sum_{p=1}^{n_p}N_{Ip}^n\bar{\boldsymbol{t}}_{ip}^nh^{-1}\frac{m_p}{\rho_p} \tag{4-73}$$

$$\boldsymbol{f}_{iI}^n=\boldsymbol{f}_{iI}^{\text{int},n}+\boldsymbol{f}_{iI}^{\text{ext},n} \tag{4-74}$$

式中，$\boldsymbol{\sigma}_{ijp}=\boldsymbol{\sigma}_{ijp}^n$；$\rho_p=\rho_p^n$；如果节点 I 在 i 方向上固定，则令 $\boldsymbol{f}_{iI}^n=0$。

（4）计算背景网格节点上积分动量方程：

$$\boldsymbol{p}_{iI}^{n+1/2}=\boldsymbol{p}_{iI}^{n-1/2}+\boldsymbol{f}_{iI}^n\Delta t^n \tag{4-75}$$

（5）将背景网格节点的速度变化量和位置变化量映射回相应的质点，更新各质点的速度和位置：

$$\boldsymbol{v}_{ip}^{n+1/2}=\boldsymbol{v}_{ip}^{n-1/2}+\Delta t^n\sum_{I=1}^{8}\frac{\boldsymbol{f}_{iI}^nN_{Ip}^n}{m_I^n} \tag{4-76}$$

$$\boldsymbol{x}_{ip}^{n+1}=\boldsymbol{v}_{ip}^n+\Delta t^{n+1/2}\sum_{I=1}^{8}\frac{\boldsymbol{p}_{iI}^{n+1/2}N_{Ip}^n}{m_I^n} \tag{4-77}$$

（6）计算背景网格节点的速度 $\boldsymbol{v}_{iI}^{n+1/2}$，然后计算各质点的应变增量 $\Delta\varepsilon_{ijp}^{n+1/2}$ 和旋率增量 $\Delta\Omega_{ijp}^{n+1/2}$，并对应力和密度进行更新。

① 计算背景网格节点的速度 $\boldsymbol{v}_{iI}^{n+1/2}$：

$$\boldsymbol{v}_{iI}^{n+1/2}=\boldsymbol{p}_{iI}^{n+1/2}/m_I^n \tag{4-78}$$

② 计算各质点的应变增量 $\Delta\varepsilon_{ijp}^{n+1/2}$ 和旋率增量 $\Delta\Omega_{ijp}^{n+1/2}$：

$$\Delta\varepsilon_{ijp}^{n+1/2}=\Delta t^{n+1/2}\sum_{I=1}^{8}\frac{1}{2}\left(N_{Ip,j}^n\boldsymbol{v}_{iI}^{n+1/2}+N_{Ip,i}^n\boldsymbol{v}_{jI}^{n+1/2}\right) \tag{4-79}$$

$$\Delta\Omega_{ijp}^{n+1/2}=\Delta t^{n+1/2}\sum_{I=1}^{8}\frac{1}{2}\left(N_{Ip,j}^n\boldsymbol{v}_{iI}^{n+1/2}-N_{Ip,i}^n\boldsymbol{v}_{jI}^{n+1/2}\right) \tag{4-80}$$

③ 更新质点密度：

$$\rho_p^{n+1} = \rho_p^n / (1 + \Delta\varepsilon_{ijp}^{n+1/2}) \tag{4-81}$$

④ 利用$\Delta\varepsilon_{ijp}^{n+1/2}$和$\Delta\Omega_{ijp}^{n+1/2}$更新应力。

（7）至此物体的所有质点信息均已经存储在质点上，可以丢弃已经变形了的网格，并在下一个时间步中采用新的规则网格。

由式（4-81）可知，质点是按照背景网格的速度场运动的，即在更新质点p的位置时，采用背景网格中和质点p相重合的点的速度$\hat{\boldsymbol{v}}_{ip}^{n+1/2} = \sum_{I=1}^{8} \boldsymbol{v}_{iI}^{n+1/2} N_{Ip}^n$，而不是采用质点$p$的速度$\boldsymbol{v}_{ip}^{n+1/2}$。这一处理方法保证了质点在运动过程中不会相互穿透和重叠，即不同物体之间不会发生相互穿透，因此物质点法自动满足无滑移接触条件。

对于单个质点运动情况（$n_p = 1$），利用式（4-70）、式（4-71）、式（4-75）和式（4-76），可得

$$\hat{\boldsymbol{v}}_{ip}^{n+1/2} = \sum_{I=1}^{8} \frac{\boldsymbol{p}_{iI}^{n-1/2} + \boldsymbol{f}_{iI}^n \Delta t^n}{m_I^n} N_{Ip}^n = \boldsymbol{v}_{ip}^{n+1/2} \tag{4-82}$$

可见此时质点的运动不受背景网格的影响，即物质点法可以正确描述单个质点的运动情况。

4.1.4　广义插值物质点法

物质点法将物体离散为一组质点，且采用具有线性形函数的背景网格。背景网格形函数的导数在网格之间不连续，因此当质点跨越背景网格时将会对系统产生扰动，导致精度降低，甚至使结果完全失真。广义插值物质点法（Generalized Interpolation Material Point Method，GIMPM）将物体离散为具有一定大小的由特征函数表示的质点，有效地抑制了由于质点跨越背景网格而引起的数值噪声。

质点的特征函数$\chi_p(\boldsymbol{x})$定义了质点所占据的空间区域，它是质点当前位置和变形状态的函数。质点的特征函数可以理解为质点在空间各点所占据的体积分数，因此在初始构形中应该满足单位分解条件：

$$\sum_p \chi_p(\boldsymbol{x}) = 1 \tag{4-83}$$

质点的体积可以表示为

$$V_p = \int_{\Omega_p \cap \Omega} \chi_p(\boldsymbol{x}) \mathrm{d}V \tag{4-84}$$

式中，Ω是物体现时构形所占据的区域；Ω_p是质点p的特征函数在现时构形中的支撑域，也可以看成是质点p在现时构形中所占据的区域。物理量f可以用其在质点处的值f_p近似为

$$f(\boldsymbol{x}) = \sum_p f_p \chi_p(\boldsymbol{x}) \tag{4-85}$$

可见，质点的特征函数将质点的物理量光滑到整个求解区域，它确定了物理量在空间变化的光滑程度。材料的密度ρ、应力$\boldsymbol{\sigma}_{ij}$和加速度$\ddot{\boldsymbol{u}}_i$都可以用质点的特征函数光滑成式（4-85）的形式。用特征函数表示虚功方程，得到

$$\sum_p \int_{\Omega_p \cap \Omega} \frac{\dot{\boldsymbol{p}}_{ip}}{V_p} \chi_p \delta \boldsymbol{u}_i \mathrm{d}V + \sum_p \int_{\Omega_p \cap \Omega} \boldsymbol{\sigma}_{ijp} \chi_p \delta \boldsymbol{u}_{i,j} \mathrm{d}V \\ - \sum_p \int_{\Omega_p \cap \Omega} \rho_p \boldsymbol{b}_{ip} \chi_p \delta \boldsymbol{u}_i \mathrm{d}V - \int_{\Gamma_t} \bar{\boldsymbol{t}}_i \delta \boldsymbol{u}_i \mathrm{d}A = 0 \tag{4-86}$$

广义插值物质点法选取质点的特征函数$\chi_p(\boldsymbol{x})$作为试探函数，用它来近似系统的物理量；取背景网格形函数$N_I(\boldsymbol{x})$为测试函数，即利用背景网格将虚位移$\delta \boldsymbol{u}_i$近似为

$$\delta \boldsymbol{u}_i = \sum_I \delta \boldsymbol{u}_{iI} N_I(\boldsymbol{x}) \tag{4-87}$$

式中，背景网格形函数$N_I(\boldsymbol{x})$也满足单位分解条件，即

$$\sum_I N_I(\boldsymbol{x}) = 1 \tag{4-88}$$

将式（4-87）代入式（4-86）中，并考虑到$\delta \boldsymbol{u}_i$在本质边界Γ_u上为零，而在其余所有点处任意取值，可以得到

$$\dot{\boldsymbol{p}}_{iI} = \boldsymbol{f}_{iI}^{\text{int}} + \boldsymbol{f}_{iI}^{\text{ext}}, \quad \boldsymbol{x}_I \notin \Gamma_u \tag{4-89}$$

式中

$$\dot{\boldsymbol{p}}_{iI} = \sum_p S_{Ip} \boldsymbol{p}_{ip} \tag{4-90}$$

$$\boldsymbol{f}_{iI}^{\text{int}} = -\sum_p \boldsymbol{\sigma}_{ijp} S_{Ip,j} V_p \tag{4-91}$$

$$\boldsymbol{f}_{iI}^{\text{ext}} = \sum_p m_p S_{Ip} \boldsymbol{f}_{ip} + \int_{\Gamma_t} N_I(\boldsymbol{x}) \bar{\boldsymbol{t}}_i \mathrm{d}\Gamma \tag{4-92}$$

其中

$$S_{Ip} = \frac{1}{V_p} \int_{\Omega_p \cap \Omega} \chi_p(\boldsymbol{x}) N_I(\boldsymbol{x}) \mathrm{d}\Omega \tag{4-93}$$

$$S_{Ip,j} = \frac{1}{V_p} \int_{\Omega_p \cap \Omega} \chi_p(\boldsymbol{x}) N_{I,j}(\boldsymbol{x}) \mathrm{d}\Omega \tag{4-94}$$

利用式（4-88）和式（4-84）可以证明，广义插值物质点法的形函数S_{Ip}也满足单位分解条件：

$$\sum_I S_{Ip} = 1, \quad \forall \boldsymbol{x}_{iI}, \boldsymbol{x}_{ip} \tag{4-95}$$

背景网格节点的质量m_I和动量$\boldsymbol{p}_{iI}$分别为

$$m_I = \sum_p m_p S_{Ip} \tag{4-96}$$

$$\boldsymbol{p}_{iI} = \sum_p \boldsymbol{p}_{ip} S_{Ip} \tag{4-97}$$

广义插值物质点法仍然满足质量和动量守恒，即

$$\sum_I m_I = \sum_I \sum_p m_p S_{Ip} = \sum_p m_p \tag{4-98}$$

$$\sum_I \boldsymbol{p}_{iI} = \sum_I \sum_p \boldsymbol{p}_{ip} S_{Ip} = \sum_p \boldsymbol{p}_{ip} \tag{4-99}$$

与形函数N_I相比，广义插值物质点法的形函数S_{Ip}更光滑，且具有更大的支撑域。当质点特征函数$\chi_p(\boldsymbol{x})$取为

$$\chi_p(\boldsymbol{x})=\delta(\boldsymbol{x}-\boldsymbol{x}_p)V_p \tag{4-100}$$

时，$S_{Ip}=N_I(\boldsymbol{x}_p)$，$S_{Ip,j}=N_{I,j}(\boldsymbol{x}_p)$，广义插值物质点法就退化为原始的物质点法。

选取不同的质点特征函数和背景网格形函数可以得到不同的权函数。背景网格形函数一般可取线性函数，对于一维问题，有

$$N_I(\boldsymbol{x})=\begin{cases}0, & |\boldsymbol{x}-\boldsymbol{x}_I|\geqslant L\\ 1+(\boldsymbol{x}-\boldsymbol{x}_I)/L, & -L<\boldsymbol{x}-\boldsymbol{x}_I\leqslant 0\\ 1-(\boldsymbol{x}-\boldsymbol{x}_I)/L, & 0<\boldsymbol{x}-\boldsymbol{x}_I<L\end{cases} \tag{4-101}$$

式中，L为单元长度。

最简单的质点特征函数为

$$\chi_p(\boldsymbol{x})=H(\boldsymbol{x}-(\boldsymbol{x}_p-l_p))-H(\boldsymbol{x}-(\boldsymbol{x}_p+l_p)) \tag{4-102}$$

式中，l_p为质点的长度的一半，它在质点的运动过程中不断变化。式（4-102）给出的质点特征函数相当于将物体离散为一组互不重叠且相互连接的质点，因此导出的方程称为 cpGIMPM（contiguous particle GIMPM）法，其质点的初始尺寸等于背景网格单元长度除以每个单元中的质点数。式（4-102）也可以写成

$$\chi_p(\boldsymbol{x})=\begin{cases}1, & x\in\Omega_p\\ 0, & x\notin\Omega_p\end{cases} \tag{4-103}$$

此时可将式（4-93）和式（4-94）简化为

$$S_{Ip}=\frac{1}{2l_p}\int_{x_p-l_p}^{k_p+l_p}N_I(\boldsymbol{x})\mathrm{d}\boldsymbol{x} \tag{4-104}$$

$$S_{Ip,j}=\frac{1}{2l_p}\int_{x_p-l_p}^{x_p+l_p}N_{I,j}(\boldsymbol{x})\mathrm{d}\boldsymbol{x} \tag{4-105}$$

将式（4-101）代入式（4-104）中，可得到具有C^1连续性的形函数：

$$S_{Ip}=\begin{cases}0, & |\boldsymbol{x}_p-\boldsymbol{x}_I|\geqslant L+l_p\\ \dfrac{(L+l_p+(\boldsymbol{x}_p-\boldsymbol{x}_I))^2}{4Ll_p}, & -L-l_p<\boldsymbol{x}_p-\boldsymbol{x}_I\leqslant -L+l_p\\ 1+\dfrac{\boldsymbol{x}_p-\boldsymbol{x}_I}{L}, & -L+l_p<\boldsymbol{x}_p-\boldsymbol{x}_I\leqslant -l_p\\ 1-\dfrac{(\boldsymbol{x}_p-\boldsymbol{x}_I)^2+l_p^2}{2Ll_p}, & -l_p<\boldsymbol{x}_p-\boldsymbol{x}_I\leqslant l_p\\ 1-\dfrac{\boldsymbol{x}_p-\boldsymbol{x}_I}{L}, & l_p<\boldsymbol{x}_p-\boldsymbol{x}_I\leqslant L-l_p\\ \dfrac{(L+l_p-(\boldsymbol{x}_p-\boldsymbol{x}_I))^2}{4Ll_p}, & L-l_p<\boldsymbol{x}_p-\boldsymbol{x}_I\leqslant L+l_p\end{cases} \tag{4-106}$$

形函数S_{Ip}的导数为

$$\nabla S_{Ip}=\begin{cases}0, & |\boldsymbol{x}_p-\boldsymbol{x}_I|\geqslant L+l_p\\ \dfrac{L+l_p+(\boldsymbol{x}_p-\boldsymbol{x}_I)}{2Ll_p}, & -L-l_p<\boldsymbol{x}_p-\boldsymbol{x}_I\leqslant -L+l_p\\ \dfrac{1}{L}, & -L+l_p<\boldsymbol{x}_p-\boldsymbol{x}_I\leqslant -l_p\\ -\dfrac{\boldsymbol{x}_p-\boldsymbol{x}_I}{Ll_p}, & -l_p<\boldsymbol{x}_p-\boldsymbol{x}_I\leqslant l_p\\ -\dfrac{1}{L}, & l_p<\boldsymbol{x}_p-\boldsymbol{x}_I\leqslant L-l_p\\ -\dfrac{L+l_p-(\boldsymbol{x}_p-\boldsymbol{x}_I)}{2Ll_p}, & L-l_p<\boldsymbol{x}_p-\boldsymbol{x}_I\leqslant L+l_p\end{cases} \tag{4-107}$$

在广义插值物质点法中，计算形函数S_{Ip}时需要在质点p所占据的区域Ω_p上积分，而该区域是不断变化的。对于一维问题，t^n时刻质点p的尺寸l_p^n可以利用变形梯度直接求得，即

$$l_p^n=F_p^n l_p^0 \tag{4-108}$$

式中，F_p^n为t^n时刻质点p的变形梯度；l_p^0为质点p的初始长度。对于多维问题，质点p在各方向上的尺寸可以近似为

$$l_{ip}^n=F_{iip}^n l_{ip}^0 \tag{4-109}$$

式中，F_{iip}^n为t^n时刻质点p的变形梯度张量$\boldsymbol{F}$的第i个单元。这里相当于假设初始时刻质点所占据的区域为平行于背景网格的长方体，且在运动过程中仍然保持为平行于背景网格的长方体，即忽略了剪切变形和刚体转动。

如果初始时刻每个单元中有两个质点，且认为质点的大小在整个求解过程中保持不变，则有$l_p=L/4$。设$\xi=|(x_p-x_I)/L|$，有

$$S_{Ip}(\xi)=\begin{cases}\dfrac{7-16\xi^2}{8}, & \xi\leqslant 0.25\\ 1-\xi, & 0.25<\xi\leqslant 0.75\\ \dfrac{(5-4\xi)^2}{16}, & 0.75<\xi\leqslant 1.25\\ 0, & \xi>1.25\end{cases} \tag{4-110}$$

由式（4-110）给出的广义插值物质点法的形函数如图 4-4 所示。对于三维问题，可取

$$S_{Ip}(\boldsymbol{x})=S_{Ip}(\xi)S_{Ip}(\eta)S_{Ip}(\zeta) \tag{4-111}$$

式中，$\eta=|(y_p-y_I)/L|$，$\zeta=|(z_p-z_I)/L|$。这种方法称为 uGIMPM（uniform GIMPM），它仍假设初始时刻质点所占据的区域为平行于背景网格的长方体，且在运动过程中保持不变。

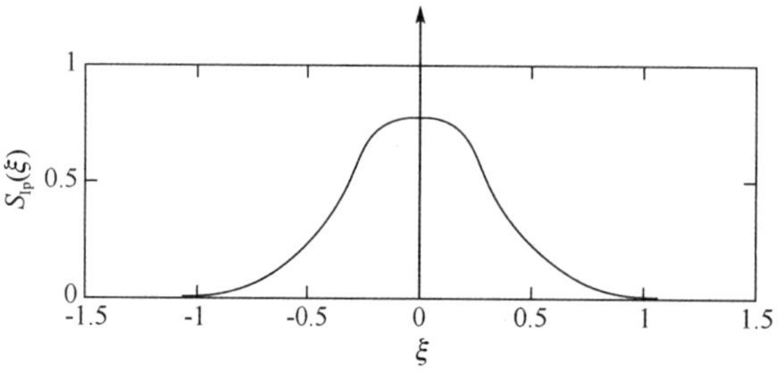

图 4-4　uGIMPM 形函数

由式（4-110）给出的 uGIMPM 形函数假设质点的尺寸为l_p，在整个求解过程保持不变，在变形较大的情况下，质点特征函数的支撑域将相互重叠或相互间存在间隙，此时质点特征函数将不再满足单位分解条件，uGIMPM 不能完全消除质点跨越网格所产生的数值噪声。

4.1.5　物质点法开源程序

目前，物质点法在超高速碰撞、冲击、爆炸、动态断裂、流固耦合、多尺度分析、颗粒材料流动和岩土失效中得到了广泛应用。为了方便广大物质点法开发爱好者，国内外物质点法研究学者部分甚至全部开源其研究代码。国内外物质点法开源代码及相关信息如表 4-1 所示。针对初学者，个人推荐使用清华大学张雄教授的 FORTRAN 源代码进行学习和开发。也可基于文献[41][42]中的 MATLAB 物质点法代码学习弹性及弹塑性问题的物质点法实现过程。对服装、游戏、损伤等仿真分析感兴趣的读者，可以参考蒋陈凡夫老师的相关工作及源代码。

表 4-1　国内外物质点法开源代码及相关信息

名称	适用范围及网址	编写语言及系统
MPM3D-F90	3D 动力显式物质点法串行代码，参考书籍《物质点法》（张雄等著）。用于模拟高速碰撞、爆炸、侵彻、边坡失效等，并附实例输入文件。含 USF、USL 和 MUSL 求解格式，点对点接触算法，广义插值算法，弹性、弹塑性、Johnson-Cook 塑性、孔材料、高能炸药等	FORTRAN Windows/Linux/macOS
MPM-GIMP	2D 和 3D 串行及并行显式及隐式物质点法/广义插值物质点法，线性和非线性方程组求解器 CG 和 GMRES	C++/Python，MPI Windows/Linux/macOS
fMPMMsolver	弹性/弹塑性问题，边坡失效问题。参考文献[41][42]	MATLAB Windows/Linux/macOS
CB-GEO	应用于岩土力学	C++，MPI Linux
NairnMPM	2D/3D 及轴对称问题。包含扩展 PIC 算法、样条插值基函数、弹性/弹塑性硬化/各向同性/异性/大应变/黏弹性/损伤模型/裂纹扩展接触算法/热传导等问题	C++，MPI Windows/macOS
AMPLE	更新拉格朗日算法、显式及隐式积分算法，弹塑性大变形问题	MATLAB Windows/Linux/macOS
Karamelo	基于更新的拉格朗日及全局拉格朗日的显式积分并行物质点法，代码结构基于 LAMMPS。目前用于流体及固体力学问题	C++，MPI Linux
Uintah	块结构自适应网格加密物质点法。可应用于 10 万处理器的集群计算	C++，MPI Linux
AnisoMPM IQ-MPM Multi-GPU CD-MPM	基于各向异性损伤模型的物质点法、界面积分物质点法、基于多 GPU 的物质点法、连续损伤物质点法等	C++，MPI Linux

4.2　梁问题

不管是在建筑结构中，还是在工程结构中，梁都是重要的承力构件，如房梁、轮船的龙骨、飞机机翼的大梁和起重机的大梁等。在对梁进行建模时要充分考虑实际结构的几何特征及连接方式，并按照需要对其进行不同层次的简化，可以就某一特定分析目的得到相应的 1D、2D 或 3D 模型。由于在设计时并不知道结构的真实力学性能（或许还没有实验结果，或许还得不到精确的解析解），仅有计算分析的一些结果。因此，一种进行计算结果校核或验证的可能方法，就是对所分析对象分别建立 1D、2D 和 3D 模型，来进行它们之间的相互验证和核对，而梁单元就是验证算法收敛性和稳定性的一种重要结构单元。

4.2.1　物质点法变体

1．GIMPM 和 CPDI

为了满足不同情况下的计算精度，自 20 世纪 90 年代以来，引入了几种物质点法的变体来解决一些特定的数值问题。Bardenhagen 和 Kober[20]首次提出了广义插值物质点法（Generalized Interpolation Material Point Method，GIMPM）。他们提出了基函数和梯度函数的一般化，这些函数与质点的特征域函数进行卷积计算。标准物质点法（standard Material Point Method，sMPM）中的一个主要缺陷是梯度基函数缺乏连续性，一旦质点在进入其相邻边界时穿过单元边界，就会导致内力的虚假振荡。sMPM 中使用的梯度基函数的C^0连续性，被称为单元交叉不稳定性，而 GIMPM 变体能将此类问题的发生降至最低。

GIMPM 被分类为基于域的物质点法，不同于基于 B 样条物质点法的后期发展，后者使用 B 样条函数作为基函数来处理单元交叉的不稳定性。在 sMPM 中，只有属于某个单元的节点对给定的质点有贡献，而 GIMPM 需要扩展节点的连接性，即包围此质点的单元的节点和属于相邻单元的节点，如图 4-5 所示。

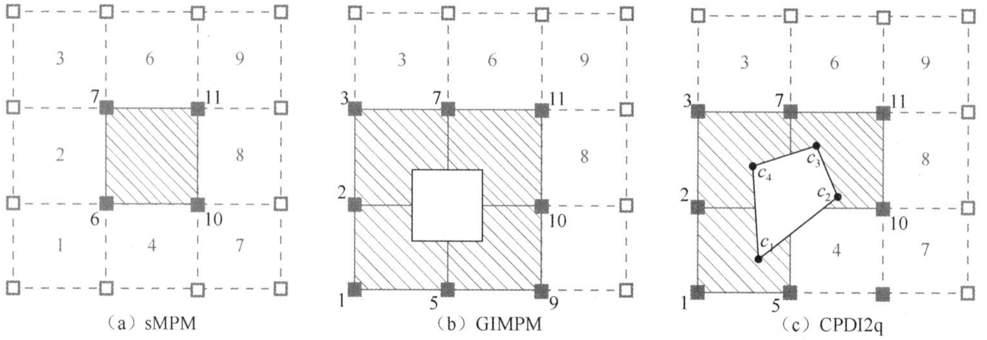

图 4-5　物质点的变体

最近，Sadeghirad 等人[43,44]提出了对流粒子域插值（Convected Particle Domain Interpolation，CPDI）和对流粒子域二阶四边形插值（Convected Particle Domain Interpolation 2nd order quadrilateral，CPDI2q）。Wang 等人[45]研究了基于 CPDI/CPDI2q 的拉伸、剪切和扭转变形模式下的数值稳定性。CPDI2q 在某些情况下被发现是错误的，特别是当涉及扭转变形模式时。相比之下，CPDI 较 sMPM 在模拟扭转变形方面表现更好。即使 CPDI2q 能准确地表示变形区域[44]，但是在处理非常大的变形时，尤其是当材料已经屈服时，必须小心，这在岩土工程[45]中很常见。

基于域的物质点法变体可以被视为两个不同的组。

（1）物质点的域是一个正方形，其变形总是与网格轴对齐的，即非变形域（undeformed Generalized Interpolation Material Point Method，简称 uGIMPM，未变形广义物质点法）或变形域[46]（contiguous particle Generalized Interpolation Material Point Method，简称 cpGIMPM，连续粒子广义物质点法），后者通常与变形的度量有关，如变形梯度的行列式。

（2）物质点的域是一个变形平行四边形，其尺寸由两个向量[43]（CPDI）指定，或者是一个仅由其角[44]（CPDI2q）定义的变形四边形。变形不一定再与网格对齐。

2．GIMPM 更新质点物理量

GIMPM 基函数由特征粒子函数（物质点空间范围或域）与网格的标准基函数$N_n(X)$的卷积得到，可由式（4-106）进行计算。

另一个计算成本较高的操作是将质点上的物理量映射（或累加）到它们的关联节点，质量和动量的计算可由式（4-96）和式（4-97）进行计算。

采用向量化将更新后的节点速度、加速度和坐标插值到物质点上，获取物质点速度和坐标，以及实现双映射（DM 或 MUSL）。物质点速度$\boldsymbol{v}_p$插值由式（4-112）给出：

$$\boldsymbol{v}_p^{t+\Delta t}=\boldsymbol{v}_p^t+\Delta t\sum_{n=1}^{n_n}\boldsymbol{S}_n(\boldsymbol{x}_p)\boldsymbol{a}_n^{t+\Delta t} \tag{4-112}$$

物质点动量的更新由其速度$\boldsymbol{v}_p^{t+\Delta t}$获得$\boldsymbol{p}_p^{t+\Delta t}=m_p\boldsymbol{v}_p^{t+\Delta t}$。节点速度$\boldsymbol{v}_n^{t+\Delta t}$的双映射过程是将更新后的物质点动量$\boldsymbol{p}_p^{t+\Delta t}$在网格上重新映射，除以节点质量，即

$$\boldsymbol{v}_n^{t+\Delta t}=m_n^{-1}\sum_{p\in n}\boldsymbol{S}_n(\boldsymbol{x}_p)\boldsymbol{p}_p^{t+\Delta t} \tag{4-113}$$

施加边界条件，然后根据节点速度再次映射得到物质点的坐标

$$\boldsymbol{x}_p^{t+\Delta t}=\boldsymbol{x}_p^t+\Delta t\sum_{n=1}^{n_n}\boldsymbol{S}_n(\boldsymbol{x}_p)\boldsymbol{v}_n^{t+\Delta t} \tag{4-114}$$

4.2.2　实例分析

1．垂直梁的弹性重力压缩

如图 4-6 所示，有一长度为$l=10\text{m}$的横梁，受到自身重力g的影响向下垂落压缩[45,47]。杨氏模量$E=1\times10^4\text{Pa}$，泊松比$\mu=0$，密度$\rho=80\text{kg/m}^3$。滚动边界条件应用于梁的底边和两侧。背景网格由双线性四节点四边形组成，最初每个背景网格的质点数为$n_{\text{pe}}=4$。宽度方向有 1 个网格，高度方向有n（1～max=1280）个网格。时间步长自适应，选取时间步长因子$\alpha=0.5$，对 1280 个网格算例选取最小时间步长$\Delta t_{\min}=3.1\times10^{-4}\text{s}$和最大时间步长$\Delta t_{\max}=3.8\times10^{-4}\text{s}$[48]。

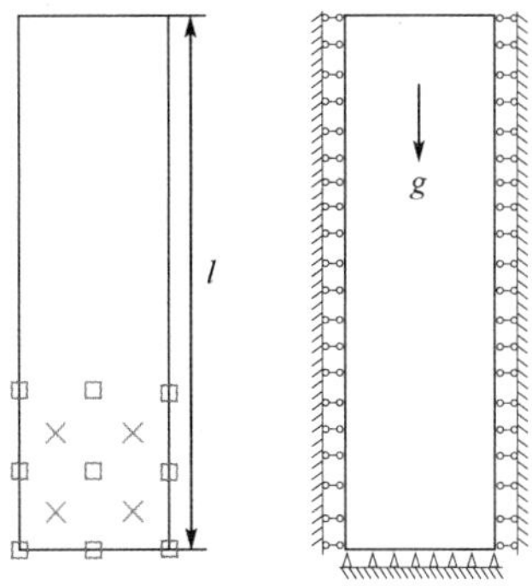

（a）初始几何形状　（b）边界条件

图 4-6　垂直梁的初始条件

为了一致地为显式求解器施加外部载荷，我们遵循 Bardenhagen 和 Kober 的建议[20]，即如果总模拟时间等于 40 个弹性波通过时间，则可以得到准静态解（假设采用显式积分方案）。我们进行了额外的隐式准静态模拟（iCPDI2q），以便一致地讨论文献[47]中所报道的结果。重力从 0 增加到最终值9.81m/s^2，持续施加 50 个相等的载荷步长。垂直法向应力的解析解[47]为$\sigma_{yy}(y_0)=\rho g(l_0-y_0)$，其中$l_0$为梁的初始高度，$y_0$为梁内某点的初始位置。

为方便比较，定义解析解与数值解的误差如下：

$$\text{err}=\sum_{p=1}^{n_p}\frac{\|(\sigma_{yy})_p-\sigma_{yy}(y_p)\|(V_0)_p}{(\rho g l_0)V_0} \tag{4-115}$$

式中，$(\sigma_{yy})_p$为初始体积$(V_0)_p$的质点p沿y轴的应力；V_0为梁的初始体积$V_0=\sum_{p=1}^{n_p}(V_0)_p$。

趋近准静态解的收敛性如图 4-7（a）所示，可见显式求解 cpGIMPM 和 CPDI2q 是二次收敛的，在$\mathrm{err}=10^{-6}$时停止继续收敛，但 Coombs 等人[47]得出的结论是完全收敛的。Bardenhagen 和 Kober 解释是由解析动态应力波传播引起的误差饱和所引起的，这是任何显式求解方案所固有的，无法根除。因此，对于显式算法，静态解永远无法实现。因为与准静态隐式方法不同，在显式求解过程中弹性波无限传播，静态平衡永远无法求解。iCPDI2q 更加收敛于准静态解，误差达到了10^{-6}以下，收敛效果明显优于其他显式求解器。然而，隐式算法的收敛速度随着网格数的增加而降低。质点y方向的应力与解析解吻合较好，如图 4-7（b）所示，在稀疏网格数下观察到一些振荡，但这些振荡随着网格数的增加而迅速减小。

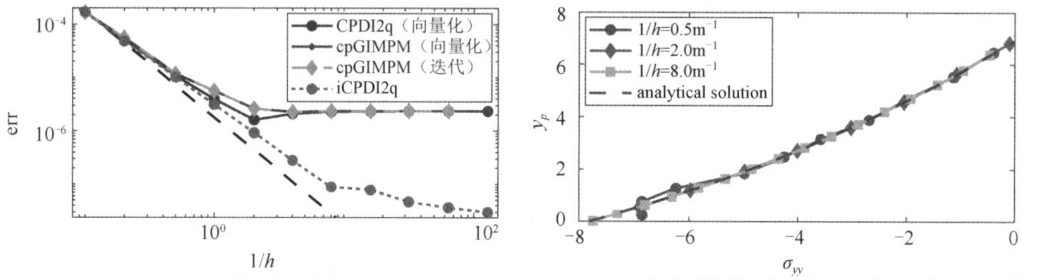

（a）误差收敛性的比较　　（b）iCPDI2q在变形位置y_p的应力σ_{yy}与精细网格解析解的比较

图 4-7　误差和应力比较

图 4-8 为 cpGIMPM（迭代）、cpGIMPM（向量化）和 CPDI2q（向量化）三种求解方案随着质点总数变化而引起的时间变化对比图。正如 Sadeghirad 等人[43,44]所声称的，cpGIMPM 和 CPDI2q 相比，没有显著的时间差异。然而，cpGIMPM 的迭代和向量化求解之间存在着较为明显的时间差别，当质点总数$n_p=2560$时，向量化求解耗时 1161s，迭代求解耗时 52856s，大约比迭代求解快了 50 倍。

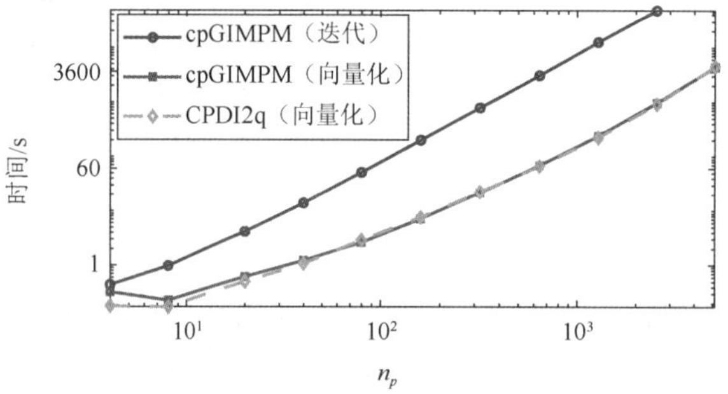

图 4-8　cpGIMPM 和 CPDI2q 的解相对于质点总数 n_p 的时间对比

2. 悬臂梁的弹性大变形

为了验证物质点法求解器的稳健性，采用物质点法的两种变种来求解悬臂梁问题[43]：①连续的广义物质点法 GIMPM（cpGIMPM），其依赖于变形梯度的拉伸部分来更新粒子域，因为在梁的变形期间预计会发生较大的旋转[20]；②对流粒子域插值（CPDI）[43]，比 CPDI2q 变体更适合大扭转变形模式。

悬臂梁的几何模型如图 4-9 所示，高度$h=1\,\mathrm{m}$，长度$l=4\,\mathrm{m}$。左端完全固定，右端“×”

点突然施加重力 g。杨氏模量 $E=10^6\mathrm{Pa}$，泊松比 $\mu=0.3$，密度 $\rho=1050\mathrm{kg/m^3}$，没有引入阻尼力。采用 neo-Hookean 或线弹性固体两种弹性本构模型。

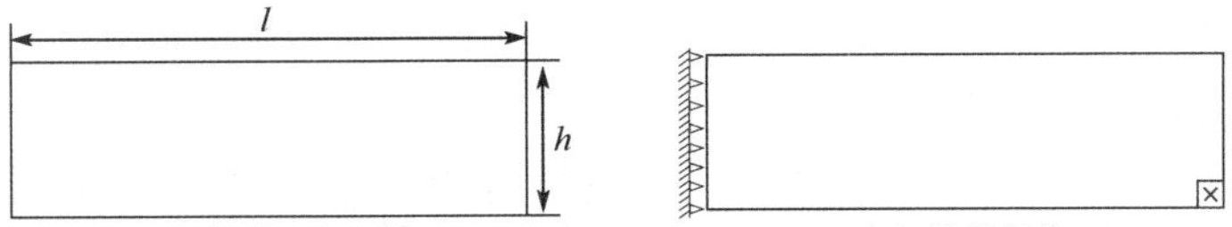

（a）初始几何形状　　（b）边界条件

图 4-9　悬臂梁的几何模型

将其离散为 64 个四节点四边形网格，每个网格初始有 9 个质点（$n_p=576$）。总时间 $t=3\mathrm{s}$，由 CFL 条件决定自适应时间步，选取时间步长因子 $\alpha=0.1$，则最小和最大时间步长值分别是 $\Delta t_{\min}=5.7\times10^{-4}\mathrm{s}$ 和 $\Delta t_{\max}=6.9\times10^{-4}\mathrm{s}$。

图 4-10 给出了 CPDI 和 cpGIMPM 质点域的有限变形［见图 4-10（a）和图 4-10（d）］、位移 Δu 云图［见图 4-10（b）和图 4-10（e）］和 y 方向柯西应力 σ_{yy} 云图［图 4-10（c）和图 4-10（f）］。与标准物质点法相比，当使用基于域的物质点法变种时，由于网格交叉误差而引起的应力振荡得到部分纠正。然而，与图 4-10（c）的最大应力 294.61kPa 相比，图 4-10（f）中的虚假垂直应力 334.31kPa 更为明显，也更加平滑。CPDI 和 cpGIMPM 所获得变形梁的实际几何形状都比较不错。

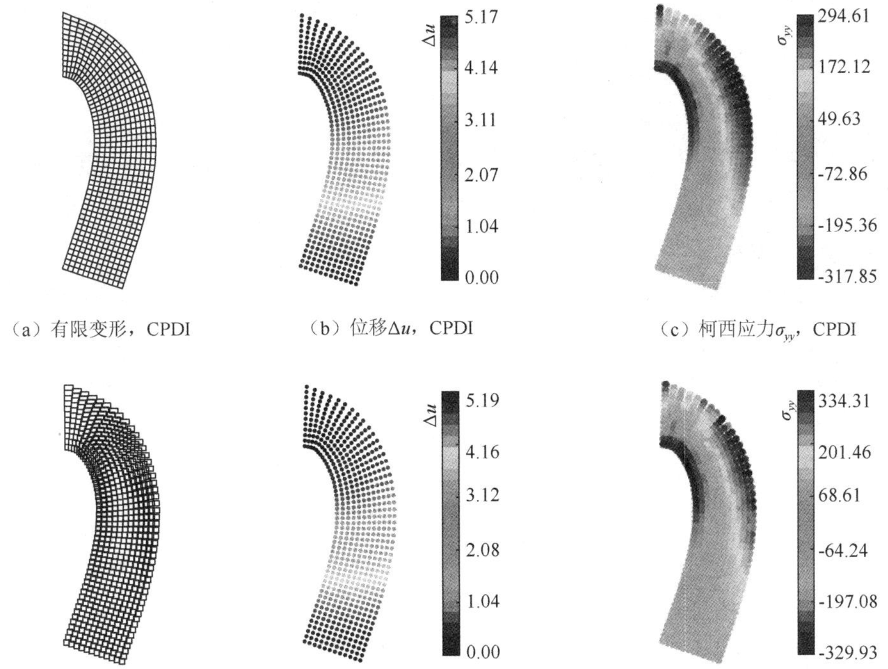

（a）有限变形，CPDI　（b）位移 Δu，CPDI　（c）柯西应力 σ_{yy}，CPDI

（d）有限变形，cpGIMPM　（e）位移 Δu，cpGIMPM　（f）柯西应力 σ_{yy}，cpGIMPM

图 4-10　CPDI 和 cpGIMPM 的结果比较

CPDI 变种与 CPDI2q 变种和 cpGIMPM 变种在执行时间上有显著差别：CPDI 变种平均每秒执行 280.54 次迭代，而 CPDI2q 变种和 cpGIMPM 变种平均每秒执行的迭代步数分别是 301.42 和 299.33。

4.2.3 MATLAB 源代码

物质点变体计算简要的代码框架如下所示。

垂直梁的弹性重力压缩分析完整代码文件参见“Codes\Chapter4_MPM\Matlab_4_2\BeamVertical\main.m”。

悬臂梁的弹性大变形分析完整代码文件参见“Codes\Chapter4_MPM\Matlab_4_2\BeamHorizontal\main.m”。

基函数及其导数

```
function [mpD] = SdS(meD,mpD,p2N)
%计算(x,y)基函数
    D       =  (repmat(mpD.x(:,1),1,meD.nNe) -meD.x(p2N));
    [Sx,dSx]  =  NdN(D,meD.h(1),repmat(mpD.l(:,1),1,meD.nNe));
    D       =  (repmat(mpD.x(:,2),1,meD.nNe) - meD.y(p2N));
    [Sy,dSy]  =  NdN(D,meD.h(2),repmat(mpD.l(:,2),1,meD.nNe));

    %基函数的乘积
    mpD.S    =  Sx.*Sy;
    mpD.dSx  =  dSx.* Sy;
    mpD.dSy  =  Sx.*dSy;

    %矩阵 B
    iDx            =  1:meD.DoF:meD.nDoF(1)-1;
    iDy            =  iDx+1;
    mpD.B(1,iDx,:)  =  mpD.dSx';
    mpD.B(2,iDy,:)  =  mpD.dSy';
    mpD.B(3,iDx,:)  =  mpD.dSy';
    mpD.B(3,iDy,:)  =  mpD.dSx';
end

function [N,dN]=NdN(dX,h,lp)
    %计算基函数
    lp = 2*lp;
    c1 = ( abs(dX)< (0.5*lp));
    c2 = ((abs(dX)>=(0.5*lp)) & (abs(dX)<(h-0.5*lp)));
    c3 = ((abs(dX)>=(h-0.5*lp)) & (abs(dX)<(h+0.5*lp)));

    %基函数
    N1 = 1-((4*dX.^2+lp.^2)./(4*h.*lp));
    N2 = 1-(abs(dX)./h);
    N3 = ((h+0.5*lp-abs(dX)).^2)./(2*h.*lp);
    N = c1.*N1+c2.*N2+c3.*N3;

    %基函数梯度
    dN1 = -((8*dX)./(4*h.*lp));
    dN2 = sign(dX).*(-1/h);
    dN3 = -sign(dX).*(h+0.5*lp-abs(dX))./(h*lp);
    dN = c1.*dN1+c2.*dN2+c3.*dN3;
end
```

物质点量（如质量和动量）的节点投影的向量化

```
function [meD] = p2Nsolve(meD,mpD,g,dt,l2g,p2N,bc)
    %节点向量初始化
    meD.m(:) = 0.0 ; meD.mr(:) = 0.0 ; meD.f(:) = 0.0 ; meD.d(:) = 0.0;
    meD.a(:) = 0.0 ;  meD.p(:) = 0.0 ; meD.v(:) = 0.0 ; meD.u(:) = 0.0;

    %预处理
    m =reshape( mpD.S.*repmat(mpD.m,1,meD.nNe) ,mpD.n*meD.nNe ,1);
    p = reshape([mpD.S.*repmat(mpD.p(:,1),1,meD.nNe);mpD.S.*repmat
(mpD.p(:,2),1,meD.nNe)],…
              mpD.n*meD.nDoF(1),1);
    f = reshape([mpD.S.*0.0;mpD.S.*repmat(mpD.m,1,meD.nNe).*-g ],
mpD.n*meD.nDoF(1),1);
    fi=squeeze(sum(mpD.B.*repmat(reshape(mpD.s,size(mpD.s,1),1,mpD,n),1,
meD.nDoF(1)),…
               1)).* )).*repmat(mpD.V', meD.nDoF(1),1);

    meD.m = accumarray(p2N(:),m,[meD.nN    1]);
    meD.p = accumarray(l2g(:),p,[meD.nDoF(2) 1]);
    meD.f = accumarray(l2g(:),f,[meD.nDoF(2) 1]);
    for n = 1:meD.nNe
        l = [(meD.DoF*p2N(:,n)-1);(meD.DoF*p2N(:,n))];
        meD.f = meD.f - accumarray(l,[fi(n*meD.DoF-1,:)';fi(n*meD.DoF  ,:)'],
[meD.nDoF(2) 1]);
    end

    %求解显式动量平衡方程，更新全局节点信息
    iDx = 1:meD.DoF:meD.nDoF(2)-1;
    iDy = iDx+1;

    %计算全局节点力
    meD.d(iDx) = sqrt(meD.f(iDx).^2+meD.f(iDy).^2);
    meD.d(iDy) = meD.d(iDx);
    meD.f      = meD.f - meD.vd*meD.d.*sign(meD.p);

    %更新全局节点动量
    meD.p = meD.p + dt*meD.f;

    %计算全局节点加速度和速度
    meD.mr     = reshape(repmat(meD.m',meD.DoF,1),meD.nDoF(2),1);
    iD        = meD.mr==0;
    meD.a      = meD.f./meD.mr;
    meD.v      = meD.p./meD.mr;
    meD.a(iD)  = 0.0;
    meD.v(iD)  = 0.0;

    %边界条件
    meD.a(bc.x(:,1))=bc.x(:,2);
```

```
    meD.a(bc.y(:,1))=bc.y(:,2);
    meD.v(bc.x(:,1))=bc.x(:,2);
    meD.v(bc.y(:,1))=bc.y(:,2);
end
```

双映射程序（或 MUSL）对物质点的节点解进行插值的向量化

```
function [meD,mpD] = mapN2p(meD,mpD,dt,l2g,p2N,bc)
    iDx = meD.DoF*p2N-1;
    iDy =iDx+1;

    %速度更新
    mpD.v =mpD.v+dt*[sum(mpD.S.*meD.a(iDx),2),sum(mpD.S.*meD.a(iDy),2)];

    %动量更新
    mpD.p =mpD.v.*repmat(mpD.m,1,meD.DoF);

    %用更新的 MP 动量更新节点动量（MUSL 或双映射）
    meD.p(:)  =0.0;
    p       = reshape([mpD.S.*repmat(mpD.p(:,1),1,meD.nNe);mpD.S.*
repmat(mpD.p(:,2),1,…
    meD.nNe)],mpD.n*meD.nDoF(1),1);
    meD.p    = accumarray(l2g(:),p,[meD.nDoF(2) 1]);
    meD.u    = dt*(meD.p./meD.mr);
    iD      = meD.mr==0;
    meD.u(iD) = 0.0;

    %边界条件
    meD.u(bc.x(:,1))=bc.x(:,2);
    meD.u(bc.y(:,1))=bc.y(:,2);

    %位移更新
    mpD.x= mpD.x+[sum(mpD.S.*meD.u(iDx),2) sum(mpD.S.*meD.u(iDy),2)] ;
    mpD.u = mpD.u+[sum(mpD.S.*meD.u(iDx),2) sum(mpD.S.*meD.u(iDy),2)];
end
```

4.3 边坡失效问题

许多岩土工程结构的变形过程，如滑坡、桥梁坍塌、地基沉降和溃坝等，都涉及复杂的断裂破坏问题，如脆性/塑性断裂破坏、多物理场耦合断裂破坏等，通过实验手段不仅难以实现且成本高昂，还难以同时考虑多种外部因素对其断裂失效的影响。作为一种新的高性能数值计算技术，数值模拟方法为深入研究岩土结构的复杂断裂过程提供了一种可行的方案。通过选择合理的本构模型和有效的损伤准则，可以快速准确地预测岩土结构的断裂破坏行为。因此，为岩土结构的大变形断裂分析开发准确有效的数值模拟方法尤为重要。

4.3.1 D-P 模型

1. 屈服函数和势函数

本研究选择了具有张力截止的非关联 Drucker-Prager 模型（D-P 模型）[49]来确定土壤的弹塑性流动状态，其易于在显式数值求解器直接实现。D-P 模型通常由两个广义应力分量描述：剪切应力τ和球面应力σ_m。其中剪切应力定义为

$$\tau = \sqrt{J_2} = \sqrt{\frac{1}{2} s_{ij} s_{ji}} \tag{4-116}$$

式中，J_2是柯西应力张量偏导s_{ij}的第二不变量。球面应力σ_m也称为平均法向应力，其定义为

$$\sigma_m = \frac{1}{3} I_1 = \frac{1}{3} \sigma_{kk} \tag{4-117}$$

式中，I_1是柯西应力张量的第一不变量。

对于张力切断，(σ_m, τ)平面上的 D-P 屈服准则如图 4-11（a）所示，图中从 A 点到 B 点的直线表示材料的剪切破坏，其屈服函数定义为

$$f^{\mathrm{s}} = \tau + q_\varphi \sigma_m - k_\varphi \tag{4-118}$$

式中，q_φ和k_φ是由φ定义为内摩擦角的材料参数。从 B 点到 C 点的直线表示材料的拉伸破坏，其屈服函数定义为

$$f^{\mathrm{t}} = \sigma_m - \sigma^{\mathrm{t}} \tag{4-119}$$

式中，σ^{t}是模型的抗拉强度。模型的抗拉强度被定义为材料的球面应力的最大值。当材料参数q_φ不等于零时，抗拉强度不能超过式（4-120）给出的值。

$$\sigma_{\max}^{\mathrm{t}} = \frac{k_\varphi}{q_\varphi} \tag{4-120}$$

当考虑具有非相关流动规则的剪切破坏时，剪切势函数g^{s}具有以下形式：

$$g^{\mathrm{s}} = \tau + q_\psi \sigma_m \tag{4-121}$$

式中，q_ψ是用膨胀角ψ估计的材料参数，如果$q_\psi = q_\varphi$，则关联流动规则。当考虑具有相关流动规则的拉伸破坏时，拉伸破坏的势函数g^{t}由式（4-122）给出

$$g^{\mathrm{t}} = \sigma_m \tag{4-122}$$

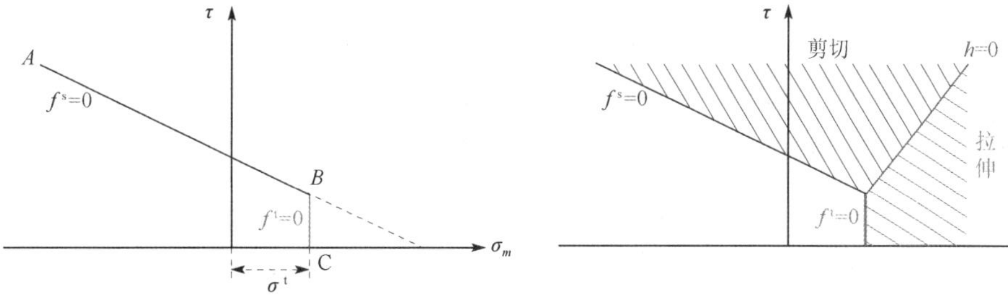

（a）D-P屈服准则　　（b）D-P屈服面

图 4-11 彩图

图 4-11　D-P 屈服准则和屈服面

图 4-11（b）中线段$h = 0$表示平面(σ_m, τ)内f^{s}和f^{t}之间的对角线，即 h 是剪切破坏模式和拉伸破坏模式之间的边界。函数 h 由式（4-123）给出：

$$h = \tau - \tau^B - \alpha^B (\sigma_m - \sigma^{\mathrm{t}}) \tag{4-123}$$

式中，$\tau^B = k_\phi - q_\phi \sigma^{\mathrm{t}}$为 B 点的等效剪应力，$\alpha^B = (1 - q_\phi^2)^{1/2} - q_\phi^2$为常数。

在(σ_m,τ)平面中，失效域由线$h=0$分隔。红色剖面线处对应$h>0$，蓝色剖面线处对应于$h<0$，如图 4-11（b）所示。如果应力点在红色剖面线处，则表明为剪切破坏，并且流动规则由势函数g^{s}定义，则应力点返回线$f^{s}=0$。如果应力点在蓝色剖面线处，则表明为拉伸破坏，并且流动规则由势函数g^{t}定义，则应力点返回线$f^{t}=0$。

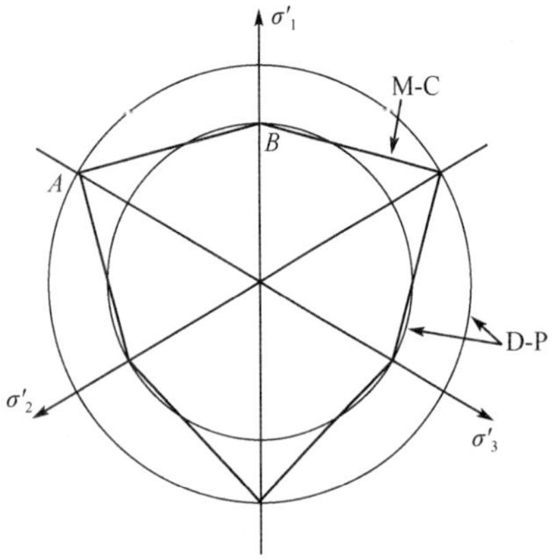

图 4-12 π 平面上屈服准则的形状

2．模型参数

D-P 模型是 Mohr-Coulomb（M-C）模型的近似值，该模型是一个锥形屈服面，在主应力空间中近似于 M-C 屈服面。D-P 剪切屈服准则可以与如图 4-12 所示的π平面上的 M-C 剪切屈服准则相匹配，特征在于内聚力c和内摩擦角φ两个参数。可以通过调整参数q_φ和k_φ，以使 D-P 剪切屈服面穿过 M-C 剪切屈服面的外边界或内边界。

若考虑 D-P 屈服面相对于 M-C 屈服面的内部调整，则式（4-118）和式（4-121）中使用的模型参数如下：

$$q_\varphi=\frac{6\sin\varphi}{\sqrt{3}(3+\sin\varphi)} \tag{4-124}$$

$$q_\psi=\frac{6\sin\psi}{\sqrt{3}(3+\sin\psi)} \tag{4-125}$$

$$k_\varphi=\frac{6c\cos\varphi}{\sqrt{3}(3+\sin\varphi)} \tag{4-126}$$

式中，ψ是膨胀角。当内聚力$c=0$时，参数$k_\varphi=0$，抗拉强度$\sigma^{t}=0$。

3．塑性修正

1）弹性试应力

本研究描述了具有张力截止的 D-P 模型的实现。为了考虑材料旋转，在本构模型中使用了 Jaumann 应力率。在这里，我们给出了基于塑性修正和回归映射算法的本构模型的完整推导。

首先，假设材料具有弹性行为，t^{n+1}处的试应力为

$$^{*}\sigma_{ij}^{n+1}=\sigma_{ij}^{n}+\dot{\sigma}_{ij}\Delta t \tag{4-127}$$

式中，σ_{ij}^{n}是t^{n}处的应力；$\dot{\sigma}_{ij}$是柯西应力的材料时间导数。

使用柯西应力的 Jaumann 速率可以正确地考虑材料旋转，则材料时间导数由式（4-128）给出：

$$\dot{\sigma}_{ij}=\sigma_{ij}^{\nabla}+\sigma_{ik}\dot{\omega}_{jk}+\sigma_{jk}\dot{\omega}_{ik} \tag{4-128}$$

式中，σ_{ij}^{∇}是柯西应力的 Jaumann 速率；$\dot{\omega}_{jk}$是涡度速率。考虑到材料的弹性行为，柯西应力的 Jaumann 速率由式（4-129）给出：

$$\sigma_{ij}^{\nabla}=C_{ijkl}\dot{\varepsilon}_{kl} \tag{4-129}$$

式中，C_{ijkl}是材料的切向刚度；$\dot{\varepsilon}_{kl}$是应变率。

然后，将式（4-128）和式（4-129）代入式（4-127）中，则t^{n+1}处的试应力由式（4-130）给出：

$$^{*}\sigma_{ij}^{n+1}=\sigma_{ij}^{R^{n}}+C_{ijkl}\Delta\varepsilon_{kl} \tag{4-130}$$

式中，$\sigma_{ij}^{R^n}$表示应力的旋转，由式（4-131）给出：

$$\sigma_{ij}^{R^n} = \sigma_{ij}^{n} + \sigma_{ik}^{n}\Delta\omega_{jk} + \sigma_{jk}^{n}\Delta\omega_{ik} \tag{4-131}$$

根据式(4-116)和式(4-117)，t^{n+1}处的有效剪应力和球面应力的试验值分别由式(4-132)和式（4-133）给出：

$$^{*}\tau^{n+1} = \sqrt{\frac{1}{2}\,^{*}s_{ij}^{n+1}\,^{*}s_{ji}^{n+1}} \tag{4-132}$$

$$^{*}\sigma_{m}^{n+1} = \frac{1}{3}\,^{*}\sigma_{kk}^{n+1} \tag{4-133}$$

2）剪切破坏的塑性修正

当检测到剪切破坏时，使用塑性修正。对于剪切破坏，流动规则由势函数g^{s}定义，应力点返回线$f^{s}=0$。

考虑塑性修正，t^{n+1}处的修正应力为

$$\sigma_{ij}^{n+1} = \sigma_{ij}^{R^n} + C_{ijkl}(\Delta\varepsilon_{kl} - \Delta\varepsilon_{kl}^{p}) = {}^{*}\sigma_{ij}^{n+1} - C_{ijkl}\Delta\varepsilon_{kl}^{p} \tag{4-134}$$

式中，$\Delta\varepsilon_{kl}^{p}$是塑性应变的增量。

修正后的应力产生条件$f^{s}=0$，则

$$f^{s}(\sigma_{ij}^{n+1}) = f^{s}({}^{*}\sigma_{ij}^{n+1} - C_{ijkl}\Delta\varepsilon_{kl}^{p}) = 0 \tag{4-135}$$

考虑泰勒展开，可从式（4-135）获得以下方程：

$$f^{s}({}^{*}\sigma_{ij}^{n+1}) - \frac{\partial f^{s}}{\partial\sigma_{ij}}C_{ijkl}\Delta\varepsilon_{kl}^{p} = 0 \tag{4-136}$$

塑性应变增量由势函数导出：

$$\Delta\varepsilon_{ij}^{p} = \mathrm{d}\lambda^{s}\frac{\partial g^{s}}{\partial\sigma_{ij}} \tag{4-137}$$

式中，$\mathrm{d}\lambda^{s}$是比例常数。

将式（4-137）代入式（4-136）中，我们得到

$$\mathrm{d}\lambda^{s} = \frac{f^{s}(\sigma_{ij}^{n+1})}{\dfrac{\partial f^{s}}{\partial\sigma_{ij}}C_{ijkl}\dfrac{\partial g^{s}}{\partial\sigma_{kl}}} \tag{4-138}$$

式（4-138）表示一般应力回归算法。

基于式（4-118）和式（4-121），我们得到以下等式：

$$\frac{\partial f^{s}}{\partial\sigma_{ij}} = \frac{\partial f^{s}(\tau,\sigma_{m})}{\partial\sigma_{ij}} = \frac{s_{ij}}{2\tau} + \frac{q_{\varphi}}{3}\delta_{ij} \tag{4-139}$$

$$\frac{\partial g^{s}}{\partial\sigma_{ij}} = \frac{\partial g^{s}(\tau,\sigma_{m})}{\partial\sigma_{ij}} = \frac{s_{ij}}{2\tau} + \frac{q_{\psi}}{3}\delta_{ij} \tag{4-140}$$

切向刚度可以表示为

$$C_{ijkl} = \lambda\delta_{ij}\delta_{kl} + \mu(\delta_{ik}\delta_{jl} + \delta_{il}\delta_{jk}) \tag{4-141}$$

式中，λ和μ是Lamé 常数。

将式（4-139）～式（4-141）代入式（4-138）中，通过一系列计算获得比例常数$\mathrm{d}\lambda^{s}$：

$$\mathrm{d}\lambda^{\varepsilon} = \frac{f^{s}({}^{*}\sigma_{ij}^{n+1})}{G + Kq_{\varphi}q_{\psi}} \tag{4-142}$$

式中，G和K分别为弹性剪切模量和体积模量。

根据式（4-137），塑性体积应变增量可通过式（4-143）获得：

$$\triangle\varepsilon_m^{\mathrm{p}}=\triangle\varepsilon_{\alpha\beta}^{\mathrm{p}}\delta_{\alpha\beta}=\mathrm{d}\lambda^{\mathrm{s}}q_{\psi}\tag{4-143}$$

根据式（4-134）和式（4-141），t^{n+1}处的球面应力修正值为

$$\sigma_m^{n+1}={}^*\sigma_m^{n+1}-K\Delta\varepsilon_m^{\mathrm{p}}={}^*\sigma_m^{n+1}-Kq_{\psi}\mathrm{d}\lambda^{\mathrm{s}}\tag{4-144}$$

由于t^{n+1}处的修正应力满足条件$f^{\mathrm{s}}=0$，因此有效剪切应力的修正值如下：

$$\tau^{n+1}=k_{\varphi}-q_{\varphi}\sigma_m^{n+1}\tag{4-145}$$

t^{n+1}处的修正偏应力通过将试偏应力乘以比例因子获得。然后，获得t^{n+1}处的修正应力为

$$\sigma_{ij}^{n+1}={}^*s_{ij}^{n+1}\frac{\tau^{n+1}}{{}^*\tau^{n+1}}+\sigma_m^{n+1}\delta_{ij}\tag{4-146}$$

对于剪切破坏，等效塑性应变增量定义为

$$\Delta\varepsilon_{\mathrm{eqv}}^{\mathrm{p}}=\sqrt{\frac{2}{3}\Delta s_{ij}^{\mathrm{p}}\Delta\varepsilon_{ij}^{\mathrm{p}}}=\mathrm{d}\lambda^{\mathrm{s}}\sqrt{\frac{1}{3}+\frac{2}{9}q_{\psi}^2}\tag{4-147}$$

等效塑性应变更新为

$$(\varepsilon_{\mathrm{eqv}}^{\mathrm{p}})^{n+1}=(\varepsilon_{\mathrm{eqv}}^{\mathrm{p}})^{n}+\Delta\varepsilon_{\mathrm{eqv}}^{\mathrm{p}}\tag{4-148}$$

3）拉伸破坏的塑性修正

根据式（4-122），我们得到

$$\frac{\partial g^{\mathrm{t}}}{\partial\sigma_{ij}}=\frac{\partial g^{\mathrm{t}}}{\partial\sigma_m}\frac{\partial\sigma_m}{\partial\sigma_{ij}}=\frac{1}{3}\delta_{ij}\tag{4-149}$$

对于拉伸破坏，流动规则具有以下形式：

$$\Delta\varepsilon_{ij}^{\mathrm{p}}=\mathrm{d}\lambda^{\mathrm{t}}\frac{\partial g^{\mathrm{t}}}{\partial\sigma_{ij}}=\left(\frac{\mathrm{d}\lambda^{\mathrm{t}}}{3}\right)\delta_{ij}\tag{4-150}$$

式中，$\mathrm{d}\lambda^{\mathrm{t}}$是比例常数。

然后，塑性体积应变增量如下：

$$\Delta\varepsilon_m^{\mathrm{p}}=\Delta\varepsilon_{ij}^{\mathrm{p}}\delta_{ij}=\mathrm{d}\lambda^{\mathrm{t}}\tag{4-151}$$

由t^{n+1}处的球面应力修正值得出条件$f^{\mathrm{t}}=0$，因此

$$\sigma_m^{n+1}={}^*\sigma_m^{n+1}-K\Delta\varepsilon_m^{\mathrm{p}}=\sigma^{\mathrm{t}}\tag{4-152}$$

根据式（4-151）和式（4-152），我们得到

$$\mathrm{d}\lambda^{\mathrm{t}}=\frac{{}^*\sigma_m^{n+1}-\sigma^{\mathrm{t}}}{K}\tag{4-153}$$

将式（4-141）、式（4-150）和式（4-153）代入式（4-134）中，得到t^{n+1}处的修正应力如下：

$$\sigma_{ij}^{n+1}={}^*\sigma_{ij}^{n+1}+\left(\sigma^{\mathrm{t}}-{}^*\sigma_m^{n+1}\right)\delta_{ij}\tag{4-154}$$

对于拉伸破坏，等效塑性应变增量定义为

$$\triangle\varepsilon_{\mathrm{eqv}}^{\mathrm{p}}=\sqrt{\frac{2}{3}\triangle\varepsilon_{ij}^{\mathrm{p}}\triangle\varepsilon_{ij}^{\mathrm{p}}}=\frac{\sqrt{2}}{3}\mathrm{d}\lambda^{\mathrm{t}}\tag{4-155}$$

4.3.2 实例分析

本实例采用基于域的 CPDI 变种物质点法，因为它在模拟扭转和拉伸变形模式时比 CPDI2q 变种的表现更好[45]。将其与非关联 Mohr-Coulomb（M-C）弹塑性本构模型耦合，分析坡体滑塌后的几何形状。将结果（几何和破坏面）与 Huang[49]基于拉破坏的 Drucker-Prager

模型（D-P）数值模拟结果进行比较。

边坡的几何尺寸结构如图 4-13（a）所示，上坡高度$h_u = 35\text{m}$、长度$l_u = 30\text{m}$，下坡高度$h_d = 15\text{m}$、长度$l_d = 110\text{m}$，上下坡夹角$\theta_{ud} = 45°$。边界条件如图 4-13（b）所示，下边界被完全固定，左右两侧均只限制 x 方向的位移，在模拟开始时突然施加重力 g。材料参数如表 4-2 所示。

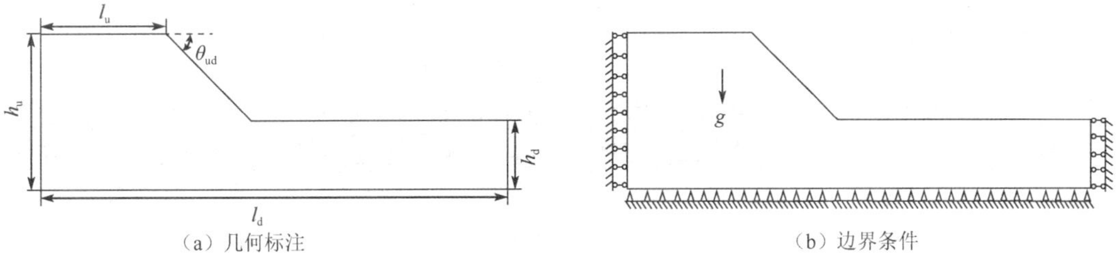

（a）几何标注　　（b）边界条件

图 4-13　边坡的初始条件

表 4-2　材料参数

<table>
<tr><td>杨氏模量
E（Pa）</td><td>密度
ρ（kg/m³）</td><td>泊松比
μ</td><td>内聚力
c（Pa）</td><td>摩擦角
φ（°）</td><td>扩容角
ψ（°）</td></tr>
<tr><td>70×10^6</td><td>2100</td><td>0.3</td><td>10×10^3</td><td>20</td><td>0</td></tr>
<tr><td colspan="2">剪切模量
G（Pa）</td><td colspan="2">体积模量
K（Pa）</td><td colspan="2">弹性波速
c（m/s）</td></tr>
<tr><td colspan="2">$E/[2\times(1+\mu)]$</td><td colspan="2">$E/[3\times(1-2\mu)]$</td><td colspan="2">$\dfrac{E(1-V)}{(1+V)(1-2V)\rho}$</td></tr>
</table>

使用均匀的网格间距$h_x = h_y = 1\text{m}$，背景网格个数为$n_{el,x}\times n_{el,y} = 110\times35$，如图 4-14（a）所示。土壤区域每个单元的质点数为3×3，如图 4-14（b）所示，其中“×”表示质点，“□”表示单元节点，共有 20124 个质点。总模拟时间为7.2s，选取时间步长因子$\alpha = 0.5$，自适应时间步长（考虑弹性特性和网格间距）的最小值和最大值分别为$\Delta t_{min} = 2.3\times10^{-3}\text{s}$和$\Delta t_{max} = 2.4\times10^{-3}\text{s}$。

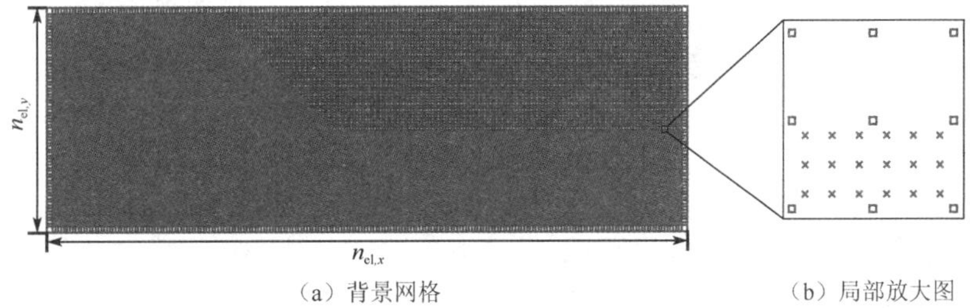

（a）背景网格　　（b）局部放大图

图 4-14　边坡 3×3 物质点离散

仿真结果如图 4-15 所示，其中第一行为迭代求解结果，第二行为向量化求解结果。我们分别对比位移［见图 4-15（a）和图 4-15（c）］和有效塑性应变［见图 4-15（b）和图 4-15（d）］，发现不论是极值还是云图分布规律，都没有明显差异。迭代求解时间为 2.46h，平均每秒迭代 0.34 次；而向量化求解时间为 6.45min，平均每秒迭代 7.90 次，其求解效率大约是迭代求解的 22.89 倍。

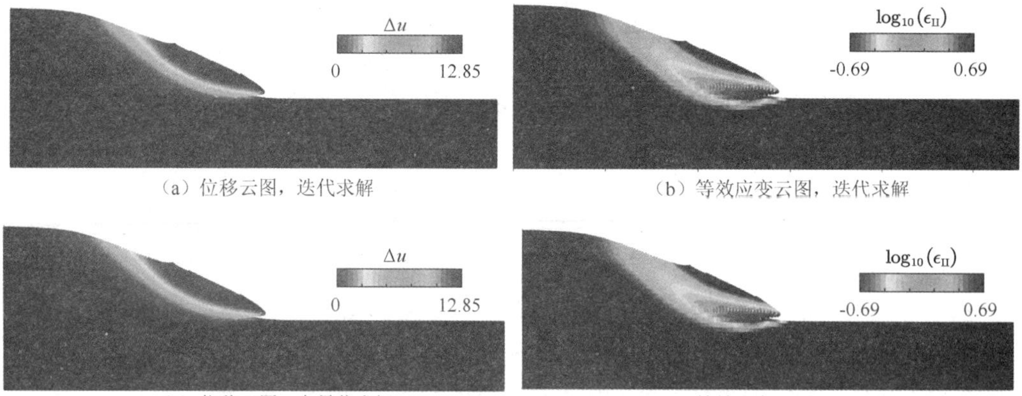

（a）位移云图，迭代求解　（b）等效应变云图，迭代求解

（c）位移云图，向量化求解　（d）等效应变云图，向量化求解

图 4-15　迭代和向量化求解结果比较

因为向量化求解的效率更高，所以我们采用向量化求解的结果来观察其变化规律，如图 4-16 所示，时间分别为 1.2s、4.2s 和 7.2s。一旦材料屈服并向后传播到材料顶部，就会在坡脚处形成一个强烈剪切带，从而会导致产生一个旋转滑坡，该剪切带由累积塑性应变ϵ_{II}的第二个不变量突出显示。破坏面与 Huang[49]的求解结果吻合较好，但我们也观察到了差异，即边坡的峰值比 Huang 的要低。这可能是由于在使用 sMPM 或 GIMPM 时存在虚假材料分离的问题[43]。尽管存在一些差异，但基于域的 CPDI 变种物质点法的数值结果与 Huang 报道的结果非常一致。

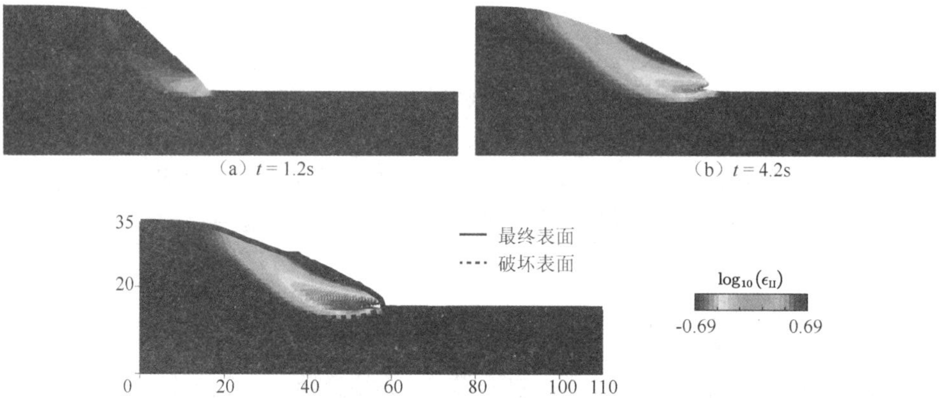

（a）$t = 1.2$s　（b）$t = 4.2$s

（c）$t = 7.2$s

图 4-16　向量化求解等效塑性应变变化过程

4.3.3　MATLAB 源代码

本实例简要的代码框架如下所示。迭代求解完整代码文件参见“Codes\Chapter4_MPM\Matlab_4_3\Iterative\main.m”；向量化求解完整代码文件参见“Codes\Chapter4_MPM\ Matlab_4_3\Vectorised\main.m”。

边坡失效求解框架

```
%网格和质点初始化
[meD,bc] = meSetup(numel(sim),typeD);                    %背景网格
ly       = 35;                                           %层厚度[m]
```

```
[mpD]    = mpSetup(meD,ni,ly,coh0,phi0,n0,rho0,nstr,typeD); %质点
Del      = [ Kc+4/3*Gc, Kc-2/3*Gc, 0.0;...
           Kc-2/3*Gc, Kc+4/3*Gc, 0.0;...
           0.0      , 0.0      , Gc];                        %各向同性弹性矩阵

%显示参数和运行时初始化
fps  = 25;                                        %每秒图像数
C   = 0.5;
dt   = C*meD.h(1)/yd;                             %无条件稳定时间步长
nit  = ceil(t/dt);                                %最大迭代次数
nf   = max(2,ceil(round(1/dt)/fps));              %帧间隔数
%运行时参数
nc   = 0;          %初始化迭代计数器
it    = 1;         %初始化迭代
tw   = 0.0;        %初始化循环语句

while((tw<t)||(sum(isnan(mpD.v(:,1))+isnan(mpD.v(:,2)))>0.0))
    time_it = tic;
    dpi     = time_it;    %当前迭代计时器开始

    %CFL 条件和重力线性增加
    c       = [max(yd+abs(mpD.v(:,1))),max(yd+abs(mpD.v(:,2)))];
    dt      = C*min(meD.h./c);
    DT(it)  = dt;

    %单元中轨道物质点转角
    c2e  = reshape((permute((floor((mpD.yc-min(meD.y))./meD.h(2))+1)+...
             (meD.nEy).*floor((mpD.xc-min(meD.x))./meD.h(1)),[2 1])),mpD.n*4,1);
    neon = length(unique(c2e));
    c2N  = reshape((meD.e2N(c2e,:)'),meD.nNp,mpD.n)';
    l2g  = [meD.DoF*c2N-1;meD.DoF*c2N];  %本地到全局节点索引列表[x_I,y_I]

    [mpD] = SdS(mpD,meD,c2N);  %基函数

    [meD] = p2Nsolve(meD,mpD,g,dt,l2g,c2N,bc);  %从质点（p）到节点（N）的投影

    [meD,mpD] = mapN2p(meD,mpD,dt,l2g,c2N,bc);  %从节点（N）到质点（p）的插值

    [mpD] = DefUpdate(meD,mpD,l2g,c2N);  %更新增量变形和应变

    %弹塑性关系：弹性预测器-塑性校正器
    [mpD] = constitutive(mpD,Del,plasticity,dt,it,te);
    dpi=toc(dpi);   %当前迭代计时器结束

    %迭代增量
    tw    = tw+dt;
    it    = it+1;     %迭代步
    time = it*dt     %总时间步

end
```

4.4 三维压印成型问题

在纪念币成型过程中，工艺人员往往通过经验和多次试模来消除光亮带和闪光线缺陷，以及确定压印力大小。随着坯饼材料的更换，积累的经验和多次试模的结果已经不能作为参考，工艺人员只能重复以上繁复的试模工作，从而造成纪念币生产周期长、成本高。同时阻碍了新产品的开发、新材料的应用。因此，采用压印成型模拟技术对压印成型过程进行虚拟试模，在提高产品质量、缩短产品设计周期和降低生产成本方面意义重大。由于压印成型过程中涉及材料非线性和接触非线性等问题，一般采用动力显式有限元中心差分算法来避免隐式算法中的不收敛问题，在压印成型仿真过程中，较深刻纹和坯料边缘产生大变形而造成网格畸变，导致极小的时间步长，从而显著增加了计算时间，甚至导致无法计算。

鉴于物质点法在极端大变形问题仿真中的巨大优势，尤其是在克服网格畸变问题具备天然优势，因此，采用物质点法进行压印成型仿真分析。然而在现有的物质点法中，大多数的点-点接触算法会造成虚接触。此外，模具表面大量的微小图案对接触算法法向量的计算提出了很高的要求。鉴于此项难点，许江平教授[21]将基于点对面的接触算法嵌入物质点法框架中，用于模拟压印过程，获得真实的物理接触点和准确的法向量。由于背景域只包含可变形的工件，并且只需要一个速度场，相比于传统的点-点接触的二重网格物质点法，改进的物质点法极大地减少了数据存储和计算量。改进的物质点法应用于压印工艺中时预测的图案填充状态准确，并且仿真结果与实验结果近似。

4.4.1 动态显式物质点法

1．质点离散

物质点法用一组粒子离散材料域Ω，如图 4-17 所示，其中红色的点称为质点，蓝色的点称为网格节点。首先，将坯饼离散为四面体单元或六面体单元［见图 4-17（a）］，并建立只包含坯饼模型的背景网格。然后，找到包含所有体单元的背景网格单元集合Ⅰ。接下来，定义点集Ⅱ，点集Ⅱ是由集合Ⅰ中所有单元的高斯点组成的。最后，将集合Ⅱ中处在坯饼模型之外的高斯点排除，则剩余的点构成的集合为坯饼的质点集合，如图 4-17（b）中红色的质点所示。

图 4-17 彩图

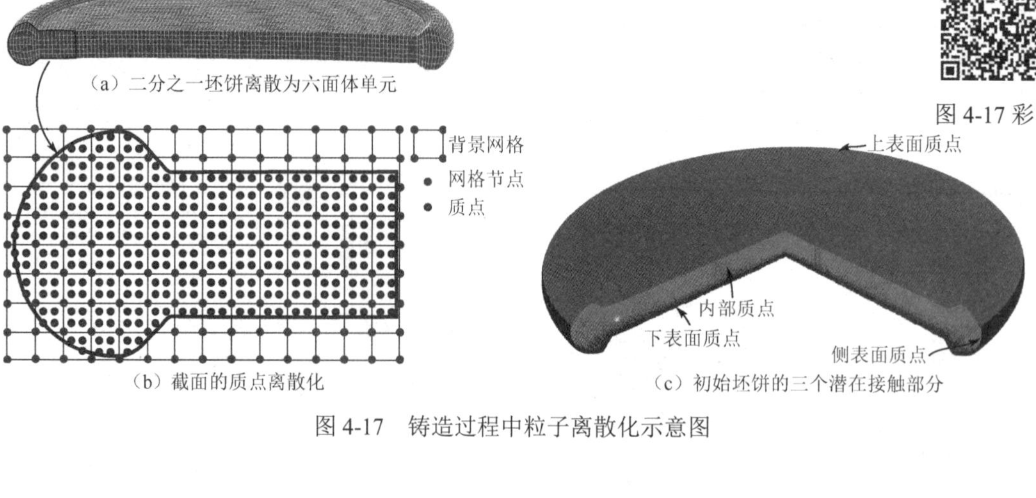

（a）二分之一坯饼离散为六面体单元

（b）截面的质点离散化

（c）初始坯饼的三个潜在接触部分

图 4-17 铸造过程中粒子离散化示意图

为了准确保证坯饼的初始轮廓，将坯饼表面单元上的高斯点加入坯饼质点集合中，如图 4-17（c）所示，其中四分之一部分被切除以方便查看内部质点。这种离散化有两个典型特征，一方面，初始坯饼的轮廓可由质点精确描述；另一方面，在本节的物质点法接触算法中，根据部位的不同，将潜在接触表面质点分为三个部分：上表面、侧表面和下表面。它们分别与上模、中圈和下模构成接触对。因此，该方法不需要对所有的模具单元进行接触判断。从而，可以显著减少接触判断和相应接触计算的 CPU 时间。

2. 控制方程

与使用有限元法进行压印分析的过程类似[50]，根据前文知识，坯饼压印过程中物质点法的控制方程描述如下[40]：

$$\boldsymbol{\sigma}\cdot\nabla+\rho\boldsymbol{b}=\rho\ddot{\boldsymbol{u}} \tag{4-156}$$

满足以下边界条件

$$(\boldsymbol{n}\cdot\boldsymbol{\sigma})\big|_{\Gamma_t}=\bar{\boldsymbol{t}} \tag{4-157}$$

$$\boldsymbol{u}\big|_{\Gamma_u}=\bar{\boldsymbol{u}} \tag{4-158}$$

式中，Γ_t 是应力边界；Γ_u 是位移边界；$\bar{\boldsymbol{t}}$ 是 Γ_t 的应力约束；$\bar{\boldsymbol{u}}$ 是 Γ_u 的位移约束；$\boldsymbol{\sigma}$ 是柯西应力；$\boldsymbol{b}$ 是单位质量内力；ρ 是材料密度；$\ddot{\boldsymbol{u}}$ 是加速度；$\boldsymbol{n}$ 是 Γ_t 边界的单位外法向量。

以虚位移 $\delta\boldsymbol{u}_j\in\mathbb{R}_0$，$\mathbb{R}_0=\{\delta\boldsymbol{u}_j|\delta\boldsymbol{u}_j\in C^0,\delta\boldsymbol{u}_j|_{\Gamma_u}=0\}$ 作为试函数（权函数），将式（4-156）两边同时相乘虚位移并积分，以获得动量方程的弱形式，再通过分部积分和散度定理可以得到

$$\int_\Omega\rho\ddot{\boldsymbol{u}}_i\delta\boldsymbol{u}_i\mathrm{d}\Omega+\int_\Omega\boldsymbol{\sigma}_{ij}\delta\boldsymbol{u}_{i,j}\mathrm{d}\Omega-\int_\Omega\rho\boldsymbol{b}_i\delta\boldsymbol{u}_i\mathrm{d}\Omega-\int_{\Gamma_t}\bar{\boldsymbol{t}}\,\delta\boldsymbol{u}_i\mathrm{d}\Gamma=0 \tag{4-159}$$

式中，i 和 j 分别表示空间变量的分量 x、y 或 z。注意，式（4-159）是式（4-36）的改写形式，式（4-36）中比应力 $\boldsymbol{\sigma}_{ij}^s=\boldsymbol{\sigma}_{ij}/\rho$ 和比边界面力 $\bar{\boldsymbol{t}}_i^s=\boldsymbol{t}_i/\rho$。

在物质点法中，质点和子域 Ω_p 的关系是一一对应的，承载着所有的物理信息，如质量、动量、能量、应变、应力和与历史相关的内部状态变量等。位置 $\boldsymbol{x}$ 处的材料密度可以近似为

$$\rho(\boldsymbol{x})=\sum_{p=1}^{n_p}m_p\mathcal{H}(\boldsymbol{x}-\boldsymbol{x}_p) \tag{4-160}$$

式中，m_p 是质点 p 的质量；$\boldsymbol{x}_p$ 是质点 p 的坐标；n_p 是质点数域 Ω 中的总数；$\mathcal{H}$ 是狄拉克函数。在每个时间步中，上述所有物理变量都映射到背景网格中。例如，质点 p 处的位移 $\boldsymbol{u}_{ip}$ 可以通过插值网格位移来获得 $\boldsymbol{u}_{iI}$，表示为

$$\boldsymbol{u}_{ip}=\sum_{I=1}^{8}N_{Ip}\boldsymbol{u}_{iI}\quad(i=1,2,3) \tag{4-161}$$

式中，N_{Ip} 是质点 p 的第 I 个网格的形状函数，表示为

$$N_{Ip}=\frac{1}{8}(1+\xi_I\xi_p)(1+\eta_I\eta_p)(1+\zeta_I\zeta_p) \tag{4-162}$$

式中，(ξ_p,η_p,ζ_p) 是质点 p 的自然坐标；(ξ_I,η_I,ζ_I) 是单元网格 I 的自然坐标，取值范围为 $(\pm1,\pm1,\pm1)$。将式（4-160）和式（4-161）代入式（4-159），并考虑 $\delta\boldsymbol{u}_{ip}$ 和 $\delta\boldsymbol{u}_j|_{\Gamma_u}=0$ 的任意性，我们可以在每个网格处得到以下离散动量方程：

$$\boldsymbol{m}_{IJ}\ddot{\boldsymbol{u}}_{iJ}=\boldsymbol{f}_{iI}^{\mathrm{ext}}+\boldsymbol{f}_{iI}^{\mathrm{int}} \tag{4-163}$$

或

$$\boldsymbol{m}_I \ddot{\boldsymbol{u}}_{iI} = \boldsymbol{f}_{iI}^{\text{ext}} + \boldsymbol{f}_{iI}^{\text{int}} \tag{4-164}$$

式中，$\boldsymbol{m}_{IJ} = \sum_{p=1}^{n_p} m_p N_{Ip} N_{Jp}$是一致质量矩阵；$\ddot{\boldsymbol{u}}_{iJ}$是网格$J$处速度的第$i$个分量。在本研究中，采用了集中质量$\boldsymbol{m}_I = \sum_{p=1}^{n_p} m_p N_{Ip}$；$\boldsymbol{f}_{iI}^{\text{ext}}$和$\boldsymbol{f}_{iI}^{\text{int}}$分别表示网格$I$处的外力和内力，表示为

$$\boldsymbol{f}_{iI}^{\text{ext}} = \sum_{p=1}^{n_p} m_p N_{Ip} \boldsymbol{b}_i(\boldsymbol{x}_p) + \sum_{p=1}^{n_p} N_{Ip} \overline{\boldsymbol{t}}_i(\boldsymbol{x}_p) h^{-1} m_p / \rho_p \tag{4-165}$$

$$\boldsymbol{f}_{iI}^{\text{int}} = -\sum_{p=1}^{n_p} N_{Ip,j} \boldsymbol{\sigma}_{ij}(\boldsymbol{x}_p) m_p / \rho_p \tag{4-166}$$

式中，$\boldsymbol{b}_i(\boldsymbol{x}_p)$是体力$\boldsymbol{b}$的$i$个分量，$\overline{\boldsymbol{t}}_i(\boldsymbol{x}_p)$是牵引力$\overline{\boldsymbol{t}}$的$i$个分量；$N_{Ip,j}$是形函数$N_{Ip}$的第$j$个导数；$h$是边界层$\Gamma_t$的厚度。

3．显式时间积分

由于隐式求解在压印过程中计算成本较大，所以本节采用总质量矩阵显式时间积分方案[40]。中心差分法的介绍和关键时间步长的确定在前文中进行了详细的介绍，在这里就不再赘述。

由于压印过程中涉及大变形，网格变形导致单元特征长度减小，从而导致时间步长减小。据我们所知，当网格发生变形时，Δt大约为10^{-13}s，比初始值小10^5倍，这会导致模拟异常终止。而在物质点法中，单元间距在压印过程中保持恒定，因此时间步长仅取决于声音和粒子的速度。由于压印的准静态特性，即当选用冲压速度为600mm/s时，与材料Ag的声速$c \approx 1120$m/s相比，最大颗粒速度可以忽略不计。这意味着物质点法的时间步长Δt几乎保持恒定。因此，网格失真不会增加物质点法的计算成本。

4．改进的接触算法

图4-18所示为二维情况下模具和坯饼的局部划分截面，模具用带有两个质点的线段进行离散，坯饼用质点（红色实心圆点）表示，采用传统物质点法中的点-点接触搜索算法。单元尺寸为0.3mm，最小特征深度约为0.05mm。模具线段节点i'和j'对网格的速度均有贡献，但是这些节点远离网格中的质点i和j。在精密压印成型过程中，如果忽略实际物理距离造成的误差，则会导致图案填充不足，这种距离被称为虚假接触距离[40]。

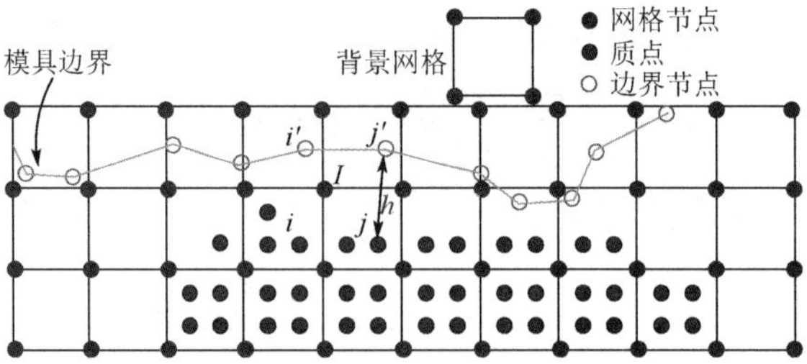

图4-18 彩图

图4-18　二维情况下模具和坯饼的局部划分截面

上模和下模的表面用非常精细的四边形和三角形单元进行离散。空白由一组质点表示，背景网格只包含空白的质点。需要指出的是，穿透只发生在三个冲模和坯饼表面的质点之间。因此，从坯饼中提取表面单元来计算高斯点个数。

在我们改进的接触算法中，涉及两个步骤。首先，我们需要找到每个表面质点对应的接触

对，以及质点可能穿透的对应候选集合，这个过程称为全局搜索。然后，进行局部搜索，判断接触状态，求出穿透距离，计算接触力和摩擦力，并在穿透状态为正时施加于质点上。

1）全局搜索

在每一个时间步中，表面质点与上模、下模和中圈接触状态的判断和接触值（接触力、穿透深度和摩擦力）的计算都需要耗费大量的时间。为了减少计算时间，采用基于排序方案的全局搜索算法。其目的是为每个粒子找到附近的候选网格。全局搜索主要有以下两个步骤。

（1）划分空间格。

对于每个模具，求出包围它的空间盒，根据误差范围，适当扩大空间盒大小。针对扩大后的空间盒，按照给定的尺寸在 x、y 和 z 三个方向等分空间盒。在每个坐标轴方向，在等分点处引各坐标轴的平行面，这样便将空间盒分割为若干空间格。假设在 x、y 和 z 方向上分别等分了 N_x、N_y 和 N_z，空间盒的最左下角点坐标为 $(x_{\min},y_{\min},z_{\min})$，最右上角点坐标为 $(x_{\max},y_{\max},z_{\max})$。空间格按照 x、y 和 z 方向来编号，则空间盒中任意一点所在的空间格的编号可以根据式（4-167）计算出来：

$$N_p=\left[\frac{z-z_{\min}}{z_{\max}-z_{\min}}\right]N_xN_y+\left[\frac{y-y_{\min}}{y_{\max}-y_{\min}}\right]N_x+\left[\frac{x-x_{\min}}{x_{\max}-x_{\min}}\right] \tag{4-167}$$

式中，[ ]表示取整运算。空间格总数为 $N=N_x\times N_y\times N_z$。从式（4-167）可以看到，对于坯饼中任意一个质点，可以算出此质点所在的空间格，这是一种快速定位算法，将式（4-167）转化为计算，将大大节省搜索时间。

（2）搜索每个单元格所包含的候选模具网格单元。

图 4-19（a）为搜索单元格的候选模具单元示意图，为简单起见，以二维情况为例，共有 $N=N_x\times N_y=5\times4=20$ 个空间单元格，图中只标注了 4 个角的单元格编号。编号为 13 的单元格包含 4 个模具网格单元，其质点用实心圆表示。为了查找每个单元格所包含的候选模具单元，首先将某模具空间格沿三个方向扩展，扩展的距离为子空间格尺寸的一半，并循环每个模具单元以获取包含它的单元格，最终得到每个单元格包含的候选模具单元。

2）局部搜索

对于给定的质点 $\boldsymbol{x}_p=(x,y,z)$，其定位的单元编号可由式（4-167）计算获得。根据上述的全局搜索结果可以得到该质点的候选模具单元集合。接下来在该候选集中进行局部搜索并进行接触判断。为了判断网格之间的接触状态和质点 $\boldsymbol{x}_p$，我们只需要找到质点是否接触候选单元或者穿透它。执行以下步骤可以实现此目标。

（1）寻找潜在的接触单元 S_i。

如图 4-19（b）所示，质点 $\boldsymbol{x}_p$ 有 4 个潜在接触单元 S_1、S_2、S_3 和 S_4。寻找距离 $\boldsymbol{x}_p$ 最近的质点 $\boldsymbol{m}_s$，注意它与 $\boldsymbol{x}_p$ 不重合。如果满足下列不等式，则质点将与 S_i 单元接触。

$$(\boldsymbol{C}_i\times\boldsymbol{g}_2)\cdot(\boldsymbol{C}_i\times\boldsymbol{C}_{i+1})>0,\quad (\boldsymbol{C}_i\times\boldsymbol{g}_2)\cdot(\boldsymbol{g}_2\times\boldsymbol{C}_{i+1})>0 \tag{4-168}$$

式中，$i=1,2,3,4$ 为待判断的第 i 个模具单元；$\boldsymbol{C}_i$ 和 $\boldsymbol{C}_{i+1}$ 是两个单位向量，它们有共同的起始点，沿着 S_i 单元的两条相邻边；$\boldsymbol{g}_1$ 从 $\boldsymbol{m}_s$ 开始，到 $\boldsymbol{x}_p$ 结束；$\boldsymbol{g}_2$ 是在单元 S_i 上向量 $\boldsymbol{g}_1$ 的投影，写成

$$\boldsymbol{g}_2=\boldsymbol{g}_1-(\boldsymbol{g}_1\cdot\boldsymbol{m})\boldsymbol{m} \tag{4-169}$$

这里

$$\boldsymbol{m}=\frac{\boldsymbol{C}_i\times\boldsymbol{C}_{i+1}}{|\boldsymbol{C}_i\times\boldsymbol{C}_{i+1}|} \tag{4-170}$$

如果$\boldsymbol{g}_2$与$\boldsymbol{C}_i$或$\boldsymbol{C}_{i+1}$一致，则我们通过$(\boldsymbol{g}_i\cdot\boldsymbol{C}_i)/|\boldsymbol{C}_i|$的最大值确定接触单元。虽然全局和局部相结合的搜索算法减少了计算工作量，但通过在进行局部搜索之前首先判断前一时间步中某个质点$\boldsymbol{x}_p$的接触单元，可以实现进一步的改进。这是因为任何质点在压印过程中只在一个时间步中移动很小的距离。然后，它可能会在下一个时间步中继续与同一模具单元相接触。

（2）计算接触点$\boldsymbol{x}_c$。

如图 4-19（c）所示，画一条穿过点$\boldsymbol{x}_p$并且垂直于接触单元的直线，交点是距离$\boldsymbol{x}_p$最近的点，记为$\boldsymbol{x}_c$。为了计算$\boldsymbol{x}_c$的空间坐标，在单元上建立参数公式：

$$\boldsymbol{r}(\xi,\eta)=f_1(\xi,\eta)\boldsymbol{i}_1+f_2(\xi,\eta)\boldsymbol{i}_2+f_3(\xi,\eta)\boldsymbol{i}_3 \tag{4-171}$$

式中：

$$f_i(\xi,\eta)=\sum_{j=1}^{4}N_j(\xi,\eta)x_i^j \tag{4-172}$$

式中，$N_j(\xi,\eta)$是壳体单元的双线性函数，(ξ,η)是单元内任意一点的局部坐标；x_i^j是质点j的第i个坐标；$\boldsymbol{i}_1$、$\boldsymbol{i}_2$和$\boldsymbol{i}_3$分别是空间坐标下的单位向量。$\boldsymbol{t}$是从原始坐标开始，到$\boldsymbol{x}_p$结束的向量。因为向量$\boldsymbol{t}-\boldsymbol{r}(\xi_c,\eta_c)=\boldsymbol{x}_p-\boldsymbol{x}_c$是垂直于接触单元的，所以接触点$\boldsymbol{x}_c$的局部坐标$(\xi_c,\eta_c)$必须满足：

$$\frac{\partial r(\xi_c,\eta_c)}{\partial\xi}\cdot[\boldsymbol{t}-\boldsymbol{r}(\xi_c,\eta_c)]=0 \tag{4-173}$$

$$\frac{\partial r(\xi_c,\eta_c)}{\partial\eta}\cdot[\boldsymbol{t}-\boldsymbol{r}(\xi_c,\eta_c)]=0 \tag{4-174}$$

采用 Newton-Raphson 迭代求解式（4-173）和式（4-174）以获得接触点(ξ_c,η_c)，然后得到物理位置$\boldsymbol{x}_c$。

（3）判断接触状态。

如图 4-19（d）所示，穿透深度d定义为

$$d=\boldsymbol{n}_c\cdot[\boldsymbol{t}-\boldsymbol{r}(\xi_c,\eta_c)]$$

$$\text{接触状态}\begin{cases}\text{分离} & \text{if } d\geqslant 0\\ \text{接触} & \text{if } d<0\end{cases} \tag{4-175}$$

式中，$\boldsymbol{n}_c$为接触点(ξ_c,η_c)在接触单元上的单位外法向量，计算方法为

$$\boldsymbol{n}_c=\frac{\dfrac{\partial\boldsymbol{r}(\xi_c,\eta_c)}{\partial\xi}\times\dfrac{\partial\boldsymbol{r}(\xi_c,\eta_c)}{\partial\eta}}{\left|\dfrac{\partial\boldsymbol{r}(\xi_c,\eta_c)}{\partial\xi}\times\dfrac{\partial\boldsymbol{r}(\xi_c,\eta_c)}{\partial\eta}\right|} \tag{4-176}$$

（4）计算接触力。

如图 4-19（d）所示，在时间步为$n+1$处的模具段以恒定速度向下移动。当采用穿透深度d的罚函数方法时，质点$\boldsymbol{x}_p$在时间步为n时位于模具之外，并在下一时间步$n+1$时穿透模具。

在物质点法中的当前接触算法中，首先，将质点的位移、速度和加速度更新为试验配置，而不考虑接触力。然后，检查每个质点是否穿透模具的表面单元（上模、下模或中圈）。如果质点没有穿透，则什么也不做；如果它穿透，则会产生阻力$\boldsymbol{F}_R$。阻力$\boldsymbol{F}_R$是关于d的一个函数，其表达式为

$$\boldsymbol{F}_R=-\frac{km_p d\boldsymbol{n}_c}{(\Delta t^n)^2} \tag{4-177}$$

式中，k 为界面刚度，由于模具的刚性特性，在本工作中取值为 0.99；m_p 为质点的质量。在阻力的作用下，质点被拉回模具表面，如图 4-20 所示，形成硬币的复杂图案。

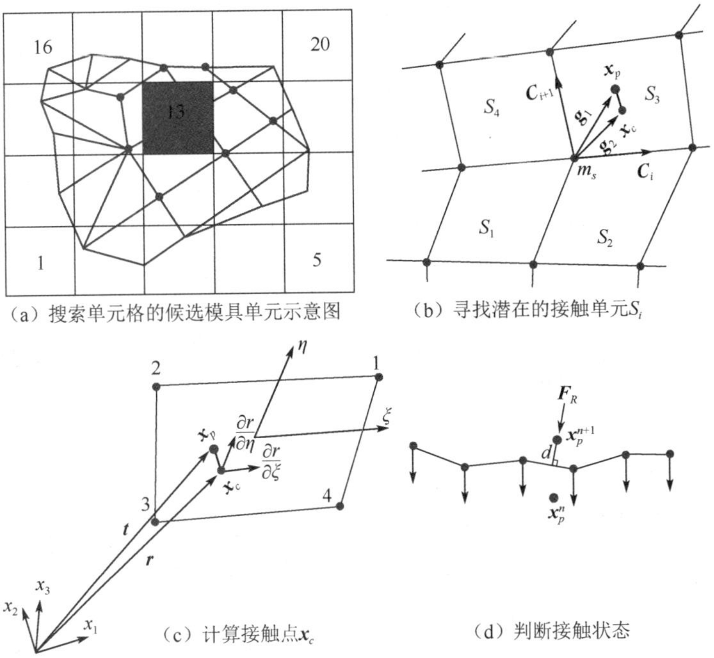

（a）搜索单元格的候选模具单元示意图　（b）寻找潜在的接触单元S_i

（c）计算接触点$\boldsymbol{x}_c$　（d）判断接触状态

图 4-19　局部及全局搜索示意图

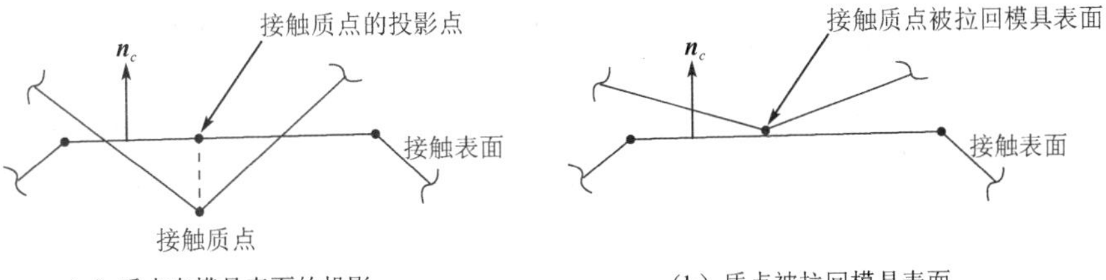

（a）质点在模具表面的投影　（b）质点被拉回模具表面

图 4-20　接触判断形成阻力

施加在质点上法向和切向接触力的表达式分别为

$$\boldsymbol{f}_{ip}^{\text{norm}}=\boldsymbol{F}_R^j\boldsymbol{n}_c^j\boldsymbol{n}_c^i \tag{4-178}$$

$$\boldsymbol{f}_{ip}^{\text{tang}}=\boldsymbol{F}_R^i-\boldsymbol{f}_{ip}^{\text{norm}} \tag{4-179}$$

式中，$\boldsymbol{f}_{ip}^{\text{norm}}$ 为质点 $\boldsymbol{x}_p$ 的法向接触力；$\boldsymbol{f}_{ip}^{\text{tang}}$ 为质点 $\boldsymbol{x}_p$ 的切向接触力；$\boldsymbol{F}_R^i$ 为阻力；$\boldsymbol{n}_c^j$ 和 $\boldsymbol{n}_c^i$ 均为接触点的法向量。

因此，总接触力可表示为

$$\boldsymbol{f}_{ip}^{c}=\boldsymbol{f}_{ip}^{\text{norm}}+\min(\mu\|\boldsymbol{f}_{ip}^{\text{norm}}\|,\|\boldsymbol{f}_{ip}^{\text{tang}}\|)\boldsymbol{\tau}_{ip} \tag{4-180}$$

式中，$\boldsymbol{\tau}_{ip}$ 为接触点的单位切向向量；μ 为摩擦系数；$\boldsymbol{f}_{ip}^{c}$ 为质点 $\boldsymbol{x}_p$ 的总接触力。

（5）更新质点的物理量。

质点 $\boldsymbol{x}_p$ 的更新坐标可以写成

$$\dot{\boldsymbol{u}}_{ip}^{n+1/2}=\dot{\boldsymbol{u}}_{ip}^{n+1/2}+\Delta t^n\boldsymbol{f}_{ip}^{c}/m_p \tag{4-181}$$

$$\boldsymbol{x}_{ip}^{n+1/2}=\boldsymbol{x}_{ip}^{n+1/2}+\Delta t^{n+1/2}\dot{\boldsymbol{u}}_{ip}^{n+1/2} \tag{4-182}$$

式中，$\dot{\boldsymbol{u}}_{ip}^{n+1/2}$为质点在$n+1/2$时刻的速度；$\boldsymbol{f}_{ip}^{c}$为质点的总接触力；$m_p$为质点的质量；$\boldsymbol{x}_{ip}^{n+1/2}$为质点在$n+1/2$时刻的坐标。

最后，更新网格动量：

$$\boldsymbol{p}_{iI}^{n+1/2}=\sum_{p=1}^{np}N_{Ip}m_p\dot{\boldsymbol{u}}_{ip}^{n+1/2} \tag{4-183}$$

式中，$\boldsymbol{p}_{iI}^{n+1/2}$为节点$I$在$n+1/2$时刻的动量；$n_p$为质点个数；$N_{Ip}$质点的形函数；$\dot{\boldsymbol{u}}_{ip}^{n+1/2}$为质点在$n+1/2$时刻的速度。

施加边界后，令$\boldsymbol{p}_{iI}^{n+1/2}=0$，计算质点的应变增量和旋率增量，根据模型求解质点的应力及弹塑性相关变量，更新质点的密度，计算物质点的应变增量和旋率增量：

$$\Delta\varepsilon_{ij}^{n+1/2}=(N_{Ip,j}(\boldsymbol{x}_p^n)\boldsymbol{v}_{iI}^{n+1/2}+N_{Ip,j}(\boldsymbol{x}_p^n)\boldsymbol{v}_{jI}^{n+1/2})\Delta t^{n+1/2}/2 \tag{4-184}$$

$$\Delta\Omega_{ij}^{n+1/2}=(N_{Ip,j}(\boldsymbol{x}_p^n)\boldsymbol{v}_{iI}^{n+1/2}-N_{Ip,i}(\boldsymbol{x}_p^n)\boldsymbol{v}_{jI}^{n+1/2})\Delta t^{n+1/2}/2 \tag{4-185}$$

式中，$\Delta\varepsilon_{ij}^{n+1/2}$是应变增量；$\Delta\Omega_{ij}^{n+1/2}$是旋率增量；$\boldsymbol{v}_{iI}^{n+1/2}$是$n+1/2$时刻第$I$个节点的速度；$\boldsymbol{v}_{jI}^{n+1/2}$是$n+1/2$时刻第$J$个节点的速度。

更新质点密度

$$\rho_p^{n+1}=\rho_p^n/(1+\Delta\varepsilon_{ij}^{n+1/2}) \tag{4-186}$$

式中，ρ_p^{n+1}是$n+1$时刻第p个质点的密度，ρ_p^n是n时刻第p个质点的密度。

4.4.2 实例分析

压印模拟的初始配置如图 4-21 所示。假设坯饼直径为 40mm，材料参数如表 4-3 所示；上模行程为 1.4mm，速度为 600mm/s；下模和中圈保持静止。为了描述上模和下模表面上的微小图案（长度约为 0.05mm），对两个模具进行非常精细的网格离散化。启用着色功能可清晰显示图案，隐藏中圈以便于查看。恒定时间步长$\Delta t=2\times10^{-8}$s。坯料用精细六面体单元进行离散，然后按照“质点离散”中所述的步骤转化为质点。每个方向的间距取值相同$l_x=l_y=l_z=0.3$mm，每个方向上的背景单元数为$M_x=142$、$M_y=142$和$M_z=17$。在本例中，坯饼的质点数为 1280000 个。

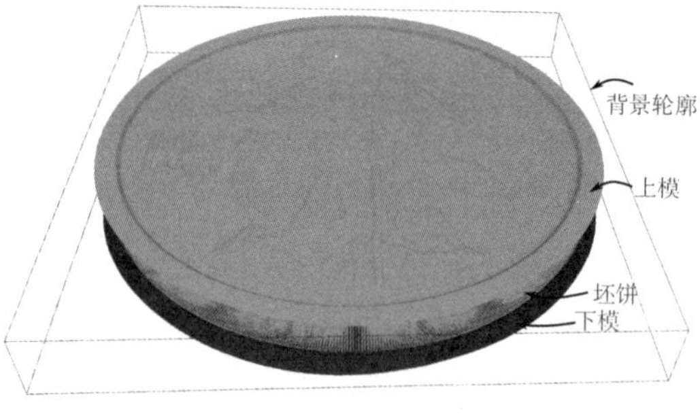

图 4-21 压印模拟的初始配置

表 4-3 银的材料参数

密度 ρ（g/mm^3）	杨氏模量 E（GPa）	泊松比 μ	硬化曲线 $\sigma_y=(A+B\bar{\varepsilon}^{n_h})$
0.0105	82	0.35	—

续表

初始屈服应力 A (MPa)	强度系数 B（MPa）	硬化指数 n_h	摩擦系数 v
50	390	0.4	0.2

图 4-22（a）和图 4-22（b）所示分别为坯饼上下表面的米塞斯应力，图 4-22（c）和图 4-22（d）所示分别为坯饼上下表面等效塑性应变。几乎所有的材料都发生塑性变形，除了老人头部较高的位置和桃子，以及沿边缘的一侧。在上模压力的作用下，这些区域的质点直到最后阶段才与模具接触，在最后阶段受到的力要小得多。大应力发生在上模的最低位置，几乎在整个过程中，它们都与坯饼保持接触。在坯饼的下表面也可以得到类似的结论。

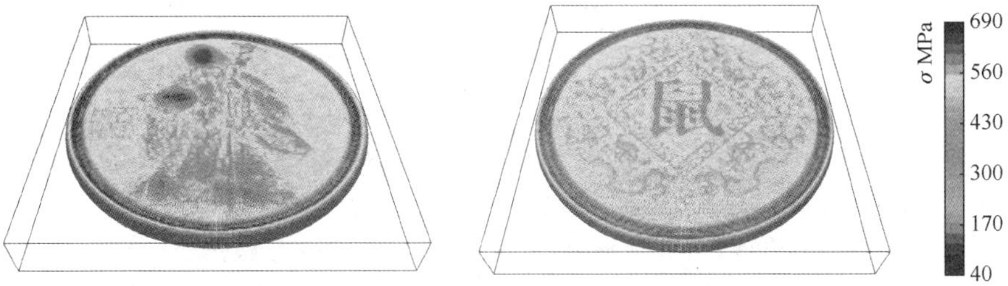

（a）上表面米塞斯应力　（b）下表面米塞斯应力

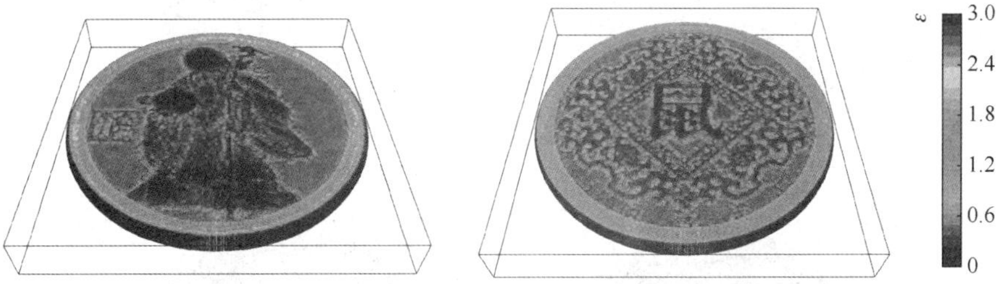

（c）上表面等效塑性应变　（d）下表面等效塑性应变

图 4-22　当前的物质点法的坯饼上下表面的应力和应变云图

为了验证本接触算法的性能，本例中质点与上模的接触状态如图 4-23 所示。图 4-23（a）所示为坯饼和模具的俯视图的上半部分。标记的 A 和 B 区域表明凸模表面图案较高的区域，也即填充不足处。这种填充不足也在图 4-22 中得到了证明（见应力最小的区域）。图 4-23（b）分别在两个方框中显示了缩放后的区域 A 和区域 B。每个方框都以两种不同的视角展示了此区域的三维坯饼质点。我们可以看到，质点填满了空腔，并紧紧黏在模具表面。模具表面上方的质点意味着它们穿透了模具，并被拉回了模具表面。当然，在表面以下也有穿透的质点，但紧紧地黏在表面上。为了更加详细地明确接触状态，将图 4-23（c）中 E-E 中的局部截面，即区域 C，包括一个平面区域和一个空腔，放大并绘制在图 4-23（d）中，这样可以清楚地看到模具腔体和质点的细节。很容易发现，平面区域内的所有质点都在模具表面之下，材料在平面区域内填充得很好。在区域 D，空腔被充分填充。大多数粒子留在内部，只有少数粒子在模具上方，也在可接受的偏差范围内。

图 4-24 显示了实际实验中 1300kN 压印力下的变形硬币。通过将图 4-24（a）和图 4-24（b）分别与图 4-22（a）和图 4-22（b）进行比较，我们发现，图 4-24（a）中填充不足的区域彼此吻合良好，图 4-24（b）中未发现填充不足。

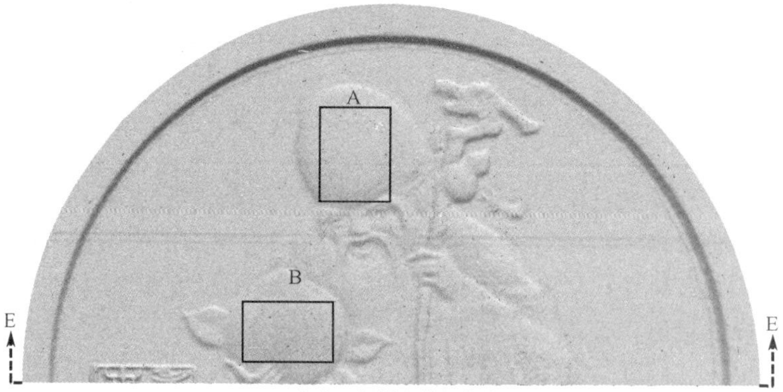

（a）二分之一坯饼和模具的俯视图

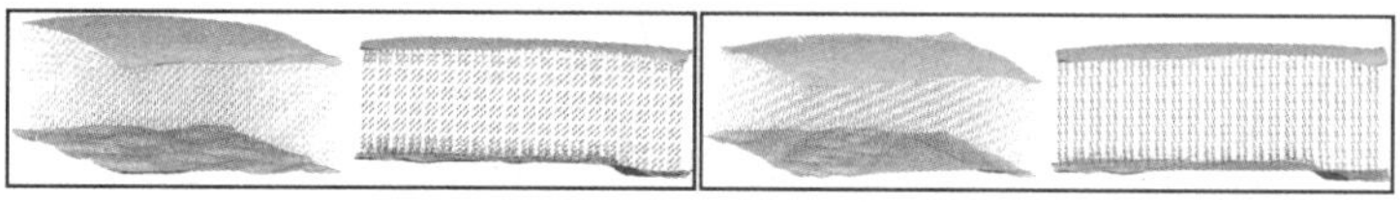

（b）区域A和区域B的缩放图

（c）E-E局部截面图

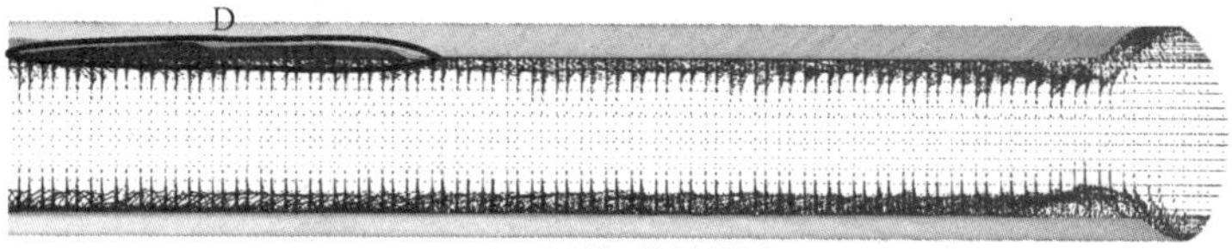

（d）区域C的缩放图

图 4-23　坯饼表面与模具的接触状态

（a）上表面图案

（b）下表面图案

图 4-24　1300kN 压印力的实验结果

我们通过使用经典的物质点法进行相同的模拟，其中使用点-点接触算法。初始配置和相应结果如图 4-25 和图 4-26 所示。材料参数、冲头的行程和速度，以及坯饼的质点数与本物质点法中使用的相同。在图 4-26 中，硬币的轮廓被描绘出来。然而，由于经典的物质点法中的虚假接触判断，坯饼表面上的详细图案不如从当前物质点法中获得的图案清晰。

在许江平教授[51]的前一项工作中，开发了一个名为 COINFORM 的专用有限元模拟系统，以分析和优化纪念币的压印过程[50]。其将具有黏性阻尼沙漏控制算法的一点简化积分方案、自适应网格细化算法，以及具有全局和局部搜索策略的接触算法嵌入实体单元动态显式有限元程序中，更多详情请参考文献[50][51]。在此，为了形成更充分的对比，我们还使用 COINFORM 进行了模拟，结果如图 4-27 所示。将模具进行网格化（平坦区域用大网格进行离散，具有图案的区域用小网格进行离散），初始坯饼用六面体实体单元进行网格化，如图 4-27（a）所示。在进行相同的模拟之前，所有模具和工件都已组装好。图 4-27（b）显示了整个过程模拟期间的接触状态，其中不与模具接触的单元用灰色标记，其余单元用浅蓝色标记。我们发现未接触的区域也在桃子上，这与从当前工作中获得的结果非常一致。类似地，图 4-27（c）和图 4-27（d）中的应力和应变分布反映了接触影响，并显示出了与当前物质点法获得的相似性。

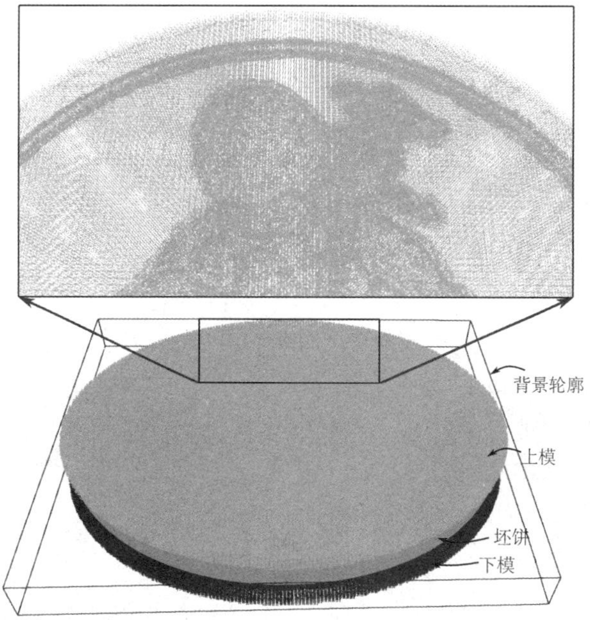

图 4-25　经典的物质点法铸币工艺

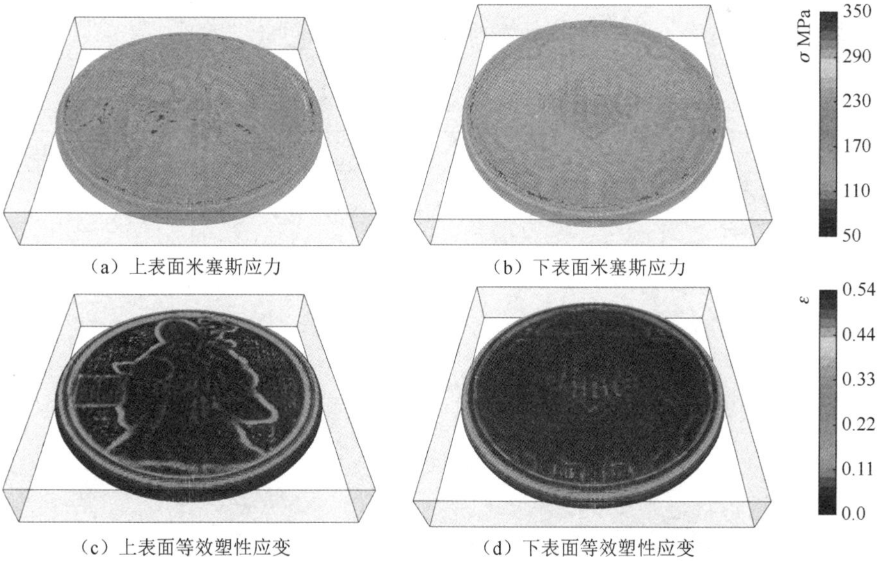

图 4-26　经典的物质点法的坯饼上下表面的应力和应变云图

如表 4-4 所示，本示例中有限元法（COINFORM）和当前物质点法的节点数量分别为 1.2 亿和 1.28 亿，上模的行程保持 1.4mm 的相同值。在这两种情况下，均采用动态显式中心差分法，并采用相同的接触算法。我们发现，当前物质点法的计算时间是有限元法的一半。影响计算工作量的主要因素是时间步长。物质点法中的时间步长几乎保持恒定，在此示例中为取值为 2×10^{-8} s。然而，在有限元法中初始时间步长几乎取 2×10^{-8} s，并且随着变形单元特征长度的减小而减小，降低到 5×10^{-9}s。这很好地解释了当前物质点法比有限元法占用更少 CPU 时间的原因。

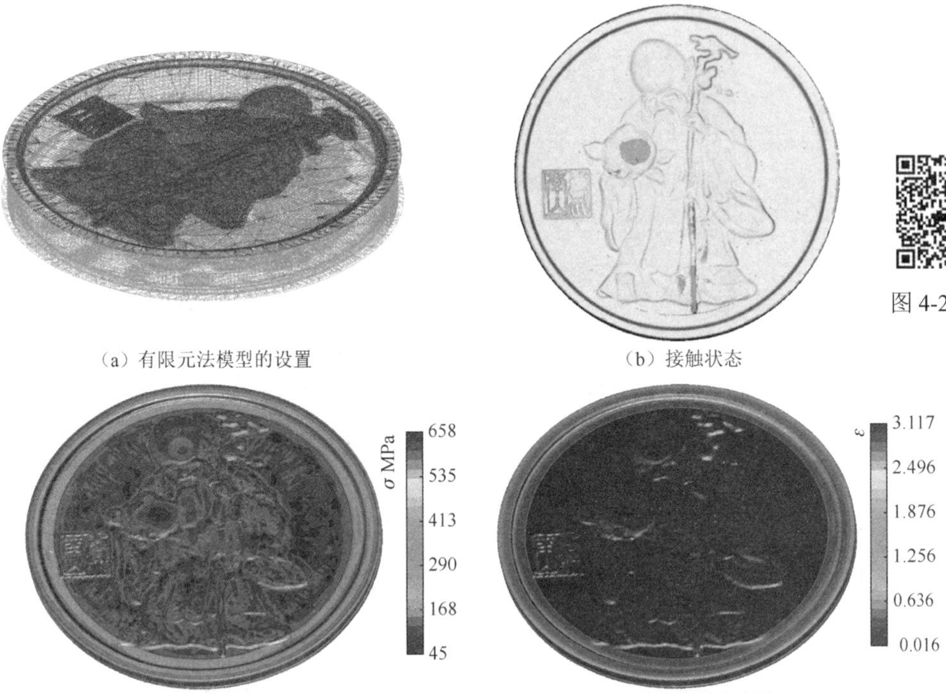

（a）有限元法模型的设置 （b）接触状态

（c）有效应力图 （d）有效塑性应变图

图 4-27 彩图

图 4-27 从 COINFORM 获得的压印力为 1300kN 的模拟结果

表 4-4 有限元法（COINFORM）和当前物质点法之间 CPU 时间的比较

参数	有限元法	当前物质点法
节点或质点数量（亿）	1.2	1.28
上模行程（mm）	1.4	1.4
CPU 时间（h）	20.4	10.3

4.4.3 伪代码

本实例简要代码框架如下所示。

MUSL 算法的压印过程

```
Initialization
    设置笛卡儿网格，设置时间：t^0 = 0
    生成“屈服函数和势函数”中所述的质点；
    初始化质点数据：x_p^0, u̇_ip^0, σ_p^0, V_p^0, m_p^0, ρ_p^0
End

while d_punch < d_punch^tral do
```

初始化网格数据：$m_I^n=0$，$(m\dot{u})_{iI}^n=0$，$f_{iI}^{\text{ext}}=0$，$f_{iI}^{\text{int}}=0$

从质点映射到网格：

计算网格质量：$m_I^n=\sum_{p=1}^{n_p}N_{Ip}(\boldsymbol{x}_p^n)m_p$

计算网格动量：$\boldsymbol{p}_{iI}^{n-1/2}=\sum_{p=1}^{n_p}m_p\dot{\boldsymbol{u}}_{ip}^{n-1/2}N_{Ip}(\boldsymbol{x}_p^n)$

计算外力：$\boldsymbol{f}_{iI}^{\text{ext}}=\sum_{p=1}^{n_p}m_pN_{Ip}(\boldsymbol{x}_p^n)\boldsymbol{b}_i(\boldsymbol{x}_p^n)+\sum_{p=1}^{n_p}N_{Ip}(\boldsymbol{x}_p^n)\bar{\boldsymbol{t}}_i(\boldsymbol{x}_p^n)h^{-1}m_p/\rho_p$

计算内力：$\boldsymbol{f}_{iI}^{\text{int}}=-\sum_{p=1}^{n_p}N_{Ip,j}(\boldsymbol{x}_p^n)\boldsymbol{\sigma}_{ij}(\boldsymbol{x}_p^n)m_p/\rho_p$

计算网格力：$\boldsymbol{f}_{iI}^n=\boldsymbol{f}_{iI}^{\text{ext}}+\boldsymbol{f}_{iI}^{\text{int}}$

动量方程：$\boldsymbol{p}_{iI}^{n+1/2}=\boldsymbol{p}_{iI}^{n-1/2}+\boldsymbol{f}_{iI}^n\Delta t^n$

应用必要的边界条件；

更新质点的速度和位置：

更新速度：$\dot{\boldsymbol{u}}_{ip}^{n+1/2}=\dot{\boldsymbol{u}}_{ip}^{n-1/2}+\sum_{I=1}^{8}\Delta t^n\boldsymbol{f}_{iI}^nN_{Ip}(\boldsymbol{x}_p^n)/m_I^n$

更新位置：$\boldsymbol{x}_{ip}^{n+1}=\boldsymbol{x}_{ip}^n+\sum_{I=1}^{8}\Delta t^{n+1/2}\boldsymbol{p}_{iI}^{n+1/2}N_{Ip}(\boldsymbol{x}_p^n)/m_I^n$

更新网格动量：$\boldsymbol{p}_{iI}^{n+1/2}=\sum_{p=1}^{n_p}m_p\boldsymbol{u}_{ip}^{n+1/2}N_{Ip}(\boldsymbol{x}_p^n)$

冲头的当前冲程：$d_{\text{punch}}=d_{\text{punch}}+\Delta d_{\text{punch}}$

执行 4.4.1 节中的接触算法；

应用必要的边界条件；

更新质点的物理信息：

计算网格速度：$\boldsymbol{v}_{iI}^{n+1/2}=\boldsymbol{p}_{iI}^{n+1/2}/m_I^n$

计算质点处的应变增量：$\Delta\varepsilon_{ij}^{n+1/2}=(N_{Ip,j}(\boldsymbol{x}_p^n)\boldsymbol{v}_{iI}^{n+1/2}+N_{Ip,i}(\boldsymbol{x}_p^n)\boldsymbol{v}_{jI}^{n+1/2})\Delta t^{n+1/2}/2$

计算旋率增量：$\Delta\Omega_{ij}^{n+1/2}=(N_{Ip,j}(\boldsymbol{x}_p^n)\boldsymbol{v}_{iI}^{n+1/2}-N_{Ip,i}(\boldsymbol{x}_p^n)\boldsymbol{v}_{jI}^{n+1/2})\Delta t^{n+1/2}/2$

计算应力增量：$\Delta\sigma_p^{n+1/2}=\dot{\boldsymbol{\sigma}}_p^{n+1/2}\Delta t^{n+1/2}$

更新粒子应力：$\boldsymbol{\sigma}_p^{n+1}=\boldsymbol{\sigma}_p^n+\Delta\boldsymbol{\sigma}_p^{n+1/2}$

存储每个质点的历史相关变量；

计算质点密度：$\rho_p^{n+1}=\rho_p^n/(1+\Delta\varepsilon_{ij}^{n+1/2})$

下一步编号：$n=n+1$

end while

复习思考题

4-1　相较于传统的有限元数值方法，物质点法有哪些优势和不足？

4-2　根据所采用的运动描述方法，数值方法可以划分为拉格朗日法、欧拉法、混合法和无网格法四大类，试简要介绍。

4-3　显式方法是条件稳定算法，在每一个时间步中不需要求解方程组，单步计算量很小，但其积分步长也很小。隐式方法一般是无条件稳定算法，虽然单步计算量很大，但其积分步长可比显式积分步长高 2～4 个数量级，适用于求解长时间低频响应问题。4.1.3 节运动方程求解是采用显式求解的，试采用隐式求解进行分析。

4-4 物质点法有三种求解格式，分别为 MUSL、USF 和 USL，它们有什么区别？

4-5 总结 4.3.1 节 D-P 模型的实现过程。

4-6 运行 4.3.3 节代码，每个单元的质点数取为 2×2，观察其结果变化。

4-7 在实际纪念币压印成型过程中，会面临哪些问题？

4-8 计算接触问题的数值方法有哪些？

4-9 什么是计算接触的罚函数法？有什么优缺点？

4-10 纪念币压印成型问题，从力学观点看，是低速运动，属于准静态问题，正确的方法是用隐式积分方法求解的准静态公式表述。但是为什么 4.4 节采用显式求解而不是隐式求解？

第 5 章 等几何法

等几何法（IGA）是一种利用 CAD 产品的样条表示来进行物理仿真模拟的新方法，统一了 CAD 几何模型与 CAE 分析模型，实现两者的无缝集成。自 2005 年被提出起，等几何法一直是计算力学方面的研究热点，目前等几何分析法已经被众多学者应用到了结构力学、生物力学、电磁学等领域。总体来说，近年来等几何分析的研究成果十分显著，应用范围日益广泛，但是也面临诸多的难题需要解决。

5.1 等几何法基础理论

5.1.1 B 样条理论

B 样条是由基函数的线性组合而成的，基函数是定义在参数区间的给定节点向量上的，节点向量$\boldsymbol{\Xi}=\{\xi_1,\xi_2,\cdots,\xi_i,\cdots,\xi_{n+p+1}\}$是一组单调不减的实数序列，其中$\xi_i$被称为第 i 个节点，n 为基函数和控制点的个数，p 为基函数的阶次。

1. B 样条基函数

B 样条基函数$N_{i,p}(\xi)$的定义有多种方式，其中由德布尔等人提出的 Cox-de Boor 递推公式实现最为简单[52]。给定一个节点向量$\boldsymbol{\Xi}=\{\xi_1,\xi_2,\cdots,\xi_i,\cdots,\xi_{n+p+1}\}$，如果阶次$p=0$，则基函数表达式为

$$N_{i,0}(\xi)=\begin{cases}1, & \xi_i\leqslant\xi<\xi_{i+1}\\ 0, & \text{其他}\end{cases}\tag{5-1}$$

如果$p>0$，则

$$N_{i,p}(\xi)=\frac{\xi-\xi_i}{\xi_{i+p}-\xi_i}N_{i,p-1}(\xi)+\frac{\xi_{i+p+1}-\xi}{\xi_{i+p+1}-\xi_{i+1}}N_{i+1,p-1}(\xi)\tag{5-2}$$

在计算基函数前，首先需要确定阶次和节点向量。下面我们分别给出$p=0\sim3$时 B 样条基函数的图形，如图 5-1 所示，基本参数如表 5-1 所示。实现 B 样条基函数简要 MATLAB 代码框架如后面所示，完整代码文件参见“Codes\Chapter5_IGA\Matlab_5_1\B_Spline\BasisFunc\BasisFunc_p(0~4).m”。

表 5-1 B 样条基函数的阶次和节点向量

阶次 p	节点向量$\boldsymbol{\Xi}$
0	{ 0, 1, 2, 3, 4 }/4
1	{ 0, 0, 1, 2, 3, 4, 4 }/4
2	{ 0, 0, 0, 1, 2, 3, 4, 4, 4 }/4
3	{ 0, 0, 0, 0, 1, 2, 3, 4, 4, 4, 4 }/4

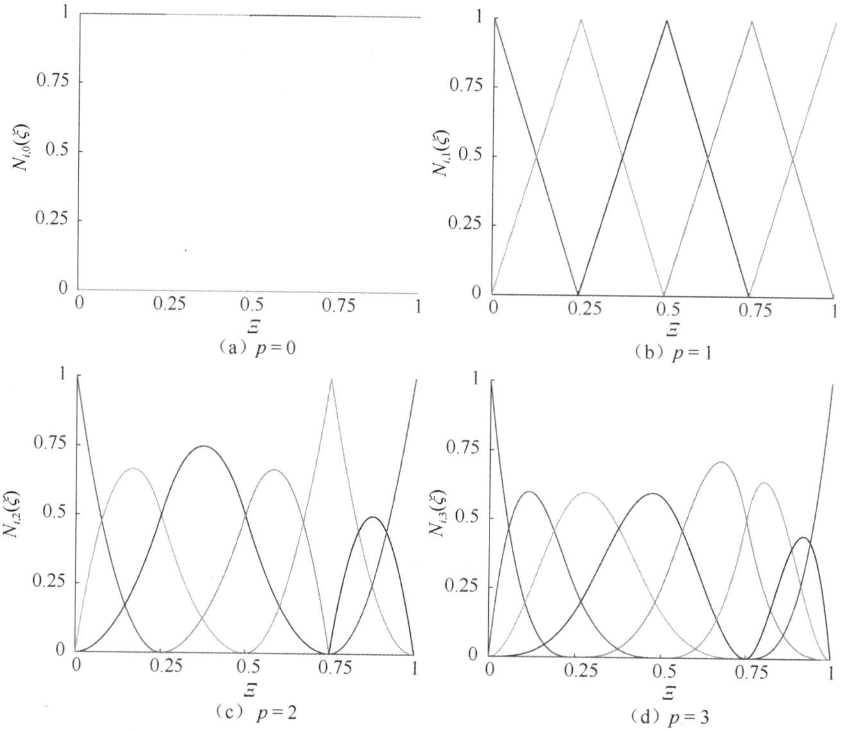

图 5-1 不同阶次的 B 样条基函数对比

此外，B 样条基函数还有很多重要的性质。

（1）$N_{i,p}(\xi)$可能出现 0/0 的情况，我们规定 0/0=0。

（2）对于$N_{i,p}(\xi)$，节点个数为$m+1$，阶次为p，p阶基函数个数为$n+1$，则有$m=n+p+1$。

（3）非负性。对于所有的i、p和ξ，都有$N_{i,p}(\xi)>0$。

（4）局部支撑性。对于$\xi\in[\xi_i,\xi_{i+1})$，则$N_{i,p}(\xi)\neq 0$；反之，则$N_{i,p}(\xi)=0$。

（5）规范性。对于$\xi\in[\xi_i,\xi_{i+1})$，则$\sum_{i=0}^{n}N_{i,p}(\xi)=1$。

（6）可微性。对于$\xi\in[\xi_i,\xi_{i+1})$，如果在节点区间$\xi\in(\xi_i,\xi_{i+1})$，则$N_{i,p}(\xi)$是无限可微的，如果在节点处$\xi=\xi_i$，则$N_{i,p}(\xi)$是$p-r$次可微的，其中r是节点ξ_i的重复度。

（7）连续性。在一个重复度为r的节点处，$N_{i,p}(\xi)$是C^{p-r}连续的。

2．B 样条基函数导数

对于给定的基函数$N_{i,p}(\xi)$，其一阶导数表达式为

$$N'_{i,p}=\frac{p}{\xi_{i+p}-\xi_i}N_{i,p-1}-\frac{p}{\xi_{i+p+1}-\xi_{i+1}}N_{i+1,p-1} \tag{5-3}$$

另外，其k阶导数为

$$\begin{aligned}\frac{\mathrm{d}^k}{\mathrm{d}^k\xi}N_{i,p}&=\frac{p}{\xi_{i+p}-\xi_i}\left(\frac{\mathrm{d}^{k-1}}{\mathrm{d}^{k-1}\xi}N_{i,p-1}\right)-\frac{p}{\xi_{i+p+1}-\xi_{i+1}}\left(\frac{\mathrm{d}^{k-1}}{\mathrm{d}^{k-1}\xi}N_{i+1,p-1}\right)\\&=\frac{p!}{(p-k)!}\sum_{j=0}^{k}\alpha_{k,j}N_{i+j,p-k}\end{aligned} \tag{5-4}$$

式中

$$\alpha_{0,0}=1$$
$$\alpha_{k,0}=\frac{\alpha_{k-1,0}}{\xi_{i+p-k+1}-\xi_i}$$
$$\alpha_{k,j}=\frac{\alpha_{k-1,j}-\alpha_{k-1,j-1}}{\xi_{i+p+j+1}-\xi_{i+j}},\quad j=1,2,\cdots,k-1 \tag{5-5}$$
$$\alpha_{k,k}=\frac{-\alpha_{k-1,k-1}}{\xi_{i+p+1}-\xi_{i+k}}$$

3．B 样条曲线/曲面

B 样条曲线由基函数线性组合而成：

$$C(\xi)=\sum_{i=1}^{n}N_{i,p}(\xi)P_i \tag{5-6}$$

假设阶次 $p=2$，节点向量 $\boldsymbol{\Xi}$={0, 0, 0, 1, 2, 3, 4, 5, 5, 5 }/5，控制点 P={(0,3); (1,1); (2,1); (3,5); (4,2); (5,4); (6,0)}，二阶 B 样条基函数如图 5-2（a）所示，二阶 B 样条曲线如图 5-2（b）所示，其中点为控制点，虚线为控制多边形，实线为 B 样条曲线。完整的 MATLAB 代码文件参见“Codes\Chapter5_IGA\Matlab_5_1\B_Spline\Curve\B_Spline_Curve.m”。

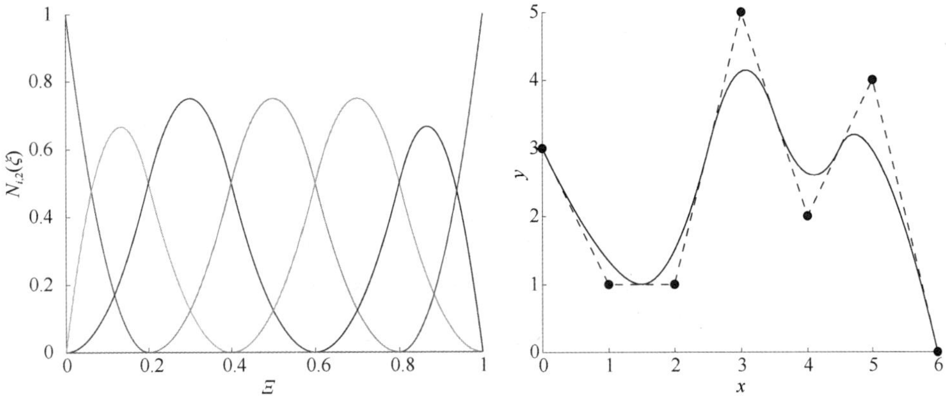

（a）二阶B样条基函数　　（b）二阶B样条曲线

图 5-2　二阶 B 样条基函数和曲线

分别给定一组节点向量 $\boldsymbol{\Xi}=\{\xi_1,\xi_2,\cdots,\xi_i,\cdots,\xi_{n+p+1}\}$ 和 $\boldsymbol{\mathcal{H}}=\{\eta_1,\eta_2,\cdots,\eta_i,\cdots,\eta_{m+q+1}\}$，以及控制点坐标 P_{ij}，则由张量积表示的 B 样条曲面为

$$\boldsymbol{S}(\xi,\eta)=\sum_{i=1}^{n}\sum_{j=1}^{m}N_{i,p}(\xi)N_{j,p}(\eta)P_{ij} \tag{5-7}$$

其中控制点的个数为$(m+1)(n+1)$。

假设阶次 $p=q=2$，节点向量 $\boldsymbol{\Xi}=\boldsymbol{\mathcal{H}}=\{0, 0, 0, 1, 1, 1\}$，则二元二阶 B 样条基函数如图 5-3 所示。

再给出控制点 P={(0,0,0); (2,0,0); (5,0,0); (0,3,2); (2,3,2); (5,3,2); (0,5,0); (2,5,0); (5,5,0)}，则二阶 B 样条曲面如图 5-4 所示。完整 MATLAB 代码文件参见“Codes\Chapter5_IGA\Matlab_5_1\B_Spline\Surface \B_Spline_Surface.m”。

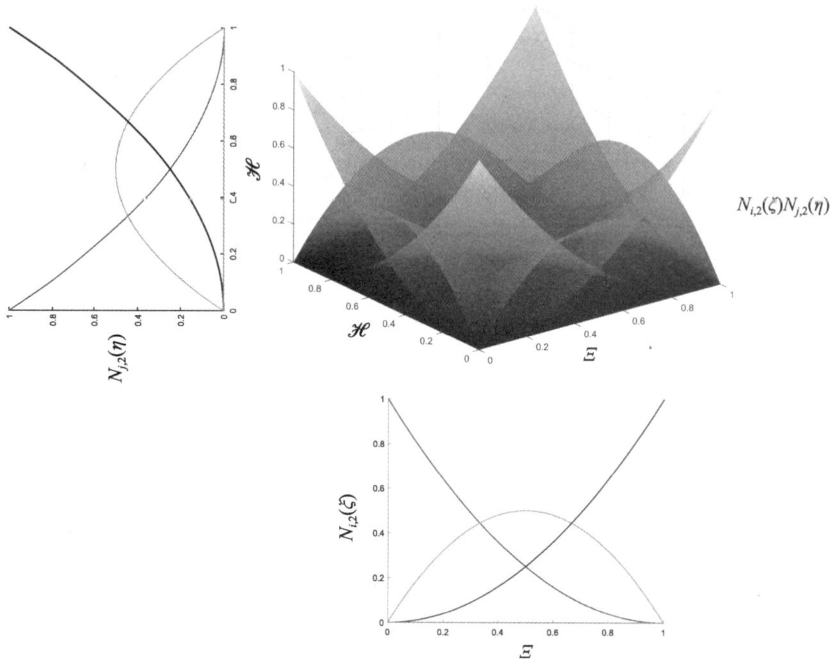

图 5-3　二元二阶 B 样条基函数

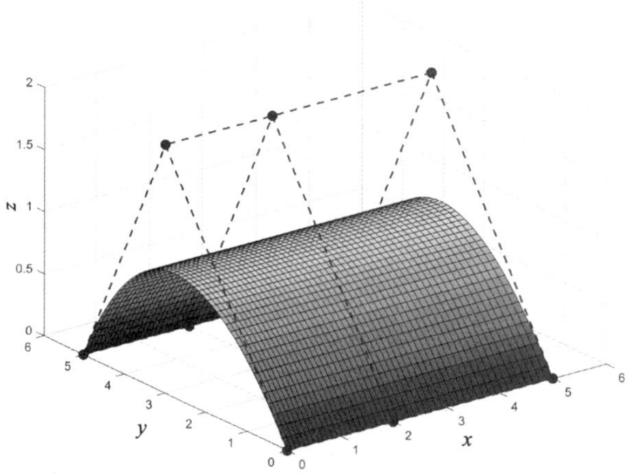

图 5-4　二阶 B 样条曲面

例如：假设节点向量$\boldsymbol{\Xi}=\{0,1,2,3\}$，则节点跨度为$[0,1)$、$[1,2)$和$[2,3)$

1）零阶基函数

由式（5-1）可知，$N_{0,0}(\xi)$在区间$[0,1)$等于 1，在其他区间等于 0；$N_{1,0}(\xi)$在区间$[1,2)$等于 1，在其他区间等于 0；$N_{2,0}(\xi)$在区间$[2,3)$等于 1，在其他区间等于 0，如图 5-5 所示。

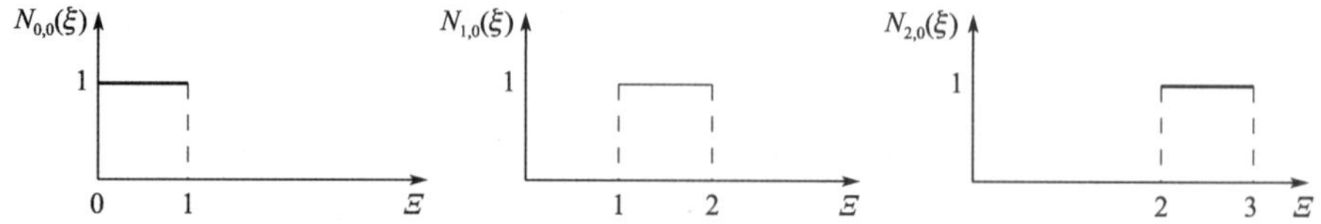

（a）$N_{0,0}(\xi)$　（b）$N_{1,0}(\xi)$　（c）$N_{2,0}(\xi)$

图 5-5　零阶基函数

2）一阶基函数

为了理解阶次 $p>0$ 是基函数 $N_{i,p}(\xi)$ 的计算方法，我们采用三角格式计算，如图 5-6 所示，将节点区间列在最左侧，零阶、一阶和二阶基函数依次向右排列。

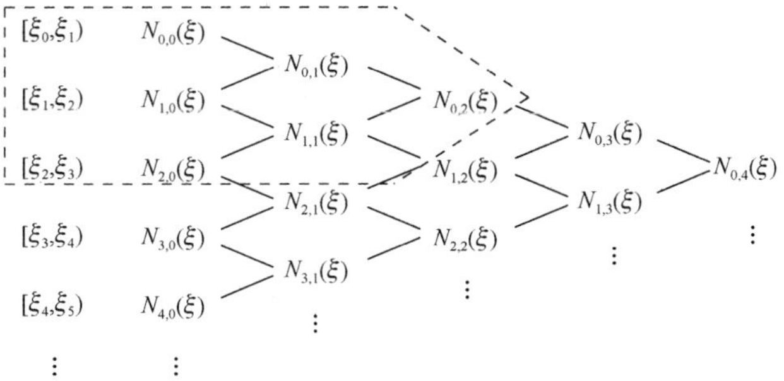

图 5-6　三角格式计算基函数

由图 5-6 可知，为了计算 $N_{i,p}(\xi)$，我们需要知道 $N_{i,p-1}(\xi)$ 和 $N_{i+1,p-1}(\xi)$。同样地，知道了 $N_{i,p}(\xi)$ 和 $N_{i+1,p}(\xi)$，我们也可以计算 $N_{i,p+1}(\xi)$。前面我们计算出来了 $N_{0,0}(\xi)$、$N_{1,0}(\xi)$ 和 $N_{2,0}(\xi)$，因此可以计算出 $N_{0,1}(\xi)$ 和 $N_{1,1}(\xi)$。

对于 $N_{0,1}(\xi)$，由式（5-2）得

$$N_{0,1}(\xi)=\frac{\xi-\xi_0}{\xi_1-\xi_0}N_{0,0}(\xi)+\frac{\xi_2-\xi}{\xi_2-\xi_1}N_{1,0}(\xi)$$

因为 $\xi_0=0$，$\xi_1=1$ 和 $\xi_2=2$，所以上式变为

$$N_{0,1}(\xi)=\xi N_{0,0}(\xi)+(2-\xi)N_{1,0}(\xi)$$

由图 5-5 可知，$N_{0,0}(\xi)$ 仅在区间 $[0,1)$ 非零，$N_{1,0}(\xi)$ 仅在区间 $[1,2)$ 非零。所以，如果 $\xi\in[0,1)$，则只有 $N_{0,0}(\xi)$ 对 $N_{0,1}(\xi)$ 有贡献，那么 $N_{0,1}(\xi)=\xi$；而如果 $\xi\in[1,2)$，则只有 $N_{1,0}(\xi)$ 对 $N_{0,1}(\xi)$ 有贡献，那么 $N_{0,1}(\xi)=2-\xi$。相应地，如果 $\xi\in[1,2)$，那么 $N_{1,1}(\xi)=\xi-1$；如果 $\xi\in[2,3)$，那么 $N_{1,1}(\xi)=3-\xi$。一阶基函数如图 5-7 所示。

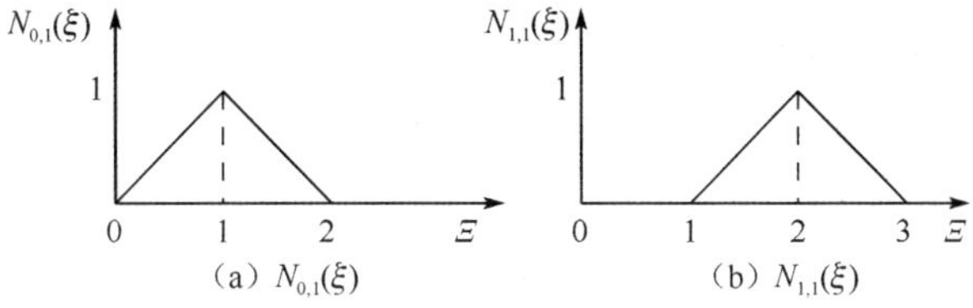

图 5-7　一阶基函数

3）二阶基函数

由图 5-6 可知，一旦获得了 $N_{0,1}(\xi)$ 和 $N_{1,1}(\xi)$，就可以计算 $N_{0,2}(\xi)$，则由式（5-2）得

$$N_{0,2}(\xi)=\frac{\xi-\xi_0}{\xi_2-\xi_0}N_{0,1}(\xi)+\frac{\xi_3-\xi}{\xi_3-\xi_1}N_{1,1}(\xi)$$

代入节点值为

$$N_{0,2}(\xi)=\frac{1}{2}\xi N_{0,1}(\xi)+\frac{1}{2}(3-\xi)N_{1,1}(\xi)$$

注意 $N_{0,1}(\xi)$ 在区间 $[0,1)$ 和 $[1,2)$ 上非零，而 $N_{1,1}(\xi)$ 在区间 $[1,2)$ 和 $[2,3)$ 上非零。因此有以下三种情况需要讨论。

（1）若$\xi \in [0,1)$，则只有$N_{0,1}(\xi)$对$N_{0,2}(\xi)$有贡献，而$N_{0,1}(\xi)=\xi$，那么$N_{0,2}(\xi)=\frac{1}{2}\xi^2$。

（2）若$\xi \in [1,2)$，$N_{0,1}(\xi)$和$N_{1,1}(\xi)$都对$N_{0,2}(\xi)$有贡献，而$N_{0,1}(\xi)=2-\xi$且$N_{1,1}(\xi)=\xi-1$，那么$N_{0,2}(\xi)=\frac{1}{2}\xi(2-\xi)+\frac{1}{2}(3-\xi)(\xi-1)=\frac{1}{2}(-2\xi^2+6\xi-3)$。

（3）若$\xi \in [2,3)$，则只有$N_{1,1}(\xi)$对$N_{0,2}(\xi)$有贡献，而$N_{1,1}(\xi)=3-\xi$，那么

$$N_{0,2}(\xi)=\frac{1}{2}(3-\xi)(3-\xi)=\frac{1}{2}(3-\xi)^2。$$

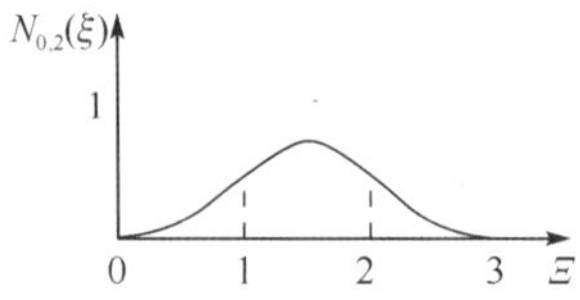

图 5-8　二阶基函数

如果我们将上述三种情况的曲线绘制在同一个坐标系下，我们会发现相邻曲线段连接起来形成了在节点上的曲线，如图 5-8 所示。更确切地说，（1）和（2）的曲线段在$\xi=1$处相切，（2）和（3）的曲线段在$\xi=2$处相切。注意，合成曲线是光滑的，但是如果节点向量包含多重节点，那么在多重节点处曲线是尖锐的。

B 样条基函数子函数 1 代码

```
function [Ni,xi] = bspline_basis(j,p,knot,xi)

validateattributes(j, {'numeric'}, {'nonnegative','integer','scalar'});
validateattributes(p, {'numeric'}, {'positive','integer','scalar'});
validateattributes(knot, {'numeric'}, {'real','vector'});
assert(all( knot(2:end)-knot(1:end-1) >= 0 ), 'Knot vector values should be
nondecreasing.');

if nargin < 4
   xi = linspace(knot(1), knot(end), 1000);
else
   validateattributes(xi, {'numeric'}, {'real','vector'});
end
assert(0 <= j && j < numel(knot)-p, ...
   'Invalid interval index j = %d, expected 0 =< j < %d (0 =< j < numel(t)-n).',
j, numel(knot)-p);

Ni = bspline_basis_recurrence(j,p,knot,xi);

end
```

B 样条基函数子函数 2 代码

```
function Ni = bspline_basis_recurrence(j,p,knot,xi_star)

Ni = zeros(size(xi_star));
if p > 1
   N_1 = bspline_basis(j,p-1,knot,xi_star);
   omega1_num = xi_star - knot(j+1);
   omega1_den = knot(j+p) - knot(j+1);

   if omega1_den ~= 0
```

```
      Ni = Ni + N_1.*(omega1_num./omega1_den);
   end

   N_2 = bspline_basis(j+1,p-1,knot,xi_star);
   omega2_num = knot(j+p+1) - xi_star;
   omega2_den = knot(j+p+1) - knot(j+1+1);

   if omega2_den ~= 0
      Ni = Ni + N_2.*(omega2_num./omega2_den);
   end

elseif knot(j+2) < knot(end)  %将节点向量的最后一个元素视为特例
   Ni(knot(j+1) <= xi_star & xi_star < knot(j+2)) = 1;
else
   Ni(knot(j+1) <= xi_star) = 1;
end

end
```

5.1.2 NURBS 理论

B 样条曲线虽然便于建模，但是不能准确描述圆、椭圆等曲边图形。NURBS 是非均匀有理 B 样条（Non-Uniform Rational B-Spline）的简称，既继承了 B 样条的许多优点，又克服了它不能准确描述图形的缺点。

1. NURBS 基函数和导数

NURBS 基函数$R_{i,p}(\xi)$为

$$R_{i,p}(\xi)=\frac{N_{i,p}(\xi)\omega_i}{W(\xi)}=\frac{N_{i,p}(\xi)\omega_i}{\sum_{i=1}^{n}N_{i,p}(\xi)\omega_i} \tag{5-8}$$

式中，$N_{i,p}(\xi)$为第 i 个 p 阶的 B 样条基函数；$\omega_i\,(i=1,2,\cdots,n)$为权系数。

对于给定的基函数$R_{i,p}(\xi)$，其一阶导数表达式为

$$\frac{\mathrm{d}}{\mathrm{d}\xi}R_{i,p}(\xi)=\omega_i\frac{N'_{i,p}(\xi)W(\xi)-N_{i,p}(\xi)W'(\xi)}{W(\xi)^2} \tag{5-9}$$

式中

$$N'_{i,p}(\xi)=\frac{\mathrm{d}}{\mathrm{d}\xi}N_{i,p}(\xi),\quad W'(\xi)=\sum_{i=1}^{n}N'_{i,p}(\xi)\omega_i \tag{5-10}$$

2. NURBS 曲线/曲面

类似于 B 样条曲线，NURBS 曲线为

$$C(\xi)=\sum_{i=1}^{n}R_{i,p}(\xi)P_i \tag{5-11}$$

权系数ω是控制点的权值，可以看作对控制点的“引力”作用。如图 5-9 所示，权系数越大，曲线越靠近控制点。完整的 MATLAB 代码文件参见“Codes\Chapter5_IGA\Matlab_5_1\NURBS\Curves\Curves_Weights.m”。

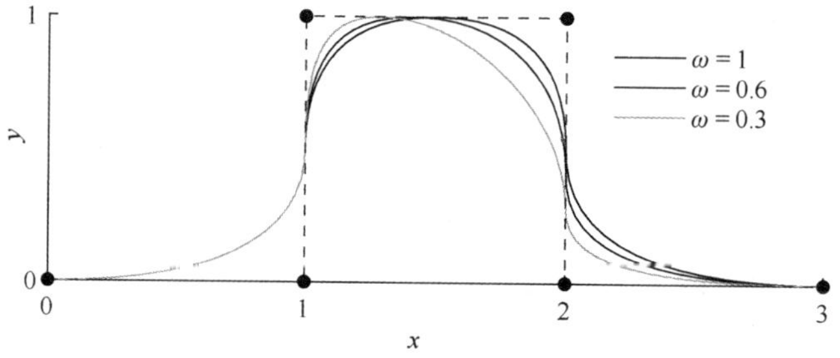

图 5-9 彩图

图 5-9　权系数对 NURBS 曲线的影响

另外，NURBS 曲面为

$$S(\xi,\eta)=\sum_{i=1}^{n}\sum_{j=1}^{m}R_{i,j}(\xi,\eta)P_{ij} \tag{5-12}$$

式中，二元基函数 $R_{i,j}(\xi,\eta)$ 为

$$R_{i,j}(\xi,\eta)=\frac{N_{i,p}(\xi)N_{j,q}(\eta)\omega_{ij}}{\sum_{i=1}^{n}\sum_{j=1}^{m}N_{i,p}(\xi)N_{j,q}(\eta)\omega_{ij}} \tag{5-13}$$

如图 5-10 所示，我们给出 6 种常见图形的 NURBS 曲面，其具体参数参见下面代码，完整的 MATLAB 代码文件参见“Codes\Chapter5_IGA\Matlab_5_1\NURBS\Surface\main.m”。

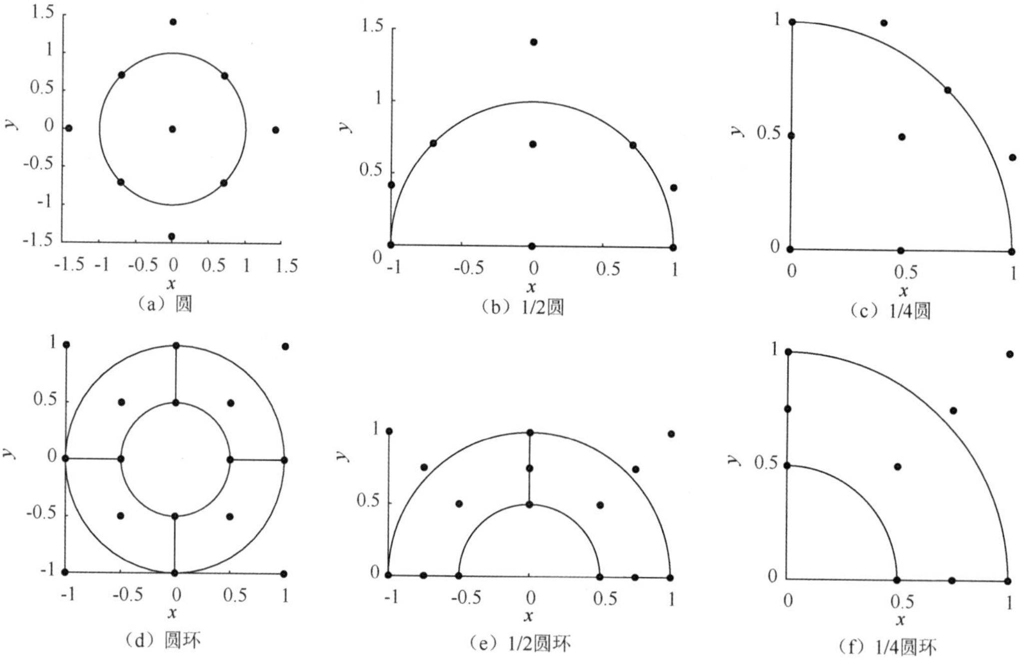

图 5-10　NURBS 曲面

NURBS 曲面参数代码

```
switch model

    case 1  %圆
        p = 2;
        q = 2;
```

```
    uKnot = [0 0 0 1 1 1];
    vKnot = [0 0 0 1 1 1];
    controlPts = [-sqrt(2)/2,sqrt(2)/2;  -sqrt(2),0;   -sqrt(2)/2,-sqrt(2)/2;
            0,sqrt(2);          0,0;        0,-sqrt(2);
            sqrt(2)/2,sqrt(2)/2;  sqrt(2),0;    sqrt(2)/2,-sqrt(2)/2];
    weights = [1;          sqrt(2)/2;   1;
          sqrt(2)/2;    1;          sqrt(2)/2;
          1;          sqrt(2)/2;   1        ];

  case 2   %1/2 圆
    p = 2;
    q = 2;
    uKnot = [0 0 0 1 1 1];
    vKnot = [0 0 0 1 1 1];
    controlPts = [-sqrt(2)/2,sqrt(2)/2;  -1,sqrt(2)-1;   -1,0;
              0,sqrt(2);             0,sqrt(2)/2;    0,0;
              sqrt(2)/2,sqrt(2)/2;   1,sqrt(2)-1;    1,0];
    weights = [1;              0.92678;    1;
            sqrt(2)/2;    sqrt(2)/2;    1;
            1;             0.92678;    1];

  case 3   %1/4 圆
    p = 2;
    q = 2;
    uKnot = [0 0 0 1 1 1];
    vKnot = [0 0 0 1 1 1];
    controlPts = [0,1;                     0,0.5;            0,0;
              sqrt(2)-1,1;            0.5,0.5;          0.5,0;
              sqrt(2)/2,sqrt(2)/2;   1,sqrt(2)-1;      1,0 ];
    weights = [1;          1;             1;
            0.92678;  sqrt(2)/2;   1;
            1;         0.92678;     1 ];

  case 4   %圆环
    p = 2;
    q = 1;
    uKnot = [0 0 0 0.25 0.25 0.5 0.5 0.75 0.75 1 1 1];
    vKnot = [0 0 1 1];
    controlPts = [0.5,0;  0.5,-0.5;  0,-0.5;  -0.5,-0.5;  -0.5,0;  -0.5,0.5;
0,0.5;  0.5,0.5;   0.5,0;
              1,0;   1,-1;     0,-1;    -1,-1;     -1,0;    -1,1;     0,1;
1,1;      1,0];
    weights = [1;  sqrt(2)/2;   1;   sqrt(2)/2;   1;   sqrt(2)/2;   1;
sqrt(2)/2;   1;
            1;  sqrt(2)/2;   1;   sqrt(2)/2;   1;   sqrt(2)/2;   1;
sqrt(2)/2;   1 ];

  case 5   %1/2 圆环
    p = 2;
    q = 2;
```

```
        uKnot = [0 0 0 0.5 0.5 1 1 1];
        vKnot = [0 0 0 1 1 1];
        controlPts = [-1,0;    -1,1;      0,1;    1,1;     1,0;
                      -0.75,0; -0.75,0.75;  0,0.75;  0.75,0.75; 0.75,0;
                      -0.5,0;   -0.5,0.5;    0,0.5;   0.5,0.5;   0.5,0];
        weights = [1;  sqrt(2)/2;  1;  sqrt(2)/2;  1;
                   1;  sqrt(2)/2;  1;  sqrt(2)/2;  1;
                   1;  sqrt(2)/2;  1;  sqrt(2)/2;  1];

    case 6   %1/4 圆环
        p = 1;
        q = 2;
        uKnot = [0 0 1 1];
        vKnot = [0 0 0 1 1 1];
        controlPts = [0.5,0;   1,0;
                      0.5,0.5;  1,1;
                      0,0.5;    0,1];
        weights = [1;         1;
                   sqrt(2)/2; sqrt(2)/2;
                   1;         1 ];

    otherwise
        error('D_local:unsupported type of problem');

end
```

5.1.3 NURBS 细化

在 CAE 分析中，几何模型采用离散进行近似逼近，所以计算精度与离散程度密切相关，同时为了降低几何模型的构建难度，往往在最初建立简单的模型，通过进一步细化来达到分析的精度，这就涉及细化方式的选择。细化是指在保持几何模型形状不变的前提下，通过增加单元数或提高阶次来达到提高计算精度的目的。NURBS 几何体的细化方式主要分为三种：H 细化（节点插入）、P 细化（升阶）和 K 细化（先升阶再插入节点）。其中 K 细化是等几何法特有的细化方式。

1. H 细化

H 细化是在已有的节点向量中插入新的节点，同时更新控制点和权系数，以达到缩小单元尺寸的目的。假设原有的节点向量为$\boldsymbol{\Xi}_0=\{\xi_1,\xi_2,\cdots,\xi_{n+p+1}\}$，插入 k 个新节点后，则新的节点向量为$\boldsymbol{\Xi}'=\{\xi_1,\xi_2,\cdots,\xi_k,\xi_{k+1},\cdots,\xi_{n+p+1+k}\}$，满足$\boldsymbol{\Xi}_0\subseteq\boldsymbol{\Xi}'$。同时，原有的控制点$P_0=\{P_1,P_2,\cdots,P_n\}$被更新为$P'=\{P_1,P_2,\cdots,P_k,\cdots,P_{n+k}\}$。新的控制点计算公式如下：

$$P_i'=\alpha_i P_i+(1-\alpha_i)P_{i-1} \tag{5-14}$$

权系数也是通过式（5-14）进行更新的。式（5-14）中

$$\alpha_i=\begin{cases}1, & i\leqslant k-p\\ \dfrac{\xi'-\xi_i}{\xi_{i+p}-\xi_i}, & k-p+1\leqslant i\leqslant k\\ 0, & k+1\leqslant i\end{cases} \tag{5-15}$$

从式（5-15）可以看出，控制点的更新仅在插入节点区间相关联的局部控制点进行，其他控制点保持不变。每插入一个新的节点，意味着增加一个控制点，同时增加一个单元。需要注意的是，插入节点在实质上只是改变向量的空间基底，而曲线在几何和参数化方面则均保持不变。若插入的节点是原节点向量中已有的节点，则会导致该节点的重复度增加（假设为 r），从而导致基函数的连续性降低为C^{p-r}，但曲线的连续性仍保持不变，并且不会增加单元数。图 5-11 展示了 H 细化前后的基函数和 NURBS 曲线对比。

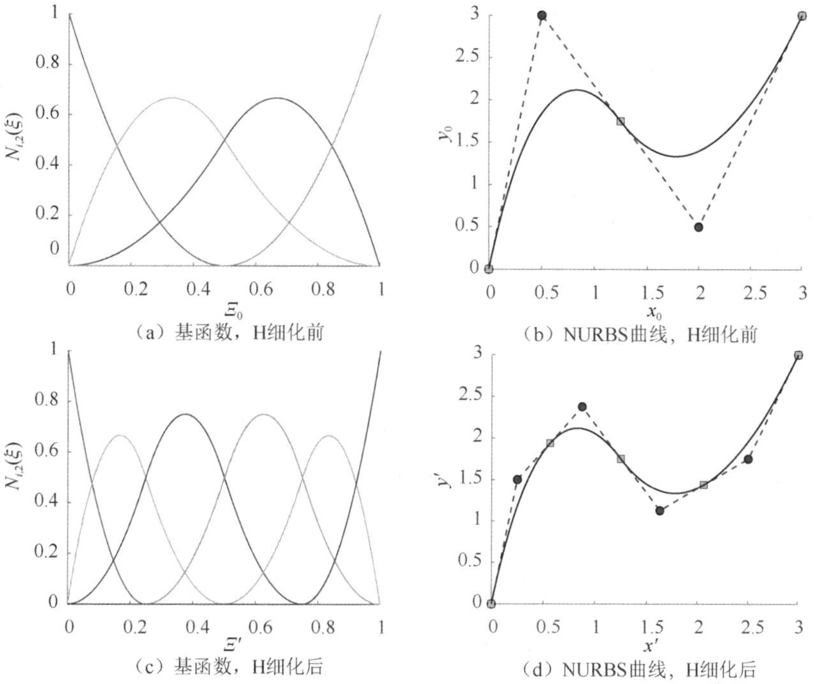

（a）基函数，H细化前　（b）NURBS曲线，H细化前
（c）基函数，H细化后　（d）NURBS曲线，H细化后

图 5-11 彩图

图 5-11　H 细化前后的基函数和 NURBS 曲线对比

图 5-11（b）所示的 NURBS 曲线，阶次$p=2$，节点向量$\boldsymbol{\Xi}_0=\{0, 0, 0, 0.5, 1, 1, 1\}$，控制点$P_0=\{(0,1); (0.5,3); (1.5,1); (2.5,3)\}$和权系数$\omega_0=\{1, 1, 1, 1\}$。图 5-11（b）中圆点为控制点，方点为节点，虚线为控制多边形，实线为 NURBS 曲线。可以观察到控制点个数为 4，不同节点值(0, 0.5, 1)个数为 3，单元（2 个节点构成 1 个单元）数为 2，通过$m=n+p+1$，其中$m=7$，$p=2$，则基函数个数$n=4$，如图 5-11（a）所示。现插入新节点{0.25, 0.75}，阶次 p 仍然为 2，则新的节点向量$\boldsymbol{\Xi}'=\{0, 0, 0, 0.25, 0.5, 0.75, 1, 1, 1\}$，新的控制点$P'=\{(0,1);(0.25,2); (0.75,2.5); (1.25,1.5); (2,2); (2.5,3)\}$和新的权系数$\omega'=\{1, 1, 1, 1, 1, 1\}$，新曲线如图 5-11（d）所示。可以观察到一共有 6 个控制点、5 个节点和 4 个单元，同时有 6 个基函数。通过对比可以看出，H 细化前后的 NURBS 曲线形状并未改变，控制点、节点和单元的数量增加。完整的 MATLAB 代码文件参见“Codes\Chapter5_IGA\ Matlab_5_1\Refinement\H\main.m”。

2. P 细化

P 细化将提高表达几何体的基函数的阶次，同时基函数和控制点的数量也会增加。在等几何法中，单元边界处基函数的阶次为C^{p-r}次，因此当 p 提高时，为保持单元边界的连续性，节点向量中的每个节点的重复度必须提高。所以在 P 细化中，并不会产生新的节点，只是增加原有节点的重复度，且单元数也就不会增加。图 5-12 展示了 P 细化前后的基函数和 NURBS 曲线对比。

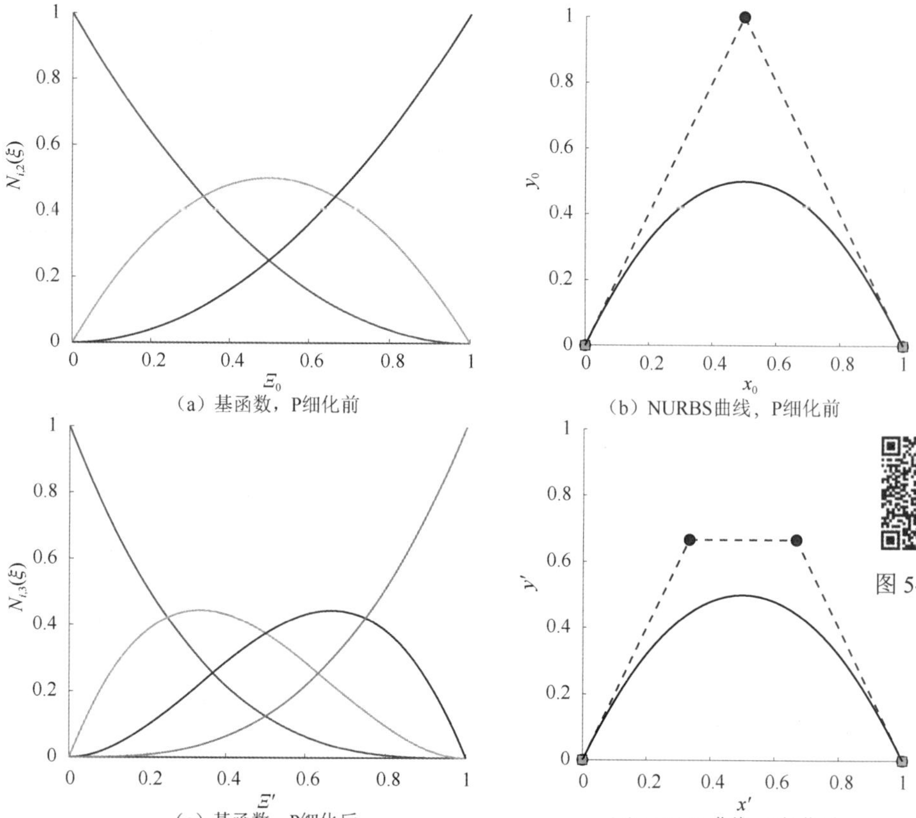

（a）基函数，P细化前　（b）NURBS曲线，P细化前

（c）基函数，P细化后　（d）NURBS曲线，P细化后

图 5-12 彩图

图 5-12　P 细化前后的基函数和 NURBS 曲线对比

图 5-12（b）所示的 NURBS 曲线，阶次 $p=2$，节点向量 $\boldsymbol{\Xi}_0=\{0, 0, 0, 1, 1, 1\}$，控制点 $P_0=\{(0,0); (0.5,1); (1,0)\}$ 和权系数 $\omega_0=\{1, 1, 1\}$。可以观察到控制点个数为 3，不同节点值个数为 2，单元数为 1，通过 $m=n+p+1$，其中 $m=6$，$p=2$，则基函数个数 $n=3$，如图 5-12（a）所示。现提高阶次 $p=3$，则新的节点向量 $\boldsymbol{\Xi}'=\{0, 0, 0, 0, 1, 1, 1, 1\}$，新的控制点 $P'=\{(0,0); (1/3,2/3); (2/3,2/3); (1,0)\}$ 和新的权系数 $\omega'=\{1, 1, 1, 1\}$，新曲线如图 5-12（d）所示。可以观察到一共有 4 个控制点、2 个节点和 1 个单元，同时有 4 个基函数。通过对比可以看出，P 细化前后的 NURBS 曲线形状并未改变，控制点的数量增加，节点和单元的数量均保持不变。完整的 MATLAB 代码文件参见“Codes\Chapter5_IGA\Matlab_5_1\Refinement\P\main.m”。

3. K 细化

K 细化是综合使用 P 细化和 H 细化的细化方法，是等几何法特有的细化方法。若先插入重复度为 r 的新节点 ξ'，则新节点 ξ' 处基函数的连续性由原来的 C^{∞} 降为 C^{p-r}；再将基函数由原来的 p 次升至 q 次，则所有节点的重复度增加 $q-p$ 次，但是此时 ξ' 处基函数仍为 C^{p-r} 连续，即“HP 的 C 不变”。相对地，若先将阶次提高至 q，再插入新的节点，则在 ξ' 处基函数为 C^{q-r} 连续，即“PH 的 C 要变”。所以，H 细化和 P 细化的组合顺序不同会导致不同的结果。先升阶再插入节点的细化方法称为 K 细化。图 5-13 展示了 K（PH）细化和 HP 细化后的基函数和 NURBS 曲线对比。

仍采用图 5-12（b）的 NURBS 曲线作为原始曲线，图 5-13（b）和图 5-13（d）所示分别为 K（PH）细化后和 HP 细化后的曲线。先进行 P 细化，则阶次升至 3，新的节点向量 $\boldsymbol{\Xi}'=\{0,$

0, 0, 0, 1, 1, 1, 1}和控制点P'={(0,0); (1/3,2/3); (2/3,2/3); (1,0)}；再进行 H 细化，插入新节点{1/3, 2/3}，则最终的节点向量$\varXi'$={0, 0, 0, 0, 1/3, 2/3, 1, 1, 1, 1}和控制点P'={(0,0); (1/9,2/9); (1/3,14/27); (2/3,14/27); (8/9,2/9); (1,0)}。观察图 5-13（a）和图 5-13（b），K（PH）细化后一共有 6 个基函数、4 个不同节点、6 个控制点和 3 个单元。相对地，先进行 H 细化，插入新节点{1/3, 2/3}，则新的节点向量$\varXi'$={0, 0, 0, 1/3, 2/3, 1, 1, 1}和控制点P'={(0,0); (1/6,1/3); (1/2,5/9); (5/6,1/3); (1,0)}；再进行 P 细化，则阶次升至 3，最终的节点向量$\varXi'$={0, 0, 0, 0, 1/3, 1/3, 2/3, 2/3, 1, 1, 1, 1}和控制点P'={(0,0); (1/9,2/9); (2/9,10/27); (4/9,14/27); (5/9,14/27); (7/9,10/27); (8/9,2/9); (1,1)}。观察图 5-13（c）和图 5-13（d），HP 细化后一共有 8 个基函数、4 个不同节点、8 个控制点和 3 个单元。通过对比我们发现，不管采用哪种组合顺序进行细化，单元的数目是一致的，但是 K（PH）细化后的控制点和基函数的数目更少，从而计算量更小。完整的 MATLAB 代码文件参见“Codes\Chapter5_IGA\Matlab_5_1\Refinement\K\main.m”。

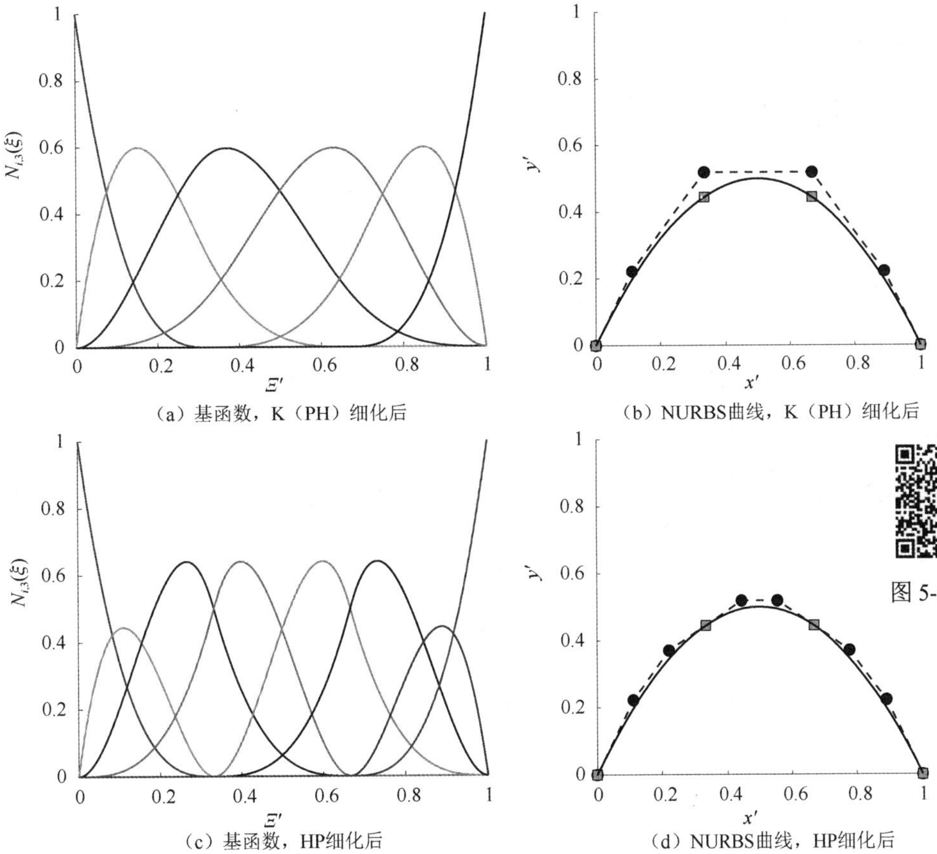
N_{i,3}(ξ)
Ξ′
y′
x′
(a) 基函数，K（PH）细化后
(b) NURBS曲线，K（PH）细化后
(c) 基函数，HP细化后
(d) NURBS曲线，HP细化后

图 5-13 彩图

图 5-13　K（PH）细化和 HP 细化后的基函数和 NURBS 曲线对比

5.1.4　数值积分

等几何法和经典有限元法一样，都是采用等参变换的思想进行数值积分的[23]。区别在于，经典有限元法用基函数去逼近未知的求解域，然后利用求解域去逼近已知的几何。而等几何法用已知的基函数去精确表达几何，然后利用相同的基函数去近似求解。总的来说，经典有限元法中几何表达和求解都是近似的，而等几何法中几何表达是精确的，并且与求解域是统一的。

如图 5-14 所示，函数 f 在整个物理域 Ω 上的积分，被分解为在每个单元上 Ω_e 的积分。继而通过第一个 $\hat{\boldsymbol{J}}$ 映射到参数域 $\hat{\Omega}_e$ 上进行积分，最后通过第二个 $\bar{\boldsymbol{J}}$ 映射到参考域 $\bar{\Omega}_e$ 上进行积分计算。

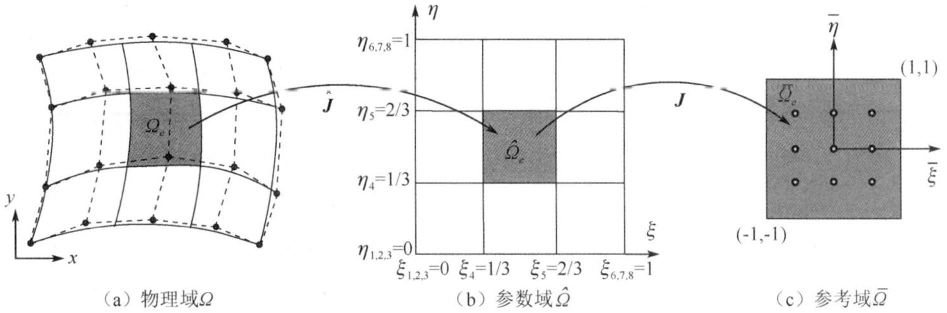

图 5-14 坐标系映射

在三个不同的计算域中，有换算公式

$$\begin{aligned}\int_{\Omega} f(x,y)\mathrm{d}\Omega &= \sum_{e=1}^{n_e}\int_{\Omega_e} f(x,y)\mathrm{d}\Omega_e = \sum_{e=1}^{n_e}\int_{\hat{\Omega}_e} f(x(\xi),y(\eta))\left|\hat{\boldsymbol{J}}\right|\mathrm{d}\hat{\Omega}_e \\ &= \sum_{e=1}^{n_e}\int_{\bar{\Omega}_e} f\left(x\left(\bar{\xi}\right),y\left(\bar{\eta}\right)\right)\left|\hat{\boldsymbol{J}}\right|\left|\bar{\boldsymbol{J}}\right|\mathrm{d}\bar{\Omega}_e\end{aligned} \tag{5-16}$$

1. 坐标映射

参考域 $\bar{\Omega}_e=[-1,1]\times[-1,1]$ 到参数域 $\hat{\Omega}_e=[\xi_i,\xi_{i+1}]\times[\eta_j,\eta_{j+1}]$ 的坐标映射

$$\xi = 0.5\left[(\xi_{i+1}-\xi_i)\bar{\xi}+(\xi_{i+1}+\xi_i)\right] \tag{5-17}$$

$$\eta = 0.5\left[(\eta_{j+1}-\eta_j)\bar{\eta}+(\eta_{j+1}+\eta_j)\right] \tag{5-18}$$

参数域 $\hat{\Omega}_e$ 到物理域 $\Omega_e=[x_i,x_{i+1}]\times[y_j,y_{j+1}]$ 的坐标映射

$$x = \sum_{i=1}^{n} N_i(\xi)P_i \tag{5-19}$$

$$y = \sum_{j=1}^{m} N_j(\eta)P_j \tag{5-20}$$

2. 雅可比矩阵

根据偏微分规则，形函数 N_i 对 ξ 和 η 的偏导数可以表示为

$$\begin{cases}\dfrac{\partial N_i}{\partial \xi} = \dfrac{\partial N_i}{\partial x}\dfrac{\partial x}{\partial \xi}+\dfrac{\partial N_i}{\partial y}\dfrac{\partial y}{\partial \eta}\\[2ex] \dfrac{\partial N_i}{\partial} = \dfrac{\partial N_i}{\partial x}\dfrac{\partial x}{\partial \eta}+\dfrac{\partial N_i}{\partial y}\dfrac{\partial y}{\partial \xi}\end{cases} \tag{5-21}$$

写为矩阵形式为

$$\begin{Bmatrix}\dfrac{\partial N_i}{\partial \xi}\\[2ex] \dfrac{\partial N_i}{\partial \eta}\end{Bmatrix} = \begin{bmatrix}\dfrac{\partial x}{\partial \xi} & \dfrac{\partial y}{\partial \xi}\\[2ex] \dfrac{\partial x}{\partial \eta} & \dfrac{\partial y}{\partial \eta}\end{bmatrix}\begin{Bmatrix}\dfrac{\partial N_i}{\partial x}\\[2ex] \dfrac{\partial N_i}{\partial y}\end{Bmatrix} = \hat{\boldsymbol{J}}\begin{Bmatrix}\dfrac{\partial N_i}{\partial x}\\[2ex] \dfrac{\partial N_i}{\partial y}\end{Bmatrix} \tag{5-22}$$

式中，$\hat{\boldsymbol{J}}$ 称为物理域 Ω_e 和参数域 $\hat{\Omega}_e$ 之间映射的雅可比矩阵，可记作 $\partial(x,y)/\partial(\xi,\eta)$，即它的行列式为

$$\left|\hat{\boldsymbol{J}}\right| = \frac{\partial x}{\partial \xi}\frac{\partial y}{\partial \eta} - \frac{\partial x}{\partial \eta}\frac{\partial y}{\partial \xi} \tag{5-23}$$

根据以上经验可得

$$\begin{Bmatrix} \dfrac{\partial N_i}{\partial \bar{\xi}} \\ \dfrac{\partial N_i}{\partial \bar{\eta}} \end{Bmatrix} = \bar{\boldsymbol{J}} \begin{Bmatrix} \dfrac{\partial N_i}{\partial \xi} \\ \dfrac{\partial N_i}{\partial \eta} \end{Bmatrix} \tag{5-24}$$

即参数域 $\hat{\Omega}_e$ 和参考域 $\bar{\Omega}_e$ 之间映射的雅可比矩阵 $\bar{\boldsymbol{J}}$ 为

$$\bar{\boldsymbol{J}} = \frac{\partial(\xi,\eta)}{\partial\left(\bar{\xi},\bar{\eta}\right)} = \begin{bmatrix} \dfrac{\partial \xi}{\partial \bar{\xi}} & \dfrac{\partial \eta}{\partial \bar{\xi}} \\ \dfrac{\partial \xi}{\partial \bar{\eta}} & \dfrac{\partial \eta}{\partial \bar{\eta}} \end{bmatrix} = \begin{bmatrix} \dfrac{1}{2}(\xi_{i+1}-\xi_i) & 0 \\ 0 & \dfrac{1}{2}(\eta_{j+1}-\eta_j) \end{bmatrix} \tag{5-25}$$

即它的行列式为

$$\left|\bar{\boldsymbol{J}}\right| = 0.25(\xi_{i+1}-\xi_i)(\eta_{j+1}-\eta_j) \tag{5-26}$$

3. 面积映射

在物理域 Ω 中，由 $\mathrm{d}\bar{\xi}$ 和 $\mathrm{d}\bar{\eta}$ 所围成的微小四边形面积为

$$\mathrm{d}A = \left|\mathrm{d}\bar{\xi} \times \mathrm{d}\bar{\eta}\right| \tag{5-27}$$

由式（5-22）和式（5-24），经过链式运算得

$$\frac{\partial N_i}{\partial \bar{\xi}} = \bar{\boldsymbol{J}}\frac{\partial N_i}{\partial \xi} = \bar{\boldsymbol{J}}\left(\hat{\boldsymbol{J}}\frac{\partial N_i}{\partial x}\right) \tag{5-28}$$

同理，由映射关系得

$$\mathrm{d}A = \begin{vmatrix} \dfrac{\partial x}{\partial \bar{\xi}}\mathrm{d}\bar{\xi} & \dfrac{\partial y}{\partial \bar{\xi}}\mathrm{d}\bar{\xi} \\ \dfrac{\partial x}{\partial \bar{\eta}}\mathrm{d}\bar{\eta} & \dfrac{\partial y}{\partial \bar{\eta}}\mathrm{d}\bar{\eta} \end{vmatrix} = \left|\hat{\boldsymbol{J}}\right|\left|\bar{\boldsymbol{J}}\right|\mathrm{d}\bar{\xi}\mathrm{d}\bar{\eta} \tag{5-29}$$

5.1.5　边界值问题求解

等几何分析的基本步骤与有限元法类似，也是基于伽辽金思想。考虑边界值问题：

$$\Delta u + f = 0 \quad \text{in } \Omega \tag{5-30}$$

$$u = g \quad \text{on } \Gamma_D \tag{5-31}$$

$$\nabla u \cdot \boldsymbol{n} = h \quad \text{on } \Gamma_N \tag{5-32}$$

式中，Ω 是求解域；Γ_D 是位移边界；Γ_N 是应力边界，并且 $\Gamma_D \cup \Gamma_N = \Gamma \equiv \partial\Omega$，且 $\Gamma_D \cap \Gamma_N = \varnothing$；$\boldsymbol{n}$ 是 $\partial\Omega$ 的法向单位向量。函数 $f{:}\Omega \to \mathbb{R}$，$g{:}\Gamma_D \to \mathbb{R}$ 和 $h{:}\Gamma_N \to \mathbb{R}$ 均已知。式(5-30)～式(5-32)为偏微分方程的强形式，式（5-31）和式（5-32）分别为 Dirichlet 边界条件和 Neumann 边界条件，并且 g 是位移约束，h 是应力约束。

1. 等效积分弱形式

要发展有限元方程，式（5-30）～式（5-32）一般都要转化成等效积分弱形式。假设试探函数空间为

$$S=\{u|u\in H^1(\Omega),u|_{\Gamma_D}=g\} \tag{5-33}$$

式中，$H^1(\Omega)=\{u|D^\alpha u\in L^2(\Omega),|\alpha|\leqslant 1\}$为一阶索伯列夫空间；$u|_{\Gamma_D}=g$为近似解$u$必须满足的 Dirichlet 边界条件。

假设权函数空间为

$$\mathcal{V}=\{\omega|\omega\in H^1(\Omega),\omega|_{\Gamma_D}=0\} \tag{5-34}$$

式（5-30）乘以任意的$\omega\in\mathcal{V}$，结合式（5-32）并分部积分，可以得出边界值问题的等效积分弱形式：已知f、g、h和$u\in S$对任意$\omega\in\mathcal{V}$满足

$$\int_\Omega \nabla\omega\,\nabla u\,\mathrm{d}\Omega=\int_\Omega \omega f\,\mathrm{d}\Omega+\int_{\Gamma_D}\omega h\,\mathrm{d}\Gamma \tag{5-35}$$

可以简写为

$$a(\omega,u)=L(\omega) \tag{5-36}$$

式中

$$a(\omega,u)=\int_\Omega \nabla\omega\,\nabla u\,\mathrm{d}\Omega \tag{5-37}$$

$$L(\omega)=\int_\Omega \omega f\,\mathrm{d}\Omega+\int_{\Gamma_D}\omega h\,\mathrm{d}\Gamma \tag{5-38}$$

式中，$a(\cdot,\cdot)$为双线性算子，具有对称性，所以$a(\omega,u)=a(u,\omega)$；$L(\cdot)$为线性算子，对任意常数c_1和c_2有

$$a(c_1u+c_2v,w)=c_1a(u,w)+c_2a(v,w) \tag{5-39}$$

$$L(c_1u+c_2v)=c_1L(u)+c_2L(v) \tag{5-40}$$

2. 伽辽金法

伽辽金法将求解域进行逼近处理，即将一个求解域用有限维空间近似。假设S^h和$\mathcal{V}^h$为有限维空间，且$S^h\subset S$和$\mathcal{V}^h\subset\mathcal{V}$。如果已知$g^h\in S^h$且$g^h|_{\Gamma_D}=g$，则对于每个$u^h\in S^h$都存在唯一的$v^h\in\mathcal{V}^h$满足

$$u^h=v^h+g^h \tag{5-41}$$

则式（5-36）的伽辽金形式为：给出g^h、h和r，求$u^h=v^h+g^h$，其中$v^h\in\mathcal{V}^h$，对所有的$w^h\in\mathcal{V}^h$满足

$$a(\omega^h,u^h)=L(\omega^h) \tag{5-42}$$

将（5-41）代入式（5-42）中，且$a(\cdot,\cdot)$具有对称性，所以式（5-42）可以写为

$$a(w^h,v^h)=L(w^h)-a(w^h,g^h) \tag{5-43}$$

式中，左边为代求的未知量，右边为给定的已知量。

3. 矩阵形式

假设解空间是由给定的 NURBS 基函数$N_A:\hat{\Omega}\to\mathbb{R}$，$A=1,\cdots,n_{\mathrm{np}}$线性组合而成的。由 NURBS 基函数的局部支撑性可知，只有少量的基函数在区域边界处非零。假设存在一个整数

$n_{eq} < n_{np}$ 满足

$$N_A|_{\Gamma_D} = 0, \quad \forall A = 1, \cdots, n_{eq} \tag{5-44}$$

那么对所有的 $w^h \in \mathcal{V}^h$，存在一个常数 c_A，$A=1,\cdots,n_{eq}$ 满足

$$w^h = \sum_{A=1}^{n_{eq}} N_A c_A \tag{5-45}$$

函数 g^h 可由系数 g_A，$A=1,\cdots,n_{np}$ 得到。实际上，我们通常选择满足 $g_1=\cdots=g_{eq}=0$ 的 g^h，使其在 Γ_D 上无作用，则

$$g^h = \sum_{A=n_{eq}+1}^{n_{np}} N_A g_A \tag{5-46}$$

最终由式（5-41）可知，对任意 $u^h \in S^h$，存在 d_A，$A=1,\cdots,n_{eq}$ 满足

$$u^h = \sum_{A=1}^{n_{eq}} N_A d_A + \sum_{B=n_{eq}+1}^{n_{np}} N_B g_B = \sum_{A=1}^{n_{eq}} N_A d_A + g^h \tag{5-47}$$

将式（5-45）和式（5-47）代入式（5-43）中可得

$$\sum_{A=1}^{n_{eq}} c_A \left(\sum_{B=1}^{n_{eq}} a(N_A, N_B) - L(N_A) + a(N_A, g^h) \right) = 0 \tag{5-48}$$

因为 c_A 具有任意性，所以对 $A=1,\cdots,n_{eq}$ 有

$$\sum_{B=1}^{n_{eq}} a(N_A, N_B) d_B = L(N_A) - a(N_A, g^h) \tag{5-49}$$

设

$$K_{AB} = a(N_A, N_B) \tag{5-50}$$

$$F_A = L(N_A) - a(N_A, g^h) \tag{5-51}$$

并且

$$\boldsymbol{K} = [K_{AB}] \tag{5-52}$$

$$\boldsymbol{F} = \{F_A\} \tag{5-53}$$

$$\boldsymbol{d} = \{d_A\} \tag{5-54}$$

则对 $A=1,\cdots,n_{eq}$，式（5-49）的矩阵形式为

$$\boldsymbol{Kd} = \boldsymbol{F} \tag{5-55}$$

式中，$\boldsymbol{K}$ 为刚度矩阵；$\boldsymbol{d}$ 为位移向量；$\boldsymbol{F}$ 为载荷向量。

可求得

$$\boldsymbol{d} = \boldsymbol{K}^{-1}\boldsymbol{F} \tag{5-56}$$

将其代入式（5-47）中，最终可得解 u^h 的形式为

$$u^h = \sum_{A=1}^{n_{eq}} N_A d_A + \sum_{B=n_{eq}+1}^{n_{np}} N_B g_B \tag{5-57}$$

5.1.6　等几何法分析流程

1. 等几何分析的流程

等几何分析的具体步骤与标准有限元法相似，都采用了伽辽金法的等参思想，其计算程

序可以在标准有限元程序的基础上进行修改得到。等几何分析的具体流程如下。

（1）使用 NURBS 曲面或实体进行建模。

（2）在原始 NURBS 模型的基础之上，进行网格细化，将网格大小调整为适合分析的尺寸。

（3）定义初始条件，如边界条件、材料参数等。

（4）进行单元循环和高斯循环，分别计算单元刚度矩阵和载荷向量。

（5）将单元刚度矩阵组装为总体刚度矩阵，按照控制点编号将单元刚度矩阵中的元素分别填到总体刚度矩阵中对应的位置。

（6）施加边界条件。

（7）求解线性方程组，得到控制点变量。

等几何分析的简要流程如图 5-15 所示，简要代码框架参见 5.2.3 节代码。

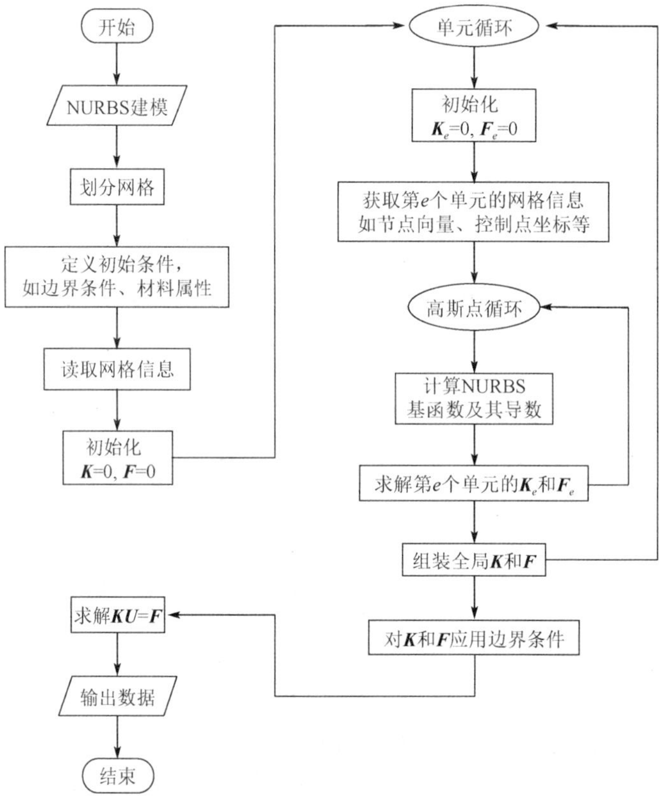

图 5-15　等几何分析的简要流程

2．等几何法与有限元法的对比

等几何分析的整体思路与有限元法相似，都是基于伽辽金有限单元思想的。二者有很多相似点，都具有紧密支撑性、归一性和仿射不变性，两者的不同点则主要在基函数、几何表示及计算流程三个方面。

传统有限元法一般使用固定 C^0 连续的 Lagrange 基函数，单元形函数是由拉格朗日插值函数构造的；而等几何法的基函数则是可控高阶连续的 NURBS 基函数。NURBS 基函数具有非负性，而拉格朗日基函数则可能出现负值。NURBS 基函数只是在节点区间的两端才具有插值性，而拉格朗日形函数在各节点处都具有插值性。

在几何描述上，等几何法中因为 NURBS 本身具有控制网格，所以使用 NURBS 精确几何作为分析模型，是一种精确网格，能准确反映原始几何的形状。而有限元法中，NURBS 本身是没有网格的，采用的分析模型是人为划分网格形成的近似模型，是一种近似网格，不能够准确反映原始几何的形状。

我们知道，在有限元法中，网格划分是最耗时的，大约占总时间的 80%，而等几何法没有划分网格这一环节，能够大幅度节省计算时间则是显而易见的。等几何法与有限元法的对比如图 5-16 所示。

等几何法与有限元法在分析流程上也有差别，等几何分析过程中前期构建的精确 NURBS 几何模型的参数信息能够完整地保存并且参与到后期的分析计算中，而有限元法在几何离散过程中精确几何模型的数据信息发生了丢失，无法参与到后期计算。在整个分析过程中对原始几何信息的继承使得等几何法在后期改进设计时只需要对上次分析时所用的网格进行修改就能直接进行下次计算，而有限元法由于在网格划分过程中丢失了原始的几何信息，所以必须返回 ASG 模型进行网格改进。

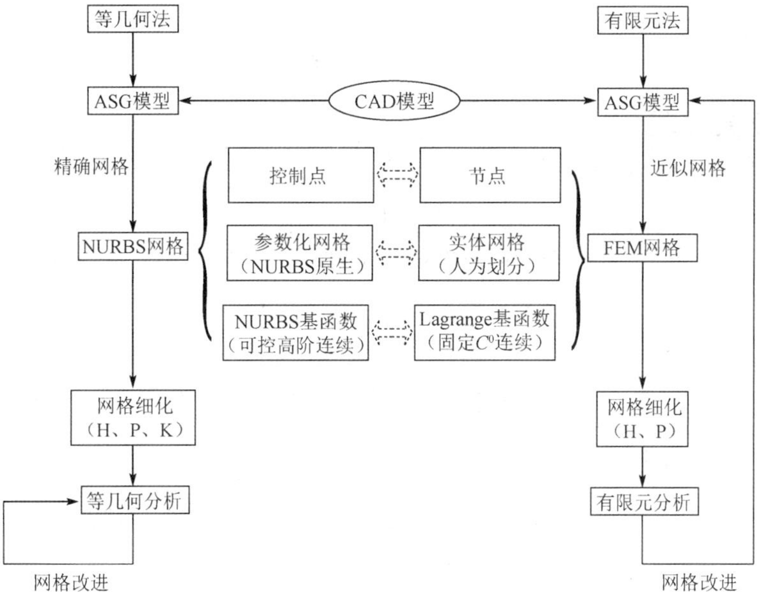

图 5-16　等几何法与有限元法的对比

5.2　圆孔方板的弹性拉伸问题

对于有孔、槽和切口等情形的受力弹性体，内部会出现局部应力增大的现象。分析表示，在孔边的应力要远大于无孔时的情况，也远远大于距孔边稍远处的应力，这种现象就是应力集中。应力集中对金属结构危害很大。此外，由于环境影响，金属构件在制造、运输或使用过程中也会产生微小的孔洞、缺陷和裂纹。这些孔洞、缺陷和裂纹在外界载荷作用下通常会引起其周围区域（如裂纹尖端等处）的应力集中，从而导致结构失效。对中心带孔的无限方板进行应力集中问题的研究，因为其具有解析解，所以也普遍应用于测试算法的计算精度和效率。

5.2.1 弹性理论

在弹性问题中，边界值问题式（5-30）～式（5-32）可以转化为一般形式。

平衡方程：
$$\mathbf{L}^{\mathrm{T}}\boldsymbol{\sigma}+\boldsymbol{f}-0 \quad \text{in } \Omega \tag{5-58}$$
几何方程：
$$\boldsymbol{\varepsilon}=\mathbf{L}\boldsymbol{u} \quad \text{in } \Omega \tag{5-59}$$
物理方程：
$$\boldsymbol{\sigma}=\boldsymbol{D}\boldsymbol{\varepsilon} \quad \text{in } \Omega \tag{5-60}$$
位移边界条件：
$$\boldsymbol{u}=\bar{\boldsymbol{u}} \quad \text{on } \Gamma_D \tag{5-61}$$
应力边界条件：
$$\boldsymbol{n}\boldsymbol{\sigma}=\bar{\boldsymbol{f}} \quad \text{on } \Gamma_N \tag{5-62}$$

式（5-58）～式（5-62）中，$\mathbf{L}$为微分算子；$\boldsymbol{\sigma}$为应力向量；$\boldsymbol{\varepsilon}$为应力向量；$\boldsymbol{u}$为位移向量；$\bar{\boldsymbol{u}}$为已知位移向量；$\boldsymbol{D}$为弹性矩阵；$\boldsymbol{n}$为边界外单位法向量；$\boldsymbol{f}$为体力向量；$\bar{\boldsymbol{f}}$为已知面力向量。

其中部分表达式为

$$\mathbf{L}^{\mathrm{T}}=\begin{bmatrix} \dfrac{\partial}{\partial x} & 0 & \dfrac{\partial}{\partial y} \\ 0 & \dfrac{\partial}{\partial y} & \dfrac{\partial}{\partial x} \end{bmatrix} \tag{5-63}$$

1. 最小势能原理

弹性体的总势能Π_p为

$$\Pi_p=U-W \tag{5-64}$$

式中，U和W分别为弹性体变形后所具有的内能和所受的外力功，具体表达式为

$$U=\frac{1}{2}\int_{\Omega}\boldsymbol{\varepsilon}^{\mathrm{T}}\boldsymbol{\sigma}\,\mathrm{d}\Omega \tag{5-65}$$

$$W=\int_{\Gamma}\boldsymbol{u}^{\mathrm{T}}\bar{\boldsymbol{f}}\,\mathrm{d}\Gamma+\int_{\Omega}\boldsymbol{u}^{\mathrm{T}}\boldsymbol{f}\,\mathrm{d}\Omega \tag{5-66}$$

则弹性体的总势能Π_p具体表达式为

$$\Pi_p=U-W=\frac{1}{2}\int_{\Omega}\boldsymbol{\varepsilon}^{\mathrm{T}}\boldsymbol{\sigma}\,\mathrm{d}\Omega-\int_{\Gamma}\boldsymbol{u}^{\mathrm{T}}\bar{\boldsymbol{f}}\,\mathrm{d}\Gamma-\int_{\Omega}\boldsymbol{u}^{\mathrm{T}}\boldsymbol{f}\,\mathrm{d}\Omega \tag{5-67}$$

弹性体处于平衡状态时，其势能应为最小，即

$$\delta\Pi_p=\int_{\Omega}\delta\boldsymbol{\varepsilon}^{\mathrm{T}}\boldsymbol{\sigma}\,\mathrm{d}\Omega-\int_{\Gamma}\delta\boldsymbol{u}^{\mathrm{T}}\bar{\boldsymbol{f}}\,\mathrm{d}\Gamma-\int_{\Omega}\delta\boldsymbol{u}^{\mathrm{T}}\boldsymbol{f}\,\mathrm{d}\Omega=0 \tag{5-68}$$

2. 离散化和平衡方程

根据前面的介绍，二阶 NURBS 曲面的一个单元中共有 9 个基函数和 9 个控制点，所以单元内任意点位移与控制点位移的关系为

$$\boldsymbol{u}_{2\times1}=\begin{Bmatrix} u(x,y) \\ v(x,y) \end{Bmatrix}=\begin{bmatrix} N_1 & 0 & \cdots & N_9 & 0 \\ 0 & N_1 & & 0 & N_9 \end{bmatrix}\begin{Bmatrix} u_1 \\ v_1 \\ \vdots \\ u_9 \\ v_9 \end{Bmatrix}=\boldsymbol{N}_{2\times18}\boldsymbol{u}_{18\times1} \tag{5-69}$$

式中，N_i为该单元的 NURBS 基函数；(u_i,v_i)为控制点位移。

根据式（5-59），单元应变可以表示为

$$\boldsymbol{\varepsilon}_{3\times1}=\begin{Bmatrix}\varepsilon_x\\ \varepsilon_y\\ \gamma_{xy}\end{Bmatrix}=\boldsymbol{L}_{3\times2}\boldsymbol{u}_{2\times1}=\begin{bmatrix}\dfrac{\partial}{\partial x} & 0\\ 0 & \dfrac{\partial}{\partial y}\\ \dfrac{\partial}{\partial y} & \dfrac{\partial}{\partial x}\end{bmatrix}\begin{Bmatrix}u(x,y)\\ v(x,y)\end{Bmatrix}=\begin{Bmatrix}\dfrac{\partial u}{\partial x}\\ \dfrac{\partial v}{\partial y}\\ \dfrac{\partial u}{\partial y}+\dfrac{\partial v}{\partial x}\end{Bmatrix}$$

$$=\begin{bmatrix}\dfrac{\partial N_1}{\partial x} & 0 & & \dfrac{\partial N_9}{\partial x} & 0\\ 0 & \dfrac{\partial N_1}{\partial y} & \cdots & 0 & \dfrac{\partial N_9}{\partial y}\\ \dfrac{\partial N_1}{\partial y} & \dfrac{\partial N_1}{\partial x} & & \dfrac{\partial N_9}{\partial y} & \dfrac{\partial N_9}{\partial x}\end{bmatrix}\begin{Bmatrix}u_1\\ v_1\\ \vdots\\ u_9\\ v_9\end{Bmatrix}=\boldsymbol{B}_{3\times18}\boldsymbol{u}_{18\times1} \tag{5-70}$$

式中，$\boldsymbol{B}$ 为应变矩阵，用分块矩阵表示为$\boldsymbol{B}=(\boldsymbol{B}_1\ \boldsymbol{B}_2\ \cdots\ \boldsymbol{B}_i\cdots\boldsymbol{B}_9)$，其中

$$\boldsymbol{B}_i=\begin{bmatrix}\dfrac{\partial N_i}{\partial x} & 0\\ 0 & \dfrac{\partial N_i}{\partial y}\\ \dfrac{\partial N_i}{\partial y} & \dfrac{\partial N_i}{\partial x}\end{bmatrix}=\begin{bmatrix}N_{i,x} & 0\\ 0 & N_{i,y}\\ N_{i,y} & N_{i,x}\end{bmatrix},\quad i=1,2,\cdots,9 \tag{5-71}$$

根据式（5-60），单元应力可以表示为

$$\boldsymbol{\sigma}_{3\times1}=\begin{Bmatrix}\sigma_x\\ \sigma_y\\ \tau_{xy}\end{Bmatrix}=\boldsymbol{D}_{3\times3}\boldsymbol{\varepsilon}_{3\times1}=\boldsymbol{D}_{3\times3}\boldsymbol{B}_{3\times18}\boldsymbol{u}_{18\times1}=\boldsymbol{S}_{3\times18}\boldsymbol{u}_{18\times1} \tag{5-72}$$

式中，$\boldsymbol{S}=\boldsymbol{DB}$ 为应力矩阵；$\boldsymbol{D}$ 为弹性矩阵。

对于平面应力问题，则

$$\boldsymbol{D}=\frac{E}{1-\mu^2}\begin{bmatrix}1 & \mu & 0\\ \mu & 1 & 0\\ 0 & 0 & \dfrac{1-\mu}{2}\end{bmatrix} \tag{5-73}$$

对于平面应变问题，则

$$\boldsymbol{D}=\frac{E(1-\mu)}{(1+\mu)(1-2\mu)}\begin{bmatrix}1 & \dfrac{\mu}{1-\mu} & 0\\ \dfrac{\mu}{1-\mu} & 1 & 0\\ 0 & 0 & \dfrac{1-2\mu}{2(1-\mu)}\end{bmatrix} \tag{5-74}$$

将式（5-69）、式（5-70）和式（5-72）代入式（5-68）中得

$$\delta\Pi_p=\int_\Omega\delta(\boldsymbol{u})^{\mathrm{T}}\boldsymbol{B}^{\mathrm{T}}\boldsymbol{DBu}\,\mathrm{d}\Omega-\int_\Gamma\delta(\boldsymbol{u})^{\mathrm{T}}\boldsymbol{N}^{\mathrm{T}}\bar{\boldsymbol{f}}\,\mathrm{d}\Gamma-\int_\Omega\delta(\boldsymbol{u})^{\mathrm{T}}\boldsymbol{N}^{\mathrm{T}}\boldsymbol{f}\,\mathrm{d}\Omega=0 \tag{5-75}$$

由于单元可容位移$\boldsymbol{u}$的任意性，得

$$\int_\Omega\boldsymbol{B}^{\mathrm{T}}\boldsymbol{DBu}\,\mathrm{d}\Omega=\int_\Gamma\boldsymbol{N}^{\mathrm{T}}\bar{\boldsymbol{f}}\,\mathrm{d}\Gamma+\int_\Omega\boldsymbol{N}^{\mathrm{T}}\boldsymbol{f}\,\mathrm{d}\Omega \tag{5-76}$$

式（5-76）就是有限元分析中弹性物体的平衡方程。

最终在参考域$\bar{\Omega}$内进行积分，由式（5-16）得出等几何法的平衡方程为

$$\int_{\bar{\Omega}} \boldsymbol{B}^{\mathrm{T}} \boldsymbol{D} \boldsymbol{B} \boldsymbol{u} \left|\bar{\boldsymbol{J}}\right| \left|\hat{\boldsymbol{J}}\right| \mathrm{d}\bar{\Omega} = \int_{\Gamma} \boldsymbol{N}^{\mathrm{T}} \bar{\boldsymbol{f}} \mathrm{d}\Gamma + \int_{\bar{\Omega}} \boldsymbol{N}^{\mathrm{T}} \boldsymbol{f} \mathrm{d}\bar{\Omega} \tag{5-77}$$

令：

$$\boldsymbol{K} = \int_{\bar{\Omega}} \boldsymbol{B}^{\mathrm{T}} \boldsymbol{D} \boldsymbol{B} \left|\bar{\boldsymbol{J}}\right| \left|\hat{\boldsymbol{J}}\right| \mathrm{d}\bar{\Omega} \tag{5-78}$$

$$\boldsymbol{F} = \int_{\Gamma} \boldsymbol{N}^{\mathrm{T}} \bar{\boldsymbol{f}} \mathrm{d}\Gamma + \int_{\bar{\Omega}} \boldsymbol{N}^{\mathrm{T}} \boldsymbol{f} \mathrm{d}\bar{\Omega} \tag{5-79}$$

则式（5-77）的简单形式为

$$\boldsymbol{K}\boldsymbol{u} = \boldsymbol{F} \tag{5-80}$$

式中，$\boldsymbol{K}$为刚度矩阵；$\boldsymbol{F}$为载荷向量。

5.2.2 实例分析

考虑到模型几何的对称性，只取四分之一模型进行受力分析，如图 5-17 所示，坐标系的原点设置在圆孔的中心。设平板边长$l = 20\mathrm{mm}$，圆孔半径$r = 1\mathrm{mm}$，如图 5-17（a）所示。模型的右边界和下边界分别受到x和y方向位移的限制，左边界承受向左的均匀拉伸载荷$q_c = 30$，如图 5-17（b）所示。模型的材料选用低碳钢，杨氏模量$E = 200 \times 10^3\mathrm{MPa}$，泊松比$\mu = 0.25$。这里$l/r = 20$，可视为中心带孔的无限方板问题，则此时右边界的应力解析解$\sigma_{xx}|_{x=0}$为

$$\sigma_{xx}|_{x=0} = \frac{q_c}{2}\left(2 + \frac{r^2}{y^2} + 3\frac{r^4}{y^4}\right), \quad |y| \geq r \tag{5-81}$$

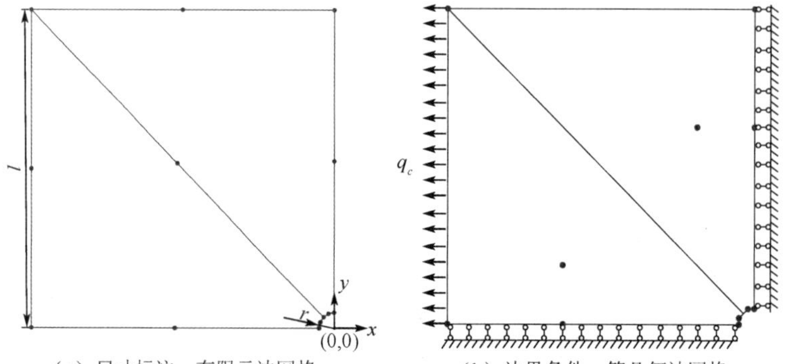

（a）尺寸标注，有限元法网格　　（b）边界条件，等几何法网格

图 5-17　带孔方板的二维拉伸分析

如图 5-17（a）所示，在 Abaqus 中，原始的有限元法模型由 2 个二次单元构成。为了更好地进行对比，等几何法模型也采用相同数量的二次单元，如图 5-17（b）所示，控制点的个数为 12，节点向量分别为$\boldsymbol{\Xi}=\{0\ 0\ 0\ 1\ 2\ 2\ 2\}/2$和$\boldsymbol{\Theta}=\{0\ 0\ 0\ 1\ 1\ 1\}$。为了得到更加精确的结果，后期采用相同的细化方案。

如图 5-18 所示，第一行和第二行分别为位移u_x和应力σ_{xx}云图，其中图 5-18（a）和图 5-18（c）为 540 个单元下的有限元法结果，图 5-18（b）和图 5-18（d）为 512 个单元下的等几何法结果。从图 5-18 中我们注意到，有限元法和等几何法的位移和应力云图的分布规

律是极为相似的。比较图 5-18（a）和图 5-18（b），位移量从右到左呈线性增加趋势，两种情况下的最大值均为2.80×10^{-3}mm。比较图 5-18（c）和图 5-18（d），应力的最小值出现在$(x,y)=(-r,0)$处，最大值出现在$(x,y)=(0,r)$处，有限元法的最大值为 86.60MPa，等几何法的最大值为 89.02MPa。根据式（5-81），右边界距离圆心为 r 处的点$(0,r)$的应力解析解为$\sigma_{xx}|_{(x=0,y=r)}=q_c(2+r^2/r^2+3r^4/r^4)/2=3q_c=90$，有限元法和等几何法都产生了接近解析解的类似输出。

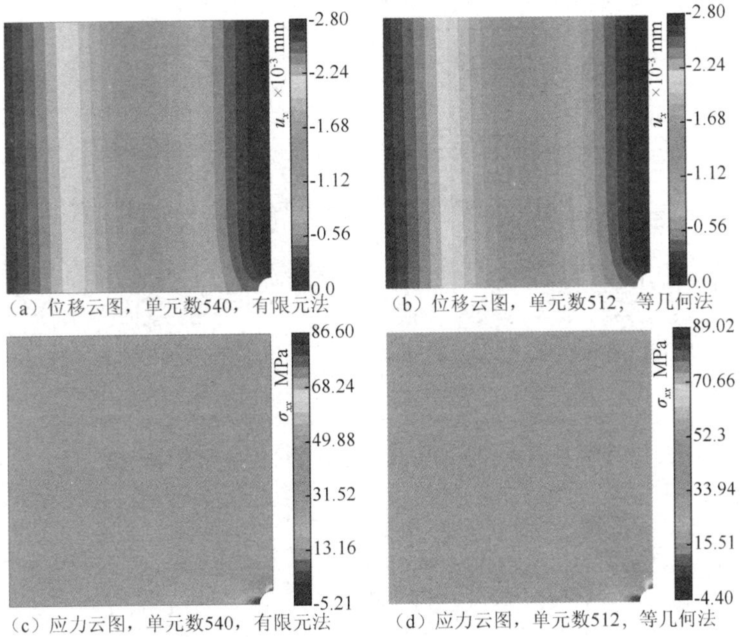

（a）位移云图，单元数540，有限元法　（b）位移云图，单元数512，等几何法

（c）应力云图，单元数540，有限元法　（d）应力云图，单元数512，等几何法

图 5-18　带孔方板拉伸的仿真结果

为了获得有限元法和等几何法进一步定量的比较，采用了 5 种不同的细化方案，如表 5-2 所示。从表 5-2 中可以看出，两种情况的相对误差 err 都是随着单元数n_{ele}的增加而减小的。在最终的细化方案中，540 个单元的有限元法的误差为 3.78%，而 512 个单元的等几何法的误差仅为 1.09%，且有限元法的节点数量是等几何法的控制点数量n_{conpts}的 2 倍以上，在某种意义上，我们可以得出等几何法的计算效率优于有限元法的结论（在这项工作中，由于实现的解算器不同，我们没有比较两种方法的具体求解时间）。此外，等几何法的应力比有限元法更快地收敛到解析解，如图 5-19 所示。

表 5-2　不同细化方案下有限元法和等几何法的应力$\sigma_{xx}|_{(x=0,y=r)}$比较

有限元法				等几何法			
n_{ele}	n_{nodes}	σ_{xx}	err	n_{ele}	n_{conpts}	σ_{xx}	err
2	13	39.55	56.06%	2	12	45.13	49.86%
8	37	46.72	48.09%	8	24	62.26	30.82%
32	121	66.11	26.54%	32	60	68.74	23.62%
112	381	68.74	23.62%	128	180	79.06	12.16%
540	1717	86.60	3.78%	512	612	89.02	1.09%

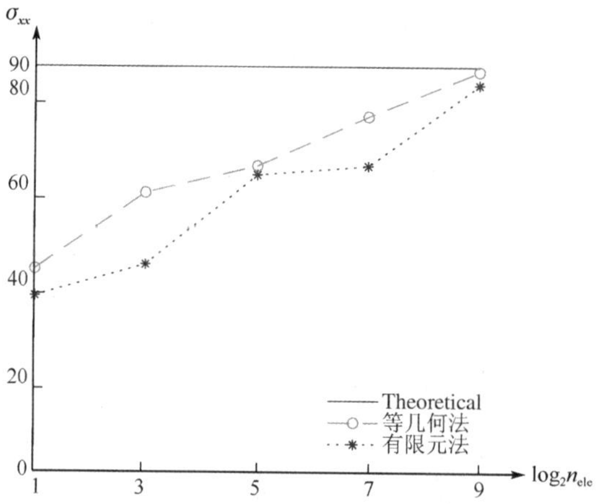

图 5-19 有限元法和等几何法随单元变化下的应力变化曲线

5.2.3 MATLAB 源代码

本实例简要的 MATLAB 代码框架如下所示，完整的代码文件参见“Codes\Chapter5_IGA\Matlab_5_2\main.m”。

基于带孔方板实例的等几何法弹性分析单元循环代码

```
for e=1:noElems
    idu    = index(e,1);      %横向单元的排列
    idv    = index(e,2);      %纵向单元的排列
    xiE    = elRangeU(idu,:);
    etaE   = elRangeV(idv,:);

    sctr   = element(e,:);            %每个单元的控制点索引，1×9 阶矩阵
    sctrB  = [sctr sctr+noCtrPts]; %用于组装 K，sctr 是 u 上控制点编号，sctr+noCtrPts 是
                                    %v 上控制点编号
    nn     = length(sctr);          %每个单元中控制点的个数
    B      = zeros(3,2*nn);         %初始化，用于计算 K
    pts    = controlPts(sctr,:); %每个单元的控制点的坐标

    %高斯循环
    for gp=1:size(W,1)
        pt       = Q(gp,:);             %积分点坐标，基准域内
        wt       = W(gp);               %权系数

        Xi       = parent2ParametricSpace(xiE,pt(1));  %参数域横坐标 ξ
        Eta      = parent2ParametricSpace(etaE,pt(2)); %参数域纵坐标 η
        J2       = jacobianPaPaMapping(xiE,etaE);      %基准域到参数域之间映射的|J2|

        %基函数和偏导数
        [dRdxi, dRdeta] = NURBS2Dders([Xi; Eta],p,q,uKnot,vKnot,weights');

        jacob     = pts'*[dRdxi' dRdeta'];       %控制点的坐标×形函数分别对 x 和 y 的偏导
        J1        = det(jacob);                  %参数域到物理域之间映射的|J1|
```

```
        invJacob  = inv(jacob);                    % 1/|J1|
        dRdx      = [dRdxi' dRdeta'] * invJacob; %形函数对x和y的偏导，构成几何矩阵B

        %矩阵B
        B(1,1:nn)           = dRdx(:,1)';
        B(2,nn+1:2*nn)      = dRdx(:,2)';
        B(3,1:nn)           = dRdx(:,2)';
        B(3,nn+1:2*nn)      = dRdx(:,1)';

        %单元刚度矩阵组装为总体刚度矩阵
        K(sctrB,sctrB) = K(sctrB,sctrB) + B' * C * B * J1 * J2 * wt;    % 刚度矩阵
    end

end
```

边界单元循环代码

```
for e=1:noElemsV
    xiE   = elRangeV(e,:);    %此单元的节点向量的取值范围
    conn  = elConnV(e,:);     %此单元的控制点编号
    pts   = leftPoints(conn,:);  %上述3个控制点的坐标
    sctrx = leftEdgeMesh(e,:);
    sctry = sctrx + noCtrPts;     %此单元两个方向的实际的控制点的编号

    for gp=1:size(W1,1)
        xi      = Q1(gp,:);       %积分点坐标，基准域内
        wt      = W1(gp);        %权系数
        Xi      = 0.5 * ( ( xiE(2) - xiE(1) ) * xi + xiE(2) + xiE(1)); %参数域坐标
        J2      = 0.5 * ( xiE(2) - xiE(1) );       %基准域到参数域之间映射的|J2|

        [N, dNdxi] = NURBS1DBasisDers(Xi,q,vKnot,weights);

        x        = N     * pts;     %参数域到物理域之间的坐标映射
        jacob1   = dNdxi * pts;
        J1       = norm (jacob1); %参数域到物理域之间映射的|J1|

        %计算外力
        tx  = -30;%-str(1);
        ty  = 0;%-str(3);
        f(sctrx) = f(sctrx) + N' * tx * J1 * J2 * wt;
        f(sctry) = f(sctry) + N' * ty * J1 * J2 * wt;
    end
end

%力边界条件的上端，原理同上
for e=1:noElemsV
    xiE   = elRangeV(e,:); %[xi_i,xi_i+1]
    conn  = elConnV(e,:);
    pts   = topPoints(conn,:);
    sctrx = topEdgeMesh(e,:);
    sctry = sctrx + noCtrPts;
```

```
    for gp=1:size(W1,1)
        xi      = Q1(gp,:);
        wt      = W1(gp);
        Xi      = 0.5 * ( ( xiE(2) - xiE(1) ) * xi + xiE(2) + xiE(1));
        J2      = 0.5 * ( xiE(2) - xiE(1) );

        [N, dNdxi] = NURBS1DBasisDers(Xi,q,vKnot,weights);

        x        = N     * pts; %全局的控制点坐标
        jacob1   = dNdxi * pts;
        J11      = norm (jacob1);

        %计算外力
        % str = exact_plate_hole(x,a);
        tx  = 0;  %str(3) ;
        ty  = 0;  %str(2);
        f(sctrx) = f(sctrx) + N' * tx * J11 * J2 * wt;
        f(sctry) = f(sctry) + N' * ty * J11 * J2 * wt;
    end
end
```

5.3 螺栓预紧力的弹塑性拉伸问题

螺栓连接被普遍应用于机械工程之中，安装螺栓时，预先作用在螺栓上的一个力，其作用是使螺栓受力变形，把紧固件结合在一起，同时防止受到冲击时螺栓断裂，这就需要预紧力。预紧力的作用主要是消除因加工误差产生的间隙，保证螺纹配合的接触面积充分，不会发生松动。再有就是当螺栓受剪力时，螺栓孔一般情况下与螺栓有间隙，为了保证受剪力时连接可靠，需要保证连接零件之间的摩擦力。

预加载过大或过小都是有害的，因此预加载的大小和精度非常重要，适当的预紧力可以提高螺栓连接的可靠性和使用寿命。若螺纹紧固件拧得过紧，即预紧力过大，则螺栓可能被拧断，被连接件被压碎、扭曲或断裂，也可能螺纹牙被剪断而脱扣。若预紧力不足，被连接件将出现滑移，则将会导致被连接件错位、歪斜、折皱，甚至紧固件被剪断；若预紧力不足，则将会导致接合面泄漏，如压力管道漏水、发动机漏气，甚至导致两个被连接件分离。预紧力不足还将引起强烈的横向振动，致使螺母松脱。

5.3.1 弹塑性理论

1. 屈服条件

对于可变形固体，在弹塑性力学中，在外力的作用下，其将发生变形。变形分为两个阶段，弹性阶段和塑性阶段，如图 5-20 所示。在弹性阶段发生的弹性变形可以完全恢复，它是一个可逆过程。此时应力与应变的关系是一一对应的，是单值函数关系。而在塑性阶段，所发生的塑性变形是不可以恢复的，是不可逆过程。塑性阶段的应力与应变的关系是非线性关系，不存在一一对应的关系。

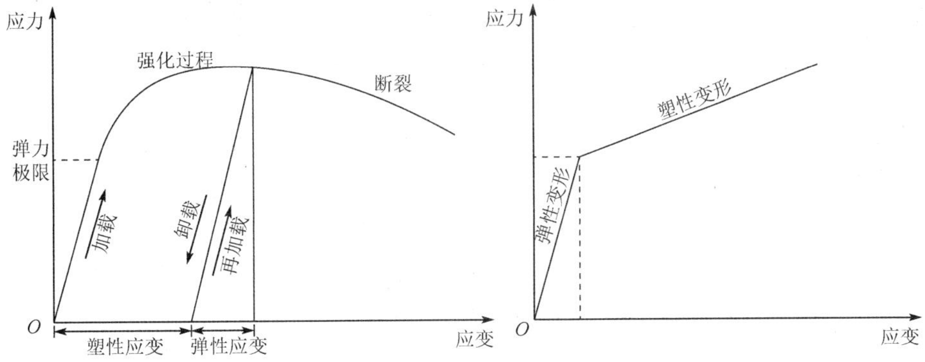

（a）弹塑性模型　（b）理想线性强化弹塑性模型

图 5-20　材料弹塑性行为

采用线性各向同性强化定律

$$\kappa(\bar{\varepsilon}^{\mathrm{p}})=\sigma_0+(1-\beta)\bar{H}\bar{\varepsilon}^{\mathrm{p}},\ \beta\in[0,1] \tag{5-82}$$

式中，$\bar{\varepsilon}^{\mathrm{p}}$ 是塑性屈服应变；σ_0 是初始屈服应力；$\bar{H}$ 是一个常数；β 是各向同性强化模型的 Bauschinger 因子。给定屈服应力，具有流动规则的 von-Mises 屈服函数可以表示为

$$f(\eta,\bar{\varepsilon}^{\mathrm{p}})=\|\eta\|-\sqrt{\frac{2}{3}}\kappa(\bar{\varepsilon}^{\mathrm{p}}) \tag{5-83}$$

式中，$\boldsymbol{\eta}$ 是与硬化定律相关的位移应力。如果屈服函数 $f\leqslant 0$，则进入塑性变形阶段，否则处于弹性变形阶段。

若已知第一、二、三主应力 σ_1、σ_2 和 σ_3，则 von-Mises 屈服应力可以表示为

$$\sigma_e=\sqrt{\frac{(\sigma_1-\sigma_2)^2+(\sigma_2-\sigma_3)^2+(\sigma_3-\sigma_1)^2}{2}} \tag{5-84}$$

在笛卡儿平面坐标系下使用应力分量表示为

$$\sigma_e=\sqrt{(\sigma_x+\sigma_y)^2-3(\sigma_x\sigma_y-\tau_{xy}^2)} \tag{5-85}$$

2．塑性状态下的平衡方程

与弹性问题不同，在弹塑性问题中，应力和应变与加载历史有关[16]。应力、应变和位移等变量以增量的形式表示。假设位移增量为 $\mathrm{d}\boldsymbol{u}$，由此产生的应变增量 $\mathrm{d}\boldsymbol{\varepsilon}$ 可以分解为弹性应变 $\mathrm{d}\boldsymbol{\varepsilon}^{\mathrm{e}}$ 和塑性应变 $\mathrm{d}\boldsymbol{\varepsilon}^{\mathrm{p}}$，具体为

$$\mathrm{d}\boldsymbol{\varepsilon}=\mathrm{d}\boldsymbol{\varepsilon}^{\mathrm{e}}+\mathrm{d}\boldsymbol{\varepsilon}^{\mathrm{p}}=\boldsymbol{D}^{-1}\mathrm{d}\boldsymbol{\sigma}+\mathrm{d}\lambda\frac{\partial f}{\partial\boldsymbol{\sigma}} \tag{5-86}$$

式中，$\mathrm{d}\lambda$ 是一个非负参数，由 $\mathrm{d}f=0$ 确定，即

$$\left(\frac{\partial f}{\partial\boldsymbol{\sigma}}\right)^{\mathrm{T}}\mathrm{d}\boldsymbol{\sigma}+\frac{\partial f}{\partial k}\mathrm{d}k=0 \tag{5-87}$$

式中

$$\mathrm{d}k=\begin{cases}\mathrm{d}\lambda\boldsymbol{\sigma}^{\mathrm{T}}\dfrac{\partial f}{\partial\boldsymbol{\sigma}}, & k=w^{\mathrm{p}}=\displaystyle\int\boldsymbol{\sigma}^{\mathrm{T}}\mathrm{d}\boldsymbol{\varepsilon}^{\mathrm{p}}\\ \mathrm{d}\lambda\left[\left(\dfrac{\partial f}{\partial\boldsymbol{\sigma}}\right)^{\mathrm{T}}\dfrac{\partial f}{\partial\boldsymbol{\sigma}}\right]^{\frac{1}{2}}, & k=\boldsymbol{\varepsilon}^{\mathrm{p}}=\displaystyle\int\left(\mathrm{d}(\boldsymbol{\varepsilon}^{\mathrm{p}})^{\mathrm{T}}\mathrm{d}\boldsymbol{\varepsilon}^{\mathrm{p}}\right)^{\frac{1}{2}}\end{cases} \tag{5-88}$$

所以式（5-87）可以写为

$$\left(\frac{\partial f}{\partial \boldsymbol{\sigma}}\right)^{\mathrm{T}} \mathrm{d}\boldsymbol{\sigma} + \mathrm{d}\lambda A = 0 \tag{5-89}$$

式中

$$A = \begin{cases} \dfrac{\partial f}{\partial k} \boldsymbol{\sigma}^{\mathrm{T}} \dfrac{\partial f}{\partial \boldsymbol{\sigma}}, & k = w^{\mathrm{p}} \\ \dfrac{\partial f}{\partial k} \left[\left(\dfrac{\partial f}{\partial \boldsymbol{\sigma}}\right)^{\mathrm{T}} \dfrac{\partial f}{\partial \boldsymbol{\sigma}} \right]^{\frac{1}{2}}, & k = \boldsymbol{\varepsilon}^{\mathrm{p}} \end{cases} \tag{5-90}$$

用$\left(\dfrac{\partial f}{\partial \boldsymbol{\sigma}}\right)^{\mathrm{T}} \boldsymbol{D}$前乘式（5-86），并考虑式（5-89）一致性条件，即

$$\mathrm{d}\lambda = \frac{\left(\dfrac{\partial f}{\partial \boldsymbol{\sigma}}\right)^{\mathrm{T}} \boldsymbol{D}\, \mathrm{d}\boldsymbol{\varepsilon}}{\left(\dfrac{\partial f}{\partial \boldsymbol{\sigma}}\right)^{\mathrm{T}} \boldsymbol{D} \dfrac{\partial f}{\partial \boldsymbol{\sigma}} - A} \tag{5-91}$$

用式（5-86）前乘$\boldsymbol{D}$，并将式（5-91）代入，得到塑性状态下应力增量和应变增量的关系为

$$\mathrm{d}\boldsymbol{\sigma} = \boldsymbol{D}_{\mathrm{ep}} \mathrm{d}\boldsymbol{\varepsilon} = (\boldsymbol{D} - \boldsymbol{D}_{\mathrm{p}}) \mathrm{d}\boldsymbol{\varepsilon} \tag{5-92}$$

式中，$\boldsymbol{D}_{\mathrm{ep}}$为弹塑性矩阵；$\boldsymbol{D}_{\mathrm{p}}$为塑性矩阵，且计算公式为

$$\boldsymbol{D}_{\mathrm{p}} = \frac{\boldsymbol{D} \dfrac{\partial f}{\partial \boldsymbol{\sigma}} \left(\dfrac{\partial f}{\partial \boldsymbol{\sigma}}\right)^{\mathrm{T}} \boldsymbol{D}}{\left(\dfrac{\partial f}{\partial \boldsymbol{\sigma}}\right)^{\mathrm{T}} \boldsymbol{D} \dfrac{\partial f}{\partial \boldsymbol{\sigma}} - A} \tag{5-93}$$

与弹性问题相比，塑性状态下的本构方程式用弹塑性矩阵$\boldsymbol{D}_{\mathrm{ep}}$取代了弹性矩阵$\boldsymbol{D}$，而且$\boldsymbol{D}_{\mathrm{ep}}$是位移$\boldsymbol{u}$的函数。

最后将式（5-86）和式（5-92）代入式（5-76）中，并且使用最小势能原理$\delta \Pi = 0$，最终在参考域$\bar{\Omega}$内进行积分，由式（5-16）得出弹塑性状态下的平衡方程为

$$\int_{\bar{\Omega}} \boldsymbol{B}^{\mathrm{T}} \boldsymbol{D}_{\mathrm{ep}} \boldsymbol{B} \boldsymbol{u} \left|\bar{\boldsymbol{J}}\right| \left|\hat{\boldsymbol{J}}\right| \mathrm{d}\bar{\Omega} = \int_{\Gamma} \boldsymbol{N}^{\mathrm{T}} \bar{\boldsymbol{f}} \mathrm{d}\Gamma + \int_{\bar{\Omega}} \boldsymbol{N}^{\mathrm{T}} \boldsymbol{f} \mathrm{d}\bar{\Omega} \tag{5-94}$$

令

$$\boldsymbol{K}(\boldsymbol{u}) = \int_{\bar{\Omega}} \boldsymbol{B}^{\mathrm{T}} \boldsymbol{D}_{\mathrm{ep}} \boldsymbol{B} \left|\bar{\boldsymbol{J}}\right| \left|\hat{\boldsymbol{J}}\right| \mathrm{d}\bar{\Omega} \tag{5-95}$$

则式（5-94）可以简记为

$$\boldsymbol{K}(\boldsymbol{u}) \boldsymbol{u} = \boldsymbol{F} \tag{5-96}$$

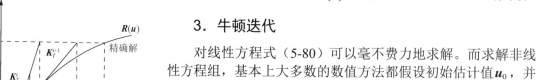

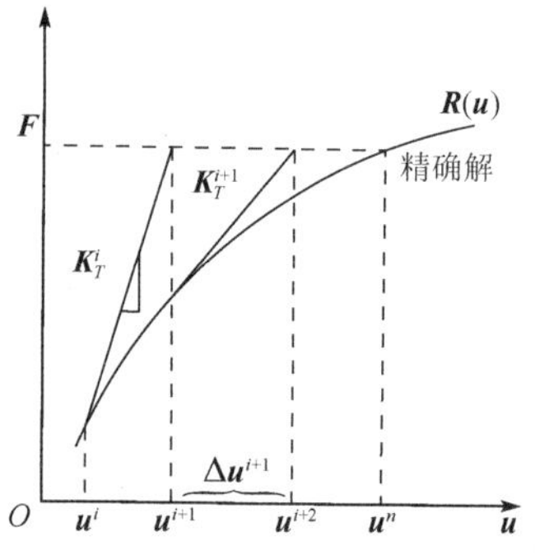

图 5-21　牛顿迭代

3. 牛顿迭代

对线性方程式（5-80）可以毫不费力地求解。而求解非线性方程组，基本上大多数的数值方法都假设初始估计值$\boldsymbol{u}_0$，并找到其增量$\Delta \boldsymbol{u}$，因此新的估计值$\boldsymbol{u}_0 + \Delta \boldsymbol{u}$接近非线性方程的解。为了寻找增量，非线性方程用线性方程局部逼近，并不断重复该过程，直到满足原始非线性方程，迭代过程如图 5-21 所示。

在本节中采用Newton-Raphson迭代法来求解非线性方程式（5-96），该方程可以改写为

$$\boldsymbol{R}(\boldsymbol{u})=\boldsymbol{K}(\boldsymbol{u})\boldsymbol{u}-\boldsymbol{F}=0 \tag{5-97}$$

设$\boldsymbol{u}=\boldsymbol{u}^i$是式（5-97）的第 i 次近似解，这时

$$\boldsymbol{R}^i\equiv\boldsymbol{R}(\boldsymbol{u}^i)=\boldsymbol{K}(\boldsymbol{u}^i)\boldsymbol{u}^i-\boldsymbol{F}\neq 0 \tag{5-98}$$

为求式（5-98）更好的近似解，设修正值为$\Delta\boldsymbol{u}^i$，于是

$$\boldsymbol{u}=\boldsymbol{u}^{i+1}=\boldsymbol{u}^i+\Delta\boldsymbol{u}^i \tag{5-99}$$

将式（5-99）代入式（5-97）中并在$\boldsymbol{u}=\boldsymbol{u}^i$处泰勒展开，得

$$\boldsymbol{R}^{i+1}=\boldsymbol{R}^i+\left(\frac{\partial\boldsymbol{R}}{\partial\boldsymbol{u}}\right)^i\Delta\boldsymbol{u}^i+\cdots \tag{5-100}$$

式中

$$\left(\frac{\partial\boldsymbol{R}}{\partial\boldsymbol{u}}\right)^i=\left(\frac{\partial\boldsymbol{R}}{\partial\boldsymbol{u}}\right)_{\boldsymbol{u}=\boldsymbol{u}^i} \tag{5-101}$$

在式（5-100）中仅取到线性项，并令

$$\boldsymbol{K}_T^i=\boldsymbol{K}_T(\boldsymbol{u}^i)\equiv\left(\frac{\partial\boldsymbol{R}}{\partial\boldsymbol{u}}\right)^i \tag{5-102}$$

式中，$\boldsymbol{K}_T^i$为切线刚度矩阵，于是

$$0=\boldsymbol{R}(\boldsymbol{u}^i+\Delta\boldsymbol{u}^i)\approx\boldsymbol{R}^i+\boldsymbol{K}_T^i\Delta\boldsymbol{u}^i \tag{5-103}$$

式中，$\boldsymbol{R}^i$为残余力向量，可以进一步转化为

$$\boldsymbol{K}_T^i\Delta\boldsymbol{u}^i=-\boldsymbol{R}^i=\boldsymbol{F}-\boldsymbol{K}(\boldsymbol{u}^i)\boldsymbol{u}^i \tag{5-104}$$

式（5-104）为非线性求解时的线性平衡方程，注意：①$\boldsymbol{K}_T^i$不是常数，而是关于$\boldsymbol{u}^i$的函数；②该方程求解的是增量$\Delta\boldsymbol{u}^i$，而不是总解$\boldsymbol{u}$；③右侧不是作用力，而是作用力和内力之间的差值，即残差。

最后求解出增量$\Delta\boldsymbol{u}^i$为

$$\Delta\boldsymbol{u}^i=-\frac{\boldsymbol{R}^i}{\boldsymbol{K}_T^i}=\frac{(\boldsymbol{F}-\boldsymbol{K}(\boldsymbol{u}^i)\boldsymbol{u}^i)}{\boldsymbol{K}_T^i} \tag{5-105}$$

如果残差小于给定的公差，则可以接受近似解$\boldsymbol{u}^{i+1}$作为精确解，并且迭代过程停止；否则，重复该过程，直到残差变得非常小。终止标准以规范化形式表示如下：

$$\text{conv}=\frac{\sum_{j=1}^{n}(\boldsymbol{R}_j^{i+1})^2}{1+\sum_{j=1}^{n}(\boldsymbol{F}_j)^2} \tag{5-106}$$

在分母中添加常数 1，以避免在没有施加荷载时除以零。当收敛参数 conv 小于给定的公差（如 0.01）时，迭代终止。有时，可以应用不同的标准来确定迭代过程的收敛性。

另一种是基于解的增量的非线性有限元分析程序。当解的增量远小于初始增量时，认定解是收敛的。基于解决方案的终止标准变为

$$\text{conv}=\frac{\sum_{j=1}^{n}(\boldsymbol{u}_j^{i+1})^2}{1+\sum_{j=1}^{n}(\Delta\boldsymbol{u}_j^0)^2} \tag{5-107}$$

非线性方程简要的求解流程如图 5-22 所示，简要的代码框架如 5.3.3 节所示。

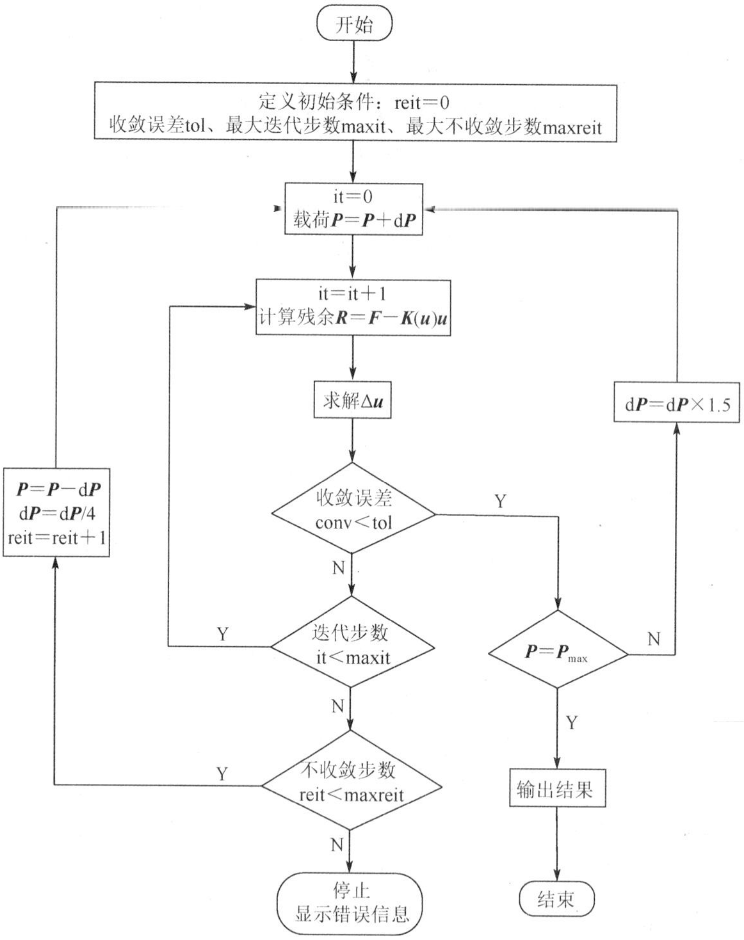

图 5-22　非线性方程简要的求解流程

5.3.2　实例分析

在本例中，进行了二维螺栓在预紧力下的研究，如图 5-23 所示，左边界的中点被设置为坐标系的原点。设螺栓高度$d=10\text{mm}$，光滑螺杆部位长度$l_1=l_3=10\text{mm}$，螺纹部分长度$l_2=8\text{mm}$，槽宽$s=1.05\text{mm}$，槽深$h=0.562\text{mm}$，如图 5-23（a）所示。模型的左边界被完全固定，右边界受到向右的预紧力$P=7854\text{N}$（或$u=1.66\times10^{-2}\text{mm}$），如图 5-23（b）所示。材料选用 45 号钢，杨氏模量$E=210\times10^3\text{MPa}$，泊松比$\mu=0.31$，初始屈服应力$\sigma_0=300\text{MPa}$，塑性模量$H=E/1000$。选用基于力的迭代准则［式（5-106）］。

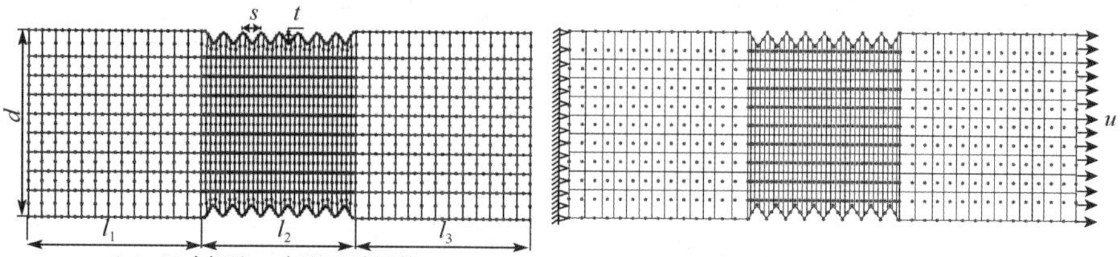

（a）尺寸标注，有限元法网格　　（b）边界条件，等几何法网格

图 5-23　螺栓二维预紧力分析

如图 5-23（b）所示，在等几何法中模型由 59×9 个二次单元和 693 个控制点组成，相

应的节点向量分别为Ξ={0 0 0 0.5 2 3 4 5 6 7 8 9 10 11 12.5 13 13 14 15 16 17 18 19 20 21 22 23 24 25 26 27 28 29 30 31 32 33 34 35 36 37 38 39 40 41 42 43 44 45 46 46 46.5 48 49 50 51 52 53 54 55 56 57 58.5 59 59 59}/59 和Θ={0 0 0 1 2 3 4 5 6 7 8 9 9 9}/9。同时，有限元法也采用了相同阶次和数量的单元，但共有 1730 个节点，如图 5-23（a）所示，是等几何法中控制点数量的 2 倍以上。这源于等几何法的一个重要优势，即 NURBS 基函数在单元边界上是C^1连续的，即使在有限元法中使用了二次单元，拉格朗日基函数依然是固定的C^0连续。为了便于比较，在 Abaqus 中构建了(59×9)×100 个单元的有限元法模型，以获得近似精确解。

在图 5-24 中，第一列分别是由有限元法、等几何法和(59 × 9) × 100 个单元的有限元法获得的位移u_x云图，第二列为应力σ_{mises}云图。为了便于观察，将图 5-24（c）和图 5-24（f）的网格进行隐藏。从图 5-24（a）～图 5-24（c）中注意到，位移值分布规律从左到右依次增大，右边界出现最大位移值1.66×10^{-2}mm。观察图 5-24（d）～图 5-24（f），发现等几何法的应力云图［见图 5-24（e）］较有限元法的应力云图［见图 5-24（d）］更接近近似精确解［见图 5-24（f）］。在有限元法中，最大应力为 376MPa，相对误差为 9%。而等几何法最大应力为 366MPa，相对误差仅为 6%。最大应力出现在右侧第一个螺纹的底部，坐标为$(x,y)=(l_1+l_2-s/2,\pm(d/2-t))$。由于螺栓的几何特性，应力集中出现在螺纹过渡处和底部，而螺纹顶部的应力明显较小。这意味着，当螺栓受到横向力时，螺纹过渡处和底部首先屈服，然后进入塑性变形阶段。同样，这两个区域也是主要受力并首先发生破坏的区域。在等几何法中采用较少的单元可以获得合理的结果，以便工程师观察应力分布和预紧力之间的关系。

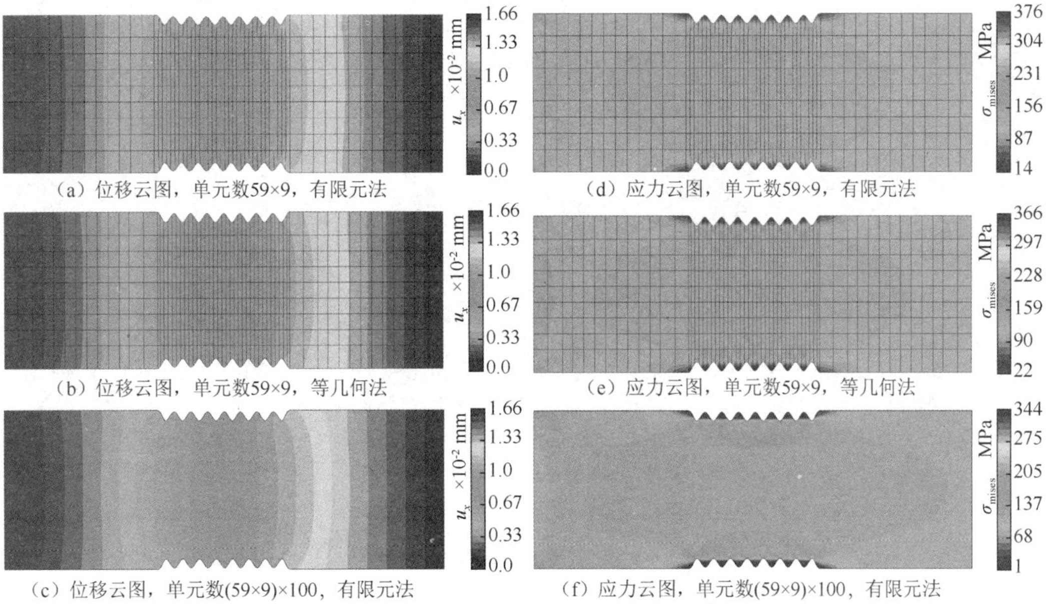

（a）位移云图，单元数59×9，有限元法

（d）应力云图，单元数59×9，有限元法

（b）位移云图，单元数59×9，等几何法

（e）应力云图，单元数59×9，等几何法

（c）位移云图，单元数(59×9)×100，有限元法

（f）应力云图，单元数(59×9)×100，有限元法

图 5-24 螺栓预紧力的仿真结果

5.3.3 MATLAB 源代码

本实例简要的 MATLAB 代码框架如下所示，完整代码文件参见“Codes\Chapter5_IGA\Matlab_5_3\main.m”。

基于螺栓实例的等几何法弹塑性分析简要的流程代码

```
tol = 1e-6;%-6;                %收敛极限
maxit = 30;%20;                %最大迭代步数
reit = 0;
maxreit = 6;
ndbc = size(dbc,1);            %位移约束节点数
ntbc = size(tbc,1);            %力约束节点数
u = zeros(ndofs,1);            %注意，u与iu不同，表示的含义不同，即定义的位置不同

cu = zeros(ndofs,1);           %收敛控制点位移
step = 0;                      %加载步
curtime = 0;                   %当前时间
timeInterval = 0.02;           %时间间隔
cnit = [];                     %记录迭代步骤

D = plastic_init_setting(mat, ngp, eltype);  %弹性矩阵

u_curtime    = [];             %从初始时刻到每一时间步的总位移的集合
iu_curtime   = [];             %当前时间步的位移的集合

while curtime ~= 1             %curtime≠1时进入循环

   curtime = curtime + timeInterval;

   if curtime > 1              %当时间间隔选择不合适时进行更新
      timeInterval = 1 - curtime + timeInterval;
      curtime = 1;
   end

   err = 1e6;                  %记录迭代误差
   perr = err;
   nit = 0;                    %记录迭代次数
   fprintf(1,'\n \t time    time step    iter \t  residual \n');
   iu = zeros(ndofs,1);        %记录迭代的位移

   %当迭代误差>收敛极限与迭代次数≤最大迭代步数时，进入循环
   while (err > tol) && ( nit <= maxit)

      nit = nit+1;

      [ k, r ] = globalstiffness_plastic( D, eltype, geo, mesh, mat, iu );

      %定义外力
      f = zeros(ndofs,1);

      %位移加载时，不参与运算
      if ntbc~=0
         f(scattbc) = tbc(:,3);
```

```
    end

    %边界条件，赋 0 赋 1
    if ndbc~=0
        k(scatdbc,:) = zeros(ndbc, ndofs);  %行赋 0
        k(:,scatdbc) = zeros(ndofs, ndbc);  %添加列赋 0
        k(scatdbc,scatdbc) = eye(ndbc);
        f(scatdbc,:) = 0;
        if nit == 1         %第 1 次迭代，f≠0，仅计算外力引起的 scatdbc 的规定位移
            %第 2 次迭代，f=0，仅计算内力引起的 freedof 产生的位移
            f(scatdbc,:) = dbc(:,3);
        end
    end

    %定义控制方程的右侧
    b = curtime*f - r;
    if ndbc~=0
        b(scatdbc) = curtime*dbc(:,3) - u(scatdbc);
    end

    %解方程
    du = k\b;
    alldof = 1:ndofs;
    freedof = setdiff(alldof, scatdbc);  %无位移约束的节点
    u = u + du;                          %更新位移
    iu = iu + du;                        %更新增量位移

    %计算迭代误差
    if nit > 1  %因为 nit=1 时的 err 是被赋予的
        num = b(freedof)' * b(freedof);
        denom = 1+f(freedof)' * f(freedof);
        err = num/denom;
    end

    %输出当前时间步长和迭代误差
    fprintf(1,'%10.5f %10.3e %5d %14.5e \n',curtime,timeInterval,nit,err);

    %在规定的最大迭代步数内，如果解的误差较大，则继续下一次迭代
    if err/perr > 1E3 && nit > 2
        nit = maxit+1;
    else
        perr = err;
    end

end  %迭代循环结束

%通过判断迭代步数是否在最大迭代步数之内来确定是否收敛
if  nit <= maxit          %收敛
```

```
        reit = 0;                %复位还原指数
        step = step + 1;         %将收敛步长增加 1
        cu = u;                  %更新收敛位移
        cnit = [cnit, nit];
        if length(cnit) >=2 && all(cnit(end-1:end) <= 5)
            timeInterval = timeInterval*1;%1.5;
        end

        iu_curtime = [iu_curtime,iu];
        u_curtime  = [u_curtime,u];

        %输出文件
        output_plastic( D, eltype, fout, mat, geo, mesh, iu, u, step, curtime);

    else  %不收敛
        if reit <= maxreit                         %细化时间间隔并继续迭代
            curtime = curtime - timeInterval;      %恢复当前时间步长
            timeInterval = timeInterval/4;         %优化时间间隔
            reit = reit+1;                         %增加指数
            u = cu;                                %从上次收敛位移恢复当前位移
        else
            return;                                %停止分析
        end

    end %判断是否收敛结束

end

end
```

5.4 二维接触压印问题

接触问题是工程领域中一个普遍的力学问题，涉及生产和生活的方方面面。接触问题的研究水平直接影响到许多重要行业。例如，金属部件冲压过程中金属原材料与冲压模具之间的接触摩擦直接影响冲压精度，火车车轮与轨道之间的接触和摩擦涉及车轮寿命的预测，汽车轮胎与地面之间的接触影响汽车轮胎的磨损。这些接触问题往往关系到产品设计功能和生产过程的顺利实现，有些甚至直接关系到人们的生命财产安全，这对接触力学的研究提出了更高的要求。目前，赫兹接触公式可用于解决形状简单、接触面规则的接触问题。然而，如果要使用赫兹接触公式进行求解，必须满足一系列条件，这使得赫兹接触公式的应用范围相对有限，对于解决复杂的实际工程问题意义不大。目前，在工程实践中解决接触问题最广泛的方法是有限元法。Abaqus 和 Ansys 这两种商业有限元软件被广泛使用。这两种商用有限元软件对于具有光滑接触表面的静态接触问题具有相对较高的计算精度。然而，当接触表面是复杂表面时，由于有限元软件对接触边界的近似模拟的限制，接触计算精度较低，接触应力的计算值波动较大。因此，为了提高接触计算的精度，需要准确描述模型的接触边界。

5.4.1　接触搜索理论

在 4.4.1 节中，我们提到了一种基于物质点法的改进接触算法，值得注意的是，它是一种显式求解模式，计算出接触力$\boldsymbol{F}_R$并将其放置于平衡方程$\boldsymbol{KU}=\boldsymbol{F}$的右侧$\boldsymbol{F}$中。而本节介绍的接触算法是一种隐式求解模式，计算出接触刚度矩阵$\boldsymbol{K}_{\mathrm{c}}$并将其放置于$\boldsymbol{K}$中。并且，前者的“改进”二字是基于空间格思想而进行的接触搜索，可以大大节省搜索时间，而本节介绍的接触算法只是一般过程的接触算法。

1. 接触判断

如图 5-25 所示，物体 A 和物体 B 最初是分离的，构形分别为Ω_0^A和Ω_0^B，边界分别为Γ_0^A和Γ_0^B。之后，它们经过一定的位移Δ_A和Δ_B后可能发生接触。在t时刻，新的构形分别为Ω_t^A和Ω_t^B，新的边界分别为Γ_t^A和Γ_t^B。两个物体的接触段分别被定义为Γ_{c}^A和Γ_{c}^B。通常称物体 A 为接触体，物体 B 为目标体。

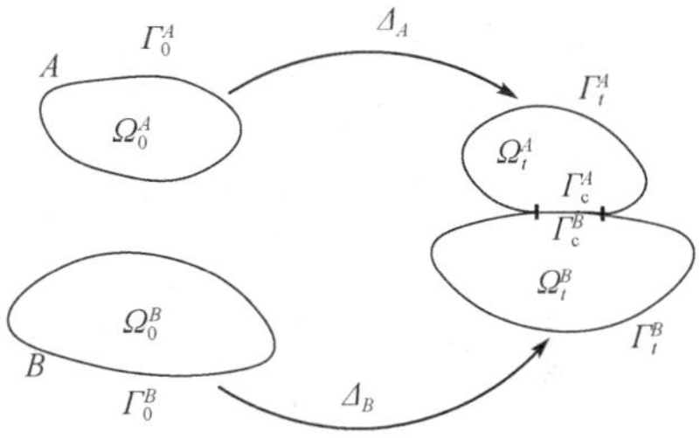

图 5-25　接触示意图

物体 A 和物体 B 发生接触时必须满足法向接触条件，法向接触条件是判定两物体是否已经进入接触状态和进入接触状态必须满足的条件，包含运动学条件（不可穿透性）和动力学条件（法向接触力为压力），可以描述为 Kuhn-Tucker 条件：

$$\boldsymbol{g}_N \geqslant 0,\quad \boldsymbol{p}_N \geqslant 0,\quad \boldsymbol{p}_N\boldsymbol{g}_N = 0 \tag{5-108}$$

不可穿透性是指两物体在接触过程中不能发生相互穿透的情况，即物体 A 和物体 B 之间的最小距离必须大于或等于零。法向接触力为压力是指两物体相向运动接触后呈相互挤压状态，所以它们之间的法向接触力只能是压力。下面我们进行详细的介绍。

我们采用点-面（NTS）算法进行接触面的离散。考虑涉及接触的两个段（表面），一个被称为主段，另一个被称为从段，谁是主段或从段没有特殊的规定。

物体 A 和物体 B 是否发生接触我们主要通过两个步骤来判断，如图 5-26 所示。

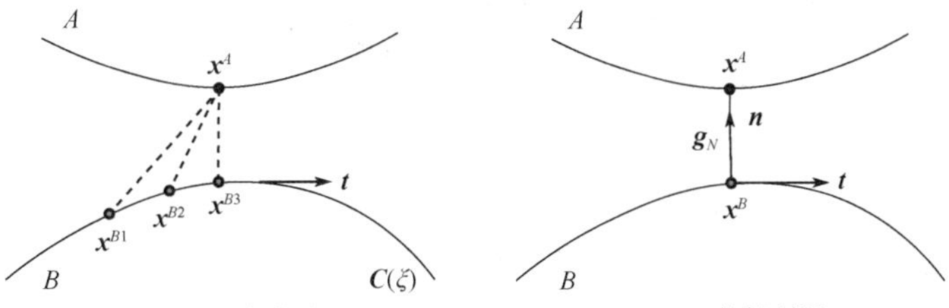

（a）接触搜索　　（b）接触判断

图 5-26　接触搜索和判断

第一步是找到主分段$\boldsymbol{C}(\boldsymbol{\xi})$上距离从分段$\boldsymbol{x}^A$最近的点。问题可以描述为：给定一个从节点$\boldsymbol{x}^A$和一个主分段$\boldsymbol{C}(\boldsymbol{\xi})$，如图 5-26（a）所示，找到$\boldsymbol{x}^A$的最近点，如$\boldsymbol{x}^{B1}$、$\boldsymbol{x}^{B2}$或$\boldsymbol{x}^{B3}$等。根据问题描述，候选点应满足以下公式：

$$\boldsymbol{f}(\boldsymbol{\xi})=(\boldsymbol{C}(\boldsymbol{\xi})-\boldsymbol{x}^A)\cdot\boldsymbol{t}=0 \tag{5-109}$$

显然，从图 5-26（a）中可以看出，$\boldsymbol{x}^{B3}$是$\boldsymbol{x}^A$的最近点，最近点的切向$\boldsymbol{t}=\mathrm{d}\boldsymbol{C}(\boldsymbol{\xi})/\mathrm{d}\boldsymbol{\xi}$。牛顿迭代法通常用于求解式（5-109）以找到最近点：

$$\boldsymbol{H}^{i}(\Delta\xi)^{i+1}=-((\boldsymbol{C}(\xi)-\boldsymbol{x}^{A})\cdot\boldsymbol{t})^{i} \tag{5-110}$$

其中，$\boldsymbol{H}$ 为

$$\boldsymbol{H}=\|\boldsymbol{C}'(\xi_i)\|^2+\boldsymbol{C}''(\xi_i)\cdot(\boldsymbol{C}(\xi_i)-\boldsymbol{x}^{A}),\quad \boldsymbol{C}''(\xi)=\partial^2\boldsymbol{C}(\xi)/\partial\xi^2 \tag{5-111}$$

相应的增量如下所示：

$$\Delta\xi=\frac{(\boldsymbol{x}^{A}-\boldsymbol{C}(\xi))\cdot\dfrac{\mathrm{d}\boldsymbol{C}(\xi)}{\mathrm{d}\xi}}{-\dfrac{\mathrm{d}\boldsymbol{C}(\xi)}{\mathrm{d}\xi}\cdot\dfrac{\mathrm{d}\boldsymbol{C}(\xi)}{\mathrm{d}\xi}+(\boldsymbol{x}^{A}-\boldsymbol{C}(\xi))\cdot\dfrac{\mathrm{d}^2\boldsymbol{C}(\xi)}{\mathrm{d}\xi^2}} \tag{5-112}$$

第二步是判断两个物体的接触状态。对于物体 A 上的某一点$\boldsymbol{x}^{A}$，定义其到物体 B 上的最短距离为

$$\boldsymbol{g}(\boldsymbol{x}^{A},\boldsymbol{x}^{B})=\min_{\boldsymbol{x}^{B}\in\Gamma^{B}}\|\boldsymbol{x}^{A}-\boldsymbol{x}^{B}\| \tag{5-113}$$

如图 5-26（b）所示，$\boldsymbol{x}^{A}$的最近点为$\boldsymbol{x}^{B}$，如果物体 B 的边界是光滑且连续的，则至少在局部范围内该点是唯一存在的，我们把它们称为一组接触点。在此基础上，我们定义两点$\boldsymbol{x}^{A}$和$\boldsymbol{x}^{B}$之间的距离函数为

$$\boldsymbol{g}_N=(\boldsymbol{x}^{A}-\boldsymbol{x}^{B})\cdot\boldsymbol{n} \tag{5-114}$$

式中，$\boldsymbol{n}$是$\boldsymbol{x}^{B}$的外法向单位向量。根据式（5-108）和式（5-114）我们知道，如果$\boldsymbol{g}_N>0$，则物体 A 和物体 B 是相互分离的；如果$\boldsymbol{g}_N=0$，则它们是相互接触的；如果$\boldsymbol{g}_N<0$，则发生了穿透现象。

接触搜索和判断的简要流程如图 5-27 所示，简要的代码框架如 5.4.3 节所示。

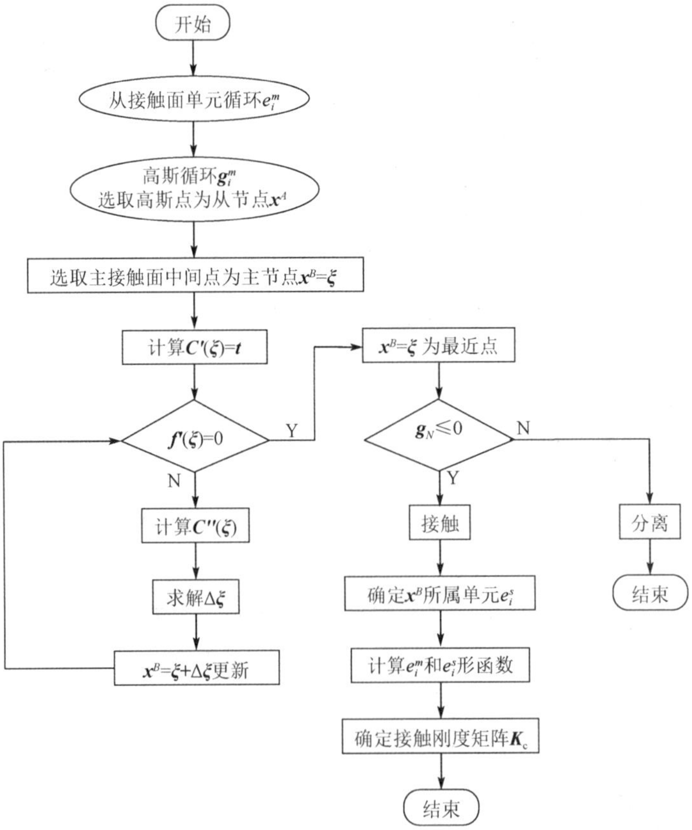

图 5-27 接触搜索和判断的简要流程

2. 平衡方程

本文研究的等几何法中使用罚函数法计算接触力。类似于式（5-64），接触系统的整体势能为

$$\Pi = \Pi_e + \Pi_{\mathrm{ext}} + \Pi_{\mathrm{c}} \tag{5-115}$$

式中，Π_{c}是用罚函数表示的接触势能，具体公式为

$$\Pi_{\mathrm{c}} = \frac{1}{2}\int_{\Gamma_{\mathrm{c}}} \varepsilon \langle -\boldsymbol{g}_N \rangle^2 \mathrm{d}\Gamma_{\mathrm{c}} \tag{5-116}$$

式中，ε为罚因子；$\langle\cdot\rangle$为 Macaulay bracket，可以只把接触部分计入积分。其变分形式为

$$\delta\Pi_{\mathrm{c}} = \int_{\Gamma_{\mathrm{c}}} \varepsilon \boldsymbol{g}_N \delta \boldsymbol{g}_N \mathrm{d}\Gamma_{\mathrm{c}} \tag{5-117}$$

$\boldsymbol{V}_p$是物体 A 边界Γ_{c}^A上任意一个高斯点在物体 B 边界Γ_{c}^B上的最近投影点，则式（5-117）可以进一步转化为

$$\delta\Pi_{\mathrm{c}} = \int_{\Gamma_{\mathrm{c}}} \varepsilon[\boldsymbol{x}^A - \boldsymbol{x}^B(\boldsymbol{V}_p)]\cdot(\delta\boldsymbol{x}^A - \delta\boldsymbol{x}^B)\mathrm{d}\Gamma_{\mathrm{c}} \tag{5-118}$$

物体 A 和物体 B 的接触边界Γ_{c}^A和Γ_{c}^B均由 NURBS 曲线构成，所以两条接触边界的位形引入 NURBS 离散为

$$\boldsymbol{x}^A = \sum_{i=1}^{\mathrm{ncp}^A} N_i^A(\boldsymbol{\xi})\boldsymbol{P}_i^A,\quad \boldsymbol{x}^B = \sum_{j=1}^{\mathrm{ncp}^B} N_j^B(\eta)\boldsymbol{P}_j^B \tag{5-119}$$

式中，$N_i^A(\xi)$和$N_j^B(\eta)$表示形函数；$\boldsymbol{P}_i^A$和$\boldsymbol{P}_j^B$表示接触边界的控制点；ncp^A和ncp^B表示接触边界的控制点数。则其变分形式为

$$\delta\boldsymbol{x}^A = \sum_{i=1}^{\mathrm{ncp}^A} N_i^A(\xi)\delta\boldsymbol{P}_i^A,\quad \delta\boldsymbol{x}^B = \sum_{j=1}^{\mathrm{ncp}^B} N_j^B(\eta)\delta\boldsymbol{P}_j^B \tag{5-120}$$

我们选取接触边界上单元内的高斯点G^A，其中第i个高斯点记为$\boldsymbol{x}^A(\boldsymbol{\xi}_i)$。对于物体 A 上的每个高斯点$\boldsymbol{x}^A(\boldsymbol{\xi}_i)$，在物体 B 的接触边界Γ_{c}^B上都有一个最近投影点$\boldsymbol{x}^B(\boldsymbol{V}_{pi})$与之一一对应。于是式（5-118）可以进一步表示为

$$\delta\Pi_{\mathrm{c}} = \sum_{i\in G^A} \varepsilon\,[\boldsymbol{x}^A(\boldsymbol{\xi}_i) - \boldsymbol{x}^B(\boldsymbol{V}_{pi})]\cdot\left[\sum_{i=1}^{\mathrm{ncp}^A} N_i^A(\boldsymbol{\xi}_i)\delta\boldsymbol{P}_i^A - \sum_{j=1}^{\mathrm{ncp}^B} N_j^B(\boldsymbol{V}_{pi})\delta\boldsymbol{P}_j^B\right]\omega_i \boldsymbol{J}^A(\boldsymbol{\xi}_i) \tag{5-121}$$

式中，ω_i是权系数；$\boldsymbol{J}^A(\boldsymbol{\xi}_i) = \|\boldsymbol{x}_1^A(\boldsymbol{\xi}_i)\times\boldsymbol{x}_2^B(\boldsymbol{\xi}_i)\|$是等参转换的雅可比矩阵。则式（5-121）可以表示为

$$\delta\Pi_{\mathrm{c}} = -\sum_{i=1}^{\mathrm{ncp}^A} R_i^A\cdot\delta\boldsymbol{P}_i^A - \sum_{j=1}^{\mathrm{ncp}^B} R_j^A\cdot\delta\boldsymbol{P}_j^B \tag{5-122}$$

式中，R_i^A和R_i^B为接触力在控制点的投影，具体表达式为

$$R_i^A = \sum_{i=1}^{\mathrm{ncp}^A} \varepsilon\omega_i \boldsymbol{J}^A(\boldsymbol{\xi}_i) N_i^A(\boldsymbol{\xi}_i)[\boldsymbol{x}^B(\boldsymbol{V}_{pi}) - \boldsymbol{x}^A(\boldsymbol{\xi}_i)] \tag{5-123}$$

$$R_j^B = \sum_{j=1}^{\mathrm{ncp}^B} \varepsilon\omega_i \boldsymbol{J}^A(\boldsymbol{\xi}_i) N_j^B(\boldsymbol{V}_{pi})[\boldsymbol{x}^A(\boldsymbol{\xi}_i) - \boldsymbol{x}^B(\boldsymbol{V}_{pi})] \tag{5-124}$$

对应的接触刚度矩阵为

$$\boldsymbol{K}_{\mathrm{c}} = \begin{bmatrix} \boldsymbol{\alpha}_{11} & \boldsymbol{\alpha}_{12} \\ \boldsymbol{\alpha}_{21} & \boldsymbol{\alpha}_{22} \end{bmatrix} \tag{5-125}$$

式中

$$\boldsymbol{\alpha}_{ij}=-\frac{\partial R_i}{\partial \boldsymbol{P}_j} \tag{5-126}$$

具体的计算公式为

$$\begin{aligned}
\boldsymbol{\alpha}_{11}&=\int_{\Gamma_c}\varepsilon N^A(\boldsymbol{\eta}_i)N^A(\boldsymbol{\eta}_i)\mathrm{d}\Gamma_c^A\\
\boldsymbol{\alpha}_{12}&=-\int_{\Gamma_c}\varepsilon N^A(\boldsymbol{\eta}_i)N^B(\boldsymbol{\xi}_i)\mathrm{d}\Gamma_c^A\\
\boldsymbol{\alpha}_{21}&=-\int_{\Gamma_c}\varepsilon N^B(\boldsymbol{\xi}_i)N^A(\boldsymbol{\eta}_i)\mathrm{d}\Gamma_c^A\\
\boldsymbol{\alpha}_{22}&=\int_{\Gamma_c}\varepsilon N^B(\boldsymbol{\xi}_i)N^B(\boldsymbol{\xi}_i)\mathrm{d}\Gamma_c^A
\end{aligned} \tag{5-127}$$

则整个接触系统的平衡方程为

$$\boldsymbol{K}\boldsymbol{u}=(\boldsymbol{K}_g+\boldsymbol{K}_c)\boldsymbol{u}=\begin{bmatrix}\boldsymbol{K}_1+\boldsymbol{\alpha}_{11} & \boldsymbol{\alpha}_{12}\\ \boldsymbol{\alpha}_{21} & \boldsymbol{K}_2+\boldsymbol{\alpha}_{22}\end{bmatrix}\begin{Bmatrix}\boldsymbol{u}_1\\ \boldsymbol{u}_2\end{Bmatrix}=\begin{Bmatrix}\boldsymbol{F}_1\\ \boldsymbol{F}_2\end{Bmatrix}=\boldsymbol{F} \tag{5-128}$$

式中，$\boldsymbol{K}_g$ 为几何刚度矩阵，$\boldsymbol{K}_1$ 和 $\boldsymbol{K}_2$ 可由式（5-78）或式（5-95）计算得到。

载荷矩阵为

$$\boldsymbol{F}_1=\int_{\Omega}N^A\boldsymbol{b}^A\mathrm{d}\Omega+\int_{\Gamma^A}N^A\boldsymbol{t}^A\mathrm{d}\Gamma^A+\int_{\Gamma_c^A}\varepsilon N^A\boldsymbol{g}_N\mathrm{d}\Gamma_c^A \tag{5-129}$$

$$\boldsymbol{F}_2=\int_{\Omega}N^B\boldsymbol{b}^B\mathrm{d}\Omega+\int_{\Gamma^B}N^B\boldsymbol{t}^B\mathrm{d}\Gamma^B+\int_{\Gamma_c^B}\varepsilon N^B\boldsymbol{g}_N\mathrm{d}\Gamma_c^B \tag{5-130}$$

值得注意的是，尽管罚函数法有许多优点，但罚因子 ε 是人为选择的，其值直接影响接触刚度矩阵 $\boldsymbol{K}_c$ 的计算精度。理论上，ε 越大，接触面的允许穿透越小，$\boldsymbol{K}_c$ 的计算精度越高。然而，当 ε 太大时，会有一些缺点，如收敛困难或 $\boldsymbol{K}_c$ 波动大。

5.4.2 实例分析

1. 轮-板接触的弹性分析

图 5-28 所示为二维弹性接触分析实例，下面的工件被固定，上面的刚性冲头向下运动从而挤压工件变形。设模具厚度 $T=1\text{mm}$，曲率半径 $R=3\text{mm}$；工件宽度 $l=6\text{mm}$，高度 $h=2\text{mm}$；初始距离 $h_0=0.01\text{mm}$，如图 5-28（a）所示。工件的下边界被完全固定，模具的上边界受到向下的位移量 $u=-0.5\text{mm}$，如图 5-28（b）所示。工件的材料选用铝，杨氏模量 $E=70\times10^3\text{MPa}$，泊松比 $\mu=0.33$，罚因子 $\varepsilon=1\times10^9$。

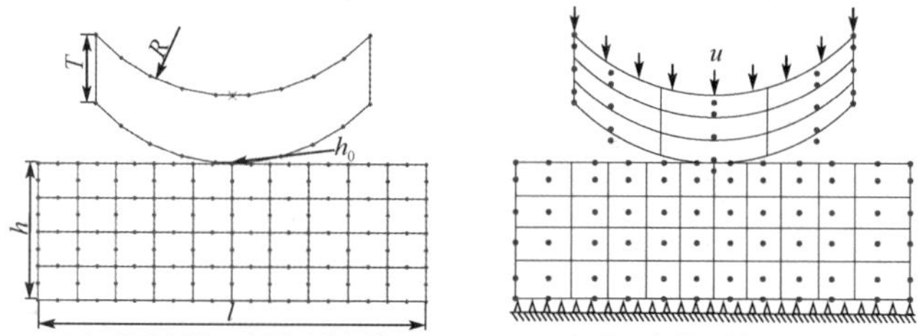

（a）尺寸标注，有限元法网格　（b）边界条件，等几何法网格

图 5-28　二维弹性接触分析实例

如图 5-28 所示，有限元法和等几何法的工件都采用 10×4 个二次单元组成。等几何法的刚性模具由 3×3 个单元表示。在 Abaqus 中，如果有限元法的刚性模具的接触边界也采用相同数目（3 个）的单元进行表示，则会产生严重的失真现象，导致结果不具有参考价值，所以采用接触边界为 9 个单元的离散刚体进行表示。另外，以工件采用 10×4×30 个单元下 Abaqus 计算的结果作为参考结果。等几何法工件有 72 个控制点，相应的节点向量分别为$\boldsymbol{\Xi}_w=\{0\ 0\ 0\ 0.75\ 1.5\ 2.65\ 3.8\ 5\ 6.2\ 7.35\ 8.5\ 9.25\ 10\ 10\ 10\}/10$ 和$\boldsymbol{\Theta}_w=\{0\ 0\ 0\ 1\ 2\ 3\ 4\ 4\ 4\}/4$；模具包含 25 个控制点，对应的节点向量分别是$\boldsymbol{\Xi}_p=\boldsymbol{\Theta}_p=\{0\ 0\ 0\ 1\ 2\ 3\ 3\ 3\}/3$。

在本例和下面的接触实例中，由于模具是刚性的，没有变形，所以在有限元法的结果中不绘制模具中的位移和应力云图。但是在等几何法中模具被视为杨氏模量是工件 100 倍的近似刚体，所以仍存在云图显示。在图 5-29 中，三行显示结果分别为位移u_y云图、应力σ_{mises}云图和网格变形图。比较图 5-29（a）～图 5-29（c），我们发现云图分布规律和极值出现位置都非常的相似，相同的结论也可以从图 5-29（d）～图 5-29（f）获得。以(10×4)×30 个单元有限元法［见图 5-29（f）］下的最大应力2.11×10^4 MPa 作为近似精确解，有限元法［见图 5-29（d）］的最大应力1.90×10^4的相对误差为 10%，而等几何法［见图 5-29（e）］的最大应力1.96×10^4的相对误差为 7%。虽然误差相差不大，但是不要忘记，有限元法模具的单元数是等几何法的 3 倍。即使有限元法采用了更多的单元来表示模具，但是我们通过比较图 5-29（g）～图 5-29（i），发现图 5-29（g）中接触边界存在明显的穿透现象，而图 5-29（h）和图 5-29（i）中的接触面非常光滑，没有可见的穿透发生。

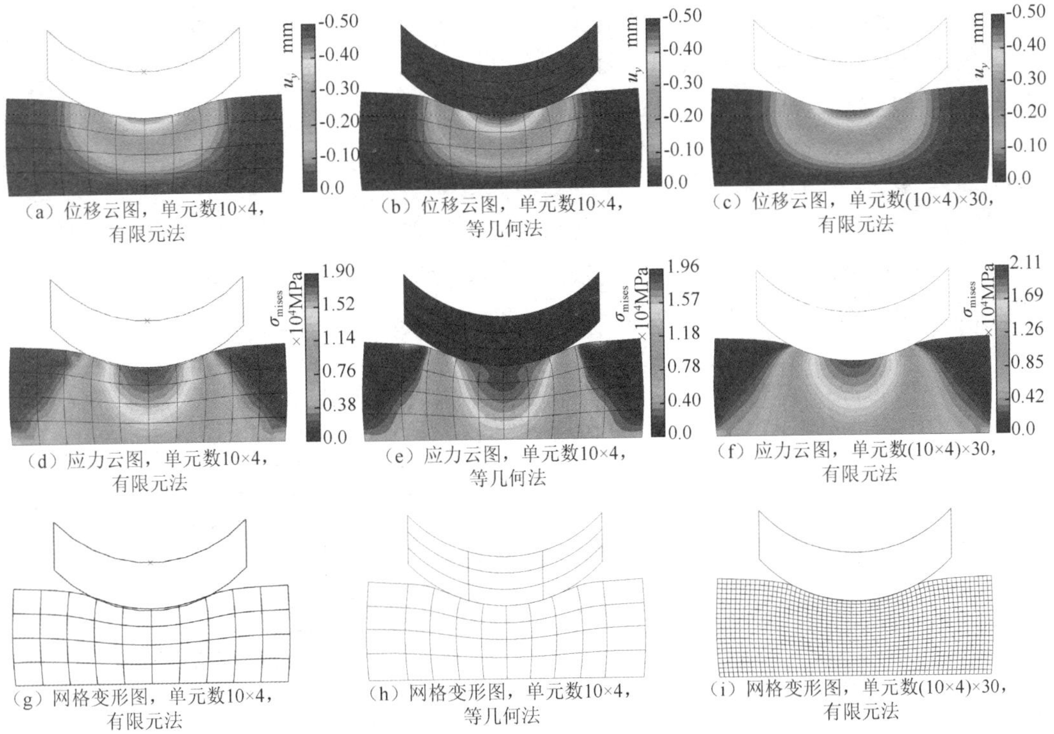

（a）位移云图，单元数10×4，有限元法　（b）位移云图，单元数10×4，等几何法　（c）位移云图，单元数(10×4)×30，有限元法

（d）应力云图，单元数10×4，有限元法　（e）应力云图，单元数10×4，等几何法　（f）应力云图，单元数(10×4)×30，有限元法

（g）网格变形图，单元数10×4，有限元法　（h）网格变形图，单元数10×4，等几何法　（i）网格变形图，单元数(10×4)×30，有限元法

图 5-29　轮-板压印的仿真结果

前文我们简要介绍了罚因子ε对接触刚度矩阵$\boldsymbol{K}_c$的影响。在这里，我们采取更加直观的方式，研究ε对最大米塞斯应力σ_{mises}的影响，如图 5-30 所示，其中直线代表近似精确解2.11×10^4，曲线代表等几何法随ε而变化的应力。ε越小，会使接触力越小，因此工件不易

发生变形，从而导致σ_{mises}越小。随着ε的增加，接触力和接触刚度矩阵计算的精度增加，曲线不断地逼近近似精确解。但是过大的ε并不会继续提高计算精度，反而可能会导致接触判断的不稳定，从而使计算结果出现错误。在本实例中，$\varepsilon=1\times10^9$是一个比较满意的数值。

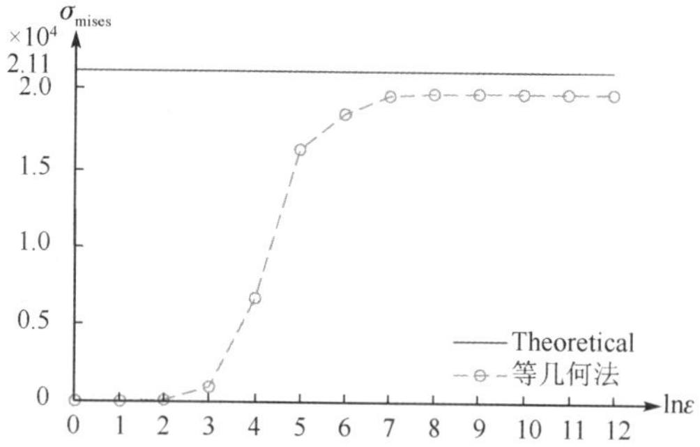

图 5-30　罚因子ε对等几何法中最大米塞斯应力σ_{mises}的影响

2. 波-板接触的弹塑性分析

本例用于分析材料填充的弹塑性问题，如图 5-31 所示，底部具有两个规则小波浪形凸起的模具压印方板。设模具长度$L=9\text{mm}$，高度$H=3\text{mm}$，波宽$S=5\text{mm}$和波深$T=0.625\text{mm}$；工件长度$l=10\text{mm}$，高度$h=5\text{mm}$；初始最小距离$h_0=0.05\text{mm}$，如图 5-31（a）所示。工件的下边界被完全固定，模具的上边界受到向下的位移量$u=-1\text{mm}$，如图 5-31（b）所示。工件的材料是金，杨氏模量$E=79\times10^3\text{MPa}$，泊松比$\mu=0.4$，初始屈服应力$\sigma_0=88\text{MPa}$，塑性模量$H=E/1000$，Bauschinger 因子$\beta=0$，罚因子$\varepsilon=E\times10^5$。选择式（5-107）表示基于位移的迭代标准。

如图 5-31（b）所示，等几何法中模具离散为 6×6 个二次单元和 64 个控制点，其中节点向量为$\boldsymbol{\Xi}_p=\boldsymbol{\Theta}_p=\{0\ 0\ 0\ 1\ 2\ 3\ 3\ 3\}/3$；工件离散为 12×12 个二次单元和 196 个控制点，其中节点向量为$\boldsymbol{\Xi}_w=\boldsymbol{\Theta}_w=\{0\ 0\ 0\ 1\ 2\ 3\ 4\ 5\ 6\ 7\ 8\ 9\ 10\ 11\ 12\ 12\ 12\}/12$。为了能够精确表示模具的几何形状，在 Abaqus 中模具采用离散刚体表示，下边界的单元数是等几何法的 10 倍，共有 60 个，如图 5-31（a）所示；工件的单元数是一致的，但是有 481 个节点。

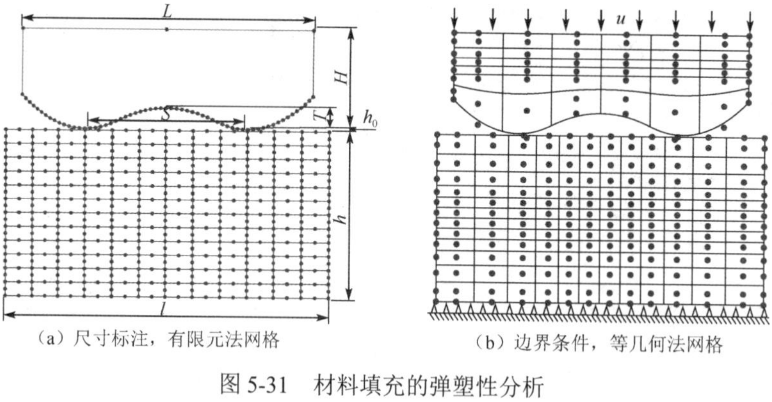

（a）尺寸标注，有限元法网格　　（b）边界条件，等几何法网格

图 5-31　材料填充的弹塑性分析

在图 5-32 中，第一行为位移u_y云图，第二行为网格变形图，其中以(12×12)×30 个单元进行有限元法［见图 5-32（c）和图 5-32（f）］计算的结果作为近似精确解。在整个压印过程中，模具的两个波峰始终与工件相互接触，变形量较大。因此，这两个区域的位移比其他区域大，

如图 5-32（a）～图 5-32（c）所示。为了更好地了解接触状态和材料填充情况，绘制了三种情况下的网格变形图，如图 5-32（d）～图 5-32（f）所示。基于有限元法［图 5-32（d）］得到的接触面可以观察到存在穿透和材料不完全填充的现象，而在模具单元数目更少的等几何法［图 5-32（e）］中却没有出现这种现象，接触边界吻合良好。这是由于等几何法中接触算法具有鲁棒性，材料与模具边界能够紧密接触，并很好地填充模具的空腔。

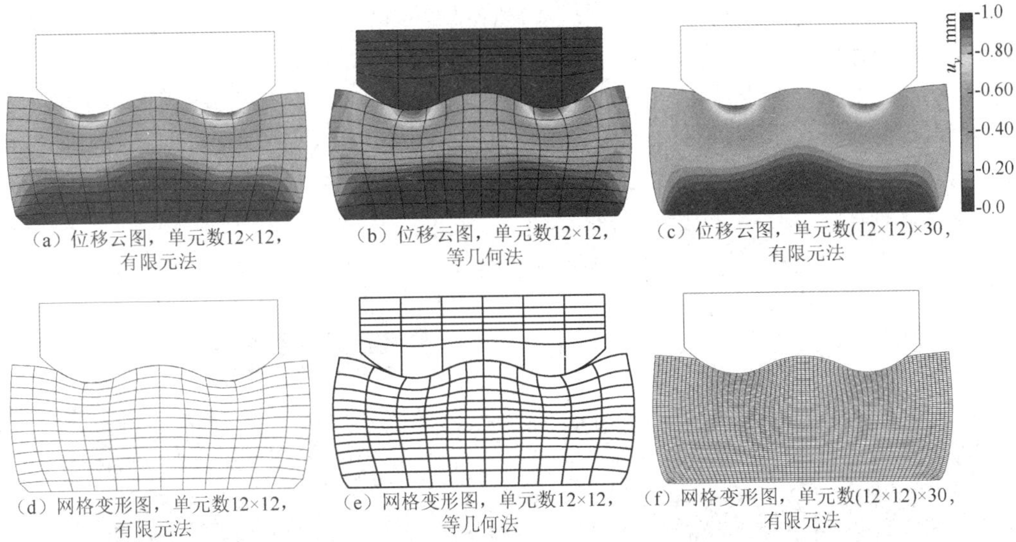

（a）位移云图，单元数12×12，有限元法
（b）位移云图，单元数12×12，等几何法
（c）位移云图，单元数(12×12)×30，有限元法
（d）网格变形图，单元数12×12，有限元法
（e）网格变形图，单元数12×12，等几何法
（f）网格变形图，单元数(12×12)×30，有限元法

图 5-32　波-板压印的仿真结果

3. 槽-板接触的弹塑性分析

与前面的例子相比，我们主要增加模具中间槽的深度来探究材料的空腔填充情况。考虑到硬币的部分表面是平坦的，波峰被替换为平坦区域，如图 5-33 所示。设模具长度$L=16$mm，高度$H_1=1.5$mm，$H_2=2$mm，槽宽$S=5$mm和槽深$T=2.5$mm；工件长度$l=24$mm和高度$h=8$mm；最小距离为$h_0=0.1$mm，如图 5-33（a）所示。工件的下边界被完全固定，模具的上边界受到向下的位移量$u=-3$mm，如图 5-33（b）所示。工件的材料是银，杨氏模量$E=82\times10^3$MPa，泊松比$\mu=0.38$，初始屈服应力$\sigma_0=50$MPa，塑性模量$H=E/100$，Bauschinger 因子$\beta=0$，罚因子$\varepsilon=E\times10^5$。选择式（5-107）表示基于位移的迭代标准。

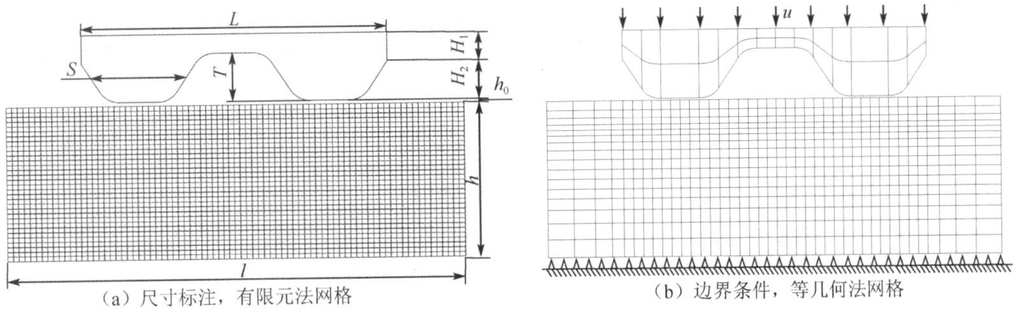

（a）尺寸标注，有限元法网格
（b）边界条件，等几何法网格

图 5-33　材料在模具中的空腔填充分析

为了便于查看，图 5-33（a）的控制点和图 5-33（b）的节点均被隐藏。在等几何法中，工件有 40×16 个单元和 756 个控制点，基函数的阶次为$p_w=q_w=2$，节点向量分别为Ξ_w={0 0 0 1 2 3 4 5 6 7 8 9 10 11 12 14 15 16 18 19 20 21 2 2 24 25 26 27 28 29 30 31 32 34 35 36 37 38

39 40 40 40}/40 和$\boldsymbol{\Theta}_w$={0 0 0 1 2 3 4 5 6 7 8 9 10 11 12 13 14 15 16 16 16}/16。模具有 14×2 个单元和 84 个控制点，基函数的阶次为$p_p=2$和$q_p=1$，节点向量分别为$\boldsymbol{\Xi}_p$={0 0 0 1 1 2 2 3 3 4 4 5 5 6 6 7 7 8 8 9 9 10 10 11 11 12 12 13 13 14 14 14}/14 和$\boldsymbol{\Theta}_p$={0 0 1 2 2}/2。根据前面的实例我们知道，即使有限元法模具的网格加密，计算精度较等几何法也较差，所以本例除了将模具接触边界的网格加密，还将工件的网格加密了4倍。此时工件共有(40×16)×4个二次单元和7905个节点，模具的接触边界共有32个单元。在进行模具网格划分时，平坦区域的单元数较少，弯曲区域的单元数较多。

如图5-34所示，由于等几何法在前文的接触判断中的良好性能，所以在此未单独进行变形网格的比较，而只比较其位移u_y云图。即使有限元法进行了网格加密，但是我们仍然可以在图5-34（a）中看到穿透现象，但在图5-34（b）中却没有发生穿透。此外，由于本例存在网格大变形，在有限元法中，几个单元会发生畸变。然而，在等几何法的情况下，没有发现畸变单元。这两个优点使得基于等几何法的接触算法在铸造仿真中有着广阔的应用前景。

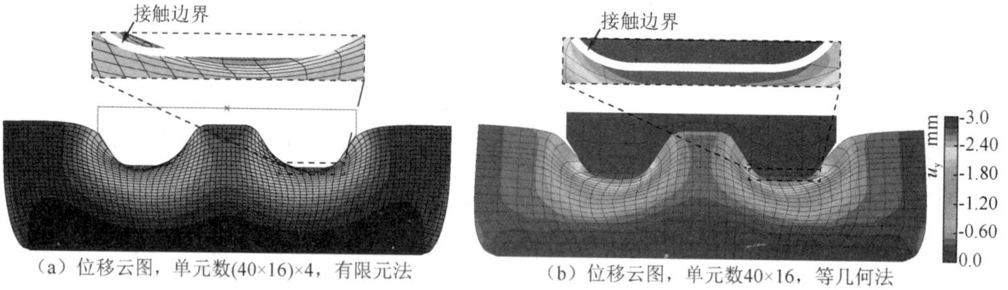

（a）位移云图，单元数(40×16)×4，有限元法　　（b）位移云图，单元数40×16，等几何法

图5-34　槽-板压印的仿真结果

4. 硬币工件的真实几何图形模拟

在本实例中，采用一个真实的硬币几何图案来探究等几何法在模拟硬币加工过程中的性能，如图5-35所示，由于结构的对称性，只使用四分之一模型进行模拟仿真。设模具半径$R=9.65\text{mm}$，高度$H_1=0.525\text{mm}$，$H_2=0.6\text{mm}$，$H_3=0.19\text{mm}$；工件半径$r_1=9.6\text{mm}$，$r_2=6\text{mm}$，高度$h_1=1.6\text{mm}$，$h_2=2.32\text{mm}$；最大和最小距离分别为$h_{01}=1.055\text{mm}$和$h_{02}=0.07\text{mm}$，如图5-35（a）所示。工件的左边界和下边界分别受到x和y方向位移的限制，模具的上边界受到向下的位移量$u=-1.1\text{mm}$，如图5-35（b）所示。工件的材料是银，杨氏模量$E=82\times10^3\text{MPa}$，泊松比$\mu=0.38$，初始屈服应力$\sigma_0=50\text{MPa}$，塑性模量$H=E/100$，Bauschinger 因子$\beta=0$，罚因子$\varepsilon=E\times10^5$。选择式（5-107）表示基于位移的迭代标准。

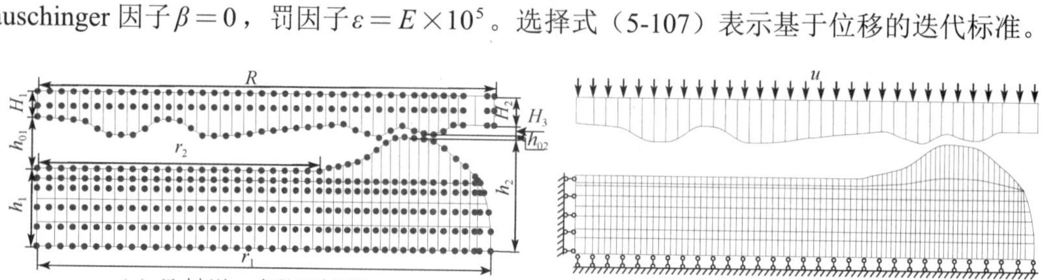

（a）尺寸标注，有限元法网格　　（b）边界条件，等几何法网格

图5-35　硬币加工过程分析

如图5-35（a）所示，模具由38×1个单元和120个控制点组成，基函数的阶次都为2，相应的节点向量为$\boldsymbol{\Xi}_p$={0 0 0 1 2 3 4 5 6 7 8 9 10 11 12 13 14 15 16 17 18 19 20 21 22 23 24 25

26 27 28 29 30 31 32 33 34 35 36 37 38 38 38}/38 和$\boldsymbol{\Theta}_p$ ={0 0 0 1 1 1}。工件最初采用 41×4 个二次单元，其节点向量分别为$\boldsymbol{\Xi}_w$={0 0 0 1 2 3 4 5 6 7 8 9 10 11 12 13 14 15 16 17 18 19 20 21 22 23 24 25 26 27 28 29 30 31 32 33 34 35 36 37 38 39 40 41 41 41}/41 和$\boldsymbol{\Theta}_w$={0 0 0 0.5 2 3.9 4 4 4}/4。因为接触边界是不规则的，所以为了获得更为精确的结果，将工件的单元数细化为 4 倍，此时共有(41×4)×4 个单元，而模具单元数不变，如图 5-35（b）所示。

图 5-36 所示为硬币压印的仿真结果。主要观察模具和工件的一对接触边界，硬币右凸起区域的材料会发生大变形，因为它们比其他部位材料更早接触模具边界。如图 5-36（a）所示，部分材料被压缩进硬币的空腔，一些材料被向右挤压以形成凸起。通过观察图 5-36（b）中的变形网格，我们注意到这些变形区域中的网格具有良好的抗畸变能力。此外，与模具接触的边界单元未显示明显的穿透。

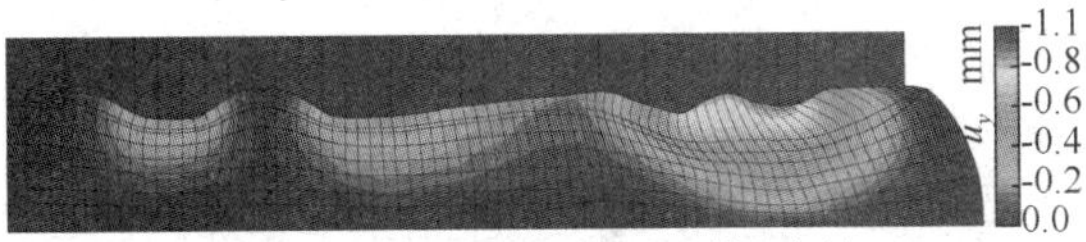

（a）位移云图，单元数(41×4)×4，等几何法

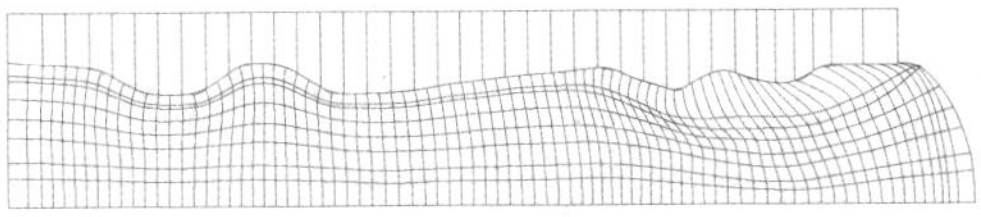

（b）网格变形图，单元数(41×4)×4，等几何法

图 5-36　硬币压印的仿真结果

5.4.3　MATLAB 源代码

轮-板接触的弹性分析简要的 MATLAB 代码框架如下所示，完整代码文件参见“Codes\Chapter5_IGA\Matlab_5_4\Wheel\main.m”。

波-板接触的弹塑性分析完整代码文件参见“Codes\Chapter5_IGA\Matlab_5_4\SquareWave\main.m”。

槽-板接触的弹塑性分析完整代码文件参见“Codes\Chapter5_IGA\Matlab_5_4\ChannelPlates\main.m”。

硬币工件的真实几何图形模拟完整代码文件参见“Codes\Chapter5_IGA\Matlab_5_4\Coin\main.m”。

基于轮-板实例的等几何法弹性接触分析简要流程代码

```
%下面物体信息
[C_1] = MaterialParameters_low( );
[p_1, q_1, noPtsX_1, noPtsY_1, uKnot_1, vKnot_1, controlPts_1, weights_1, ~] = …
                                    Geometry_low(0, refineCount_low);  %网格信息
[BC_1, g_1] = BoundaryConditions_low( noPtsX_1,noPtsY_1);   %边界条件
noCtrPts_1 = noPtsX_1*noPtsY_1;    %控制点个数
dis_1 = zeros(size(controlPts_1));
controlPts10=controlPts_1;

noElemsU = length(unique(uKnot_1))-1;    %横向单元数
noElemsV = length(unique(vKnot_1))-1;    %纵向单元数
noElems  = noElemsU*noElemsV;            %单元总数

%上面物体信息
[C_2] = MaterialParameters_up( );
[p_2, q_2, noPtsX_2, noPtsY_2, uKnot_2, vKnot_2, controlPts_2, weights_2, ~] =…
```

```
Geometry_up(0,refineCount_up);
[BC_2, g_2] = BoundaryConditions_up( noPtsX_2,noPtsY_2);
noCtrPts_2 = noPtsX_2*noPtsY_2;
dis_2 = zeros(size(controlPts_2));
controlPts20=controlPts_2;

%绘图
figure; axis equal; hold on;
PlotMesh(controlPts_1,weights_1,uKnot_1,vKnot_1,p_1,q_1,50,'k-','try.eps',0,path);
PlotMesh(controlPts_2,weights_2,uKnot_2,vKnot_2,p_2,q_2,50,'k-','try.eps',0,path);
hold off;

%时间循环
while(time <= timeAll)

    %下面物体
    % 更新控制点坐标
    [~, ~, ~, ~, ~, ~, controlPts_1, ~, ~] = Geometry_low(dis_1,refineCount_low);
[ K_Patch_1,F_Patch_1] = ElasticitySolution(controlPts_1,uKnot_1,vKnot_1,p_1,
q_1,weights_1,C_1,…
                                              BC_1,g_1);

    %上面物体
    [~, ~, ~, ~, ~, ~, controlPts_2, ~, ~] = Geometry_up(dis_2,refineCount_up);
[ K_Patch_2,F_Patch_2] =
ElasticitySolution(controlPts_2,uKnot_2,vKnot_2,p_2,q_2,weights_2,C_2,…
BC_2,g_2);

    %没有接触时的总刚度矩阵和总载荷向量
    K_Global = [K_Patch_1,                         zeros(size(K_Patch_1,
1),size(K_Patch_2,2));
            zeros(size(K_Patch_2, 1),size(K_Patch_1,2)),  K_Patch_2];
    F_Global = [F_Patch_1; F_Patch_2];

    %接触刚度矩阵
    Penalty = 1e9;
    K_Contact = Contact_Formualtion(noCtrPts_1, noCtrPts_2,Penalty, dis_1,
dis_2,refineCount_low,…
                                    refineCount_up);

    %最终的刚度矩阵
    K_Global = K_Global + K_Contact;

    %求解位移
    d = linsolve(K_Global,F_Global);

    %单位时间位移
    d1 = d(1:sd*noCtrPts_1);   %下面物体
    d2 = d(sd*noCtrPts_1+1:sd*(noCtrPts_1+noCtrPts_2));   %上面物体
```

```
    %总位移
    dis_1 = dis_1+transpose(reshape(d1, size(dis_1,2), size(dis_1,1)));
    dis_2 = dis_2+transpose(reshape(d2, size(dis_2,2), size(dis_2,1)));

    time=time+1

end

%变形后
figure; axis equal; hold on;
[~, ~, ~, ~, ~, ~, controlPts_1, ~, ~] = Geometry_low(dis_1,refineCount_low);
PlotMesh_nopoints(controlPts_1,weights_1,uKnot_1,vKnot_1,p_1,q_1,50,'k-','try.
eps',time-1,path);
[~, ~, ~, ~, ~, ~, controlPts_2, ~, ~] = Geometry_up(dis_2,refineCount_up);
PlotMesh_nopoints(controlPts_2,weights_2,uKnot_2,vKnot_2,p_2,q_2,50,'k-','try.
eps',time-1,path);
hold off;
```

接触搜索子函数代码

```
function [K_Contact] = Contact_Formualtion(ncp_1, ncp_2,Penalty, dis_1,
dis_2,refineCount_low,…
                                                    refineCount_up)

%从接触段（上）的单元循环
for e_i=1:ne_s

    %高斯循环
    for q_i=1:nq_s
        xi_slave=(1-xi_q(q_i))*Xi_s_unique(e_i)+xi_q(q_i)*Xi_s_unique(e_i+1); %(1×1)
        %(1×2)物理坐标
        x_slave=NURBS_Curve_Point(xi_slave, sd, p_s, n_s, Xi_s, P_s, W_s);

        [xi_master, x_master, active]=Closet_Point_Curve(x_slave, p_m, Xi_m, P_m,
W_m, normal_type_m);
        %x_slave 是上面物体的参数，而 p_m、Xi_m、P_m、W_m 都是下面物体的参数

        if active==1  %发生接触
            Ra_s=zeros(sd,sd*nnd_s);
            Ra_m=zeros(sd,sd*nnd_m);

            %计算上面物体接触段的形函数
            for ns_i=1:nnd_s
                node=IEN_s(ns_i, e_i);
                Ra_s(1, sd*(ns_i-1)+1)=NURBS_1D(xi_slave, node, p_s, n_s, Xi_s, W_s);
                Ra_s(2, sd*(ns_i-1)+2)=Ra_s(1, sd*(ns_i-1)+1);
            end

            m_e=1;   %从第一个单元开始搜索
            for j=1:ne_m  %j=1:3（主接触段单元的数量）
```

```
            if xi_master>=Xi_m_unique(j) & xi_master<=Xi_m_unique(j+1)
               m_e=j;
               break;
            end
         end

         for nm_i=1:nnd_m
            node=IEN_m(nm_i, m_e);
            Ra_m(1, sd*(nm_i-1)+1)=NURBS_1D(xi_master, node, p_m, n_m, Xi_m, W_m);
            Ra_m(2, sd*(nm_i-1)+2)=Ra_m(1, sd*(nm_i-1)+1);
         end

         %接触刚度矩阵
         KC_cp=Penalty*[ Ra_s'*Ra_s,  -Ra_s'*Ra_m;
                        -Ra_m'*Ra_s,  Ra_m'*Ra_m ];

      end   %判断发生接触
   end   %高斯循环
end   %单元循环

end
```

接触判断子函数代码

```
function [ Closet_Point, Master_P, active] = Closet_Point_Curve(Slave_P, p, Xi,
P, W, normal_type)

Closet_Point=(max(Xi)+min(Xi))/2;

%初始化
criterial=1e-10;  %极小值 ε
iteration=0;     %迭代次数 k

[n, sd]=size(P);

%注意，输入输出量都是下面物体的参数
C_1st=NURBS_Curve_derivatives(Closet_Point, 1, p, Xi, P, W);
Master_P=NURBS_Curve_Point(Closet_Point, sd, p, n, Xi, P, W );

f_u=dot(Slave_P-Master_P, C_1st);  % f(u)=(x^A-x^B)·t

while abs(f_u)>criterial & iteration<10
   C_2nd=NURBS_Curve_derivatives(Closet_Point, 2, p, Xi, P, W);
   du=-f_u/(dot(Slave_P-Master_P, C_2nd)-dot(C_1st, C_1st));

   Closet_Point=Closet_Point+du;

   if Closet_Point>max(Xi)
      Closet_Point=max(Xi)-criterial;
   end
```

```
    if Closet_Point<min(Xi)
        Closet_Point=min(Xi)+criterial;
    end

    C_1st=NURBS_Curve_derivatives(Closet_Point, 1, p, Xi, P, W);
    Master_P=NURBS_Curve_Point(Closet_Point, sd, p, n, Xi, P, W );

    f_u=dot(Slave_P-Master_P, C_1st);

    iteration=iteration+1;
end

%计算法向量
C_1st=NURBS_Curve_derivatives(Closet_Point, 1, p, Xi, P, W);
switch normal_type
    case 1
        normal=[-C_1st(2), C_1st(1)];
    case 2
        normal=[-C_1st(2), C_1st(1)];
    otherwise
        error('Closet_Point_Curve:unsupported normal type');
end

%判断接触状态
g_N = dot(Slave_P-Master_P, normal);
if g_N <= 0
    active=1;    %g_N ≤ 0，发生接触
else
    active=0;    %g_N > 0，没有发生接触
end

end
```

5.5　枝晶凝固问题

枝晶组织是金属凝固过程中极为常见的微观组织结构，其枝晶的生长个数、角度及速率等方面都将直接影响到成型金属件的性能。通过模拟仿真对枝晶生长形貌的分析，可以对金属凝固过程中枝晶的生长规律及影响参数进行分析，从而可以对成型件的质量进行预测和改善。不同于 3.3 节采用有限差分法，本节采用等几何法模拟枝晶生长。

5.5.1　枝晶凝固理论

枝晶的数学模型如 3.3.1 节所述，在这里就不再赘述，因为有限差分法和等几何法的基函数等不一致，所以进行的空间和时间离散方式也不一致。

1．空间离散

首先定义试函数和权函数空间 $\mathcal{V}\subset\mathcal{H}^1(\Omega)$，这里，$\mathcal{H}^1(\Omega)$ 是积分函数在区间 Ω 上的

Sobolev 空间。有限维空间被离散化为$\mathcal{V}^h=\mathrm{span}\{N_i\}_{i=1,2,\cdots,n}$，其中$n$是$\mathcal{V}^h\subset\mathcal{V}\subset\mathcal{H}^1(\Omega)$的维数，$N_i$是线性独立的 NURBS 基函数。取权函数$\omega$为试函数，式（3-121）和式（3-123）的伽辽金弱形式可以表示为

$$\int_\Omega \omega^h\cdot\tau\frac{\partial\phi^h}{\partial t}\mathrm{d}\Omega=\int_\Omega\omega^h\cdot\Big[-\frac{\partial}{\partial x}\Big(\varepsilon\varepsilon'\frac{\partial\phi^h}{\partial y}\Big)+\frac{\partial}{\partial y}\Big(\varepsilon\varepsilon'\frac{\partial\phi^h}{\partial x}\Big)+\nabla\cdot\varepsilon^2\nabla\phi^h-\mu(\phi^h,T^h)\Big]\mathrm{d}\Omega \tag{5-131}$$

$$\int_\Omega\omega^h\cdot\frac{\partial T^h}{\partial t}\mathrm{d}\Omega=\int_\Omega\omega^h\cdot\nabla\cdot\nabla T^h\mathrm{d}\Omega+\int_\Omega\omega^h\cdot K\frac{\partial\phi^h}{\partial t}\mathrm{d}\Omega \tag{5-132}$$

应用分部积分和散度定理，式（5-131）和式（5-132）的伽辽金弱形式可以写成

$$\begin{aligned}&\int_\Omega\Big[-\Big(\frac{\partial\omega^h}{\partial x},\frac{\partial\omega^h}{\partial y}\Big)\cdot\Big(\varepsilon\varepsilon\frac{\partial\phi^h}{\partial x},\varepsilon\varepsilon\frac{\partial\phi^h}{\partial y}\Big)\Big]\mathrm{d}\Omega\\&-\int_\Omega\Big[\Big(\frac{\partial\omega^h}{\partial y},\frac{\partial\omega^h}{\partial x}\Big)\cdot\Big(\varepsilon\varepsilon'\frac{\partial\phi^h}{\partial x},-\varepsilon\varepsilon'\frac{\partial\phi^h}{\partial y}\Big)\Big]\mathrm{d}\Omega\\&+\int_\Omega\Big[(-\omega^h\cdot\mu(\phi^h,T^h))-\omega^h\cdot\tau\frac{\partial\phi^h}{\partial t}\Big]\mathrm{d}\Omega=0\end{aligned} \tag{5-133}$$

$$\int_\Omega\omega^h\cdot\frac{\partial T^h}{\partial t}\mathrm{d}\Omega+\int_\Omega\nabla\omega^h\cdot\nabla T^h\mathrm{d}\Omega-\int_\Omega\omega^h\cdot K\frac{\partial\phi^h}{\partial t}\mathrm{d}\Omega=0 \tag{5-134}$$

式中，离散解ϕ和T被定义如下：

$$\phi(x,y,t)^h=\sum_{i=1}^n\phi_i(t)N_i(x,y) \tag{5-135}$$

$$T(x,y,t)^h=\sum_{i=1}^n T_i(t)N_i(x,y) \tag{5-136}$$

式中，ϕ_i和T_i表示控制变量。所以权函数ω^h表示为

$$\omega(x,y)^h=\sum_{i=1}^n\omega_i N_i(x,y) \tag{5-137}$$

式中，ω_i是控制变量。

2. 时间离散

动态方程式（5-133）和式（5-134）采用 generalized-α 方法进行离散。符号$\boldsymbol{\Phi}_n$和$\boldsymbol{T}_n$用于未知量ϕ_n^h和T_n^h的控制变量的全局向量，其中下标n表示时间步长。我们称$\dot{\boldsymbol{\Phi}}_n$和$\dot{\boldsymbol{T}}_n$是控制变量对时间的导数。我们进一步介绍$\boldsymbol{S}_n=\{\boldsymbol{\Phi}_n,\boldsymbol{T}_n\}$。使用这种表示法，残余向量定义为

$$\begin{aligned}\boldsymbol{R}_A^\phi\big(\boldsymbol{S}_{n+\alpha_f},\dot{\boldsymbol{S}}_{n+\alpha_m}\big)=&\big(N_A,\tau\dot{\phi}_{n+\alpha_m}^h\big)_\Omega+\big(\nabla N_A,\varepsilon^2\nabla\phi_{n+\alpha_f}^h\big)_\Omega-\\&\big(\nabla N_A',\varepsilon\varepsilon'\nabla\phi_{n+\alpha_f}^h\big)_\Omega+\big(N_A,\mu_\phi\big(\phi_{n+\alpha_f}^h,T_{n+\alpha_f}^h\big)\big)_\Omega\end{aligned} \tag{5-138}$$

$$\boldsymbol{R}_A^T\big(\boldsymbol{S}_{n+\alpha_f},\dot{\boldsymbol{S}}_{n+\alpha_m}\big)=\big(N_A,\dot{T}_{n+\alpha_m}^h\big)_\Omega+\big(\nabla N_A,\nabla T_{n+\alpha_f}^h\big)_\Omega-\big(N_A,K\dot{\phi}_{n+\alpha_m}^h\big)_\Omega \tag{5-139}$$

式中，$(\cdot,\cdot)$是在定义域Ω中的内积，并且$\nabla N_A=(\partial N_A/\partial x,\partial N_A/\partial y)$，$\nabla N_A'=(\partial N_A/\partial y,\partial N_A/\partial x)$。中间时刻的变量为

$$\dot{\boldsymbol{S}}_{n+\alpha m}^{h}=\dot{\boldsymbol{S}}_{n}^{h}+\alpha_m\left(\dot{\boldsymbol{S}}_{n+1}^{h}-\dot{\boldsymbol{S}}_{n}^{h}\right)$$
$$\boldsymbol{S}_{n+\alpha f}^{h}=\boldsymbol{S}_{n}^{h}+\alpha_f\left(\boldsymbol{S}_{n+1}^{h}-\boldsymbol{S}_{n}^{h}\right) \tag{5-140}$$
$$\boldsymbol{S}_{n+1}^{h}=\boldsymbol{S}_{n}^{h}+\Delta t_n\dot{\boldsymbol{S}}_{n}^{h}+\gamma\Delta t_n\left(\dot{\boldsymbol{S}}_{n+1}^{h}-\boldsymbol{S}_{n}^{h}\right)$$

式中

$$\alpha_m=\frac{1}{2}\left(\frac{3-\rho_\infty}{1+\rho_\infty}\right);\quad \alpha_f=\frac{1}{1+\rho_\infty};\quad \gamma=\frac{1}{2}+\alpha_m-\alpha_f \tag{5-141}$$

式中，$\rho_\infty=1/2$。之后，应用牛顿-拉弗森法对非线性系统进行线性化，即可得到解$\boldsymbol{S}_{n+1}$。

5.5.2　实例分析

在本例中，选择等几何法、有限元法和有限差分法三种数值方法用于模拟枝晶生长。模拟参数如 3.3.2 节表 3-2 所示。不同于 3.3.2 节主要研究计算效率问题，本节主要研究潜热、各向异性模数和初始角度对枝晶生长的影响。

1．潜热的影响

潜热是指在温度保持不变的前提下，物质在从某一个相转变到另一个相的相变过程中所吸入或放出的热量。为了测试潜热对晶粒生长的影响，本节选择了等几何法、有限元法和有限差分法三种数值方法进行模拟，考虑了两个不同的潜热值$K=1.6$和$K=2.0$，表 3-2 列出了其他参数。基于等几何法下潜热对枝晶形貌的影响如图 5-37 所示。

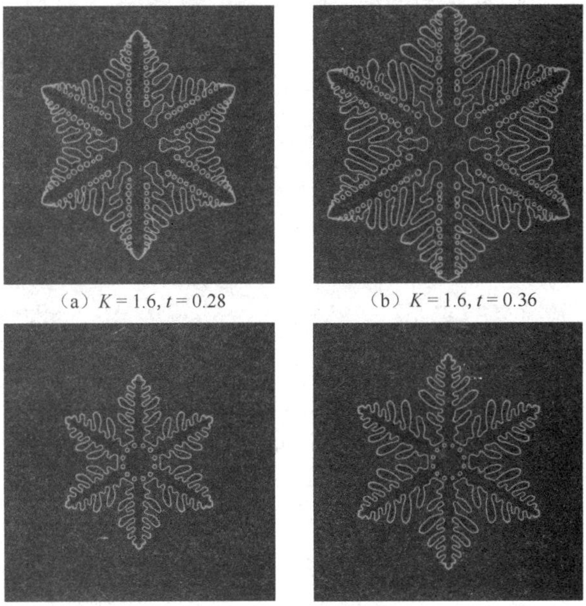

（a）$K=1.6, t=0.28$　（b）$K=1.6, t=0.36$

（c）$K=2.0, t=0.28$　（d）$K=2.0, t=0.36$

图 5-37　基于等几何法下潜热对枝晶形貌的影响

结果表明，随着潜热的增加，枝晶形貌发生了变化，6 个一次枝晶沿选定的方向生长。当选取各向异性模数$j=6$，初始角度$\theta_0=90°$时，各个一次枝晶与y轴夹角保持$60°$。随着K值的增加，枝晶前部的热量逐渐积累，过冷度逐渐减小，因此树突生长得更慢和更细，这些现象可以很容易地从图 5-37 中观察到。例如，时间$t=0.36$时，在$K=1.6$［见图 5-37（b）］

的情况下，变形到达计算域的边界，而在$K=2.0$［见图 5-37（d）］的情况下，变形占据更少的空间，并且仍然远离边界。

在有限元法和有限差分法的情况下也可以得到类似的结论，如图 5-38 和图 5-39 所示，根据图中的结构，我们注意到等几何法和有限元法得到的界面比有限差分法得到的界面光滑得多。可以解释的是，基于 NURBS 的等几何法和有限元法可以轻松准确地捕捉界面的特征，甚至可以跨越网格边界。

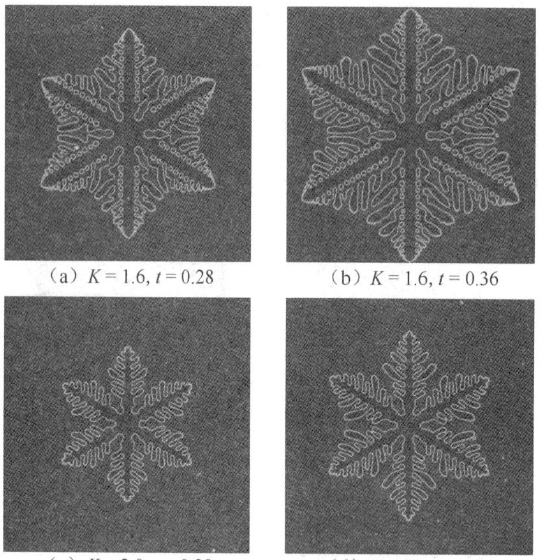

（a）$K=1.6, t=0.28$　（b）$K=1.6, t=0.36$

（c）$K=2.0, t=0.28$　（d）$K=2.0, t=0.36$

图 5-38　基于有限元法下潜热对枝晶形貌的影响

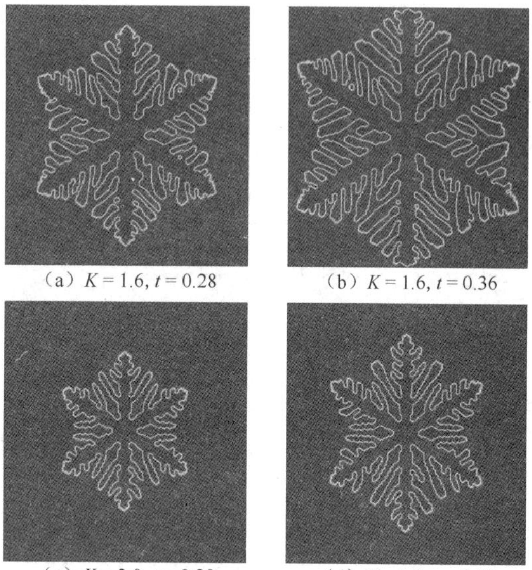

（a）$K=1.6, t=0.28$　（b）$K=1.6, t=0.36$

（c）$K=2.0, t=0.28$　（d）$K=2.0, t=0.36$

图 5-39　基于有限差分法下潜热对枝晶形貌的影响

2．各向异性模数的影响

各向异性模数直接影响枝晶生长的形状，并决定一次枝晶的数量。在本节中，进行了两种不同模数$j=4$和$j=6$的模拟分析，并在图 5-40 中比较了等几何法和有限差分法的计算结果。

当模数$j=4$时，等几何法和有限差分法得到 4 个一级分支，如图 5-40（a）和图 5-40（c）所示；而当模数$j=6$时，等几何法和有限差分法得到 6 个一级分支，如图 5-40（b）和图 5-40（d）所示。随着各向异性模数的增加，一次枝晶的数量随之增加，晶粒形貌也由类四边形向着雪花状的类六边形转变。从如图 5-40 所示的结果来看，各向异性模数显著影响了枝晶的后续生长形态，并对晶体的物理化学性质起着重要作用。通过比较主枝的长度可以得出结论，当选择$j=4$时，两种数值方法中一次枝晶的生长速率保持相同。而当采用$j=6$时，二次枝晶的生长速率提高。虽然通过等几何法和有限差分法得到的晶体形态相似，但我们仍然注意到等几何法的界面比有限差分法的界面更加光滑，这可以用 NURBS 基函数的内在优点进行解释。

3．初始角度的影响

初始角度θ_0的物理意义是各向异性轴的方向，它决定了一次枝晶到后续枝晶的生长角度。在数值模拟中可以很容易地观察到θ_0对枝晶生长方向的影响，在其他条件不变的情况下分别选取初始角度θ_0为$90°$和$135°$进行分析，结果如图 5-41 所示。

从图 5-41 中可以看出，初始角度的变化会影响一次枝晶的生长角度。从理论上讲，形成的枝晶的形状和结构应保持一致。但是，当图 5-41（b）中的结构顺时针旋转 45°时，图 5-41（a）和图 5-41（b）中的两个变形结果并不完全相同。类似的情况也可在图 5-41（c）和图 5-41（d）中发现。虽然在接口和分支的前面有一些细微的差别，但是这些差异是由于数值计算、初始条件设置和网格生成等方面的误差造成的。

（a）$j=4$，等几何法

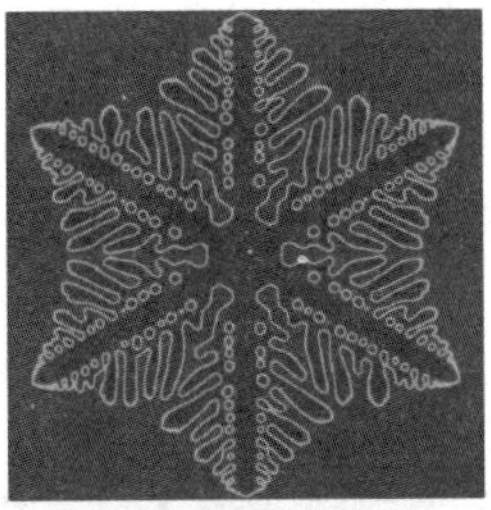
（b）$j=6$，等几何法

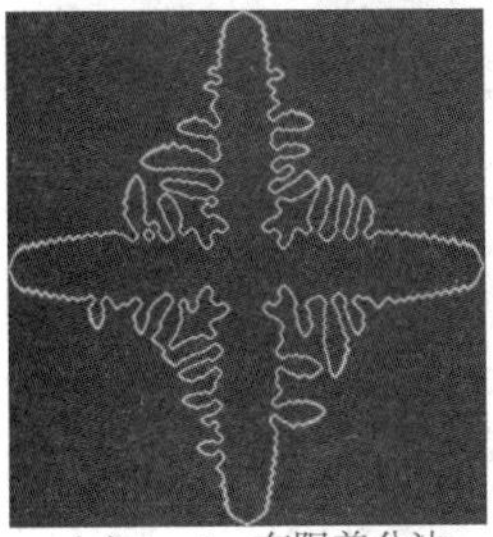
（c）$j=4$，有限差分法

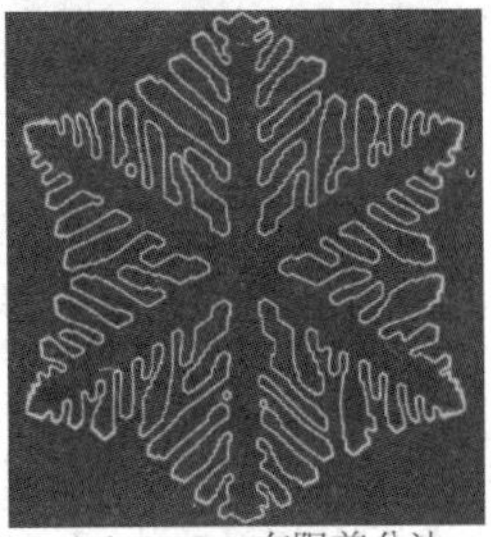
（d）$j=6$，有限差分法

图 5-40　$t=0.36$ 时各向异性模数对枝晶形貌的影响

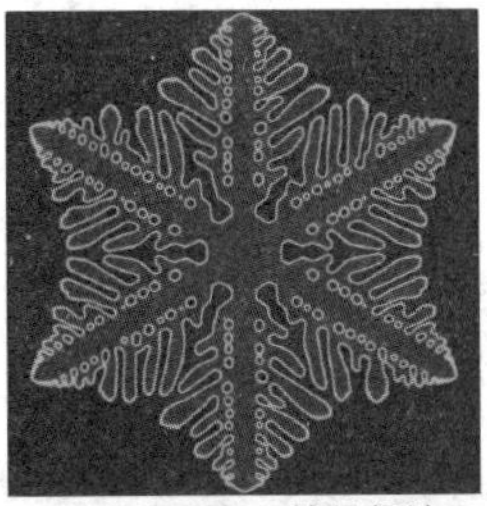
（a）θ_0=90°，等几何法

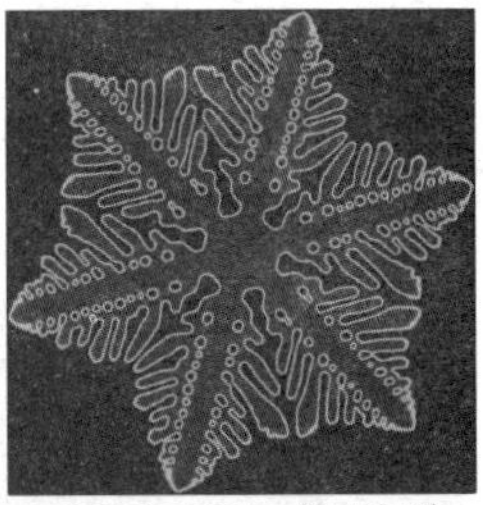
（b）θ_0=135°，等几何法

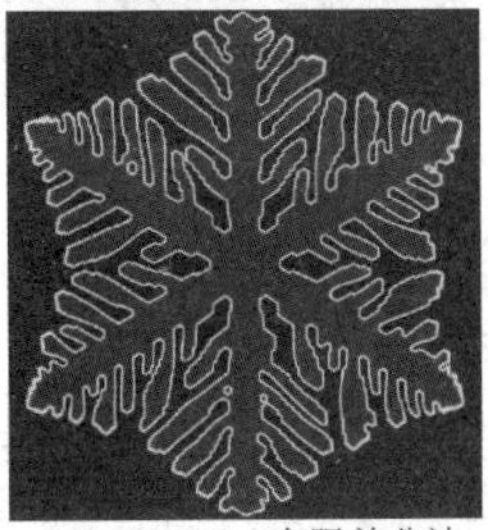
（c）θ_0=90°，有限差分法

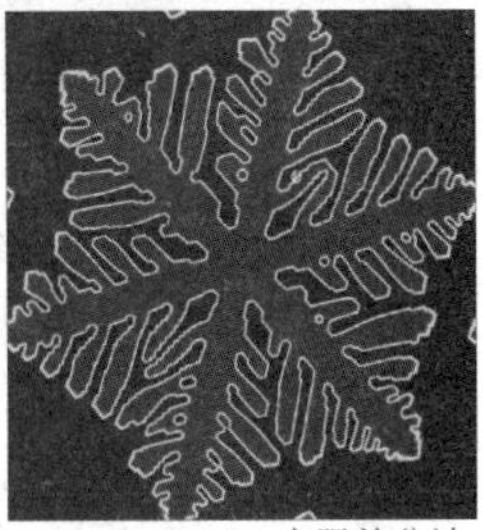
（d）θ_0=135°，有限差分法

图 5-41　$t=0.36$ 时初始角度对枝晶形貌的影响

4．液滴表面不同过冷度下的枝晶生长

我们研究不同过冷度对熔滴结晶的影响，如图 5-42 所示，其中图 5-42（a）给出了熔滴结晶的几何形状，其中初始晶体是半径为 0.1 的圆形，中心点位于(4,0)。图 5-42（b）给出了划分的等几何法网格。我们可以看到，液滴的边界由几个等几何法单元精确表示。在接下来的所有模拟中，均使用由 512×256 个单元组成的统一计算网格。

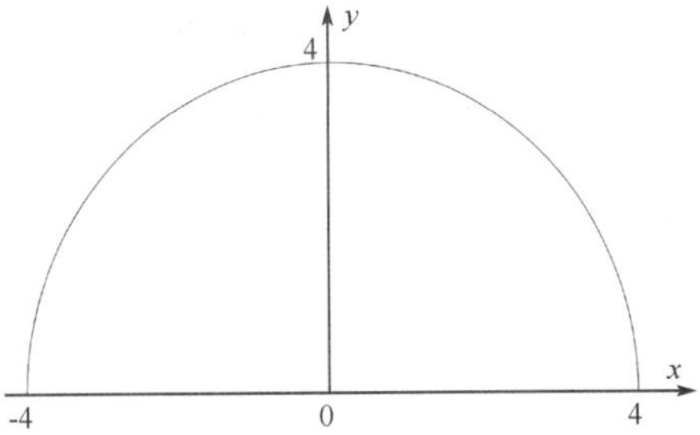

（a）几何形状

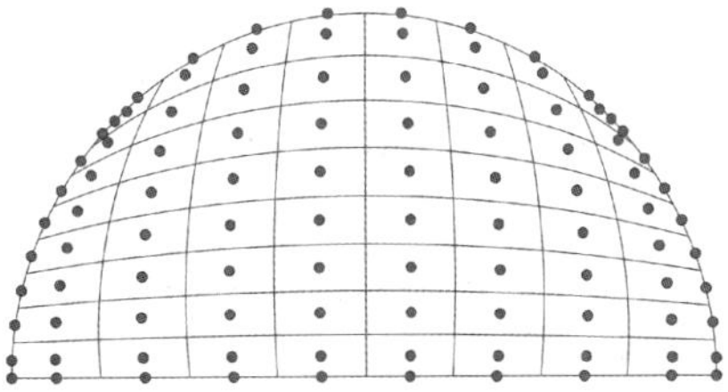
（b）等几何法网格实例

图 5-42　过冷度对熔滴结晶的影响

为了描述液滴表面的过冷度，在式（3-123）中增加了一个额外的项，得到新的温度场方程为

$$\frac{\partial T}{\partial t}=\nabla\cdot\nabla T+K\frac{\partial\phi}{\partial t}-c\mathcal{H}(d) \tag{5-142}$$

式中，c 是无量纲过冷度；$\mathcal{H}(\cdot)$ 是 Heaviside 函数，在边界上取 1，在剩余区域取 0；d 是到

边界曲面的距离。从这个意义上讲，任何复杂的内外边界条件和过冷度都可以通过采用最小二乘法自由应用。本节研究了三种不同的冷却度，即$c=0$、$c=10^2$和$c=10^5$。所有其他参数采用表 3-2 中列出的值。液滴中的初始温度用$T_0=1-(-7.785d_0^2+2289)/2289$表示，其中$d_0$是到液滴中心的距离。

最初，我们研究了表面无过冷的枝晶生长，其过冷度$c=0$。由于液滴内部的温度梯度比表面上的温度梯度大，因此内部区域的主分支比另一个分支生长得更快［见图 5-43（c）和图 5-43（e）］。随着凝固过程中界面前方释放能量，固相中的温度逐渐升高［见图 5-43（d）和图 5-43（f）］。

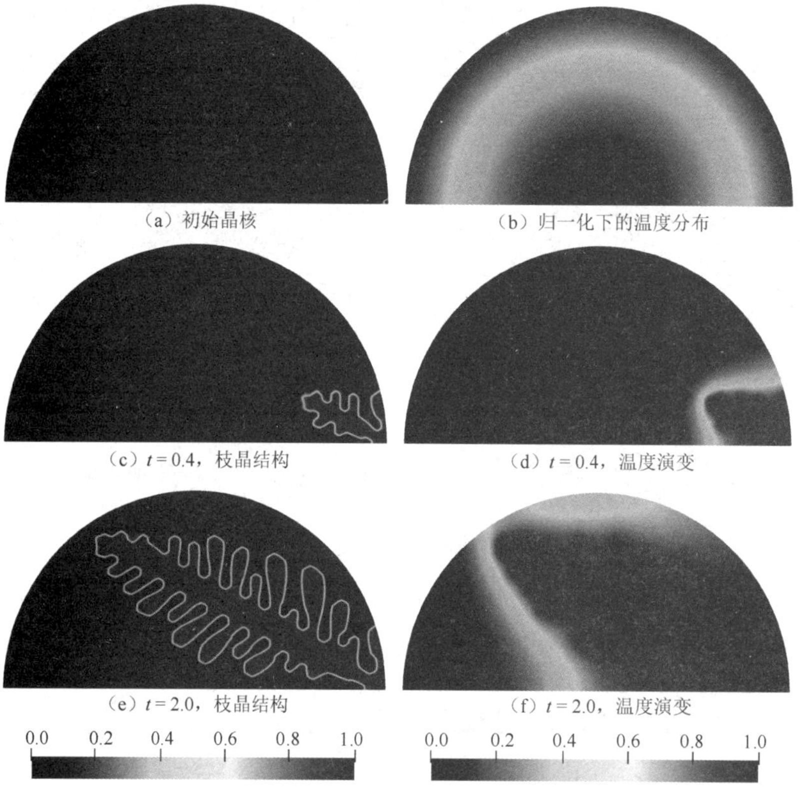

（a）初始晶核　（b）归一化下的温度分布

（c）$t=0.4$，枝晶结构　（d）$t=0.4$，温度演变

（e）$t=2.0$，枝晶结构　（f）$t=2.0$，温度演变

图 5-43　过冷度$c=0$时液滴表面的枝晶生长

然后，我们增加过冷度为$c=10^2$，并保持其他参数不变。通过比较图 5-43（c）和图 5-44（a），我们发现在$t=0.2$时，$c=10^2$界面上的结晶生长速度比$c=0$时快。我们还注意到，随着时间的推移，表面上的第一个分支比内部的分支增长得更快（见图 5-44）。最终，当枝晶到达半圆的另一端时，表面生长停止，并且由于温度梯度，枝晶的第二分支向液滴中心生长。

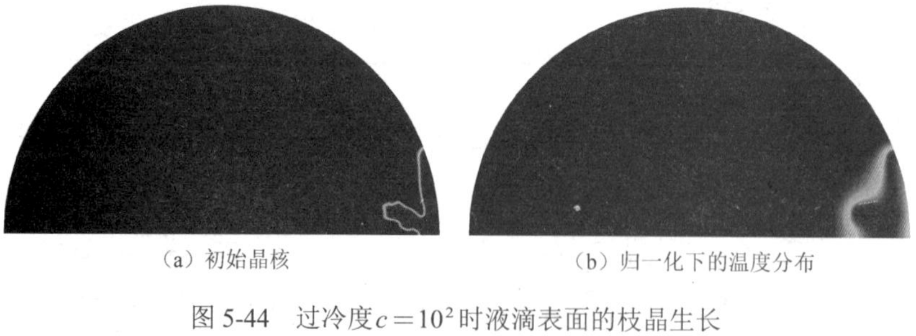

（a）初始晶核　（b）归一化下的温度分布

图 5-44　过冷度$c=10^2$时液滴表面的枝晶生长

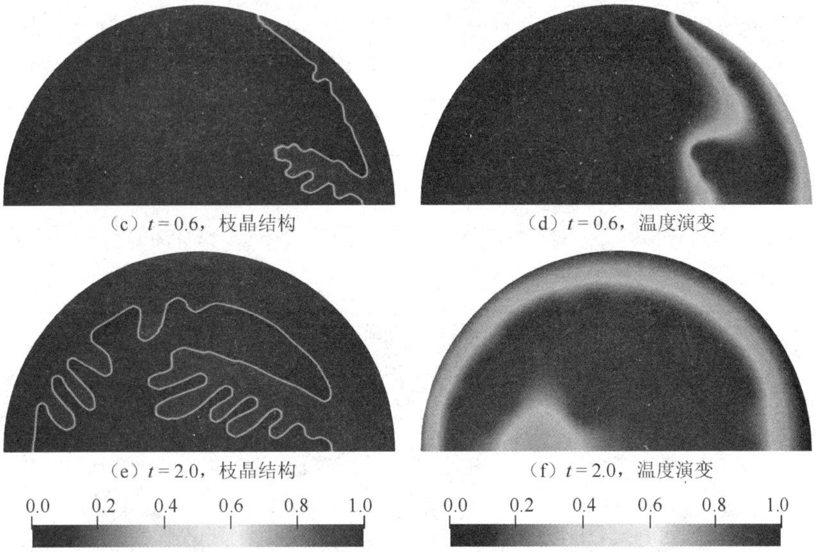

（c）$t=0.6$，枝晶结构　（d）$t=0.6$，温度演变

（e）$t=2.0$，枝晶结构　（f）$t=2.0$，温度演变

图 5-44　过冷度$c=10^2$时液滴表面的枝晶生长（续）

我们进一步将过冷度提高到$c=10^5$，并获得枝晶的结构和温度演变，如图 5-45 所示。与表面和内部枝晶的共同生长不同，此时枝晶生长几乎沿边界进行，在一开始（$t=0.2$）除另一个主枝晶外，没有分支。当表面的枝晶到达半圆的另一端时，它也逐渐向中心生长。正如预期的那样，由于过冷度高，表面温度分布趋于零。

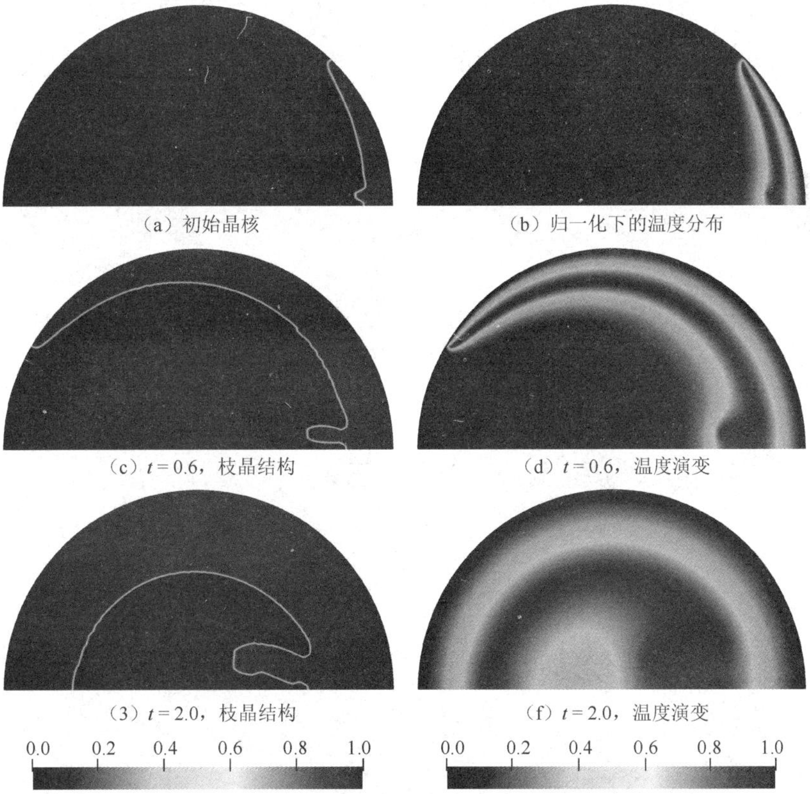

（a）初始晶核　（b）归一化下的温度分布

（c）$t=0.6$，枝晶结构　（d）$t=0.6$，温度演变

（3）$t=2.0$，枝晶结构　（f）$t=2.0$，温度演变

图 5-45　过冷度$c=10^5$时液滴表面的枝晶生长

根据这三种情况的研究结果，我们可以得出结论，枝晶的生长可以通过过冷度来控制。随着过冷度的增加，表面生长占主导地位，当达到极限过冷度时，最终只存在于表面生长。这一观察结果符合文献[53]和实验观察[54]的数值结果，如图 5-46 所示。在边界没有过冷度的情况下，枝晶向内部生长占主导地位，如图 5-46（a）和图 5-46（d）所示；在表面过冷度很小的情况下，枝晶沿边界生长和向内部生长共存，如图 5-46（b）和图 5-46（e）所示；当在边界表面施加较大的过冷度时，凝固最初只沿圆周方向发生，然后向液滴中心均匀发展，如图 5-46（c）和图 5-46（f）所示。

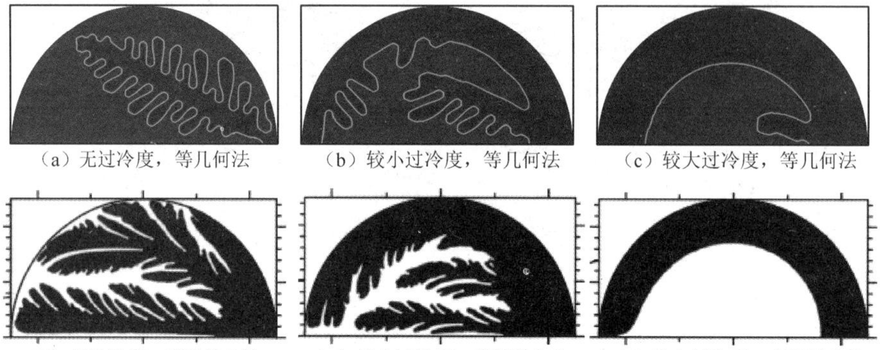

（a）无过冷度，等几何法　（b）较小过冷度，等几何法　（c）较大过冷度，等几何法

（d）无过冷度，有限差分法　（e）较小过冷度，有限差分法　（f）较大过冷度，有限差分法

图 5-46　不同过冷度下不同阶段枝晶结构的演变

5.5.3　FORTRAN 源代码

本实例简要的 FORTRAN 代码框架如下所示，完整代码文件参见“Codes\Chapter5_IGA\Matlab_5_5\kobayashi.i”。

枝晶生长简要函数代码

```
[Mesh]
  type = GeneratedMesh
  dim = 2
  nx = 512
  ny = 512
  xmax = 9
  ymax = 9
[]

[Variables]
  [./w]
  [../]
  [./T]
  [../]
[]

[ICs]
  [./wIC]
    type = SmoothCircleIC
    variable = w
```

```
    int_width = 0.01
    x1 = 4.5
    y1 = 4.5
    radius = 0.18
    outvalue = 0
    invalue = 1
  [../]
[]

[Kernels]
  [./w_dot]
    type = TimeDerivative
    variable = w
  [../]
  [./anisoACinterface1]
    type = ACInterfaceKobayashi1
    variable = w
    mob_name = M
  [../]
  [./anisoACinterface2]
    type = ACInterfaceKobayashi2
    variable = w
    mob_name = M
  [../]
  [./AllenCahn]
    type = AllenCahn
    variable = w
    mob_name = M
    f_name = fbulk
    args = 'T'
  [../]
  [./T_dot]
    type = TimeDerivative
    variable = T
  [../]
  [./CoefDiffusion]
    type = Diffusion
    variable = T
  [../]
  [./w_dot_T]
    type = CoefCoupledTimeDerivative
    variable = T
    v = w
    coef = -1.8
  [../]
[]

[Materials]
  [./free_energy]
```

```
    type = DerivativeParsedMaterial
    f_name = fbulk
    args = 'w T'
    constant_names = 'alpha gamma T_e pi'
    constant_expressions = '0.9 10 1 4*atan(1)'
    function = 'm:=alpha/pi * atan(gamma * (T_e - T)); 1/4*w^4 - (1/2 - m/3) * w^3
+ (1/4 - m/2) * w^2'
    derivative_order = 2
    outputs = exodus
  [../]
  [./material]
    type = InterfaceOrientationMaterial
    op = w
  [../]
  [./consts]
    type = GenericConstantMaterial
    prop_names  = 'M'
    prop_values = '3333.333'
  [../]
[]

[Preconditioning]
  [./SMP]
    type = SMP
    full = true
  [../]
[]

[Executioner]
  type = Transient
  solve_type = PJFNK
  scheme = bdf2
  petsc_options_iname = '-pc_type'
  petsc_options_value = 'lu'

  nl_rel_tol = 1e-02
  l_tol = 1e-2
  l_max_its = 30

  dt = 0.001
  num_steps = 400
[]

[Outputs]
  [exodus]
    type = Exodus
    interval = 200
  []
[]
```

5.6　薄板振动问题

薄板结构广泛应用于桥梁、船舶甲板、海洋平台等工程领域。由于其轻薄的结构特点，在外部激励下非常容易产生振动，在某些特殊条件下也会引起共振，这将非常危险。这些振动对工程应用非常不利，从损坏薄板上的仪器和设备的功能到损坏结构本身的安全性并影响人们的正常使用。此外，不受控制的振动带来的危害还包括增加结构本身的疲劳磨损、缩短机器或结构的使用寿命和影响舒适性等。因此，研究薄板结构的振动特性和振动控制具有重要的现实意义。

5.6.1　数学模型

对于如图 5-47 所示的厚度为t的薄板，其在坐标系$O(x,y,z)$三个方向上的位移用(u,v,w)来表示。

基于 Kirchhoff 薄板理论，板的面内位移分量u和v可由位移分量w得到。从而可得 Kirchhoff 板的位移场为

$$\boldsymbol{u}=\begin{Bmatrix} u \\ v \\ w \end{Bmatrix}=\begin{Bmatrix} -z\dfrac{\partial}{\partial x} \\ -z\dfrac{\partial}{\partial y} \\ 1 \end{Bmatrix} w=\boldsymbol{T}w \tag{5-143}$$

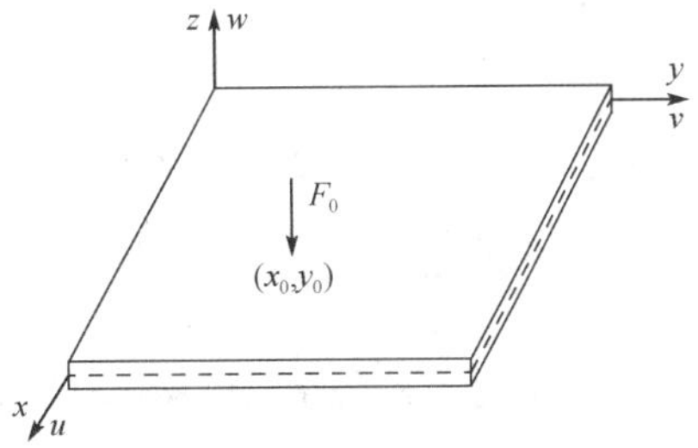

图 5-47　薄板初始条件

考虑板材料是各向均匀同性的，则其平衡方程可表示成如下四阶偏微分的形式：

$$D\left(\frac{\partial^4 w}{\partial x^4}+2\frac{\partial^4 w}{\partial x^2 \partial y^2}+\frac{\partial w^4}{\partial y^4}\right)+\rho t\ddot{w}=F_0(x-x_0)(y-y_0) \tag{5-144}$$

式中，ρ表示板材料密度；F_0表示板面(x_0,y_0)处作用的一法向点力；D表示板的弯曲刚度，其表达式为

$$D=\frac{Et^3}{12(1-\mu^2)} \tag{5-145}$$

式中，E和μ分别表示板材料的杨氏模量和泊松比。

薄板的广义应变和广义应力分别为

$$\boldsymbol{\varepsilon}=\left\{-\frac{\partial^2}{\partial x^2}\quad -\frac{\partial^2}{\partial y^2}\quad -2\frac{\partial^2}{\partial x \partial y}\right\}^{\mathrm{T}} w=\boldsymbol{L}w \tag{5-146}$$

$$\boldsymbol{\sigma}=\{M_x\ M_y\ M_{xy}\}^{\mathrm{T}} \tag{5-147}$$

式中，M_x、M_y和M_{xy}为弯矩分量和扭矩，具体的表达式为

$$M_x=-D\left(\frac{\partial^2 w}{\partial x^2}+\mu\frac{\partial^2 w}{\partial y^2}\right) \tag{5-148}$$

$$M_y=-D\left(\mu\frac{\partial^2 w}{\partial x^2}+\frac{\partial^2 w}{\partial y^2}\right) \tag{5-149}$$

$$M_{xy}=-D(1-\mu)\left(\frac{\partial^2 w}{\partial x \partial y}\right) \tag{5-150}$$

根据胡克定律，板的本构方程为

$$\boldsymbol{\sigma}=\boldsymbol{D}\boldsymbol{\varepsilon} \tag{5-151}$$

对于自由振动，其弹性动力学方程的 Galerkin 弱形式为

$$\int_{\Omega}\delta\boldsymbol{\varepsilon}^{\mathrm{T}}\boldsymbol{\sigma}\,\mathrm{d}\Omega+\int_{\Omega}\delta\boldsymbol{u}^{\mathrm{T}}\rho\ddot{\boldsymbol{u}}\,\mathrm{d}\Omega=0 \tag{5-152}$$

通过将式（5-143）、式（5-146）、式（5-151）代入式（5-152）中，可得

$$\int_{\Omega}\delta(\boldsymbol{L}w)^{\mathrm{T}}\boldsymbol{D}(\boldsymbol{L}w)\mathrm{d}\Omega+\int_{\Omega}\delta(\boldsymbol{T}w)^{\mathrm{T}}\rho(\boldsymbol{T}w)\mathrm{d}\Omega=0 \tag{5-153}$$

这里基于等几何法对板的自由振动进行分析，板的位移可表示为

$$\boldsymbol{w}(x)=\sum_{I=1}^{n\times m}N_I(\xi,\eta)\bar{\boldsymbol{w}}_I \tag{5-154}$$

式中，$N_I(\xi,\eta)$为 NURBS 基函数，也是板单元第I个控制点对应的形函数；$\bar{\boldsymbol{w}}_I$为第I个控制点对应的位移向量。对于其中一个等几何分析单元，其近似表达式为

$$\boldsymbol{w}^e=\sum_{A=1}^{\mathrm{ncp}}N_A^e(\xi,\eta)\tilde{\boldsymbol{x}}_A^e \tag{5-155}$$

式中，ncp 表示对应的网格单元中包含的所有控制点个数。

将式（5-154）代入式（5-153）中，可得到离散后的动力学方程：

$$\boldsymbol{M}\ddot{\boldsymbol{w}}+\boldsymbol{K}\boldsymbol{w}=0 \tag{5-156}$$

式中，$\boldsymbol{w}$为控制点处的位移向量；$\boldsymbol{K}$和$\boldsymbol{M}$分别为刚度矩阵和质量矩阵，其具体表达式分别为

$$\boldsymbol{K}_{ij}=\int_{\bar{\Omega}}\boldsymbol{B}_i^{\mathrm{T}}\boldsymbol{D}\boldsymbol{B}_j\left|\bar{\boldsymbol{J}}\right|\left|\hat{\boldsymbol{J}}\right|\mathrm{d}\bar{\Omega} \tag{5-157}$$

$$\boldsymbol{M}_{ij}=\int_{\bar{\Omega}}\rho\left(N_iN_jh+N_{i,x}N_{jx}\frac{h^3}{12}+N_{i,y}N_{j,y}\frac{h^3}{12}\right)\left|\bar{\boldsymbol{J}}\right|\left|\hat{\boldsymbol{J}}\right|\mathrm{d}\bar{\Omega} \tag{5-158}$$

$$\boldsymbol{B}_i=\{-\phi_{i,xx},-\phi_{i,yy},-2\phi_{i,xy}\}^{\mathrm{T}} \tag{5-159}$$

自由振动的广义解可表示成$\boldsymbol{w}=\hat{\boldsymbol{w}}e^{\mathrm{i}\omega t}$的形式，并将其代入式（5-156）中，从而可得到薄板自由振动的标准特征值方程：

$$(\boldsymbol{K}-\omega^2\boldsymbol{M})\hat{\boldsymbol{w}}=0 \tag{5-160}$$

5.6.2 实例分析

以薄圆板结构振动为实例，如图 5-48 所示。薄圆板的半径$r=1\mathrm{m}$，板厚$t=0.05\mathrm{m}$。模型的材料属性如下：杨氏模量$E=200\mathrm{GPa}$，泊松比$\mu=0.3$，材料密度$\rho=8000\mathrm{kg/m^3}$。

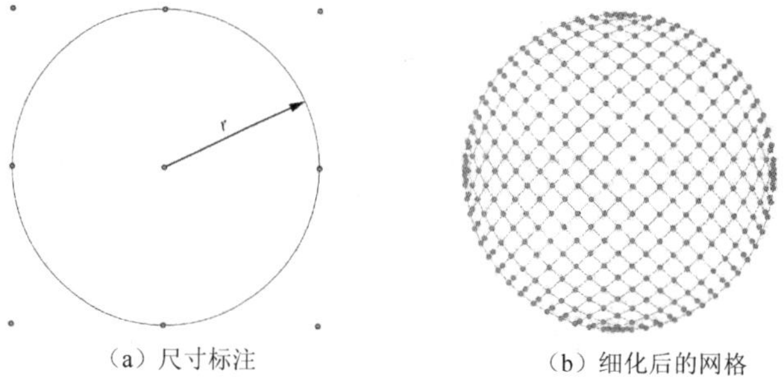

（a）尺寸标注　　（b）细化后的网格

图 5-48　尺寸标注和网格

圆板的初始等几何法模型网格划分和控制点分布如图 5-48（a）所示，节点向量分别是 $\Xi=\{0\ 0\ 0\ 1\ 1\ 1\}$和$\Theta=\{0\ 0\ 0\ 1\ 1\ 1\}$，基函数的阶次$p=q=2$，其具有 9 个控制点和 1 个二次 NURBS 单元。将初始模型进行 P 细化和 H 细化，得到19×19的控制网格，细化后的模型如图 5-48（b）所示。

表 5-3 和表 5-4 分别所示为圆板边界简支约束和固支约束下前十阶无量纲共振频率β，其中$\beta=(\omega^2 r^4 \rho t/D)^{1/4}$，$D=Et^3/12(1-\mu^2)$。为了验证等几何法的收敛性，考虑了控制点的数量分别为 121 和 361 两种不同的情况。与 EFG 法、MKI 法、SFSM 法、有限元法和 RKPM 法对比，可知两种边界约束情况下计算结果都较好地满足精度要求，特别是控制点的数量为 361 时。相较于其他方法，等几何法还能在较少节点的情况下得出较高精度的解。对比边界简支约束，固支约束时圆板对应的共振频率都得到了提高。

表 5-3　圆板边界简支约束下前十阶无量纲共振频率β

模态阶次	等几何法 121 个控制点	等几何法 361 个控制点	MKI 法[55] 601 个节点	EFG 法[55] 601 个节点	SFSM 法[56]
1	2.2209	2.2209	2.2159	2.2246	2.2197
2	3.7256	3.7252	3.7043	3.7371	3.7256
3	3.7256	3.7252	3.7060	3.7371	3.7256
4	5.0553	5.0541	5.1647	5.1456	5.0537
5	5.0578	5.0542	5.1795	5.1457	5.0537
6	5.4467	5.4432	5.9071	5.9184	5.4626
7	6.3171	6.3083	6.4080	6.4274	6.3482
8	6.3171	6.3083	6.4444	6. 4274	6.3482
9	6.9610	6.9456	7.4871	7.4705	6.9950
10	6.9610	6.9456	7.4871	7.4705	6.9950

表 5-4　圆板边界固支约束下前十阶无量纲共振频率β

模态阶次	等几何法 121 个控制点	等几何法 361 个控制点	有限元法 601 个节点	RKPM 法[57] 601 个节点	SFSM 法[56]
1	3.1952	3.1951	3.1962	3.2041	3.1947
2	4.6082	4.6069	4.6109	4.6313	4.6119
3	4.6082	4.6069	4.6109	4.6313	4.6119
4	5.8999	5.8968	5.9059	5.9376	5.9110
5	5.9061	5.8971	5.9059	5.9376	5.9110
6	6.3043	6.2959	6.3064	6.3475	6.3411
7	7.1475	7.1279	7.1442	7.1877	7.2146
8	7.1475	7.1279	7.1442	7.1877	7.2146
9	7.8115	7.7791	7.7987	7.8832	7.8721
10	7.8115	7.7791	7.7987	7.8832	7.8721

另外，本节给出了固支约束圆板的前八阶模态振型，如图 5-49 所示。

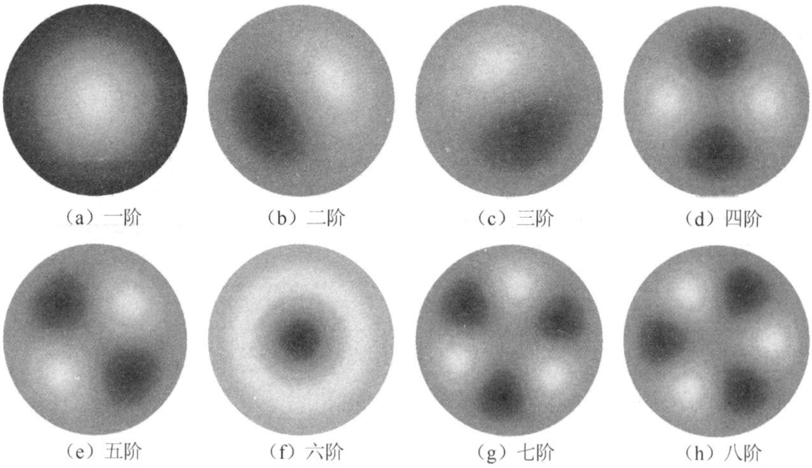

（a）一阶　（b）二阶　（c）三阶　（d）四阶

（e）五阶　（f）六阶　（g）七阶　（h）八阶

图 5-49　固支约束圆板的前八阶模态振型

5.6.3 MATLAB 源代码

本实例简要的 MATLAB 代码框架如下所示，完整代码文件参见“Codes\Chapter5_IGA\Matlab_5_6\main.m”。

刚度矩阵和质量矩阵计算子函数代码

```
rb=2770;  %密度

%单元循环
for e=1:noElems
   idu    = index(e,1);
   idv    = index(e,2);
   xiE    = elRangeU(idu,:);
   etaE   = elRangeV(idv,:);

   sctr   = element(e,:);
   nn    = length(sctr);
   pts    = controlPts(sctr,:);

   %高斯循环
   for gp=1:size(W,1)
      pt      = Q(gp,:);
      wt     = W(gp);

      %在参数域计算
      Xi       = parent2ParametricSpace(xiE,pt(1));
      Eta      = parent2ParametricSpace(etaE,pt(2));
      J2       = jacobianPaPaMapping(xiE,etaE);

      [R, dRdxi, dRdeta, dR2dxi, dR2det, dR2dxe] = ...
         NURBS2DBasis2ndDers([Xi; Eta],p,q,uKnot,vKnot,weights');
```

```
        %计算物理和参数域映射的雅可比矩阵，然后导出 w.r.t 空间物理坐标
        jacob  = [dRdxi; dRdeta]        * pts;
        jacob2 = [dR2dxi; dR2det; dR2dxe] * pts;

        J1    = det(jacob);

        dxdxi = jacob(1,1); dydxi = jacob(1,2);
        dxdet = jacob(2,1); dydet = jacob(2,2);

        j33   = [dxdxi^2     dydxi^2     2*dxdxi*dydxi;
                 dxdet^2     dydet^2     2*dxdet*dydet;
                 dxdxi*dxdet dydxi*dydet dxdxi*dydet+dxdet*dydxi];

        %invJacob   = inv(jacob);
        dRdx       = jacob\[dRdxi;dRdeta];
        dR2dx      = j33\([dR2dxi; dR2det; dR2dxe]-jacob2*dRdx);

        B       = dR2dx;
        B(3,:)     = B(3,:)*2;

        %组装
        K(sctr,sctr) = K(sctr,sctr) + B' * C * B * J1 * J2 * wt;
        f(sctr)     = f(sctr)      + q0 * R' * J1 * J2 * wt;
        M(sctr,sctr) = M(sctr,sctr) + R' * R * J1 * J2 * wt *rb*t + (dRdx(1,:)'*
dRdx(1,:)+dRdx(2,:)'*…
                        dRdx(2,:))* J1 * J2 * wt *rb*t^3/12;
        %M(sctr,sctr) = M(sctr,sctr) + R' * R * J1 * J2 * wt *rb*t;
    end
end
```

复习思考题

5-1　请尝试采用数学归纳法推导 B 样条基函数的导数。

5-2　计算出 $\boldsymbol{\Xi}=\{0,0.25,0.5,0.75,1\}$ 的各阶基函数。

5-3　采用 5.1.2 节中的 MATLAB 代码，绘制图 5-10（f）的 1/4 NURBS 圆环。

5-4　采用等几何法求解一维泊松方程 $\begin{cases}\dfrac{\mathrm{d}^2u}{\mathrm{d}x^2}+x=0, & x\in[0,1]\\ u(0)=0, & u(1)=1\end{cases}$，并与精确解进行对比，进行 MATLAB 实现。

5-5　参照 5.2 节中的实例代码，完成如题图 5-5 所示的 L 板拉伸弹性分析。设 L 板边长 $l=20\mathrm{mm}$，右边界和上边界分别受到 x 和 y 方向位移的限制，左边界承受向左的均匀拉伸载荷 $q_c=10\,\mathrm{N}$，杨氏模量 $E=100\times10^3\mathrm{MPa}$，泊松比 $\mu=0.3$。

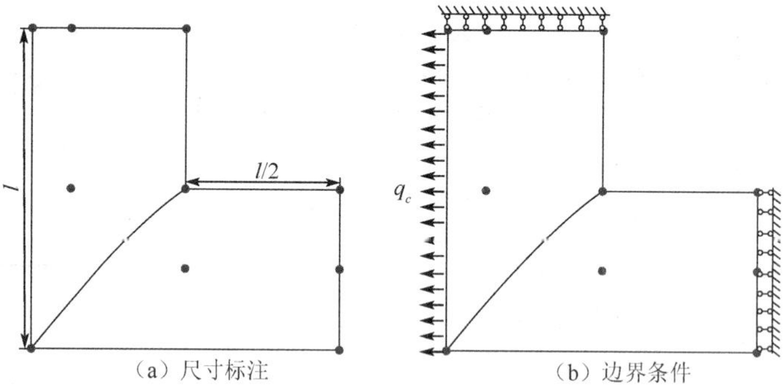

题图 5-5 L 板拉伸弹性分析

5-6 参照 5.3 节中的实例代码，完成如题图 5-6 所示的菱形板拉伸弹塑性分析。有坐标点 $A(0,0)$、$B(48,44)$、$C(0,44)$ 和 $D(48,60)$，左边界被完全固定，右边界受到向下的位移量 $u=-0.001\text{mm}$，杨氏模量 $E=200\times10^3\text{MPa}$，泊松比 $\mu=0.29$，初始屈服应力 $\sigma_0=200\text{MPa}$，塑性模量 $H=E/1000$。

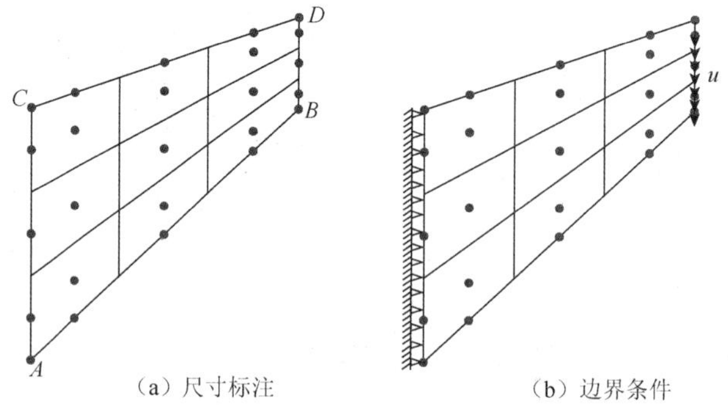

题图 5-6 菱形板拉伸弹塑性分析

5-7 在使用赫兹接触理论解决弹性接触问题时，接触模型必须满足哪些假设？

5-8 使用 Abaqus 进行 5.4.2 节中的硬币工件压印分析，将结果与等几何法的结果进行对比。

5-9 平板振动也是一种弹性体振动，是一个三维问题。但对于厚度尺寸远小于平面上另两个尺寸的薄板来说，可以采用一系列反映薄板力学特性的简化，即将原始三维问题简化为二维问题来分析，假设有哪些？

5-10 等几何法面临哪些问题需要解决？

第 6 章　开源软件及编译运行

有限元法经历了近 80 年的发展，其理论方法不断更新，优胜劣汰，得到了传承和发展。大型有限元软件及求解器主要有美国的 Ansys、ADINA、LS-DYNA、UG、Autodesk Simulation、Altair 旗下产品和 OpenFOAM 等，德国的 NASTRAN、Deal.II、ASKA、FEMAP，英国的 PAFEC、法国的 Abaqus、ESI 系列产品和 SYSTUS，瑞士的 Comsol，瑞典的 MSC 等。不仅如此，不少开源有限元及无网格等软件/程序不断出现，为数值仿真爱好者提供了更加广阔的平台。本章主要介绍开源有限元求解器 OpenRadioss、MOOSE 和 Deal.II，开源物质点法程序 MPM3D-F90 和 Karamelo。

6.1　开源有限元程序

6.1.1　OpenRadioss

Radioss 作为世界著名工程仿真企业 Altair 公司旗下的一款显式动力学软件，有超过 30 年的历史。该软件经过大量行业的工业企业验证，能够模拟汽车碰撞和安全、冲击和撞击分析、电子和消费品的跌落，以及流体-结构相互作用。2022 年 9 月 9 日，Altair 开源了具有先进的混合（SMP+MPI）并行结构的现代软件架构，以及基于显式时间积分方案的显式求解器 Radioss，并命名为 OpenRadioss。在工程仿真领域，OpenRadioss 是第一款企业级开源求解器。随着 OpenRadioss 的推出，可以预见该软件在各领域的应用、技术推广、技术提升将会得到飞速发展，从而加快专注于解决当今复杂和极具挑战的研究。

虽然 Radioss 开源，但与其配套的前后处理器，HyperWorks 却没有开源。世界著名的非线性求解器 LS-DYNA 也依赖于其产品 HyperMesh 和 HyperView 作为前后处理软件。国内工业化软件的道路任重道远，不能仅仅依靠现有的开源软件，何况还有开源协议的限制。本章主要是带领读者从该工业级的开源软件了解其架构，为国产 CAE 软件的开发提供参考。

OpenRadioss 的官方 GitHub 主页介绍，可以在 Windows 下通过使用 WSL 编译（或者直接在 Linux 系统下进行编译和运行）。因此，下面介绍 WSL 在 Windows 10 上的安装，以及 OpenRadioss 在 WSL 子系统环境中的编译和运行。

1．WSL 的安装

（1）找到开始菜单的 Powershell（或者搜索找到 Windows Powershell），右击，选择管理员权限并打开，运行以下命令，如图 6-1 所示。

```
dism.exe /online /enable-feature /featurename:Microsoft-Windows-Subsystem-Linux
/all /norestart
```

图 6-1　运行 dism.exe

（2）检查运行 WSL2 的要求：按 win+R 快捷键，在弹出的对话框中输入“winver”，如图 6-2 所示。

（a）“运行”对话框　　　　（b）输入“winver”后的界面

图 6-2　检查运行 WSL2

操作系统版本号高于 18362.1049+ or 18363.1049+ 即可。

（3）启用虚拟机功能：找到开始菜单的 Powershell（或者搜索找到 Windows Powershell），右击，选择管理员权限并打开，运行以下命令，如图 6-3 所示。

```
dism.exe /online /enable-feature /featurename:VirtualMachinePlatform/all
/norestart
```

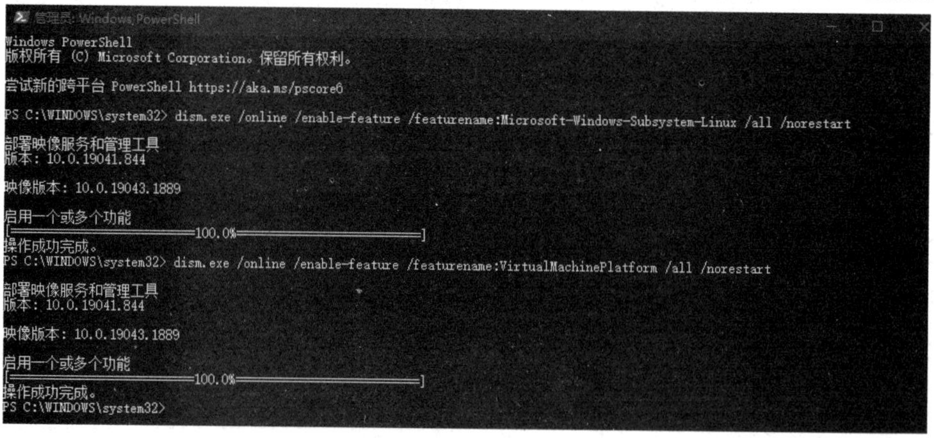

图 6-3　启用虚拟机功能

（4）下载 Linux 内核更新包 wsl_update_x64.msi。

（5）将 WSL2 设置为默认版本：在 Powershell 中运行 wsl --set-default-version 2 命令。

（6）重启计算机，安装选择的 Linux 版本。

打开应用商店，选择自己喜欢的 Linux 版本；或者在 Powershell 中运行 wsl --list --online

命令获取 Linux 版本，如图 6-4 所示。

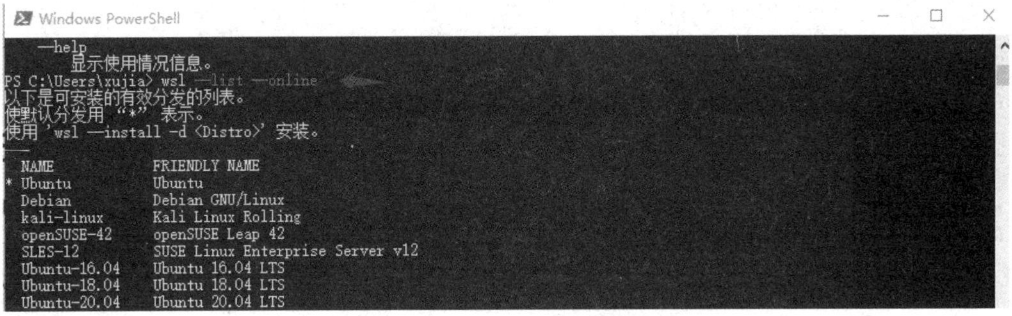

图 6-4　查看 Linux 版本

笔者选择 Ubuntu-20.04 进行安装：wsl --install -d Ubuntu-20.04。

在图 6-5 设置用户名和密码（注意记下用户名和密码）。

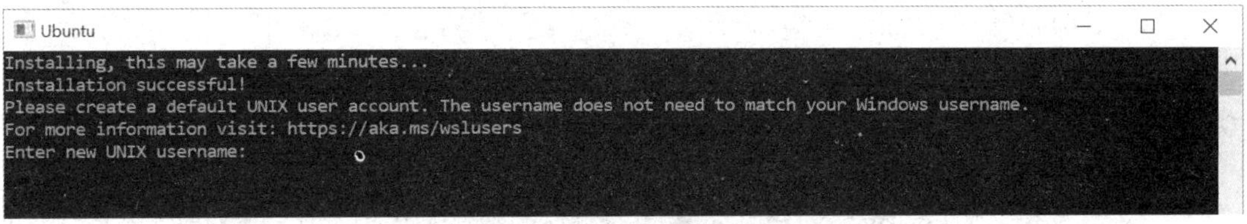

图 6-5　设置用户名和密码

到目前为止，WSL 子系统安装完成。在开始菜单中找到 Ubuntu on Windows 子程序，如图 6-6 所示。

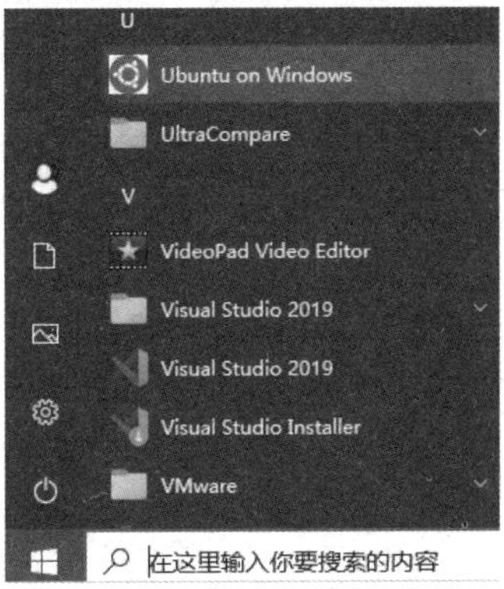

图 6-6　Ubuntu on Windows 子程序

（7）依次使用下述命令进行最新安装软件库更新及安装。

```
sudo apt-get update
sudo apt-get upgrade
```

2. OpenRadioss 的编译及运行

笔者基于 WSL 子系统 Ubuntu 编译及运行 OpenRadioss。

（1）依次运行如下命令更新和下载所需要的依赖库。

```
sudo apt-get install build-essential
sudo apt-get install gfortran
```

```
sudo apt-get install cmake
sudo apt-get install perl
sudo apt-get install git-lfs
sudo apt-get install libapr1-dev
```

（2）顺次执行下列两行命令下载 OpenRadioss 源码。

```
git lfs install
git clone git@github.com:OpenRadioss/OpenRadioss.git
```

如果第一行命令出现问题，则使用下面三行命令运行。

```
curl -s https://packagecloud.io/install/repositories/github/git-lfs/script.deb.sh |
sudo bash
sudo apt-get install git-lfs
git lfs install
```

如果运行上述 git clone 命令出现如图 6-7 所示的问题，则可以直接在 GitHub 将 OpenRadioss 源码下载到计算机硬盘。

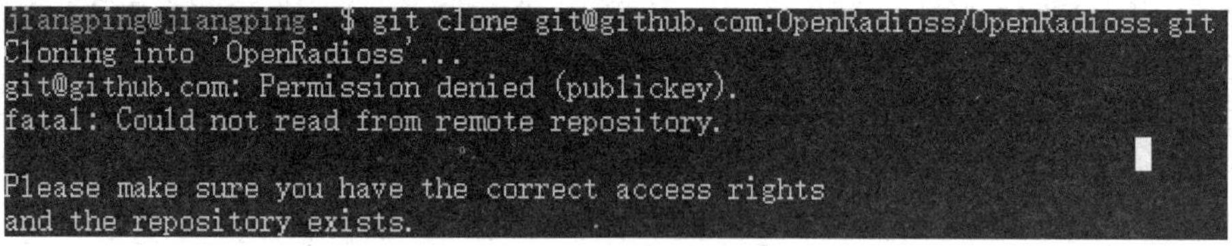

图 6-7 远程下载失败

笔者将 OpenRadioss 下载到 D 盘中某个文件夹 OpenRadioss-main 下，并更名为 OpenRadioss-main20220918。在 WSL 子系统中找到该文件夹并复制到 Ubuntu 用户目录中，例如，在 /mnt/d/UJS_All/OpenRadioss-main 目录下运行：

```
scp -r OpenRadioss-main20220918/ /home/jiangping/
```

接下来安装 openmpi：

```
Wget https://download.open-mpi.org/release/open-mpi/v4.1/openmpi-4.1.2.tar.gz
tar -xvzf openmpi-4.1.2.tar.gz
cd openmpi-4.1.2
./configure --prefix=/opt/openmpi
make
sudo make install
```

（3）编译 starter 程序。在/home/jiangping/OpenRadioss-main20220918/starter 目录下（读者自己编译时，若未改源码文件夹名称，则在/home/username/OpenRadioss-main/starter 下）：

```
cd /home/jiangping/OpenRadioss-main20220918/starter
./build_script.sh -arch=linux64_gf -nt 8 (可以不使用编译选项 -nt 8)
```

接下来编译 engine 程序：

```
cd /home/jiangping/OpenRadioss-main20220918/engine
./build_script.sh -arch=linux64_gf
```

（4）运行实例。

首先在网站下载回弹模拟实例文件 SpringBack.zip，将其保存在 Ubuntu 目录/home/

jiangping/test/下并解压到此目录下。在 SpringBack/Explicit_spring-back 目录下新建执行文件 sub_openmp.sh，其中内容如下：

```
#!/usr/bin/bash
export OPENRADIOSS_PATH=/home/jiangping/OpenRadioss-main20220918
export RAD_CFG_PATH=$OPENRADIOSS_PATH/hm_cfg_files
export OMP_STACKSIZE=400m
export
LD_LIBRARY_PATH=$OPENRADIOSS_PATH/extlib/hm_reader/linux64/:$OPENRADIOSS_PATH/e
xtlib/h3d/lib/linux64/:$LD_LIBRARY_PATH
export OMP_NUM_THREADS=2
/home/jiangping/OpenRadioss-main20220918/exec/starter_linux64_gf-iDBEND_44_0000.rad
/home/jiangping/OpenRadioss-main20220918/exec/engine_linux64_gf-iDBEND_44_0001.rad
```

运行脚本文件：

```
sh sub_openmp.sh
```

成功完成该算例的计算，如图 6-8 所示。

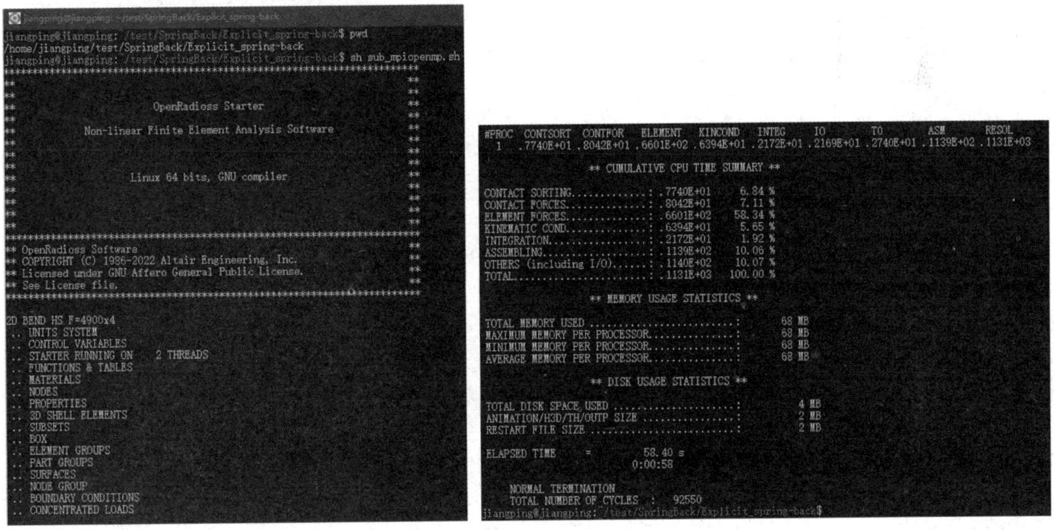

图 6-8　运行成功

6.1.2　MOOSE

Multiphysics Object Oriented Simulation Environment（MOOSE），是美国爱达荷国家实验室推出的一套求解多物理场耦合工程问题的框架，可以求解热传导、地球化学、纳维尔-斯托克斯（流体领域）、固体力学、表面接触、多孔流、相场等实际工程问题。其设计规范，采用面向对象的编程范式，非常易于扩展和维护，而且尽可能地隐藏数值问题背后的算法，如自适应网格算法、自动并行计算技术等，使得用户能将精力放在所研究的科学问题上，而非共性的算法编程上。

下面依然以笔者 WSL 子系统为例安装 MOOSE，Ubuntu 的用户名为 jiangping。具体步骤如下。

1. MOOSE 的安装

（1）进入安装路径，下载 Miniconda 工具，以便安装 MOOSE。

```
cd /home/jiangping/
```

创建新文件夹并进入。

```
mkdir For_MOOSE
cd For_MOOSE
sudo apt  install curl
curl -L -O https://github.com/conda-forge/miniforge/releases/latest/download/Mambaforge-
Linux- x86_64.sh
```

（2）安装 Mamba 并激活。顺次执行下述命令：

```
bash Mambaforge-Linux-x86_64.sh -b -p ~/mambaforge3
export PATH=$HOME/mambaforge3/bin:$PATH
conda config --add channels https://conda.software.inl.gov/public
```

运行命令初始化 Mamba 以创建 Conda 环境。

```
mamba init
```

关闭 WSL 子系统窗口，再次打开 WSL 子系统，为 MOOSE 创建 Conda 环境，并安装 MOOSE 依赖文件。

```
mamba create -n moose moose-tools moose-libmesh
```

安装结束后激活新环境。

```
mamba activate moose
```

（3）新建自己的 MOOSE 工程。

```
mkdir projects
cd projects
git clone https://github.com/idaholab/moose.git
cd moose
git checkout master
cd test
make -j 4
./run_tests -j 4
```

相关历史命令流如图 6-9 所示。

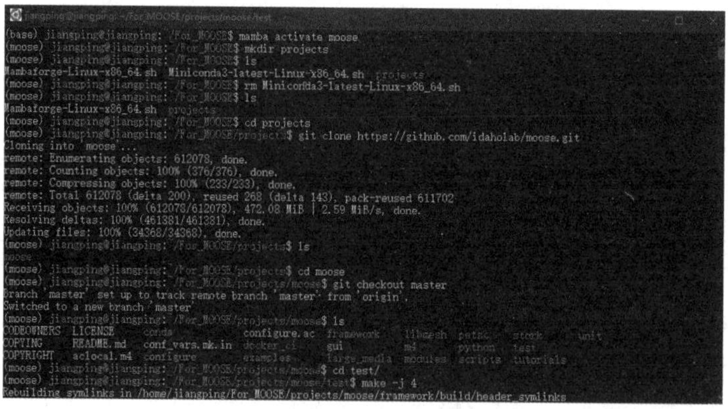

图 6-9 相关历史命令流

（4）最终运行 run_tests 命令后的结果如图 6-10 所示。

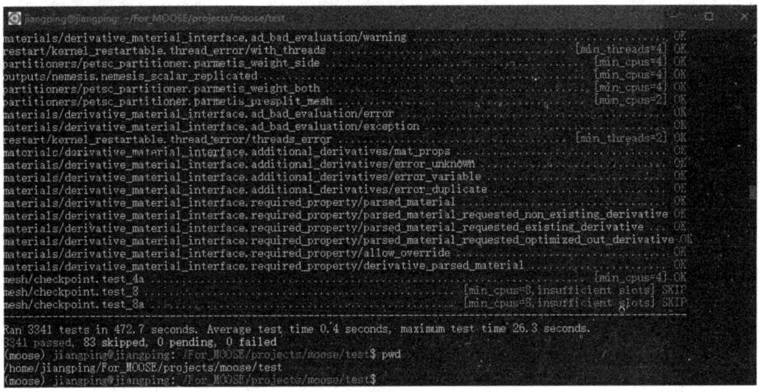

图 6-10　实例测试成功

2. MOOSE 的编译及运行

接下来用户便可以创建自己的应用程序了。大致步骤如下。

```
cd /home/jiangping/For_MOOSE/projects
./moose/scripts/stork.sh cat
```

此时在 projects 文件夹下创建包含自己实例的文件夹 cat。

```
cd cat
```

使用 emacs 命令打开 cat 下的文件 Makefile，添加自己需要使用的相关模块，如图 6-11 所示。

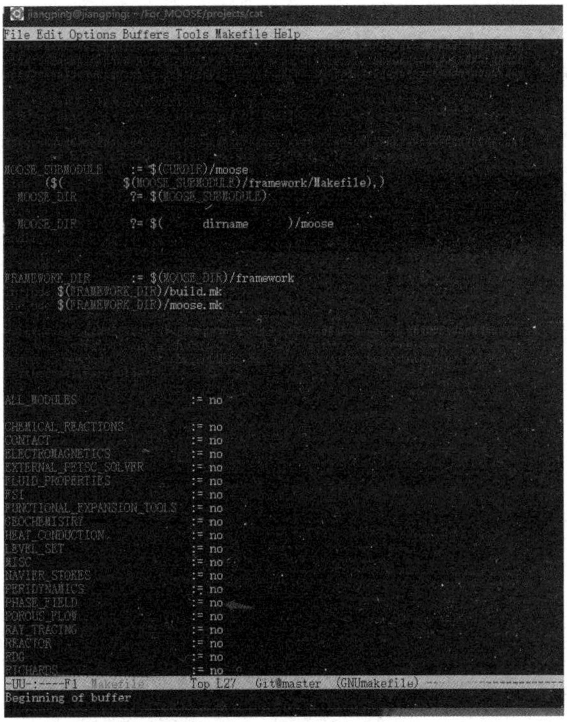

图 6-11　添加自己需要的模块

接下来编译自己修改过的源代码。

```
make -j 4
./run_tests -j 4
```

创建第一个使用相场模块的实例。

```
cd For_MOOSE
mkdir First_example
mamba activate moose
```

将下载的输入文件 kobayashi.i 复制到 First_example 文件夹下。

```
cd First_example
mpiexec -n 4 ../projects/cat/cat-opt -i kobayashi.i
```

结果文件存放在该文件夹下的 kobayashi_exodus.e 文件中，可以采用 paraview 命令打开。

6.1.3 Deal.II

Deal.II 是一款基于 C++编写的求解偏微分方程的开源有限元软件，支持 1D、2D（三角形和四边形）和 3D（四面体、金字塔、棱形、六面体）单元，支持 OpenMP、MPI 及自适应网格加密，具备齐全的文档和实例，并与其库具有良好的接口。其在 WSL 子系统下的编译及运行比较简单，具体步骤如下。

1. 编译步骤

（1）在官网下载最新版本的 Deal.II。在 WSL 子系统用户目录下创建文件夹 home/jiangping/DealII。

```
mkdir DealII
```

（2）将下载的 dealii-9.4.0.tar.gz 复制到该文件夹下，依次使用下列命令解压。

```
gunzip dealii-9.4.0.tar.gz
tar xf dealii-9.4.0.tar
```

（3）在 DealII 目录下新建文件夹 build，以存放将源文件编译好的相关库文件等。

```
mkdir build
cd build
```

（4）接下来便可编译源文件，并增加编译选项以指定可执行文件的安装目录。

```
cmake -DCMAKE_INSTALL_PREFIX=/home/jiangping/dealii940_install/ ../dealii-9.4.0
make --jobs=4 install
```

（5）最好测试自带实例，全部通过。

```
make test
```

（6）由于可执行目录不在默认目录下，需要将目录/home/jiangping/dealii940_install/放入系统环境变量中。可使用编辑器 emacs 打开根目录下的文件 bashrc

```
emacs ~/.bashrc
```

在该文件最后一行增加目录到路径变量中：

```
export PATH="/home/jiangping/dealii940_install:$PATH"
```

2. 实例运行步骤

Deal.II 提供了丰富的实例文件及文档说明。下面通过一个简单的实例来说明如何运行实例。

进入实例文件夹：

```
cd /home/jiangping/DealII/dealii-9.4.0/examples/step-1
```

创建 Makefile 文件，注意有空格。

```
cmake .
```

如果找不到之前的编译路径，可运行命令添加路径：

```
export PATH="/home/jiangping/dealii940_install:$PATH"
```

接下来编译该实例的可执行文件：

```
make
```

此时便可执行该目录下的可执行文件 step-1

```
./ step-1
```

6.2　开源物质点法程序

物质点法采用质点离散待求材料区域，用背景网格计算空间导数和求解动量方程，避免了网格畸变和对流项处理，兼具拉格朗日和欧拉法的优势，非常适合模拟涉及材料特大变形和断裂等问题，也可用于模拟固体、液体、气体和任何其他连续材料的行为。在物质点法中，连续体由许多称为“物质点”的小拉格朗日“单元”描述。这些物质点由背景网格包围，用于计算变形梯度等项。与其他基于网格的方法（如有限元法、有限体积法或有限差分法）不同，物质点法不是基于网格的，而是被归类为无网格或基于连续介质的粒子方法，比如光滑粒子流体力学和近场动力学。尽管存在背景网格，但物质点法不会遇到基于网格的方法的网格畸变等缺点，这使其成为计算力学中一个有前途且强大的工具。物质点法最初是由新墨西哥大学的 Deborah L.Sulsky、Zhen Chen 和 Howard L.Schreyer 教授于 1990 年年初提出的，作为 FLIP（一种称为 PIC 的方法的进一步扩展）这一类似方法在计算固体动力学中的扩展。经过这一初步开发，物质点法已在美国国家实验室及新墨西哥大学、俄勒冈州立大学、犹他大学，以及美国和世界各地的其他大学得到进一步开发。

目前针对物质点法进行深入研究及提供开源代码的学者和机构主要有 Sulsky、Bardenhagen 和 Kober 等教授，清华大学的张雄教授，加州大学的蒋陈凡夫教授，剑桥大学及加州大学 Kumar、Soga 等学者，俄勒冈州立大学 Nairn 教授，杜伦大学 Will Coombs 教授，莫纳什大学 Nguyen，犹他大学 Todd Harman 教授等，洛桑大学 Podladchikov 教授等。下面主要介绍张雄教授和 Nguyen 教授的开源工作。

6.2.1　MPM3D-F90

MPM3D-F90 是清华大学张雄教授课题组采用 FORTRAN90 程序编写的三维显式物质点法程序，可用于碰撞、爆炸等大变形工程问题。该程序基于固定时间步长的显式时间积分，采用 USF、USL 和 MUSL 求解格式，可以求解多物体接触问题，包含弹性模型、理想弹塑性、线性强化弹塑性模型、Johnson-Cook 塑性模型及其简化模型、空材料模型、高能炸药材料模型、Drucker-Prager 模型、线性多项式状态方程、Mie-Gruneisen 状态方程、JWL 状态方程、等效塑性失效模型（仅与 Johnson-Cook 模型配合使用）。

关于该源代码的编译和运行均比较简单，非常适合初学者使用。具体介绍及使用可以参考张雄教授等主编的《物质点法》和 *The Material Point Method: A Continuum-Based Particle Method for Extreme Loading Cases*。图 6-12 所示为铝球冲击铜板的实验结果及采用物质点法的模拟结果。

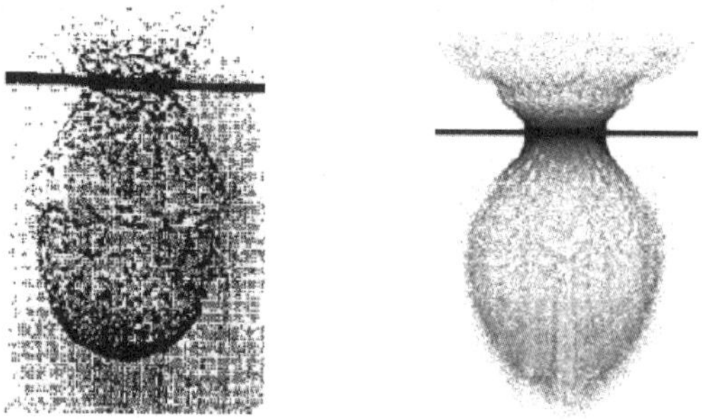

（a）实验结果　（b）模拟结果

图 6-12　铝球冲击铜板的实验结果及采用物质点法的模拟结果

6.2.2 Karamelo

Karamelo 是一款轻量化的 C++编制的物质点并行开源代码，支持增量和全量形式的拉格朗日物质点算法，可以用于固体力学问题、自由表面流动问题及流固耦合等问题，图 6-13 所示为 Karamelo 模拟结果。

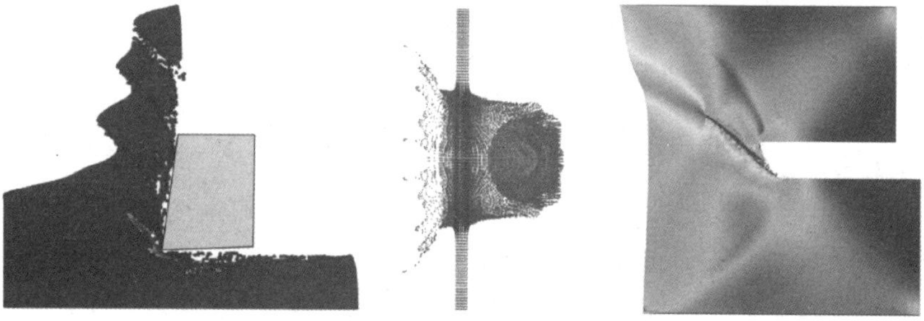

（a）切削　（b）冲击　（c）断裂

图 6-13　Karamelo 模拟结果

Karamelo 在 WSL 子系统下的编译及运行比较简单，具体步骤如下。

1. 编译步骤

（1）依次运行下述命令，以更新程序。

```
sudo apt-get update
sudo apt-get upgrade
sudo apt-get install git
```

（2）安装 Karamelo 所依赖软件包：

```
sudo apt install make gcc g++ zlib1g-dev cmake libopenmpi-dev libeigen3-dev
libboost-dev python-dev-is-python2 python3-matplotlib
```

注意下画线部分根据安装提示进行适当修改，与 Karamelo 官网提供的略有差异。原因在于本次编译基于 Ubuntu-20.04 版本，而 Karamelo 官网安装过程基于 Ubuntu-16.04 和 Ubuntu-18.04 版本。

（3）创建安装文件夹。

```
mkdir Karamelo_inst
cd Karamelo_inst
```

（4）下载 Matplotlib，可能不需要此步骤。

```
git clone https://github.com/lava/matplotlib-cpp.git
cd matplotlib-cpp
git checkout f4ad842e
cd ..
```

（5）下载 gzstream。

```
git clone https://github.com/kanedo/gzstream.git
```

如果不能下载成功，可以直接在上述网站下载后复制到 Karamelo_inst 文件夹下，并进入解压后的文件夹，使用 make 命令编译 gzstream。

```
make
```

（6）进入 Karamelo_inst 文件夹下，下载 Karamelo。

```
git clone https://github.com/adevaucorbeil/karamelo.git
cd karamelo
```

（7）安装前准备工作。

```
CPATH=$CPATH:/usr/include/eigen3:/home/jiangping/Karamelo_inst/gzstream-master:/home/jiangping/Karamelo_inst/matplotlib-cpp:/usr/include/python2.7
export CPATH
LIBRARY_PATH=$LIBRARY_PATH:/usr/include/eigen3:/home/jiangping/Karamelo_inst/gzstream-master:/home/jiangping/Karamelo_inst/matplotlib-cpp:/usr/include/python2.7
export LIBRARY_PATH
```

这 4 行代码为环境变量设置，可根据自己的实际路径目录进行修改。

（8）安装 Karamelo。在路径/home/jiangping/Karamelo_inst/karamelo 下输入：

```
cmake -DCMAKE_BUILD_TYPE=release build . //别忘记点号
make
```

结果如图 6-14 所示。

图 6-14　Karamelo 编译

2．运行实例

在路径/home/jiangping/Karamelo_inst/下新建文件夹 test：

```
mkdir test
cd test
```

新建文件 twodisk.mpm，其内容如下：

Two-disk 代码

```
#####################################################
#                单位：MPa、mm、s                  #
#####################################################
E = 1e+3
nu = 0.3
rho = 1000
K = E/(3*(1-2*nu))
mu = E/(2*(1+nu))
lambda = E*nu/((1+nu)*(1-2*nu))
c = sqrt(E/rho)
L = 1
hL = 0.5*L
A_zy = L*L
FLIP = 1.0

#----------集合法--------------#
method(ulmpm, FLIP, linear, FLIP)
N = 20     #每个方向 20 个单元格
cellsize = L/N    #单元尺寸
#二维问题计算域
dimension(2,-hL, hL, -hL, hL, cellsize)
#solids (2 balls)
R = 0.2
region(rBall1, cylinder, -hL+R, -hL+R, R)
region(rBall2, cylinder, hL-R, hL-R, R)
material(mat1, linear, rho, E, nu)

#----------设置实体--------------#
ppc1d = 2
solid(sBall1, region, rBall1, ppc1d, mat1, cellsize,0)
solid(sBall2, region, rBall2, ppc1d, mat1, cellsize,0)

#----------施加初始条件--------------#
group(gBall1, particles, region, rBall1, solid, sBall1)
group(gBall2, particles, region, rBall2, solid, sBall2)
v = 0.1
fix(v0Ball1, initial_velocity_particles, gBall1, v, v, NULL)
fix(v0Ball2, initial_velocity_particles, gBall2, -v, -v, NULL)

#-----------输出------------#
```

```
N_log = 50
dumping_interval = N_log*1
dump(dump1, all, particle, dumping_interval, dump_p.*.LAMMPS, x, y, z)
dump(dump2, all, grid, dumping_interval, dump_g.*.LAMMPS, x, y, z)
fix(Ek, kinetic_energy, all)
fix(Es, strain_energy, all)
Etot = Ek_s + Es_s

#-----------运行--------------#
set_dt(0.001)
log_modify(custom, step, dt, time, Ek_s, Es_s)
plot(Ek, N_log, time, Ek_s)
plot(Es, N_log, time, Es_s)
plot(Etot, N_log, time, Etot)
save_plot(plot.pdf)
set_output(N_log)
run_time(3.5)
```

在 test 文件夹下运行该实例：

```
mpirun -np 4 /home/jiangping/Karamelo_inst/karamelo/karamelo -i twodisk.mpm
```

Two-disk 实例运行部分结果如图 6-15 所示。

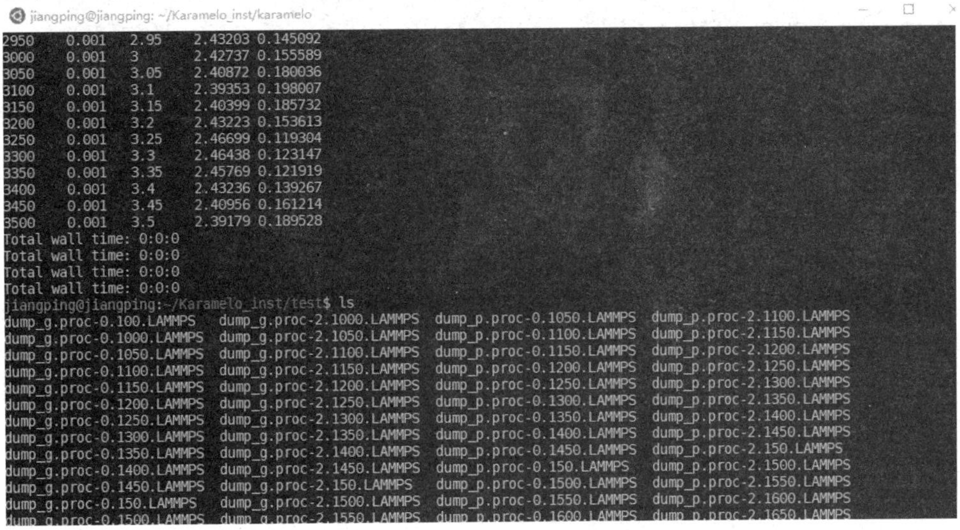

图 6-15　Two-disk 实例运行部分结果

参考文献

[1] BONET J, WOOD R D. Nonlinear continuum mechanics for finite element analysis[M]. Cambridge university press, 1997.

[2] ANDERSON D, TANNEHILL J C, PLETCHER R H. Computational fluid mechanics and heat transfer[M]. Taylor & Francis, 2016.

[3] ROBERTSON D G E, CALDWELL G E, HAMILL J, et al. Research methods in biomechanics[M]. Human kinetics, 2013.

[4] SCHREFL T, HRKAC G, BANCE S, et al. Numerical methods in micromagnetics (finite element method)[J]. Handbook of magnetism and advanced magnetic materials, 2007.

[5] DAVIS M E. Numerical methods and modeling for chemical engineers[M]. Courier Corporation, 2013.

[6] KEANE A, Nair P. Computational approaches for aerospace design: the pursuit of excellence[M]. John Wiley & Sons, 2005.

[7] AL-KHAFAJI A W, TOOLEY J R. Numerical methods in engineering practice[M]. New York: Holt, Rinehart and Winston, 1986.

[8] ALLEN P A. From landscapes into geological history[J]. Nature, 2008, 451(7176): 274-276.

[9] CHEN X, CHEN Z, XU G, et al. Review of wave forces on bridge decks with experimental and numerical methods[J]. Advances in Bridge Engineering, 2021, 2(1): 1-24.

[10] WARNER T T. Numerical weather and climate prediction[M]. Cambridge University Press, 2010.

[11] VOLINO P, CORDIER F, MAGNENAT-THALMANN N. From early virtual garment simulation to interactive fashion design[J]. Computer-aided design, 2005, 37(6): 593-608.

[12] BENSHOFF H. Film and television analysis: An introduction to methods, theories, and approaches[M]. Routledge, 2015.

[13] ISAACSON E, KELLER H B. Analysis of numerical methods[M]. Courier Corporation, 2012.

[14] REDDY J N. Introduction to the finite element method[M]. McGraw-Hill Education, 2019.

[15] 曾攀. 有限元分析基础教程[M]. 北京：清华大学出版社，2008.

[16] 陈国荣. 有限单元法原理及应用[M]. 北京：科学出版社，2016.

[17] SOD G A. A survey of several finite difference methods for systems of nonlinear hyperbolic conservation laws[J]. Journal of computational physics, 1978, 27(1): 1-31.

[18] THOMAS J W. Numerical partial differential equations: finite difference methods[M]. Springer Science & Business Media, 2013.

[19] 冯康. 基于变分原理的差分格式[J]. 应用数学与计算数学，1965，2（4）：238-262.

[20] BARDENHAGEN S G, KOBER E M. The generalized interpolation material point method[J]. Computer Modeling in Engineering and Sciences, 2004, 5(6): 477-496.

[21] XU J, CHEN X, ZHONG W, et al. An improved material point method for coining simulation[J]. International Journal of Mechanical Sciences, 2021, 196: 106258.

[22] ZHANG F, ZHANG X, SZE K Y, et al. Incompressible material point method for free surface

flow[J]. Journal of Computational Physics, 2017, 330: 92-110.
[23] HUGHES T J R, COTTRELL J A, BAZILEVS Y. Isogeometric analysis: CAD, finite elements, NURBS, exact geometry and mesh refinement[J]. Computer methods in applied mechanics and engineering, 2005, 194(39-41): 4135-4195.
[24] COTTRELL J A, REALI A, BAZILEVS Y, et al. Isogeometric analysis of structural vibrations[J]. Computer methods in applied mechanics and engineering, 2006, 195(41-43): 5257-5296.
[25] 徐岗，王毅刚，胡维华. 等几何分析中的 rp 型细化方法[J]. 计算机辅助设计与图形学学报，2011，23（12）：2019-2024.
[26] ALIABADI M H. The boundary element method, volume 2: applications in solids and structures[M]. John Wiley & Sons, 2002.
[27] MUNJIZA A A. The combined finite-discrete element method[M]. John Wiley & Sons, 2004.
[28] SILLING S A, ASKARI E. A meshfree method based on the peridynamic model of solid mechanics[J]. Computers & structures, 2005, 83(17-18): 1526-1535.
[29] LIU G R, LIU M B. Smoothed particle hydrodynamics: a meshfree particle method[M]. World scientific, 2003.
[30] BELYTSCHKO T, LU Y Y, GU L. Element - free Galerkin methods[J]. International journal for numerical methods in engineering, 1994, 37(2): 229-256.
[31] SULSKY D, CHEN Z, SCHREYER H L. A particle method for history-dependent materials[J]. Computer methods in applied mechanics and engineering, 1994, 118(1-2): 179-196.
[32] SULSKY D, ZHOU S J, SCHREYER H L. Application of a particle-in-cell method to solid mechanics[J]. Computer physics communications, 1995, 87(1-2): 236-252.
[33] MA S, ZHANG X, QIU X M. Comparison study of MPM and SPH in modeling hypervelocity impact problems[J]. International journal of impact engineering, 2009, 36(2): 272-282.
[34] 孙东印，司建明，李郁. 综述 CAE 技术的发展和应用[J]. 现代制造技术与装备，2011（2）：25-27.
[35] RAJENDRAN S, LIEW K M. A novel unsymmetric 8 - node plane element immune to mesh distortion under a quadratic displacement field[J]. International Journal for Numerical Methods in Engineering, 2003, 58(11): 1713-1748.
[36] PERMANN C J, GASTON D R, ANDRŠ D, et al. MOOSE: Enabling massively parallel multiphysics simulation[J]. SoftwareX, 2020, 11: 100430.
[37] SANAL R. Numerical simulation of dendritic crystal growth using phase field method and investigating the effects of different physical parameter on the growth of the dendrite[J]. arXiv preprint arXiv:1412.3197, 2014.
[38] GE L, SUBHASH G, BANEY R H, et al. Influence of processing parameters on thermal conductivity of uranium dioxide pellets prepared by spark plasma sintering[J]. Journal of the European Ceramic Society, 2014, 34(7): 1791-1801.
[39] MOSER R D, KIM J, MANSOUR N N. Direct numerical simulation of turbulent channel flow up to Re τ= 590[J]. Physics of fluids, 1999, 11(4): 943-945.
[40] ZHANG X, CHEN Z, LIU Y. The material point method: a continuum-based particle method for extreme loading cases[M]. Academic Press, 2016.
[41] WYSER E, ALKHIMENKOV Y, JABOYEDOFF M, et al. A fast and efficient MATLAB-based MPM solver: fMPMM-solver v1. 1[J]. Geoscientific Model Development, 2020, 13(12): 6265-6284.

[42] WYSER E, ALKHIMENKOV Y, JABOYEDOFF M, et al. An explicit GPU-based material point method solver for elastoplastic problems (ep2-3De v1. 0)[J]. Geoscientific Model Development, 2021, 14(12): 7749-7774.

[43] SADEGHIRAD A, BRANNON R M, BURGHARDT J. A convected particle domain interpolation technique to extend applicability of the material point method for problems involving massive deformations[J]. International Journal for numerical methods in Engineering, 2011, 86(12): 1435-1456.

[44] SADEGHIRAD A, BRANNON R M, GUILKEY J E. Second-order convected particle domain interpolation (CPDI2) with enrichment for weak discontinuities at material interfaces[J]. International Journal for numerical methods in Engineering, 2013, 95(11): 928-952.

[45] WANG L, COOMBS W M, AUGARDE C E, et al. On the use of domain-based material point methods for problems involving large distortion[J]. Computer Methods in Applied Mechanics and Engineering, 2019, 355: 1003-1025.

[46] WALLSTEDT P C, GUILKEY J E. An evaluation of explicit time integration schemes for use with the generalized interpolation material point method[J]. Journal of Computational Physics, 2008, 227(22): 9628-9642.

[47] COOMBS W M, AUGARDE C E. AMPLE: a material point learning environment[J]. Advances in Engineering Software, 2020, 139: 102748.

[48] CHARLTON T J, COOMBS W M, AUGARDE C E. iGIMP: An implicit generalised interpolation material point method for large deformations[J]. Computers & Structures, 2017, 190: 108-125.

[49] HUANG P, LI S, GUO H, et al. Large deformation failure analysis of the soil slope based on the material point method[J]. computational Geosciences, 2015, 19(4): 951-963.

[50] XU J P, LIU Y Q, LI S Q, et al. Fast analysis system for embossing process simulation of commemorative coin–CoinForm[J]. Comput Model Eng Sci, 2008, 38(3): 201-216.

[51] XU J P. Study on minting process simulation algorithm for Au–Ag commemorative coin and optimization of forming process[D]. Dissertation, Huazhong University of Science and Technology, 2009.

[52] DE B C. Package for calculating with B-splines[J]. SIAM Journal on Numerical Analysis, 1977, 14(3): 441-472.

[53] MIURA H, YOKOYAMA E, NAGASHIMA K, et al. Phase-field simulation for crystallization of a highly supercooled forsterite-chondrule melt droplet[J]. Journal of Applied Physics, 2010, 108(11): 114912.

[54] TSUKAMOTO K, KOBATAKE H, NAGASHIMA K, et al. Crystallization of cosmic materials in microgravity[C]//Lunar and Planetary Science Conference, 2001: 1846.

[55] BUI T Q, NGUYEN M N. A moving Kriging interpolation-based meshfree method for free vibration analysis of Kirchhoff plates[J]. Computers & structures, 2011, 89(3-4): 380-394.

[56] CHEUNG Y K, THAM L G, LI W Y. Free vibration and static analysis of general plate by spline finite strip[J]. Computational mechanics, 1988, 3(3): 187-197.

[57] LIEW K M, WANG J, NG T Y, et al. Free vibration and buckling analyses of shear-deformable plates based on FSDT meshfree method[J]. Journal of Sound and Vibration, 2004, 276(3-5): 997-1017.